普通高等教育电气信息类规划教材

全国高等院校信息技术专业创新型人才培养教材

微机原理与接口技术

齐永奇　张　涛　王文凡　编著

机 械 工 业 出 版 社

本书以 Intel 8086/8088 微处理器为主，全面介绍微型计算机基础知识、微处理器结构及微机系统、指令系统、汇编语言程序设计、存储器、输入/输出接口技术、定时器/计数器技术、中断及其 DMA 技术、总线标准技术、A–D 和 D–A 接口技术等。各章节重点突出，目标明确，针对重点、难点内容配有例题和习题，有利于深刻掌握相关知识点。全书深入浅出、通俗易懂，实用性强，突出了微机系统基本应用的组成部分原理和设计方法。

本书可作为高等院校的面向信息类专业、测控技术与仪器、自动化、机电一体化、计算机应用等专业学习与授课教材，也可作为广大科研技术人员的参考用书。

本书配套授课电子课件，需要的教师可登录 www.cmpedu.com 免费注册，审核通过后下载，或联系编辑索取（QQ：308596956，电话：010 – 88379753）。

图书在版编目（CIP）数据

微机原理与接口技术/齐永奇，张涛，王文凡编著 . —北京：机械工业出版社，2017. 10

普通高等教育电气信息类规划教材

ISBN 978–7–111–58253–3

Ⅰ. ①微…　Ⅱ. ①齐…　②张…　③王…　Ⅲ. ①微型计算机 – 理论 – 高等学校 – 教材　②微型计算机 – 接口技术 – 高等学校 – 教材　Ⅳ. ①TP36

中国版本图书馆 CIP 数据核字（2017）第 247777 号

机械工业出版社（北京市百万庄大街 22 号　邮政编码 100037）

策划编辑：尚　晨　　责任编辑：尚　晨

责任校对：张艳霞　　责任印制：李　昂

河北鹏盛贤印刷有限公司印刷

2017 年 11 月第 1 版 · 第 1 次印刷

184mm × 260mm · 21 印张 · 501 千字

0001– 3000 册

标准书号：ISBN 978–7–111–58253–3

定价：55.00 元

凡购本书，如有缺页、倒页、脱页，由本社发行部调换

电话服务　　　　　　　　　　网络服务

服务咨询热线：(010)88379833　　机 工 官 网：www.cmpbook.com

读者购书热线：(010)88379649　　机 工 官 博：weibo.com/cmp1952

教育服务网：www.cmpedu.com

封面无防伪标均为盗版　　　金 书 网：www.golden – book.com

前　言

　　"微机原理与接口技术"是理工类学生学习和掌握微型计算机基础组成、工作原理、接口技术以及汇编语言程序设计的重要课程。微机系统相关技术不仅包含硬件知识，也包含汇编语言等软件技术，在工程实践中有着广泛的应用，是计算机应用和开发人员必须具备的一项基本技能。

　　本书是依据高等学校测控专业及其相关信息技术专业及研究生的教学要求而编写的，因此，本书以微机系统的组成结构为主线，从工程实际出发，就微机系统的组成原理、结构，汇编语言及其相应接口应用技术等内容逐步展开。通过本书的学习，学生应掌握微机系统的组成原理和接口应用设计方法，具备一定的应用设计开发能力，为毕业后参加实际工作和科学研究打下坚实的基础。

　　全书共 12 章。第 1 章为微处理器与微型计算机，是整个知识体系的核心，主要介绍了微机系统基本组成、数的编码，重点介绍 8086/8088 微处理器的结构、工作原理以及其对整个系统的控制方法等；第 2 章为汇编语言指令系统，讲述了 8086/8088 的指令构成、寻址方式、指令系统等；第 3 章为汇编语言程序设计，讲述了汇编语言程序的结构、编程格式和功能调用，并通过一些实例阐述了汇编语言程序的设计方法；第 4 章介绍了存储器的原理、分类以及微机系统对存储器系统的组织与使用分配；第 5 章介绍了微机接口的概念、微机接口与 CPU 的交换数据方式、接口电路的设计以及 I/O 编码技术等；第 6 章介绍了中断的概念、可编程中断控制器 8259A 的结构和工作方式及其应用技术方法；第 7 章讲述了 DMA 传送的特点、传送过程、方式，介绍了 DMA 控制器、DMA 系统及其应用；第 8 章为可编程定时器/计数器，讲述了 8254 芯片的构成、工作方式以及编程方法，并给出了一些实例；第 9 章讲述了可编程并行接口芯片 8255A 的内部结构、工作方式、编程方法和应用实例；第 10 章为微机串行通信，讲述了微机系统串行通信的基本原理、串行接口芯片 8251A 以及编程应用方法；第 11 章讲述了微机系统中的总线配置结构、总线技术和常用总线标准；第 12 章讲述了 A-D 和 D-A 转换器的原理与应用，介绍了 DAC0832、ADC0809 等芯片构成和应用，并给出了一些应用实例。

　　本书的编写思想和编写过程中的一些基本原则阐述如下：

　　（1）希望为一线教师编出一本好教、学生易学的教材，能在教学中深入浅出，深刻领会，得心应手。本书的作者都是长期从事计算机技术及测控系统原理教学领域一线的专业教师，由于微机原理与接口技术这门课程知识点多，且课程知识的综合性、理论性强，学生要学好微机原理这门课程是非常不容易的。学习的难度太大，课程学习完后，往往会感到迷茫，同时，对于从事该专业教学一线的教师要教好这门课程的确是非常不容易的。

　　（2）从知识上来讲，微机技术涉及的学科广泛，涉及的理论也很广泛；从发展上来讲，微机系统技术涉及的硬件、软件知识在不断更新、进步，作为一个讲授微机系统原理技术的教师不仅要有广泛的理论知识，丰富的实践经验，更要紧跟时代发展的步伐。随着微型计算机技术的不断发展和应用普及，微型原理及接口技术的相关教材已经从 8 位机、16 位机，发展到 32 位机和高档微机。但采用 32 位处理器来讲解微型计算机的组成从教学的角度是不适宜的，所以，尽管 Intel 8086/8088 仅仅是一个模型，它的许多技术已经过时，但组成微型计算机的基本原理和基本方法是相通的，同样的处理方法也适用于传统的知识内容，如中断技术、并行和定时接口芯片等。

（3）面向实际工程应用，着重阐述了微机在机械工程学科领域的应用。本书基本理论适度，反映了基本理论和原理的综合应用。同时微机原理及接口技术这门课程系统性和逻辑性强，知识点相互关联，为了使学生更好理解和掌握，教材中配备了大量的具体实例，以使学生更好地掌握相关的内容、应用方法和技术。

基于上述原则，为了更好地满足专业发展的需要，编者根据专业课程大纲要求，以及长期从事本课程一线教学的经验，并结合专业教学和科研的实际情况，编写了这部教材。同时还大量参考了其他相关的教材、专著、论文和研究成果，在此，向有关作者表示衷心的感谢。

本书的编写得到了 2015 年度河南省高等学校教学团队"机械设计制造及其自动化专业机电类课程教学团队"及 2014 年华北水利水电大学卓越教学团队等项目的资助。本书由华北水利水电大学齐永奇编写了第 1、2、5、6、7、8 章，张涛编写了第 9、10、11、12 章，郑州升达经贸管理学院的王文凡编写了第 3、4 章，全书由齐永奇统稿，华北水利水电大学测控技术与仪器教研室为本书提供了大量的技术支持，编者借此机会对他们致以深深的谢意。

由于编者水平有限，书中难免存在缺点和不足之处，恳请广大读者批评指正。

编　者

目　　录

第1章 微处理器与微型计算机

重点内容

1. 微型计算机的基本结构
2. 微型计算机中的数和编码
3. 微处理器内部寄存器基本结构及工作流程
4. 8086/8088 引脚信号及工作模式
5. 8086 的总线操作时序

学习目标

通过本章学习，掌握微型计算机的基本组成结构及其各部分工作原理，熟悉计算机中的各种数制规则及其相互之间转换方法；熟练掌握 8086/8088 内部寄存器结构、对内组织方法及其功能流程，掌握 8086/8088 引脚功能、最大模式和最小模式的基本组成及各部分的功能原理，了解时钟周期、指令周期、总线周期的基本概念，微机系统的总线结构，理解 CPU 的各种典型操作时序。

1.1 微型计算机

电子技术的飞速发展，造就了一代又一代高性能的微型计算机。它们以廉价、轻便、高性价比等诸多优点迅速占领了大多数的计算机应用领域。今天，"微型计算机"几乎成了电子计算机的代名词。学习微型计算机的基本组成、工作原理、接口技术以及计算机应用系统的构造技术，不仅仅是计算机和电气自动控制等专业人士必须掌握的专业技能，也是当代各领域科研人员和工程技术人员应该知晓并掌握的基本知识。

本章通过 16 位的 Intel 8086/8088 芯片讲解微处理器和微型计算机的基本组成，各种接口技术及其构建的系统在后续章节介绍。

1.1.1 电子计算机的基本组成

迄今为止，电子计算机的基本结构仍然属于冯·诺依曼体系的范畴。这种结构的特点可以概要归结为：

存储程序原理。把程序事先存储在计算机内部，计算机通过执行程序实现自动、高速的数据处理。

五大功能模块。电子计算机由运算器、控制器、存储器、输入设备和输出设备这五大功能模块组成。

图1-1列出了各功能模块在系统中的位置及其相互作用。图中，实线表示数据/指令代码的流动，虚线表示控制信号的流动。各模块的功能简要叙述如下。

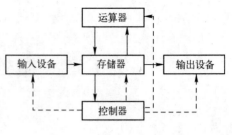

图1-1 计算机的基本组成

1）存储器：存储程序和数据。

2）运算器：执行算术和逻辑运算。

3）控制器：分析和执行指令，向其他功能模块发出控制命令，协调一致地完成指令规定的操作。

4）输入设备：接收外界输入，送入计算机。

5）输出设备：将计算机内部的信息向外部输出。

1.1.2 微型计算机的基本组成

微型计算机是微型化的电子数字计算机，它的基本结构和基本功能与一般的计算机大致相同。但是，由于微型计算机采用了由大规模和超大规模集成电路组成的功能部件，使微型计算机在系统结构上有着简单、规范和易于扩展的特点。

采用大规模集成电路技术，把计算机的运算器、控制器及其附属电路集成在一个芯片上，就构成了微型计算机的中央处理器——微处理器（Micro Process Unit，MPU）。

微型计算机由微处理器、存储器和输入/输出接口电路组成，通过若干信号传输线连接成一个有机的整体。这些信号传输线称为总线，其英文名称 bus，公共汽车、汇流母线，形象地反映了这组信号线的特点。

1）必要性：总线是构成计算机系统不可缺少的信息大动脉。

2）公用性：总线为系统中设备公用。

这些信号传输线按照它们担负的不同传输功能又可以划分为 3 组：数据总线、地址总线和控制总线，如图1-2所示。

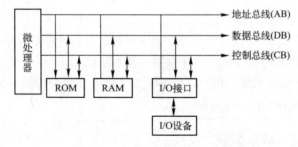

图1-2 微型计算机的基本结构

1. 微处理器

微处理器（MPU）是微型计算机的中央处理器。它的基本功能是执行指令和算术与逻辑运算，它还能够完成数据传输、控制和指挥其他部件协调工作。

2. 存储器

微型计算机的存储器由集成度高、容量大、体积小、功耗低的半导体存储器芯片构成。常态下只能读出、不能写入的存储器称为 ROM（Read Only Memory，只读存储器），既可以读出，又可以随时写入的存储器称为 RAM（Random Access Memory，随机读写存储器）。

存储器内部由许许多多的基本存储单元组成，每个单元存储/记忆一组二进制信息。微型计算机通常用 8 位二进制数构成一个存储单元，称为字节（Byte）。每个存储单元有一个编号，表示它在存储器内部的顺序位置，称为地址（Address）。存储单元的地址从 0 开始编排，用若干位二进制数表示，常用十六进制数书写，例如 3A120H。

3. 输入/输出接口电路

介于总线和外部设备之间的电路称为输入/输出电路（Input/Output Interface），简称 I/O 接口。它在外部设备和总线之间实施数据缓冲、信号变换和连接等作用。

I/O 接口电路上包含若干个寄存器/缓冲器。CPU 送往外部设备的信息首先送入这些寄存器/缓冲器，然后再转送入外部设备，反之亦然。这些寄存器/缓冲器称为端口（Port）。每个端口有一个端口地址，标记它所在的顺序位置。例如，PC 系列微机内，打印机数据端口地址为 0378H，命令端口地址为 037AH，键盘数据端口地址为 0060H。

4. 总线

总线是一组公共的信号传输线，用于连接计算机的各个部件。位于微处理器芯片内部的总线称为内部总线。连接微处理器与存储器、输入/输出接口，用以构成完整的微型计算机的总线称为系统总线，相对于芯片内部的内部总线，有时候也称为外部总线。微型计算机的系统总线划分为以下 3 组。

数据总线（Data Bus，DB）：用于传送数据信息，实现微处理器和存储器、I/O 接口之间的数据交换。数据总线是双向总线，数据可以在两个方向上传输。

地址总线（Address Bus，AB）：用于发送内存地址和 I/O 端口的地址。

控制总线（Control Bus，CB）：传送各种控制信号和状态信号，使微型计算机各部件协调工作。

微型计算机采用标准总线结构，任何部件只要正确地连接到总线上，就能立刻成为"系统"的一部分，系统各功能部件之间的两两连接关系则变为面向总线的单一关系。凡符合总线标准的功能部件均可以互换，符号总线标准的设备可以互连，提高了微机系统的通用性和扩展性。

1.2 微型计算机中数的表示和编码

数据是计算机处理的对象。计算机中的"数据"是一个广义的概念，包括数值、字母、符号、文字、图形、图像、声音和视频等各种形式。而计算机内部只能采用二进制编码表示数据，因为计算机的构成以二值电路为基础。一个二值电路是指具有两种不同的稳定状态且能相互转换的电子器件。如二极管的导通与阻塞，晶体管的饱和与截止等。计算机用器件的稳定物理状态来表示数据。因此，二值电路只能表示出两个数码。如用高电平表示二进制的 1，则低电平表示 0。二进制数码的表示和运算是最简单且最可靠的，而且有较强的逻辑性，所以计算机中采用二进制数码系统。凡是需要由计算机处理的各种信息，无论其表现形式是数值、文本、图形，还是声音、图像都必须以二进制数码的形式来表示。

数值数据在计算机中的表示涉及以下三个方面的内容：

1）数制。

2）正负数在机器中的表示，即机器数的表示法。

3）小数点的表示与处理，即定点数与浮点数表示法等。

1.2.1　进位计数制

在日常生活中，人们通常使用十进制表示数，而计算机内部采用的是二进制表示法。通常为了简化二进制数据的书写，也采用八进制和十六进制表示法。

为了区别不同进制的数据，在书写表示时可用后缀或下标标注。一般用 B（Binary）或 2 表示二进制数，O（Octave）或 8 表示八进制数，H（Hexadecimal）或 16 表示十六进制数，D（Decimal）或 10 表示十进制数。如果省略进制字母，则默认为十进制数。

十进制、二进制、八进制和十六进制，它们都是进位计数制，且可以互相转换。下面简单介绍进位计数制的表示方法。

人们习惯使用的十进制数有以下特点：

1）用 10 个符号表示数，即用 0、1、2、…、9 共 10 个阿拉伯数字符号来表示。这些符号叫作数码，数码的个数叫基，十进制数的基是 10。

2）在一个数中，每个数码表示的值不仅取决于数码本身，还取决于它所处的位置，即处于个位、十位还是百位等，每一位都有各自的权。例如，$123D = 1 \times 10^2 + 2 \times 10^1 + 3 \times 10^0$，其中 10^2、10^1 和 10^0 分别对应为百位、十位和个位的权。

3）遵从逢十进一规则。例如，任何一个十进制数 N 均可表示为

$$N = \pm (a_{n-1} \times 10^{n-1} + a_{n-2} \times 10^{n-2} + \cdots + a_0 \times 10^0 + a_{-1} \times 10^{-1} + \cdots$$

$$+ a_{-m} \times 10^{-m}) = \pm \sum_{i=-m}^{n-1} a_i \times 10^i \qquad (1-1)$$

式中，n 是整数位数；m 是小数位数；a_i 可以是 0~9 这 10 个数码中的任意一个。

式（1-1）可以推广到任意进位计数制。设进位计数制的基用 R 表示，则任意数 N 为

$$N = \pm \sum_{i=-m}^{n-1} a_i \times R^i \qquad (1-2)$$

对于二进制，R = 2，a_i 为 0 或 1，逢二进一。

$$N = \pm \sum_{i=-m}^{n-1} a_i \times 2^i \qquad (1-3)$$

对于八进制，R = 8，a_i 为 0~7 中的任一个，逢八进一。

$$N = \pm \sum_{i=-m}^{n-1} a_i \times 8^i \qquad (1-4)$$

对于十六进制，R = 16，a_i 为 0~9、A、B、C、D、E、F 这十六个数码中的任一个，逢十六进一。

$$N = \pm \sum_{i=-m}^{n-1} a_i \times 16^i \qquad (1-5)$$

上述几种进位计数制有以下共同点：

1）每种计数制有一个确定的基 R，每一位的系数 a_i 有 R 种可能的取值。

2）按逢 R 进一的方式计数。在混合小数中，小数点右移一位相当于乘以 R；反之，小数点左移一位相当于除以 R。

3）各位的权是以 R 为底的幂，从小数点左边第一位起依次为 0 次幂、1 次幂、2 次幂、…、n 次幂，小数点右边第一位起依次为 -1 次幂、-2 次幂、…、-m 次幂。

例如，十进制数 52368：

数：	5	2	3	6	8
位权：	10^4	10^3	10^2	10^1	10^0

二进制数 11011：

数：	1	1	0	1	1
位权：	2^4	2^3	2^2	2^1	2^0

1.2.2 数制转换

1. 微处理器二进制、十六进制转换为十进制

二进制、十六进制以及任意进制的数转换为十进制数的方法较简单，按式（1-1）～式（1-5）进行即可。例如：

$$(1101.11)_2 = 1 \times 2^3 + 1 \times 2^2 + 0 \times 2^1 + 1 \times 2^0 + 1 \times 2^{-1} + 1 \times 2^{-2} = (13.75)_{10}$$

$$(E5A)_{16} = 14 \times 16^2 + 5 \times 16^1 + 10 \times 16^1 = (3674)_{10}$$

2. 十进制→二进制

十进制数转换为二进制数时，根据该十进制数的类型来决定转换方法。

（1）十进制整数→二进制数

方法为："除 2 取余"，即十进制整数被 2 除，取其余数，商再被 2 除，取其余数，……，直到商为 0 时结束运算。然后把每次得到的余数按倒序规律排列，即可得到等值的二进制数。例如：

$$N = (14)_{10} = (1110)_2$$

运算过程为
$$14 \div 2 = 7 \qquad 余数 = 0 \cdots\cdots D_0$$
$$7 \div 2 = 3 \qquad 余数 = 1 \cdots\cdots D_1$$
$$3 \div 2 = 1 \qquad 余数 = 1 \cdots\cdots D_2$$
$$1 \div 2 = 0 \qquad 余数 = 1 \cdots\cdots D_3$$

所以，$N = D_3 D_2 D_1 D_0 = (1110)_2$。

（2）十进制纯小数→二进制数

方法为："乘 2 取整"，即十进制纯小数乘以 2，取其整数（不参加后继运算），乘积的小数部分再乘以 2，取整，……，直到乘积的小数部分为 0 时结束运算。然后把每次乘积的整数部分按正序规律排列，即可得到等值的二进制数。例如：

$$N = (0.8125)_{10} = (0.1101)_2$$

运算过程为
$$0.8125 \times 2 = 1.625 \qquad 乘积的整数部分 = 1 \cdots\cdots D_{-1}$$
$$0.625 \times 2 = 1.25 \qquad 乘积的整数部分 = 1 \cdots\cdots D_{-2}$$
$$0.25 \times 2 = 0.5 \qquad 乘积的整数部分 = 0 \cdots\cdots D_{-3}$$
$$0.5 \times 2 = 1.0 \qquad 乘积的整数部分 = 1 \cdots\cdots D_{-4}$$

所以，$N = (0.1101)_2$。

有些纯小数，不断地"乘 2 取整"也不能使其乘积的小数部分为 0，此时只能进行有限次运算，根据需要取其近似值。

（3）十进制带小数→二进制数

方法为：整数部分"除 2 取余"，小数部分"乘 2 取整"，然后进行整合。例如：

$$N = (14.8125)_{10} = (1110.1101)_2$$

3. 二进制数→十六进制数

以小数点为界，4 位二进制数为一组，不足 4 位用 0 补全，然后每组用等值的十六进制数表示。例如：

$$(1101110.11)_2 = (0110\ 1110.1100)_2 = (6E.C)_{16}$$

在汇编语言中十六进制数用后缀 H 表示，所以，$(1A2B)_{16}$ 应写为 1A2BH。

4. 十六进制数→二进制数

把十六进制数的每一位用等值的二进制数来替换。例如：

$$(17E.58)_{16} = (0001\ 0111\ 1110.0101\ 1000)_2 = (101111110.01011)_2$$

1.2.3 数值数据的编码与运算

计算机中使用的数值数据，有无符号数和有符号数两种。在计算机中如何表示一个有符号数呢？最常用的方法是：把二进制数的最高一位定义为符号位，符号位为 0 表示正数，符号位为 1 表示负数，这样就把符号"数值化"了。有符号数的运算，其符号位上的 0 或 1 也被看作数值的一部分参加运算。

通常把用 +、− 表示的数称为真值数，把用符号位上的 0/1 表示正、负的数称为机器数。机器数可以用不同的方法来表示，常用的有原码、反码和补码表示法。

1. 机器数的原码、反码和补码

数 X 的原码记作 $[X]_原$，反码记作 $[X]_反$，补码记作 $[X]_补$。

例如，当机器字长 n = 8 时：

符号		符号位	
↓		↓	
设真值数	X = +5 = +0000 0101	原码机器数写成 $[X]_原$ = 0000 0101	
	X = −5 = −0000 0101	$[X]_原$ = 1000 0101	
	X = +0 = +0000 0000	$[X]_原$ = 0000 0000	
	X = −0 = −0000 0000	$[X]_原$ = 1000 0000	
设真值数	X = +5 = +0000 0101	$[X]_反$ = 0000 0101	
	X = −5 = −0000 0101	$[X]_反$ = 1111 1010	
	X = +0 = +0000 0000	$[X]_反$ = 0000 0000	
	X = −0 = −0000 0000	$[X]_反$ = 1111 11111	
设真值数	X = +5 = +0000 0101	$[X]_补$ = 0000 0101	
	X = −5 = −0000 0101	$[X]_补$ = 1111 1011	
	X = +0 = +0000 0000	$[X]_补$ = 0000 0000	

由上述例子可以得出以下结论：

1）机器数比真值数多一个符号位。

2）正数的原、反、补码和真值数相同。

3）负数原码的数值部分与真值相同，负数反码的数值部分为真值数按位取反，负数补码的数值部分为真值数按位取反末位加 1。

4）没有负零的补码，或者说负零的补码和正零的补码相同。

5）由于补码表示的数更适合运算，为此计算机系统中负数一律用补码表示。

6）机器字长为 n 位的原码数，其真值范围是 $-(2n-1-1) \sim +(2n-1-1)$。

机器字长为 n 位的反码数，其真值范围是 $-(2n-1-1) \sim +(2n-1-1)$。

机器字长为 n 位的补码数，其真值范围是 $-(2n-1-1) \sim +(2n-1-1)$。

2. 整数补码的运算

为理解补码数是怎样进行加减运算的，首先引入几个概念。

（1）模

模是计量器的最大容量。一个 4 位寄存器能够存放 0000～1111 共计 16 个数，因此它的模为 24。一个 8 位寄存器能够存放 0…0～1…1，共计 256 个数，因此，它的模为 28。以此类推，32 位寄存器的模是 232。

（2）有模运算

凡是用器件进行的运算都是有模运算。运算之后，符号位向更高位的进位值无论是 0 还是 1，都被运算器"丢弃"，而保存在"进位标志触发器"中。对于有符号数的运算，进位值不能统计在运算结果之中。而对于无符号数运算，其进位值则是运算结果的一部分，如进位值为 1，表示运算结果已经超出了运算器所能表示的范围，仅用运算器的内容作为运算结果是不正确的。

（3）求补运算

以下是一个由真值求补码的例子，机器字长 n = 8。

设 X = +75，则 $[X]_{补}$ = 01001011。设 X = −75，则 $[X]_{补}$ = 10110101。即：

对 $[+X]_{补}$ 按位取反末位加 1，就得到 $[-X]_{补}$。对 $[-X]_{补}$ 按位取反末位加 1，就得到 $[+X]_{补}$。

因此，"求补运算"就是指对一补码机器数进行"按位取反，末位加 1"的操作。通过求补运算可以得到该数负真值的补码。

鉴于补码数具有这样的特征，用补码表示有符号数时，减法运算可以用加法运算来替代，计算机中只需设置加法运算就可以了。

（4）整数补码的计算

采用补码进行加法运算的规则为

$$[X+Y]_{补} = [X]_{补} + [Y]_{补}$$

其中 X、Y 为正负数皆可，符号位参加运算。

当真值满足下列条件时，应用上述规则就可得到正确的运算结果：

$$-2^{n-1} \leqslant (X、Y、X \pm Y) < 2^{n-1}$$

例 1−1 设 X = 66，Y = 51，以 28 为模，补码运算求 X ± Y。

解：因为 $[X]_{补}$ = 0100 0010，$[Y]_{补}$ = 0011 0011，$[-Y]_{补}$ = 1100 1101

```
  [X]补 0100 0010              [X]补   0100 0011
+) [Y]补 0011 0011            + ) [-Y]补  1100 1101
  ─────────────              ──────────────────
[X+Y]补 0111 0101            [X−Y]补 1 0111 0101
                                        ↓
                                    被运算器丢弃
```

所以 X + Y = +117，X − Y = +15。

例 1-2 设 X = 66，Y = 99，以 2^8 为模，补码运算求 X ± Y。

解： 因为 $[66]_补 = 0100\ 0010$，$[-66]_补 = 1011\ 1110$，$[99]_补 = 0110\ 0011$，$[-99]_补 = 1001\ 1101$

$[66]_补$	0100 0010	
+) $[99]_补$	0110 0011	
$[66+99]_补$	1010 0101	

$[-66]_补$	1011 1110	
+) $[-99]_补$	1001 1101	
$[X-Y]_补$	1 0101 1011	

↓
被运算器丢弃

得到：$66 + 99 = -91$，$-66 - 99 = +91$。

由上例可以看出，不论被加数、加数是正数还是负数，只需直接用它们的补码（包括符号位）进行相加运算，当结果不超过补码表示的范围时，运算结果是正确的补码；而当运算结果超出补码表示的范围时，运算结果则是不正确的。运算结果超出了寄存器所能表示的范围，称为溢出。对于有符号数的加减运算，当参加运算的两个数的符号位相同而运算结果的符号位相异时，则表示发生了溢出。

3. 二 – 十进制数

二进制对计算机而言是最方便的，但是人们习惯于用十进制来表示。为解决这一矛盾可采用二 – 十进制数。二 – 十进制数是计算机中十进制数的表示方法，就是用 4 位二进制数编码表示 1 位十进制数，简称 BCD 码（Binary Coled Decimal）。

用 4 位二进制数编码表示一位十进制数，有多种表示方法，计算机中常用的是 8421BCD 码，它的表示规则，以及与十进制之间的等价关系见表 1-1。

表 1-1　BCD 码与十进制数的转换

二进制	十进制	BCD 码	二进制	十进制	BCD 码
0000	0	0000	1000	8	1000
0001	1	0001	1001	9	1001
0010	2	0010	1010	10	非法 BCD 码
0011	3	0011	1011	11	非法 BCD 码
0100	4	0100	1100	12	非法 BCD 码
0101	5	0101	1101	13	非法 BCD 码
0110	6	0110	1110	14	非法 BCD 码
0111	7	0111	1111	15	非法 BCD 码

例如，$(3456)_{10} = (0011\ 0100\ 0101\ 0110)_{BCD}$

BCD 码是十六进制数的一个子集，$1010 \sim 1111$ 是非法 BCD 码。

4. 无符号数

在处理某些问题时，若参与运算的数都是正数，如学生成绩、职工工资、字符编码和内存地址等，存放这些数时如保留符号位则没有实际意义。为了扩大寄存器所能表示的数的范围，可取消符号位。这样，一个数的最高位不再是符号位而是数值的一部分，这样的数被称为"无符号数"。因此：

8 位字长的无符号数，其数值范围是 0~255。

32 位字长的无符号数，其数值范围是 0~4 294 967 295。

计算机存储部件只知道它的内容是一串 0、1 代码。即只有程序员才能决定一个数的物理意义。

假设一个 32 位寄存器的内容是（1111 1111 1111 1111 1111 1111 1111 1111）$_2$：

若它是无符号数，则其真值等于 $+4\,294\,967\,295$。

若它是补码数，则其真值等于 -1。

若它是反码数，则其真值等于 -0。

注意：无符号数的加法运算，结果的进位位为 1 时，表示有溢出，进位值是和的一部分，不能随意丢弃。

1.2.4 字符的编码

在微型计算机系统中，键盘输入、打印输出和 CRT 显示的字符最常用的是美国信息交换标准代码（American Standard Code for Informatica Interchange，ACCII）。标准 ASCII 码用 7 位二进制数作为字符的编码，但由于计算机通常用 8 位二进制数代表一个字节，故标准 ASCII 码也可写成 8 位二进制数，但最高位 D_7 位恒为 0。$D_6 \sim D_0$ 代表字符的编码。表 1-2 为字符的 ASCII 码表。

表 1-2　标准 ASCII 码字符表

L ＼ H	000	001	010	011	100	101	110	111
0000	NUL	DEL	SP	0	@	P	`	p
0001	SOH	DC1	!	1	A	Q	a	q
0010	STX	DC2	”	2	B	R	b	r
0011	ETX	DC3	#	3	C	S	c	s
0100	EOT	DC4	$	4	D	T	d	t
0101	ENG	NAK	%	5	E	U	e	u
0110	ACK	SYN	&	6	F	V	f	v
0111	BEL	ETB	’	7	G	W	g	w
1000	BS	CAN	(	8	H	X	h	x
1001	HT	EM	)	9	I	Y	I	y
1010	LF	SUB	*	:	J	Z	j	z
1011	VT	ESC	+	;	K	[	k	|
1100	FF	FS	,	<	L	\	l	|
1101	CR	GS	–	=	M	]	m	|
1110	SO	RS	.	>	N	↑	n	~
1111	SI	US	/	?	O	←	o	DEL

注：H 为高 3 位，L 为低 4 位。

NUL	空	DLE	数据键换码	SOH	标题开始
DC1	设备控制 1	STX	正文开始	DC2	设备控制 2
ETX	正文结束	DC3	设备控制 3	EOT	传输结束
DC4	设备控制 4	ENG	询问	NCK	否定
ACK	认可	SYN	同步字符	BEL	报警（可听见声音）
ETB	信息组传送结束	ES	退一格	CAN	作废
HT	横向制表	EM	纸尽	LF	换行
SUB	减	VT	纵向制表	ESC	换码
FF	走纸控制	FS	文字分隔符	CR	回车
GS	组分隔符	SO	移位输出	RS	记录分隔符
SI	移位输入	US	单元分隔符	SP	空格
DEL	删除				

1.2.5 浮点数

人们常用的数据一般有三种：纯整数（如二进制数 1101）、纯小数（如二进制数 0.1101）和既含整数又含小数的数（如二进制数 1.1101）。在计算机中，表示这三种数有两种方法：定点表示法和浮点表示法。计算机中数的小数点位置固定的表示法称为定点表示法，用定点表示法表示的数称为定点数。计算机中数的小数点位置不固定的表示法称为浮点表示法，用浮点表示法表示的数称为浮点数。值得注意的是，小数点在计算机中不是表示出来的，而是隐含在用户规定的位置上。一般地，纯整数和纯小数用定点表示法比较方便；而既含整数又含小数的数用浮点表示法时，比较实用且便于运算。

1. 浮点数表示

一个带小数的二进制数可以写成许多种等价形式，例如：

$$\pm 101101.0101 = \pm 1.011010101 \times 2 + 5$$

$$\pm 101101.0101 = \pm 0.1011010101 \times 2 + 6$$

$$\pm 101101.0101 = \pm 10.11010101 \times 2 + 4$$

$$\pm 101101.0101 = \pm 0.01011010101 \times 2 + 7$$

$$\pm 101101.0101 = \pm 1011010101 \times 2 - 4$$

任何一个二进制数 N（含整数和小数两个部分）都可以写成统一的格式：

$$N = \pm S \times 2^{\pm} \quad J$$

$$\downarrow \quad \downarrow \quad \quad \downarrow \quad \downarrow$$

$$尾\ 尾\quad 阶\quad 阶$$

$$符\ 数\quad 符\quad 码$$

可以得出如下结论：

1）用阶码和尾数两部分共同表示一个数，这种表示方法称为数的浮点表示法。

2）阶码和阶符的物理意义，即阶码表示小数点的实际位置。例如：

$$0.01011010101 \times 2 + 7$$

表达式中阶符和阶码为 +7，表示把尾数的小数点向右移动 7 位就是小数点的实际位置，因此该数等于 101101.0101。

$$1011010101 \times 2 - 4$$

表达式中阶符和阶码为 -4，表示把尾数的小数点向左移动 4 位就是小数点的实际位置，因此该数等于 101101.0101。

3）规格化的浮点真值数。二进制带小数，可以写成若干种等价的形式，其中只有一种被称为"规格化的浮点数"。

规格化的浮点真值数满足以下两个条件：

① 尾数为纯小数，且小数点后面是 1 不是 0。

② 阶码为整数（正整数或者负整数）。

因此，上述的二进制带小数只有 $\pm 0.1011010101 \times 2 + 6$ 是规格化的浮点真值数。

2. 浮点机器数

计算机硬件如何存储一个浮点数？常用的格式如下：

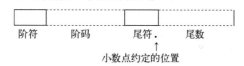

在一个字长（8位、16位或32位二进制数）中：

选用1位存放阶符，阶符为0表示阶码为正数，阶符为1表示负数。

选用若干位存放阶码，阶码为整数。

选用1位存放尾符，尾符为0为正数，尾符为1表示尾数为负数。

选用若干位存放尾数，尾数为纯小数。

尾符和尾数之间是小数点的约定位置。

由于浮点数由阶码和尾数两部分组成，这两部分都是有符号的。它们用什么码制表示呢？归纳起来浮点机器数有两种：

1）阶码和尾数采用相同的码制。

2）阶码和尾数采用不用的码制。

例1-3　设字长为16位，其中阶符1位，阶码4位，尾符1位，尾数10位。要求把 X = −1011101.0101 写成规格化的浮点补码数，阶码和尾数均用补码表示。

解：首先把X写成规格化的浮点真值数，即 X = −0.1011010101 × 2 + 6，则规格化的浮点补码数为

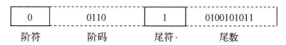

例1-4　设阶码用原码表示，尾数用补码表示，求下列浮点机器数的真值。

解：真值 = −0.1101100111 × 2 − 2，则规格化的浮点补码数为

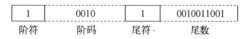

3. 浮点数的数值范围

"数值范围"是指机器数所能表示的真值的范围。在定字长条件下，浮点数所能表示的真值范围比定点数大，而且分配给阶码的位数越多，所能表示的数的范围越大，但是由于尾数的位数相应减小，所以数的精度减少。

例1-5　设字长为16位，其中阶符1位，阶码5位，尾符1位，尾数9位，当阶码和尾数均用补码表示时，数值范围是多大？当阶码和尾数都用原码表示时，数值范围是多大？

解：图1-3给出了两种情况下的数值范围。

当阶码占M位，尾数占N位，而且阶码和尾数采用不用码制表示的时候，其数值范围是多大？读者从上例能得到启发。

需要说明的是，本书涉及的微型计算机中指令运算的操作数是定点整数，即用汇编语言编程涉及的都是整数，对于浮点数，本书不再详述。

阶码正最大（补码）　　　尾数正最大（补码）

真值最大 $=+(1-2^{-9})\times 2^J$

阶码正最大（补码）　　　尾数负最大（补码）

真值最小 $=-1\times 2^J$

所以，数值范围 $=-1\times 2^J \sim +(1-2^{-9})\times 2^J$ 其中，$J=2^5-1$

阶码正最大（原码）　　　尾数正最大（原码）

真值最大 $=+(1-2^{-9})\times 2^J$

阶码正最大（原码）　　　尾数负最大（原码）

真值最小 $=-(1-2^{-9})\times 2^J$

所以，数值范围 $=-(1-2^{-9})\times 2^J \sim +(1-2^{-9})\times 2^J$ 其中，$J=2^5-1$

图 1-3　浮点数的数值范围

1.3　8086/8088 微处理器结构

8086/8088 微处理器是 Intel 系列微处理器中具有代表性的 16 位微处理器，后续推出的 Intel 系列各种微处理器，如 80x86，乃至目前流行的 Corei（酷睿 i）微处理器，都是从 8086/8088 发展而来的，且均与其保持兼容。因此，深入了解 8086/8088 微处理器是进一步掌握 Intel 系列各种微处理器的基础。

1.3.1　8086/8088 微处理器内部结构

8086 微处理器内部结构如图 1-4 所示。

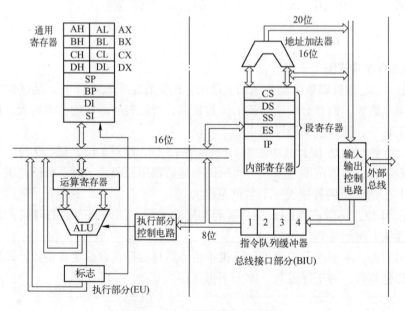

图 1-4　8086 微处理器内部结构

从图1-4中可以看出，8086微处理器由两部分组成，即指令执行部件（Executive Unit，EU）和总线接口部件（Bus Interface Unit，BIU）组成，图中用点画线将这两部分隔开。

指令执行部件包含算术逻辑运算单元（Arithmetic Logic Unit，ALU）、标志寄存器FLAGS、通用寄存器组和EU控制器4个部件，其主要功能是执行指令。

总线接口部件由地址加法器、专用寄存器组、指令队列和总线控制逻辑4个部件组成。它的主要功能是访问存储器和外部设备。

传统的微处理器执行一条指令需要完成以下操作：从存储器中取出一条指令（读存储器），读出操作数（读存储器），执行指令，写入操作数（写存储器）。指令的执行时间是这些操作所耗费时间的总和。在8086微处理器中，这些步骤分配给指令执行部件EU和总线接口单元BIU独立地、并行地执行。例如，在EU执行第N条指令的同时，BIU从存储器取出第N+1、N+2条指令，微处理器单位时间内执行完成的指令数目增加了，指令的执行速度得到提高。指令的这种执行方式称为"指令流水线"。

1. 指令执行部件EU

EU的功能是执行指令。大多数情况下，指令按照它编写/存放的先后次序顺序执行。通常，在执行一条指令之前，BIU已经把这条指令从存储器中取出，存入CPU内部的指令队列。EU从指令队列中取得指令代码，直接执行该指令而省去取指令的时间。但是，下面两种情况下，EU的连续执行被中断。

指令执行过程中需要访问存储器取操作数。EU将访问地址送给BIU，等待BIU访问存储器，读出操作数之后，EU才能继续操作。

遇到转移类指令，BIU会将指令队列"清空"，从新的地址重新取指令。这时，EU要等待BIU将取到的新指令装入队列后，才能继续执行。

这两种情况下，EU和BIU的并行操作受到一定影响。但是，只要转移指令出现的比例不是很高，两者的重叠操作仍然会取得良好效果。

EU中的算术逻辑运算单元（ALU）可完成16位或8位的二进制运算，运算结果通过内部总线送到通用寄存器，或者送往BIU的内部寄存器中，等待写入存储器。16位暂存器用来暂存参加运算的操作数。ALU运算后的结果特征（有无进位和溢出等）置入标志寄存器FLAGS中保存。

EU控制器负责从BIU的指令队列中取出指令，并对指令译码，根据指令要求向EU内部各部件发出各种控制命令，实现这条指令的功能。

2. 总线接口部件BIU

BIU负责与微处理器外部的内存储器或I/O端口进行数据传输。

访问存储器的实际地址称为物理地址，用20位二进制数表示。

在8086/8088系统中，按照使用的需要，存储器被划分成若干块，每块存放一种类型的数据或者程序，这块存储器称为段（Segment）。EU送来的存储器地址称为逻辑地址，由16位段基址和16位偏移地址（段内地址）组成。段基址表示一个段的起始地址的高16位。偏移地址表示段内的一个存储单元距离开始位置的距离，因此，偏移地址也称为段内地址。例如，2345H：1100H表示段基址为2345H（这个段的起始地址是23450H），段内偏移地址为1100H的存储单元地址。

地址加法器用来完成逻辑地址向物理地址的变换。这实际上是进行一次地址加法，将两个 16 位二进制表示的逻辑地址错位相加（见图 1-5），得到 20 位的物理地址，从而可寻址 220 = 1 MB 的存储空间。也就是

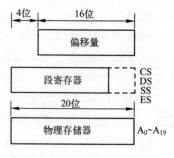

图 1-5 地址加法器

$$物理地址 = 段基址 \times 16 + 偏移地址$$

又如前面所举例子，逻辑地址 2345H:1100H 对应的物理地址是 24550H。反之，物理地址 24550H 对应的逻辑地址可以是 2455:0000H，也可以是 2400H:0550H 等。这说明一个存储单元的物理地址是唯一的，而它对应的逻辑地址是不唯一的。

8086/8088 微处理器使用 16 位二进制表示偏移地址，因此，每个段的大小不能超过 64 KB。

BIU 从存储器中读出指令送入 6B 的指令队列。一旦指令队列中空出 2B，BIU 将自动进行读指令的操作来填满指令队列，使得 EU 不断地得到下一条执行的指令。

总线控制电路将 8086/8088 微处理器的内部总线与它的引脚所连接的外部总线相连，是 8086/8088 与外部交换信息的必经之路。微处理器正是通过这些总线与外部进行连接，从而形成各种规模的 8086/8088 微型计算机。

从微处理器的内部结构来看，8088 和 8086 很相似，区别仅表现以下两个方面：

1）8088 与外部交换数据的数据总线宽度是 8 位，但 EU 内部总线和寄存器仍是 16 位，所以把 8088 称为 16 位微处理器。

2）8088BIU 中指令队列只有 4B，只要队列中出现一个字节的空闲位置，BIU 就会自动地访问存储器，取指令来填满指令队列。

1.3.2　8086/8088 微处理器的寄存器

8086/8088 CPU 内部寄存器如图 1-6 所示。

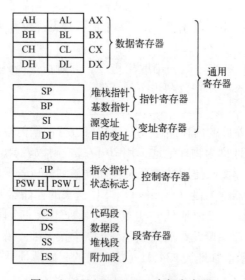

图 1-6　8086/8088 CPU 内部寄存器

14

1. 通用寄存器组

8086/8088 微处理器指令执行部件（EU）中有 8 个 16 位通用寄存器，它们可分为两组。一组由 AX、BX、CX 和 DX 构成，称作通用数据寄存器，用来存放 16 位的数据或地址。也可以把它们当作 8 个 8 位寄存器来使用，也就是把每个通用寄存器的高半部分和低半部分分开：低半部分被命名为 AL、BL、CL 和 DL；高半部分被命名为 AH、BH、CH 和 DH。8 位寄存器只能存放数据而不能存放地址。

1）AX 称为累加器，是使用最多的寄存器，所有外部设备的输入/输出指令只能使用 AL 或 AX 作为数据寄存器。

2）BX 称为基址寄存器，它可以用作数据寄存器，访问存储器时，可以存放被读写的存储单元的地址，是具有双重功能的寄存器。

3）CX 称为计数寄存器，它可以用作数据寄存器，在循环操作、移位操作和字符串操作时用作计数器。

4）DX 称为数据寄存器，在乘除法中作为辅助累加器，在输入/输出操作中存放端口地址。

另一组 4 个 16 位寄存器主要用来存放操作时的偏移地址（操作数的段内地址）。

1）SP 称为堆栈指针寄存器，存放栈顶的偏移地址，供堆栈操作使用。

2）BP 称为基址指针寄存器，常用来存放堆栈内数据的基地址。

3）SI 称为源变址寄存器，主要用来存放地址，在字符串操作中存放源操作数的偏移地址。变址寄存器内存放的地址在数据传送完成后能够自动修改。例如，传送 1 字节数据后把地址加 1，为下次传送做好准备，变址寄存器因此得名。

4）DI 称为目的变址寄存器，主要用于存放地址，在字符串操作中存放目的操作数的偏移地址。

2. 段寄存器

段寄存器存放一个段的段基址。总线接口部件（BIU）中设置有 4 个 16 位段寄存器，它们分别是代码段寄存器 CS、数据段寄存器 DS、堆栈段寄存器 SS 和附加段寄存器 ES。

代码段也称为程序段，用来存放程序指令，一个程序有一个或多个代码段，每个代码段大小不超过 64 KB。CS 中存放的是现在正在执行的代码段的段基址。

DS 存放当前正在使用的数据段的段基址。需要同时使用第二个数据段时可以使用附加段，它的段基址存放在 ES 中。

堆栈段是内存中的一块存储区，用来存放专用数据。例如，调用子程序时的入口参数、返回地址等，这些数据都按照"先进后出"的规则进行存取。SS 存放堆栈段的段基址，SP 存放当前堆栈栈顶的偏移地址。数据进出堆栈要使用专门的堆栈操作指令，SP 的值在执行堆栈操作指令时根据规则自动地进行修改。

使用一个段的存储单元之前，要把这个段的段基址存放到对应的段寄存器中。如果程序里只有一个数据段，那么把数据段段基址装入 DS 的操作只需要在程序头部进行一次。

3. 标志寄存器 FLAGS

8086/8088 微处理器中设置了一个 16 位标志寄存器 FLAGS，用来存放运算结果的特征和控制标志，其格式如下：

15			11	10	9	8	7	6		4		2		0
			OF	DF	IF	TF	SF	ZF		AF		PF		CF

标志寄存器 FLAGS 中存放的 9 个标志位可分成两类：一类叫状态标志，用来表示运算结果的特征，包括 CF、PF、AF、ZF、SF 和 OF；另一类叫控制标志，用来控制微处理器的操作，包括 IF、DF 和 TF。各标志位的作用说明如下：

1）CF（Carry Flag）是进位标志位。CF = 1，表示本次运算中最高位（第 7 位或第 15 位）加法运算时有进位，或者减法运算时有借位。

进行两个无符号数加法或减法运算后，如果 CF = 1，表示运算的结果超出了该字长能够表示的数据范围。例如，执行两个 8 位无符号数运算后，CF = 1 表示加法结果超过了 255，或者是减法得到的差小于零。

进行有符号运算时，CF 对运算结果没有直接意义。

2）OF（Overflow Flag）是溢出标志位。OF = 1 表示两个有符号数的加法或减法超出了其字长所能表示的范围。例如，进行 8 位运算时，OF = 1 表示运算结果大于 + 127 或者小于 - 128，此时不能得到正确的运算结果。进行无符号数运算时，OF 标志对结果没有意义。

OF 根据运算最高两位上的进位产生。加法时，最高两位进位相同，OF = 0，否则 OF = 1，溢出标志位也可以根据操作数和结果的符号进行直观判断。例如，加法运算时，两个操作数的符号相反，必有 OF = 0；操作数符号相同，结果的符号与之相同，OF = 1，否则 OF = 1。

3）ZF（Zero Flag）为零标志位。ZF = 1，表示运算结果为 0（各位全为 0），否则，ZF = 0。

4）SF（Sign Flag）为符号标志位。SF = 1，表示运算结果的最高位（第 7 位或第 15 位）为 1，否则 SF = 0。

5）PF（Pairty Flag）为奇偶标志位。PF = 1，表示本次运算结果的低 8 位中有偶数个 1；PF = 0，表示有奇数个 1。PF 可以进行奇偶校验，或者用来生成奇偶校验位。

6）AF（Auxiliary Carry Flag）为辅助进位标志位。AF = 1，表示 8 位运算结果（限使用 AL 寄存器）中低 4 位向高 4 位有进位（加法运算时）或有借位（减法运算时），这个标志位只在 BCD 运算中起作用。

控制标志位的值可以由指令来设置，用来控制 CPU 的某些工作方式。

7）IF（Interrupt Flag）为中断允许标志位。IF = 1（开中断）表示当前微处理器响应可屏蔽中断。IF 标志通过 STI 指令置位（置 1），通过 CLI 指令复位（清零）。

8）DF（Direction Flag）为方向标志位。在串操作指令中，若 DF = 0，表示串操作指令执行后地址指针自动增量，串操作由低地址向高地址进行；DF = 1，表示地址指针自动减量，串操作由高地址向低地址进行。DF 标志通过 STD 指令置位，通过 CLD 指令复位。

9）TF（Trap Flag）为单步标志位。TF = 1，微处理器进入单步工作方式。在这种工作方式下，微处理器每执行完一条指令就会自动产生一次内部中断，常用于程序调试。

掌握运算对状态标志位的影响，对于在编程中控制程序的执行方向具有重要意义。根据运算结果建立标志位的例子如下。

例 1-6 若 AL = 3BH，AH = 7DH，指出 AL 和 AH 中断内容相加、相减后，标志 CF、AF、PF、SF、OF 和 ZF 的状态。

（1）（AL）+（AH）

$$
\begin{array}{r}
0\ 0\ 1\ 1\ 1\ 0\ 1\ 1 \quad \text{AL（3BH）} \\
+\ 0\ 1\ 1\ 1\ 1\ 1\ 0\ 1 \quad \text{AH（7DH）} \\
\hline
1\ 0\ 1\ 1\ 1\ 0\ 0\ 0
\end{array}
$$

由运算结果可知：$CF = C_7$（D_7 位上的进位）$=0$（无进位）；$SF = D_7 = 1$（运算结果符号位为 1）；$OF = C_7 \oplus C_6 = 0 \oplus 1 = 1$（有溢出）；$ZF = 0$（运算结果不为 0）；$AF = C_3$（$D_3$ 位上的进位）$=1$（有辅助进位）；$PF = 1$（运算结果有偶数个 1）。

（2）（AL）−（AH）

$$
\begin{array}{r}
0\ 0\ 1\ 1\ 1\ 0\ 1\ 1 \quad \text{AL（3BH）} \\
-\ 0\ 1\ 1\ 1\ 1\ 1\ 0\ 1 \quad \text{AH（7DH）} \\
\hline
1\ 0\ 1\ 1\ 1\ 1\ 1\ 0
\end{array}
$$

由运算结果可知：$CF = 1$（有借位）；$SF = 1$（符号位为 1）；$OF = 0$（有符号数运算结果无溢出）；$ZF = 0$（运算结果不为 0）；$AF = 1$（有辅助进位）；$PF = 1$（运算结果有 6 个 1）。

注意：在每次运算类指令执行后，CPU 按上述规则自动地产生各"状态标志位"。程序员要根据指令所执行的运算种类，有选择地使用某些标志位，而不一定是全部标志位。

例如，如果参加运算的两个数是有符号数（用补码表示），可以用 OF 判断结果是否产生溢出，这时不必关心 CF 的状态；如果参加运算的两个数是无符号数，可以用 CF 判断结果是否超出范围，无须关心 OF 的状态。

4. 指令指针寄存器 IP

8086/8088 微处理器中有一个 16 位指令指针寄存器 IP，用来存放将要执行的下一条指令在代码段中的偏移地址。

程序按顺序运行时，IP 中的内容跟随着指令的执行过程，始终指向下一条指令。执行转移指令时，EU 会将转移的目标地址送入 IP 中，实现程序的转移。

1.4 8086/8088 CPU 的引脚信号及工作模式

1.4.1 8086/8088 CPU 的引脚及其功能

Intel 8086 是 16 位的微处理器，采用 40 条引脚的双列直插式封装。它向外的信号包含 16 条数据线、20 条地址线和若干控制信号。为了控制芯片引脚数量，对部分引脚采用了分时复用的方式。所谓分时复用，就是在同一根传输线上，在不同时间传送不同的信息。8086/8088 依靠分时复用技术，用 40 条引脚实现了众多数据、地址、控制信息的传送。8086/8088 微处理器封装外形如图 1-7 所示。

8086/8088 微处理器有两种不同的工作模式：最小模式和最大模式。后面具体介绍这两种工作模式的不同特点。下面以 8086 为例进行介绍，8086 微处理器的 8 条引脚（24～31）在两种工作模式中，具有不同的功能。图 1-7 中括号是最大模式下被重新定义的信号名称。

引脚信号的传输有以下几种类型。

输出：信号从微处理器向外部传送。

输入：信号从外部送入微处理器。

双向：信号有时从外部送入微处理器，有时从微处理器向外部传送。

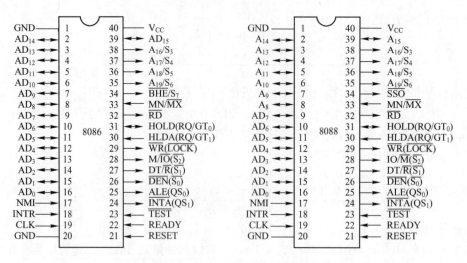

图1-7　8086/8088 微处理器的封装外形

三态：除了高电平、低电平两种状态之外，微处理器内部还可以通过一个大的电阻阻断内外信号的传送，微处理器内部的状态与外部相互隔离，称为"悬浮态"或"高阻态"。

下面对 Intel 8086 芯片各组引脚作简要说明。

1. 地址与数据信号引脚

1）$AD_{15} \sim AD_0$（Address Data Bus）分时复用的地址/数据线。传送地址时三态输出，传送数据时双向三态输入/输出。

2）$A_{19}/S_6 \sim A_{16}/S_3$（Address/Status Bus）分时复用的地址/状态线。用作地址线时，$A_{19} \sim A_{16}$ 与 $AD_{15} \sim AD_0$ 一起构成访问存储器的 20 位物理地址。CPU 访问 I/O 端口时，$A_{19} \sim A_{16}$ 保持为"0"。用作状态线时，$S_6 \sim S_3$ 用来输出所使用的段寄存器信息。

2. 读写控制信号引脚

读写控制信号用来控制微控制器对存储器和 I/O 设备的读写过程。

1）$M/\overline{IO}$（Memory/IO）：存储器或 I/O 端口访问选择信号，三态输出。$M/\overline{IO}$ 为高电平，表示当前微处理器正在访问存储器；$M/\overline{IO}$ 为低电平，表示微处理器当前正在访问 I/O 端口。

2）$\overline{RD}$（Read）读信号：三态输出，低电平有效，表示当前微处理器正在读存储器或 I/O 端口。

3）$\overline{WR}$（Write）写信号：三态输出，低电平有效，表示当前微处理器正在写存储器或 I/O 端口。

以上 3 个信号的常用组合如下。

$M/\overline{IO} = 1$，$\overline{RD} = 0$：CPU 请求读存储器（对存储器的"读"命令）。

$M/\overline{IO} = 1$，$\overline{WR} = 0$：CPU 请求写存储器（对存储器的"写"命令）。

$M/\overline{IO} = 0$，$\overline{RD} = 0$：CPU 请求读 I/O 接口内的端口（对 I/O 接口的"读"命令）。

$M/\overline{IO} = 0$，$\overline{WR} = 0$：CPU 请求写 I/O 接口内的端口（对 I/O 接口的"写"命令）。

4）READY：准备就绪信号。由外部输入，高电平有效，表示 CPU 访问的存储器或 I/O

端口已经准备好传送数据。READY 无效时，表示 CPU 访问的存储器或 I/O 端口还没有准备好传送数据。要求微处理器插入一个或多个等待周期 T_W，直到存储器或 I/O 端口准备就绪，READY 信号变成有效为止。

5）$\overline{BHE}/S_7$（Bus High Enable/Status）：总线高字节有效信号。三态输出，低电平有效。非数据传送期间，该引脚用作 S_7，即状态信息。

8086 微处理器有 16 根数据线。但是，存储器和 I/O 端口都以 8 位二进制为一个基本单位。通常，微处理器低 8 位数据线（$D_0 \sim D_7$）和偶地址的存储器或 I/O 端口相连接，这些存储器 I/O 端口称为偶体。高 8 位数据线（$D_8 \sim D_{15}$）和奇地址的存储器或 I/O 端口相连接，这些存储器 I/O 端口称为奇体，如图 1-8 所示。

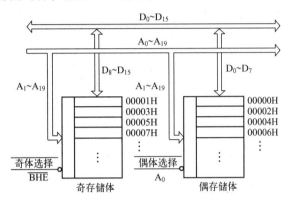

图 1-8 16 位微处理器与存储器的连接

$\overline{BHE}$ 有效表示微处理器正在使用高 8 位的数据线对奇体的存储单元或 I/O 端口进行访问。它与最低位地址码 A_0 配合起来表示当前总线使用情况，见表 1-3。

表 1-3 $\overline{BHE}$ 和 AD_0 编码的含义

$\overline{BHE}$	AD_0	总线使用情况
0	0	在 16 位数据总线上进行字传送
0	1	在高 8 位数据总线上进行字节传送
1	0	在高 8 位数据总线上进行字节传送
1	1	无效

6）ALE（Address Latch Enable）：地址锁存允许信号，向外输出，高电平有效。表示当前地址/数据分时使用的引脚上正在输出地址信号。

7）$\overline{DEN}$（Data Eable）：数据允许信号，三态输出，低电平有效。表示当前地址/数据分时使用的引脚上正在传输数据信号。进行 DMA 传输时，$\overline{DEN}$ 被置为高阻态。

8）$DT/\overline{R}$（Data Transmit/Receive）：数据发送/接收控制信号，三态输出。微处理器写数据到存储器或 I/O 端口时，$DT/\overline{R}$ 输出高电平；微处理器从存储器或 I/O 端口读取数据时，$DT/\overline{R}$ 输出低电平。

3. 中断控制信号引脚

中断是外部设备请求微处理器进行数据传输的有效方法。这一组引脚传输中断的请求和应答信号。

1）INTR（Interrupt Request）：可屏蔽（Maskable）中断请求信号，外部输入，电平触发，高电平有效。INTR 有效时，表示外设向微处理器发出中断请求。微处理器在每条指令的最后一个时钟周期采样 INTR 信号，若发现 INTR 信号有效（为高电平），并且中断允许标志 IF = 1 时，CPU 就会在结束当前指令后，响应中断请求，进入中断响应周期。

2）$\overline{\text{INTA}}$（Interrupt Acknowledge）：中断响应信号，向外部输出，低电平有效。该信号有效，表示微处理器已经收到并且响应外部发来的 INTR 信号，将通过 INTA 引脚向发出请求信号的设备（中断源）发出中断响应信号。外部设备可以向数据总线传输中断类型数据码，以便获取相应中断服务程序的入口地址。

3）NMI（Non - Maskable Interrupt Request）：不可屏蔽中断请求信号，由外部输入，边沿触发，正跳变有效，"不受 IF 的影响"。微处理器一旦测试到 NMI 请求有效，当前指令执行完后自动转到执行类型 2 的中断服务程序。显然这是一种比 INTR 级别高的中断请求。

4. DMA 控制引脚

DMA 传输是一种不经过 CPU，在内存储器和 I/O 设备之间通过总线直接传输数据的大多数时间里，总线在 CPU 的控制下进行传输。如果外部设备希望使用总线进行 DMA 传送，则要向 CPU 提出申请并取得认可。

1）HOLD（Hold Request）：总线请求信号。由外部输入，高电平有效。当 CPU 以外的其他设备要求占用总线时，通过该引脚向 CPU 发出请求。

2）HLDA（Hold Acknowledge）总线请求响应信号。向外部输出，高电平有效。微处理器一旦测试到有 HOLD 请求，就在当前总线周期结束后，使 HLDA 有效，表示响应这一总线请求，并立即让出总线使用权（所有三态总线处于高阻态，从而不影响外部的存储器与 I/O 设备交换数据）。在 DMA 传输期间，只要微处理器不使用总线，微处理器内部的指令执行部件（EU）可以继续工作。HOLD 变为无效后，微处理器也将 HLDA 置成无效，并收回对总线的控制权。

5. 其他引脚

1）V_{CC}（电源）：8086 CPU 只需要单一的 + 5 V 电源，由 V_{CC} 引脚输入。

2）CLK（Clock）：主时钟信号，输入。由 8284 时钟发生器产生。8086 CPU 可使用的最高时钟频率随芯片型号不同而异，8086 为 5 MHz，8086 - 1 为 10 MHz，8086 - 2 为 8 MHz。

3）$\text{MN}/\overline{\text{MX}}$（Minimum/Maximum）：工作模式选择信号，由外部输入。$\text{MN}/\overline{\text{MX}}$ 为高电平，微处理器工作在最小模式；$\text{MN}/\overline{\text{MX}}$ 为低电平，微处理器工作在最大模式。

4）RESET：复位信号。由外部输入，高电平有效。CPU 接收到 RESET 信号后，停止进行操作，并将标志寄存器、段寄存器、指令指针 IP 和指令队列等复位到初始状态。RESET 复位信号通常由计算机机箱上的复位按钮产生。RESET 信号至少要保持 4 个时钟周期。

5）$\overline{\text{TEST}}$：测试信号。由外部输入，低电平有效。微处理器执行 WAIT 指令时，每隔 5 个时钟周期对 $\overline{\text{TEST}}$ 测试一次，若测试 $\overline{\text{TEST}}$ 无效，则微处理器处于踏步等待状态。$\overline{\text{TEST}}$ 有效

后，微处理器执行 WAIT 指令后面的下一条指令。

6. 8088 处理器引脚

8088 微处理器的大部分引脚名称及其功能与 8086 相同，不同之处如下：

1）由于 8088 的外部数据线只有 8 条，因此分时复用地址数据线只有 $AD_7 \sim AD_0$，$AD_{15} \sim AD_8$ 专门用来传送地址而成为 $A_{15} \sim A_8$。

2）第 34 引脚在 8086 中是 $\overline{BHE}$，由于 8088 只有 8 根外部数据线，不再需要此信号，在 8088 中它被重新定义为 SS_0，它与 $DT/\overline{R}$、$IO/\overline{M}$ 一起用作最小方式下的周期状态信号。

3）第 28 引脚在 8086 中是 $M/\overline{IO}$，在 8088 中改为 $IO/\overline{M}$，使用的信号极性相反。

7. 最大模式下的 24~31 引脚

8086 CPU 工作在最大模式时，24~31 引脚有不同的定义。本章后面的章节介绍"最大模式"的含义和构成。

1）$\overline{S}_2 \sim \overline{S}_0$（Bus Cycles Status）总线周期状态信号。三态输出。这 3 个信号是最大模式中由微处理器传送给总线控制器 8288 的总线周期信号。其不同的组合表示了 CPU 在当前总线周期所进行的操作类型，见表 1-4。最大模式中，总线控制器 8288 就是利用这些状态信号进行组合，产生访问存储器和 I/O 端口的控制信号。

表 1-4　$\overline{S}_2 \sim \overline{S}_0$ 的代码组合和对应的总线操作

$\overline{S}_2$	$\overline{S}_1$	$\overline{S}_0$	操　作	经总线控制器 8288 产生的信号
0	0	0	中断响应	$\overline{INTA}$（中断响应）
0	0	1	读 I/O 端口	$\overline{IORC}$（I/O 读）
0	1	0	写 I/O 端口	$\overline{IOWC}$（I/O 写）、$\overline{AIOWC}$（提前 I/O 写）
0	1	1	暂停	暂停
1	0	0	取指令	$\overline{MRDC}$（存储器读）
1	0	1	读内存	$\overline{MRDC}$（存储器读）
1	1	0	写内存	$\overline{MWTC}$（存储器写）、$\overline{AMWTC}$（提前存储器写）
1	1	1	无源状态（无效状态）	无

2）$\overline{LOCK}$：总线封锁信号。三态输出，低电平有效。$\overline{LOCK}$ 有效时表示微处理器不允许其他总线主控者占用总线。这个信号由软件设置。在指令前加上 LOCK 前缀时，则在执行这条指令期间 $\overline{LOCK}$ 保持有效，阻止其他主控者使用总线。

3）$\overline{RQ}/\overline{GT}_0$、$\overline{RQ}/\overline{GT}_1$（Request/Grant）：总线请求/允许信号，该引脚为总线请求输入信号/总线请求允许信号输出的双向控制器，低电平有效。该信号用于取代最小模式时的 HOLD/HLDA 两个信号的功能，是特意为多处理器系统而设计的。当系统中某一部件要求获得总线控制权时，就通过此信号线向 CPU 发出总线请求信号，若 CPU 响应总线请求，就通过同一引脚发回响应信号，允许总线请求，表明 CPU 已放弃对总线的控制权，将总线控制权交给提出总线请求的部件使用。$\overline{RQ}/\overline{GT}_0$、$\overline{RQ}/\overline{GT}_1$ 可以接至不同的处理器上，但 $\overline{RQ}/\overline{GT}_0$ 引脚的优先级高于 $\overline{RQ}/\overline{GT}_1$。

4）QS_1、QS_0（Instruction Queue Status）：指令队列状态。向外部输出，用来表示微处理器中指令队列的当前状态。

1.4.2 外围功能芯片

1. 时钟发生器 8284

8284 的作用是将晶体振荡器产生的振荡频率分频，向8086/8088 CPU 以及计算机系统提供符合定时要求的时钟信号，并产生准备好的信号和系统复位信号。8086/8088 CPU 内没有时钟发生电路，8284 就是提供给8086/8088 CPU 系列使用的单片时钟发生器。如图1-9 所示，它由时钟发生电路、复位电路和准备就绪电路3 部分组成。

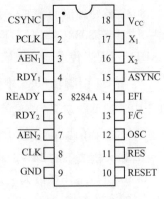

图 1-9　8284 引脚图

（1）时钟发生电路

1）X_1、X_2：外接石英晶体连接端。

2）EFI（External Frequency In）：外部振荡源输入端。

3）$F/\overline{C}$（Frequency/Clock）：时钟信号选择输入端。当该引脚输入低电平时，X_1、X_2 端外接晶体振荡器。当 $F/\overline{C}$ 为高电平时，8284 从 EFI 引脚上输入的外接方波信号获得基本振荡频率。

4）CLK：三分频时钟信号输出端。振荡信号经三分频后产生占空比为 1:3 的时钟信号。

5）PLCK：六分频时钟信号输出端。对振源信号六分频，输出信号占空比为 1:2 的时钟信号。

6）OSC：晶振频率输出端。供显示器使用。

PC/XT 只使用一片 8284，外接 14.318 MHz 的晶体（这是 IBM 彩色图形卡上必须使用的频率），OSC 端输出 14.318 MHz 的振荡信号，CLK 端输出 4.77 MHz 的时钟信号，PCLK 端输出 2.38 MHz 的外部时钟信号，供 8254 定时器/计数器作为时钟输入。

7）CSYNC（Clock Synchronization）：时钟同步输入，为多个 8284 同步工作而设置，对由 EFI 引入的外部振荡信号同步。使用 X_1、X_2 晶振时，此引脚接地。外部信号 RDY 和 $\overline{RES}$ 可以在任何时候到来，8284 把它们同步在时钟下降沿时输出 READY 和 RESET 信号到 CPU。

（2）复位电路

1）$\overline{RES}$（Reset In）：复位信号输入端。用于产生使系统复位的输出信号 RESET，一般来自电源电路。当电源电压正常后，会送来一个负脉冲，PC/XT 要求这个负脉冲宽度不小于 50 μs。

2）RESET：复位信号输出端。由 $\overline{RES}$ 经时钟同步后输出，接到 CPU 的 RESET 端，供 CPU 及整个系统复位使用。它是 50 μs 的正脉冲。系统进入正常工作后，只需 4 个时钟周期高电平的 RESET 信号便可复位。

（3）准备就绪电路

1）RDY_1、RDY_2：准备就绪输入信号，高电平有效。有效时表明设备已经准备好传送数据。

2）$\overline{AEN_1}$、$\overline{AEN_2}$：允许信号输入端，低电平有效。用来决定对应的 RDY 信号生效与否，若有效使 RDY₁ 和 RDY₂ 产生 READY 信号，否则插入等待周期。

3）$\overline{\text{READY}}$：输出到 CPU 的准备就绪信号。

4）$\overline{\text{ASYNC}}$（Ready Synchronization Select）：同步方式选择输入端。当输入低电平时，对有效的 RDY 信号提供两级同步。PC/XT 使用这种同步方式。当它输入高电平时，只提供一级同步，这种方式要求外部设备能够提供满足建立时间要求的 RDY 信号。

2. 地址锁存器 8282

地址锁存器就是一个暂存器，它根据控制信号的状态，将总线上地址代码暂存起来。8086/8088 数据和地址总线采用分时复用操作方法，即用同一总线既传输数据又传输地址。当微处理器与存储器交换信号时，首先由 CPU 发出存储器地址，同时发出允许锁存信号 ALE 给锁存器，当锁存器接到该信号后，将地址/数据上的地址信息锁存在锁存器中，随后才能传输数据。锁存器一般由边缘触发 D 触发器构成。一般地，它在时钟上升沿或下降沿来的时候锁存输入信号，然后产生输出；在其他时候输出都不跟随输入变化。

Intel 8282 是 20 引脚双列直插芯片，有 8 个带锁存器的单向三态缓冲器，如图 1-10 所示。各引脚定义如下。

1）DI₇ ~ DI₀：地址信号输入端。

2）DO₇ ~ DO₀：地址信号输出端。

3）$\overline{\text{OE}}$：输出三态控制线，低电平有效，用作锁存器信号输出控制。当接高电平时，8282 锁存器输出端处于高阻态。

4）STB：锁存控制信号输入端，高电平有效，接 8086/8088 CPU 的 ALE 地址锁存。

5）ALE：允许信号输出端。当 ALE 有效时，将 DI₇ ~ DI₀ 输入的地址信号锁存输出，作为系统的地址总线。

3. 总线数据收发器 8286

总线数据收发器用来对微处理器与系统数据总线的连接进行控制，同时它还有增加系统数据总线驱动的能力。

Intel 8286 是 DIP20 芯片，内部有 8 个双向三态缓冲器，用于完成数据的接收和发送，具有功率放大的作用，同时可以增加数据总线的驱动能力，如图 1-11 所示。

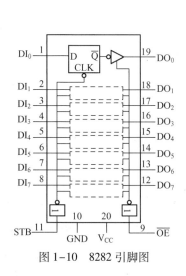

图 1-10　8282 引脚图

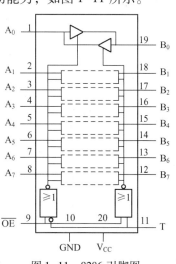

图 1-11　8286 引脚图

1）$A_7 \sim A_0$：数据信号输入端。

2）$B_7 \sim B_0$：数据信号输出端。

3）$\overline{OE}$：输出三态控制线，低电平有效。当接高电平时，8286禁止数据在两个方向上的传送。$\overline{OE}$连接至8086的$\overline{DEN}$。

4）T：数据传送方向控制信号。T＝1表示数据输出，由A传到B；T＝0表示数据输入，由B传到A。T连接至8086 CPU的$DT/\overline{R}$。

4. 总线控制器8288

当8088 CPU工作在最大组态方式时，就需要使用8288总线控制器来产生存储器和I/O端口读写操作的控制信号。在最大组态的系统中，命令信号和总线控制所需的信号都是8288根据8088 CPU提供的状态信号$\overline{S_0}$、$\overline{S_1}$、$\overline{S_2}$输出的。8288的结构图如图1-12所示。

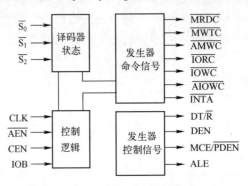

图1-12　8288总线控制逻辑图

（1）8288总线控制信号

1）ALE（Address Latch Enable）：送给地址锁存器的地址锁存允许信号。

2）DEN（Data Enable）：送给数据总线收发器的数据允许信号，它决定数据总线的收发器是否开启。高电平有效。

3）$DT/\overline{R}$（Data Transmit/Receive）：送给数据总线收发器的数据收发器控制信号。它决定数据传输的方向。高电平时CPU输出数据，低电平时输入数据。

（2）8288命令信号

1）$\overline{INTA}$（Interrupt Acknowledge）：CPU中断响应的输出信号，低电平有效。

2）$\overline{MRDC}$（Memory Read Command）：对存储器的读命令信号，低电平有效。用来通知存储器接收数据总线上的数据，并写入所寻址单元中。

3）$\overline{MWTC}$（Memory Write Command）：对存储器的写命令信号，低电平有效。用来通知存储器将所寻址单元的内容送到数据总线。

4）$\overline{IORC}$（I/O Read Command）：I/O设备的读命令信号，低电平有效。它通知I/O接口将所寻址的端口中的数据送到数据总线。

5）$\overline{IOWC}$（I/O Write Command）：I/O设备的写命令信号，低电平有效。它通知I/O接口接收数据总线上的数据，并将数据送到所寻址的端口中。

6）$\overline{AMWC}$（Advanced Memory Write Command）：提前一个时钟周期对存储器写命令，低电平有效。它比$\overline{MWTC}$提前一个时钟周期发出，这样，一些较慢的存储器芯片就得到一个额外的时钟周期去执行写操作。

7）$\overline{AIOWC}$（Adbanced IO Write Command）：提前一个时钟周期对 I/O 口写命令，低电平有效。它比$\overline{IOWC}$提前一个时钟周期发出，这样，一些较慢的外部设备就得到一个额外的时钟周期去执行写操作。

（3）逻辑控制信号

1）IOB（IO/Bus）：工作方式选择输入端。低电平时，8288 处于系统总线方式，在这种方式下，总线仲裁逻辑向 8288 的$\overline{AEN}$输入端发送低电平，表示总线可供使用。在多处理器使用一组总线的系统中必须使用系统总线方式。IBM/XT 的 8288 即工作在此方式。高电平时，8288 工作于 I/O 总线方式，此时 I/O 命令总是允许的。在多处理器系统中，对于外部设备和存储器总是归某个处理器使用，可使用此方式。

2）CLK：时钟输入端，接 8284 的时钟输入信号。

3）$\overline{AEN}$：总线命令允许控制信号，它为支持多总线结构的输入信号。只有在该信号为低电平的时间长于 115ns 后，8288 才输出命令信号和总线控制信号。即$\overline{AEN}$为低电平时，CPU 控制总线；$\overline{AEN}$为高电平时，DMA 控制总线。该引脚接来自总线仲裁电路的 AENBRD 信号。

4）CEN：控制信号允许输入信号。当系统使用两个以上的 8288 芯片时，利用此信号对各个 8288 芯片的工作状态进行控制。CEN 为高电平时，允许 8288 输出有效的总线控制信号；CEN 为低电平时，总线控制信号的 DEN 和$\overline{PDEN}$被强制为无效。所以，当系统中有多于 1 片的 8288 时，只有正在控制存取操作的 8288 的 CEN 端为高电平，其他的 8288 上的 CEN 均为低电平。这个特征可以用来实现存储器分区、消除系统总线设备和驻留总线设备之间的地址冲突，即用 CEN 输入端的变化对 8288 起命令限定器的作用。

5）MCE/PDEN（Master Cascade Enable/Peripheral Data Enable）：设备级联允许信号/外部数据允许信号。这是双功能引脚。当 IOB 接低电平时，MCE/PDEN引脚输出 MCE 信号，MCE 在中断响应总线周期的 T1 状态有效，作为中断控制器的 8259A 优先级联地址，送上地址总线时的同步信号。在较大的微型计算机控制系统中，如果有 8259A 优先级中断主控制器和 8259A 从控制器，则可用 MCE 控制主控制器，而用 INTA 控制从控制器。当 IOB 接高电平时，MCE/PDEN引脚输出 $\overline{MCE/PDEN}$信号，此信号低电平有效，并与 DEN 信号的时序和功能相同，但相位相反。此信号可以用作 I/O 总线数据收发器的允许信号。

在 IBM/XT 中，8288 工作在系统总线方式，只有一片 8259，即没有 8259 的级联，因此该信号未使用。

1.4.3 最小工作模式

8086/8088 微处理器为适应不同的应用环境，设置有两种工作模式：最大工作模式和最小工作模式。

所谓最小工作模式，是指系统中只有一个 8086/8088 处理器，所有的总线控制信号由 8086/8088 微处理器直接产生，构成系统所需的总线控制逻辑部件最小，最小工作模式因此得名，最小工作模式也称为单处理器模式。

最大工作模式下，系统内可以有一个以上的处理器，除了 8086/8088 作为"中央处理器"之外，还可以配置用于数值计算的 8087 数值协处理器和用于 I/O 管理的 I/O 协处理器 8089。各个处理器发往总线的命令统一送往总线控制器，由它"仲裁"后发出。

微处理器两种工作模式由 MN/$\overline{\text{MX}}$ 引脚连接的电平选择：MN/$\overline{\text{MX}}$ 接高电平，微处理器工作在最小模式，将 MN/$\overline{\text{MX}}$ 接地，微处理器工作在最大模式。

1. 最小模式下 8086 微处理器子系统的构成

微处理器及其外围芯片合称微处理器子系统。外围芯片的作用如下：

1）为微处理器工作提供条件。提供适当的时钟信号，对外界输入的控制/联络信号进行同步处理。

2）分离微处理器输出的地址/数据分时复用信号，得到独立的地址总线和数据总线信号，同时还增强它们的驱动能力。

3）对微处理器输出的控制信号进行组合，产生稳定可靠、便于使用的系统总线信号。

图 1-13 所示是以 8086 微处理器为核心构建的最小模式下的微处理器子系统。由图可知，在最小模式系统中，除 8086 微处理器外，还需要时钟发生器 8284、3 片地址锁存器 8282 及 2 片总线数据收发器 8286。

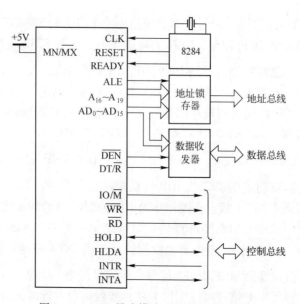

图 1-13　8086 最小模式下的微处理器系统

2. 时钟发生器 8284

在 PC 上，8284 通过外接晶体产生 14.31 MHz 的时钟信号，并对这个信号 3 分频，产生占空比为 1/3 的 4.77 MHz 时钟信号 CLK 送往 8086 微处理器。8284 同时产生 12 分频的 1.1918 MHz 的外部时钟信号 PCLOCK 供其他外部设备使用。8284 还对外部输入的 $\overline{\text{RESET}}$ 和 READY 信号进行同步，产生与 CLK 同步的复位信号 RESET 和准备就绪信号 READY 送往 8086。

3. 地址锁存器 8282

地址锁存器用来锁存 8086 输出的地址信号。

8282 是一个 8 位锁存器，STB 是它的数据锁存/选通信号。STB 为高电平时，$DI_7 \sim DI_0$ 上输入的信号进入锁存器；STB 由高变低出现下降沿时，输入数据被锁定，锁存器的状态不再改变。8282 具有三态缓冲器从引脚 $DO_7 \sim DO_0$ 输出。

图 1-13 中，8086 的 ALE 与 8282 的 STB 相连。这样，8086 在它的分时引脚 $AD_{15} \sim AD_0$、$A_{19}/S_6 \sim A_{16}/S_3$ 上输出地址信号时，20 位地址被 3 片 8282 锁存。8282 的输出成为系统地址总线。在 8086 访问存储器/IO 设备的整个周期里，8282 都会稳定地输出 20 位地址信号。

在最小模式下，8282 还同时锁存了 8086 输出的 $\overline{BHE}$ 信号并送往系统总线。

8282 也可以用其他具有三态输出功能的锁存器代替。

4. 总线数据收发器 8286

总线数据收发器用来对微处理器与系统数据总线的连接进行控制，同时它还有增加系统数据总线驱动的能力。

8286 是一种三态输出的 8 位双向总线收发器/驱动器，具有很强的总线驱动能力。它有两组 8 位双向的输入/输出数据线 $A_7 \sim A_0$、$B_7 \sim B_0$。

8286 有两个控制信号：数据传送方向控制信号 T 和输出允许信号 $\overline{OE}$（低电平有效）。$\overline{OE}$ 为高电平时，缓冲器呈高阻状态，8286 在两个方向上都不能传送数据；$\overline{OE}$ 为低电平，T 高电平时，数据传输由 A 到 B；T 为低电平时，数据传输由 B 到 A。

8286 用作数据总线驱动器时，其 T 端与 8086 的数据收发信号 $DT/\overline{R}$ 相连，用于控制数据传送方向；$\overline{OE}$ 端与 8086 的数据允许信号 $\overline{DEN}$ 相连，只有在 CPU 需要访问存储器或 I/O 端口时才允许数据通过 8286。两片 8286 的 $A_7 \sim A_0$ 引脚与 8086 的 $AD_{15} \sim AD_0$ 相连，而两组 $B_7 \sim B_0$ 则成为系统数据总线。

如果系统规模不大，并且不使用 DMA 传输（这意味着总线永远由 8086 独自控制），可以不使用总线收发器，将 8086 的引脚 $AD_{15} \sim AD_0$ 直接用作系统数据总线。

5. 最小模式下的系统控制信号

最小模式下，所有的总线控制信号，包括 HLDA 等均由微处理器直接产生，外部产生的 INTR、NMI、HOLD 和 READY 等请求信号也直接送往 8086。

由图 1-13 可知，信号 $DT/\overline{R}$、$\overline{DEN}$ 和 ALE 主要用于对外围芯片的控制。

常用的最小模式控制总线信号归纳如下：

1）控制存储器 I/O 端口读写的信号包括 $M/\overline{IO}$、$\overline{BHE}$、$\overline{RD}$、$\overline{WR}$ 和 READY。

2）用于中断联络和控制的信号包括 INTR、NMI 和 $\overline{INTA}$。

3）用于 DMA 联络和控制的信号包括 HOLD、HLDA。

以上这些信号是构建微型计算机系统的核心，后面会反复使用。

6. 最小模式下的 8088 微处理器系统

最小模式下 8088 微处理器子系统的构成与 8086 相似，差异在于 8088 只有 8 根数据线。

1）由于只有 8 根数据线，只需要一片 8286 就可以构成数据总线收发器。

2）同样由于 8088 只有 8 根数据线，因而没有 $\overline{BHE}$ 引脚，无须锁存和输出。

3）8088 存储器 I/O 选择信号极性与 8086 相反，为 $IO/\overline{M}$。

1.4.4　最大工作模式

在最大模式下，系统中可以有多个处理器。其中一个为主处理器，就是 8086/8088 微处理器，其他的处理器是协处理器。常与主处理器 8086/8088 CPU 相配的协处理器有两个：一个是专用与数值运算的协处理器 8087，使用它可大幅度提高系统数值运算速度；另一个是专用与 I/O 操作的协处理器 8089。8089 是一个高性能的 I/O 处理器。它有一套专门用于 I/O 的指令系统，可以执行相应程序。因此，除了完成 I/O 操作外，8089 还可以对数据进行处理。系统中配置了 8089 处理器后，可以减少主 CPU 在 I/O 操作中所占用的时间，提高主处理器的效率。

1. 最大模式下的 8086 微处理器子系统的构成

最大模式是一个多处理系统，需要解决主处理器和协处理器之间的协调和对系统总线的共享控制问题。因此，在硬件方面，增加了一个总线控制器 8288，由 8288 对各处理器发出的控制信号进行交换和组合，最终由 8288 产生总线控制信号，而不是由微处理器直接产生（这与最小模式不同）。系统总线信号的形成如图 1-14 所示。

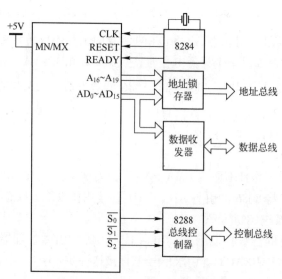

图 1-14　最大模式下的 8086 微处理器子系统

2. 最大模式下的系统控制信号

1）从图 1-14 可以看出，由于存在多个处理器，8282 使用的地址锁存信号 ALE 不再由 8086 直接发出，而是由总线控制器 8288 产生。

2）由于同样理由，8286 使用的数据总线选通和收/发控制信号 DEN、$DT/\overline{R}$ 也由 8288 产生。在最大模式中，数据总线收发器是必需的。

3）8288 产生了 3 个存储器的读写控制信号：

$\overline{\text{MRDC}}$（Memory Read Command）为存储器的读命令，相当于最小模式中的 $\text{M}/\overline{\text{IO}}=1$ 和 $\overline{\text{RD}}=0$ 两个信号的综合。在 IBM – PC 微型计算机内，系统总线上的该信号称为 $\overline{\text{MEMR}}$。

$\overline{\text{MWTC}}$（Memory Write Command）和 $\overline{\text{AMWTC}}$（Advanced Memory Write Command）都是存储器的写命令，相当于最小模式中的 $\text{M}/\overline{\text{IO}}=1$ 和 $\overline{\text{RD}}=0$ 两个信号的综合。它们的区别在于 $\overline{\text{AMWTC}}$ 信号比 $\overline{\text{MWTC}}$ 早一个时钟周期发出，这样，一些较慢的存储器就可以有更充裕的时间进行写操作。在 IBM – PC 微型计算机内，系统总线上的该信号称为 $\overline{\text{MEMW}}$。

4）8288 还产生了 3 个独立的 I/O 设备写控制信号：

$\overline{\text{IORC}}$（IO Read Command）为 I/O 设备的读命令，相当于最小模式中的 $\text{M}/\overline{\text{IO}}=1$ 和 $\overline{\text{RD}}=0$ 两个信号的综合。在 IBM – PC 微型计算机中，系统总线上的该信号称为 $\overline{\text{IOR}}$。

$\overline{\text{IOWC}}$（IO Write Command）和 $\overline{\text{AIOWC}}$（Adbanced IO Write Command）为 I/O 设备的写命令，相当于最小模式中的 $\text{M}/\overline{\text{IO}}=0$ 和 $\overline{\text{WR}}=0$ 两个信号的综合。同样 $\overline{\text{AIOWC}}$ 比 $\overline{\text{IOWC}}$ 早一个时钟周期发出，在 IBM – PC 微型计算机中，系统总线上的该信号称为 $\overline{\text{IOW}}$。

5）在最大模式下，外部的中断请求信号 NMI 和 INTR 直接送往 8086 微处理器。

8086 通过状态线 $\overline{\text{S}}_0$、$\overline{\text{S}}_1$ 和 $\overline{\text{S}}_2$ 发出的中断应答信号，经 8288 综合，产生 $\overline{\text{INTA}}$ 送往控制总线。

DMA 请求和应答信号通过 $\overline{\text{RQ}}/\overline{\text{GT}}_0$ 和 $\overline{\text{RQ}}/\overline{\text{GT}}_1$ 直接与 8086 微处理器相连。

1.5　8086 CPU 总线操作时序

时序是计算机进行各种操作在时间上的先后顺序。学习时序有助于理解计算机的工作过程。在研制、设计接口电路时，更应清楚地知道微处理器的工作时序：总线上信号的种类、它们的开始时间和延续时间，以便根据时序来设计相应的电路。

1.5.1　时序的基本概念

1. 时钟周期

在计算机中，微处理器的一切操作都是在系统主时钟 CLK 的控制下按节拍有序地进行的。系统主时钟一个周期信号所持续的时间称为时钟周期（T），大小等于频率的倒数，是微处理器的基本时间计量单位。例如，某微处理器的主频 f = 5 MHz，则其时钟周期 T = 1/f = 1/5 μs = 200 ns。若主频为 100 MHz，则时钟周期为 10 ns。

2. 总线周期

微处理器通过外部总线对存储器或 I/O 端口进行一次读/写操作的过程称为总线周期。为了完成对存储器或 I/O 端口的一次访问，微处理器需要先后发出存储器或 I/O 端口地址、发出读或写操作命令，进行数据的传输。以上的每一个操作都需要延续一个或几个时钟周期。所以，一个总线周期由若干个时钟周期（T）组成。

3. 指令周期

微处理器执行一条指令的时间（包括取指令和执行该指令所需的全部时间）称为指令

周期。

一个指令周期由若干个总线周期组成。取指令需要一个或多个总线周期，如果指令的操作数来自内存，则需要另一个或多个总线周期取出操作数，如果要把结果写回内存，还要增加总线周期。因此，不同指令的指令周期长度各不相同。

1.5.2　系统的复位和启动操作

8086/8088 微处理器正常工作时，RESET 引脚应输入低电平。一旦 RESET 引脚变为高电平，微处理器进入复位状态，RESET 引脚恢复为正常的低电平，CPU 进入启动阶段。

8086/8088 微处理器要求加在 RESET 引脚上的正脉冲信号至少维持 4 个时钟周期的高电平。如果是上电复位（冷启动），则要求复位正脉冲的宽度不少于 50 μs。

RESET 信号进入有效高电平状态时，8086/8088 微处理器就会结束现行操作，进入复位状态。在复位状态，微处理器初始化，内部的各寄存器被置为初态：CS 置为全 1（0FFFFH），其他寄存器清零（0000H），指令队列清空。

微处理器复位时，代码段寄存器 CS 已被置为 0FFFFH，指令指针 IP 被清零。所以，8086/8088 复位后重新启动时，便从 0FFFFH 单元处开始执行指令。一般在 0FFFFH 单元存放一条无条件转移指令，转移到系统程序的入口处，这样，系统一旦启动便自动进入系统程序。

复位时，由于标志寄存器被清零，IF 也为 0。这样，从 INTR 引脚进入的可屏蔽中断请求被屏蔽。因此，系统程序在适当位置要使用 STI 指令来设置中断允许标志（使 IF 为 1），开放可屏蔽中断。

1.5.3　最小模式下的总线读写周期

前面已指出，8086/8088 微处理器凡是与存储器或 I/O 端口交换数据，或取指令填充指令队列时都需要通过 BIU 执行总线周期，即进行总线操作。

总线操作按数据传送方向可分为总线读操作和总线写操作。前者是指微处理器从存储单元或 I/O 端口中读取数据，后者是指微处理器将数据写入指定存储单元或 I/O 端口。

1. 最小模式下的总线读周期

图 1–15 所示是 8086/8088 CPU 在最小模式下总线读周期的时序。在这个周期里，8086/8088 CPU 完成从存储器或 I/O 端口读取数据的操作。

由图可知，一个总线读周期由 4 个时钟周期（也称为状态）组成。各个时钟周期所完成的操作如下。

（1）T_1 状态

$M/\overline{IO}$ 信号首先在 T_1 状态有效。$M/\overline{IO}$ 为高电平，表示本总线周期从内存读数据；$M/\overline{IO}$ 为低电平，从 I/O 端口读数据。$M/\overline{IO}$ 的电平一直保持到总线读周期结束，即到 T_4 状态。

在 T_1 状态的开始，微处理器从地址/状态复用线（$A_{19}/S_6 \sim A_{16}/S_3$）和地址/数据复用线（$AD_{15} \sim AD_0$）上发出读取存储器的 20 位地址或 I/O 端口的 16 位地址。

为了锁存地址，微处理器在 T_1 状态从 ALE 引脚输出一个正脉冲作为地址锁存信号。ALE 信号连接到地址锁存器 8282 的选通端 STB。在 T_1 状态结束时，$M/\overline{IO}$ 信号和地址信号均

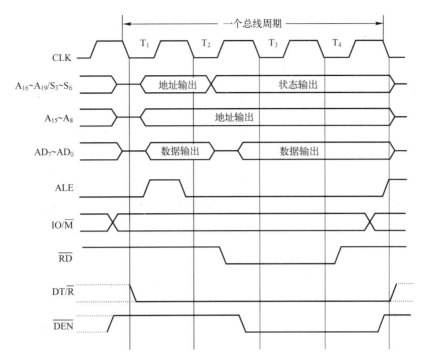

图 1-15　8086/8088 CPU 在最小模式下总线读周期的时序

已稳定有效，这时 ALE 变为低电平，20 位地址被锁存入 8282 地址锁存器。这样，在总线周期的其他状态，系统地址总线上稳定输出地址信号。

在 T_1 状态，如果微处理器需要从内存的奇地址单元或奇地址的 I/O 端口读取数据，则输出 $\overline{BHE}$（=0）信号，它表示高 8 位数据线上的数据有效。$\overline{BHE}$ 和 A_0 分别用于奇、偶存储器或 I/O 端口的选体信号（低电平有效）。

若系统中接有总线收发器 8286，则要用到 $DT/\overline{R}$ 和 $\overline{DEN}$ 信号，控制总线收发器 8286 的数据传送方向和数据选通。在 T_1 状态，$DT/\overline{R}$ 端输出低电平，表示本总线周期为读周期，让8286 接收数据。

（2）T_2 状态

地址信息撤销，地址/状态线 $A_{19}/S_6 \sim A_{16}/S_3$ 上输出状态信息 $S_6 \sim S_3$，$\overline{BHE}/S_7$ 引脚上输出状态 S_7。状态信号 $S_7 \sim S_3$ 要一直维持到 T_4，其中 S_7 未赋予实际意义。

地址/数据线 $AD_{15} \sim AD_0$ 进入高阻态，以便为读取数据做准备。

读信号 $\overline{RD}$ 开始变为低电平，此信号送到系统中存储器和 I/O 端口，但只对被地址信号选中的存储单元或 I/O 端口起作用，打开其数据缓冲器，将读出数据送上数据总线。

$\overline{DEN}$ 信号在 T_2 状态开始变为低电平，用来开放总线收发器 8286，以便在读出的数据送上数据总线（T_3）之前就打开 8286，让数据通过。$\overline{DEN}$ 信号的有效电平要维持到 T_4 状态中期结束。$DT/\overline{R}$ 信号继续保持有效的低电平，即处于接收状态。

（3）T_3 状态

在 T_3 状态的一开始，微处理器检测 READY 引脚信号。若 READY 为高电平（有效）

时，表示存储器或 I/O 端口已经准备好数据，微处理器在 T_3 状态结束时读取该数据。若 READY 为低电平，则表示系统中挂接的存储器或外设不能如期送出数据，要求微处理器在 T_3 和 T_4 状态之间插入一个或几个等待 T_w。进入 T_w 状态后，微处理器在每个 T_w 状态的前沿（下降沿）采样 READY 信号，若为低电平，则继续插入等待状态 T_w。若 READY 信号变为高电平，表示数据已出现在数据总线上，微处理器从 $AD_{15} \sim AD_0$ 读取数据。

（4）T_4 状态

在 T_3（T_w）和 T_4 状态的下降沿处，微处理器对数据总线上的数据进行采样，完成读取数据的操作。在 T_4 状态的后半周，数据从数据总线上撤销。各控制信号和状态信号处于无效状态，$\overline{DEN}$ 为高（无效），关闭数据总线收发器即一个读周期结束。

综上可知，在总线读周期中，微处理器在 T_1 状态送出地址及相关信号；在 T_2 状态发出读命令和 8286 控制命令；在 T_3（T_w）状态等待数据的出现；在 T_4 状态将数据读入微处理器。

2. 最小模式下的总线写周期

图 1-16 所示是最小模式下的总线写周期时序。

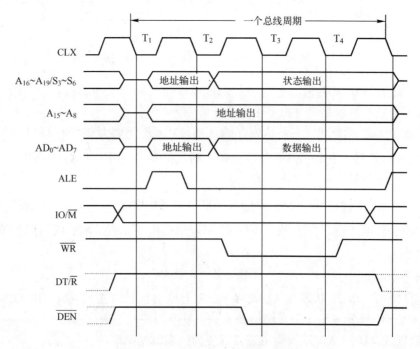

图 1-16　最小模式下的总线写周期时序

由图 1-16 可知，8086/8088 写总线周期与读总线周期有很多相似之处。和读操作一样，基本写周期也包括 4 个状态 T_1、T_2、T_3 和 T_4。当存储器或 I/O 设备速度较慢时，在 T_3 和 T_4 之间插入 1 个或几个等待状态 T_w。

在写周期中，由于从地址/数据线 $AD_{15} \sim AD_0$ 上输出地址（T_1）和输出数据（T_2）是同方向的，因此，在 T_2 状态不再需要像读周期那样维持一个时钟周期的高阻态（见图 1-16 的 T_2 状态）作缓冲。写周期中，$AD_{15} \sim AD_0$ 在发完地址后便立即转入发数据，以使内存或 I/O

设备一旦准备好就可以从数据总线上取走数据。DT/$\overline{R}$为高电平，表示本周期为写周期，控制8286向外发送数据。写周期中$\overline{WR}$信号有效，$\overline{RD}$信号变为无效，但它们出现的时间类似。

1.5.4 最大模式下的总线读写周期

最大模式下，8086的总线读写操作与最小模式下的读写操作基本相同。不同之处在于：

1）最大模式下微处理器使用S_0、S_1、S_2输出总线控制命令。$S_0S_1S_2 = 111$表示没有总线操作请求，称为"无源状态"。

2）由总线控制器产生的存储器I/O读写命令在最小模式下为M/$\overline{IO}$与$\overline{RD}$、$\overline{WR}$的组合，在最大模式下读操作改为$\overline{MRDC}$（存储器读）、$\overline{IORC}$（I/O读），写操作改为$\overline{MWTC}$（存储器写）、$\overline{IOWC}$（IO写），或者是超前的存储器写命令$\overline{AMWC}$和超前的I/O端口写命令$\overline{AIOWC}$。最大模式下的总线读、写时序如图1-17所示。

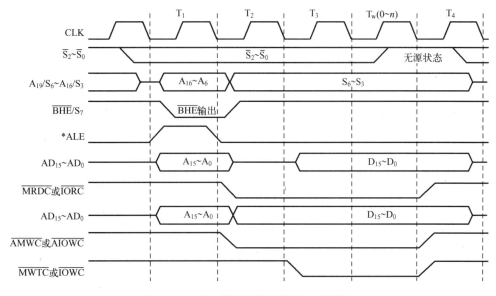

图1-17 最大模式下的总线读、写周期

1. 最大模式下的总线读操作

最大模式下，在每个总线周期开始之前一段时间内，S_2、S_1、S_0被置为高电平（无源状态）。一旦这3个状态信号中任一个或几个从高电平变为低电平，表示一个新的总线周期开始了。和最小模式一样，如果存储器或外设速度足够快，在T_3状态就已把输入数据送到数据总线$AD_{15} \sim AD_0$上，微处理器在T_3状态便可读得数据，这时S_2、S_1、S_0全变为高电平，进入无源状态一直到T_4结束。进入无源状态，意味着微处理器器又可启动一个新的总线周期。若存储器或外设速度较慢，则需要使用READY信号进行联络，即在T_3状态开始前将READY保持低电平（未就绪），和最小模式一样，在T_3和T_4之间插入1个或多个T_w状态进行等待。

在最大模式下可能存在多个"处理器"，8288综合各处理器的S_2、S_1、S_0信号，产生信号 ALE、$\overline{\text{MRDC}}$、$\overline{\text{IORC}}$等，用来控制地址锁存器和总线数据收发器，或送往总线。

2. 最大模式下的总线写操作

和读周期一样，在写周期开始之前，S_2、S_1、S_0就已经按操作类型设置好了相应的电平。同样，也在 T_3（T_w）状态，全部恢复为高电平，进入无源状态，从而为启动下一个新的总线周期做准备。

微处理器通过 8288 产生两组写控制信号。一组是普通的存储器写命令 $\overline{\text{MWTC}}$ 和 I/O 端口写命令 $\overline{\text{IOWC}}$，另一组是超前的存储器写命令 $\overline{\text{AMWC}}$ 和超前的 I/O 端口写命令 $\overline{\text{AIOWC}}$，可供系统连接时选用。

1.5.5　总线空闲状态（总线空操作）

如果微处理器内的指令队列已满且执行部件（EU）又未申请访问存储器或 I/O 端口，则总线接口部件（BIU）就不必和总线打交道，进入空闲状态 T_w。

在空闲状态，虽然微处理器对总线不发生操作，但微处理器内部的操作仍在进行，即 EU 仍在工作，例如 ALU 正在进行运算。从这一点来说，实际上总线空闲状态是 BIU 对 EU 的一种等待。

除了上述已经介绍的各个总线周期，还有中断总线周期和 DMA 总线周期，这些在后面相关章节介绍。

1.5.6　一条指令的执行过程

微处理器工作的过程就是执行指令的过程。一条指令从准备执行到执行完毕，可以划分为 3 个阶段。

1）取指令阶段：CPU 内的 BIU 根据 CS：IP 计算指令的物理地址；执行总线读周期，读取该指令。

2）等待阶段：指令进入指令队列，排队等待执行。

3）执行阶段：排在前面的指令执行完毕，本指令进入 EU 后被执行。如果该指令中需要访问存储器，则向 BIU 发出请求，执行需要的总线读、写周期，直到该指令的任务完成。

下面来观察某微处理器执行如下指令的过程：

　　　CS:0238H　0107H　　ADD [BX],AX

该指令存放在代码段偏移地址 0238H 开始的位置上。指令汇编后的机器代码为 0107H，01H 是它的第一字节，存放了 ADD 指令的操作码和一些其他信息，07H 为第二字节，也称为"寻址方式"字节，存放了源、目的操作数的寻址方式以及源操作数 AX 的编码。

该指令执行前各相关寄存器和存储单元的值见表 1-5。

表 1-5　指令 ADD[BX],AX 执行前相关寄存器和存储器的内容

CS	IP	DS	BX	AX	代码段（CS）		数据段（DS）	
					0238H	0239H	0100H	0101H
1010H	0238H	0AA0H	0100H	5678H	01H	07H	20H	30H

该指令执行的全过程如图 1–18 所示。

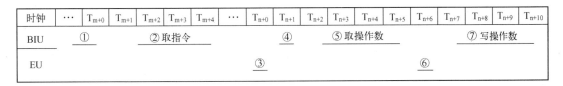

图 1–18　指令"ADD［BX］,AX"的执行过程

1. 取指令阶段

T_{m+0}：BIU 准备取指令，通过地址加法将 CS：IP 转换为物理地址 10338H。

$T_{m+1} \sim T_{m+4}$：BIU 执行总线读周期，将指令"ADD［BX］,AX"的机器代码 0107H 读入指令队列。

2. 等待阶段

$T_{m+5} \sim T_{n-1}$：指令在队列中等待执行。

3. 执行阶段

T_{n+0}：EU 从指令队列取出该指令，存入指令寄存器，随即对该指令进行译码，在得知目的操作数为存储器操作数后，向 BIU 发出相关信息。

T_{n+1}：BIU 根据收到的信息进行地址计算，将逻辑地址 DS：BX 转换成物理地址 0AB00H。

$T_{n+2} \sim T_{n+5}$：BIU 执行总线读周期，在 T_{n+4} 和 T_{n+5} 交界处将 0AB00H 和 0AB01H 两字节内容 20H、30H 读入 CPU。

T_{n+6}：EU 执行加法运算，得到和 8689H（DS：［BX］+ AX = 3020H + 5678H）。

$T_{n+7} \sim T_{n+10}$：BIU 执行总线写周期，将和 8689H 写入 0AB00H 和 0AB01H 两个字节中。

综上所述，假设该指令的取指令操作和其他指令的执行同时进行，那么 8086 CPU 为执行该指令一共花费了 11 个时钟周期，其中 8 个时钟周期执行总线读、写周期（$T_{n+2} \sim T_{n+5}$、$T_{n+7} \sim T_{n+10}$），读写操作数；此外还有 3 个时钟周期：T_{n+0} 用于指令译码，T_{n+1} 用于计算操作数地址，T_{n+6} 用于加法运算。

习题

1. 8086 微处理器由哪几部分构成？它们的主要功能各是什么？

2. 什么是逻辑地址？什么是物理地址？它们各自如何表示？如何转换？

3. 什么是堆栈？它有何用处？在使用上有什么特点？

4. 设 X = 36H，Y = 78H，进行 X + Y 和 X – Y 运算后 FLAGS 寄存器各状态标志位各是什么？

5. 按照传输方向和电气特性划分，微处理器引脚信号有几种类型？各适用于什么场合？

6. 8086 微处理器以最小模式工作，现需要读取内存中首地址为 20031H 的一个字，如何执行总线读周期？请具体分析。

7. 8086 微处理器有几种工作方式？各有什么特点？

8. 分析 8086 微处理器两个中断输入引脚的区别，以及各自的使用场合。

9. 什么是时钟周期、总线周期、指令周期？它们的时间长短取决于哪些因素？

10. 在一次最小模式总线读周期中，8086 微处理器先后发出了哪些信号？各有什么用处？

11. 结合指令 OUT 21H，AL，具体叙述最大模式"总线写周期"总线上的相关信号。

第 2 章 指 令 系 统

本章要点

1. 指令和指令系统的概念
2. 指令寻址方式
3. 8086/8088 指令系统

学习目标

通过本章的学习，了解指令的格式和作用，掌握指令的寻址方式，熟悉并掌握 8086/8088 数据传送的类指令、算术运算类指令、逻辑运算类指令、控制转移类指令等的用法，并能灵活运用所学指令编写汇编程序，实现运算和操作。

2.1 指令系统概述

计算机之所以能够脱离人的干预，自动地进行运算或实现预定的操作，是因为我们把实现这些动作的步骤以程序的形式预先存到了存储器中。在计算机内部，程序由一连串的指令组成，指令是构成程序的基本单位。计算机所能执行的全部指令的集合称为计算机的指令系统（Instruction Set）。微型计算机的指令系统由几十条至几百条指令组成。指令系统表征一台计算机性能的重要因素，它的格式与功能不仅和机器的硬件结构相关，而且也直接影响到系统软件以及机器的适用范围。

2.1.1 指令的基本格式

指令（Instruction）是指示计算机执行某种特定操作的"命令"。在执行指令时，CPU 在控制器的控制下，将指令一条条取出来，加以翻译并执行。大多数情况下，指令系统由两个字段构成，即操作码（Operation Code）字段和操作数（Operand）字段。

1）操作码字段：指出计算机应执行何种性质的操作，例如，加、减、乘、除、取数、存数等，每一种操作均有各自的代码。

2）操作数字段：指出该指令所处理的数据或数据所在的位置。操作数字段所包含的操作数可以有 1 个、2 个甚至多个，这需要由操作码决定。8086/8088 指令系统中大部分为双操作数指令。其格式为

操作码　操作数，操作数

其中，第二个操作数称为源操作数（Source），第一个操作数称为目的操作数（Destination）。在指令执行之前，源操作数和目的操作数均为参加运算的两个操作数，指令执行之后，目的操作数总存放运算处理的结果，如"MOV AX,BX"指令，执行的结果是将 BX 中的内容送到 AX 中。

80x86 汇编语言（Assemble Language）的指令是一种助记符指令，用助记符（Mnemonics）表示操作码，用符号或符号地址表示操作数或操作数地址。助记符指令与机器指令是一一对应的，即每一条指令都有唯一的二进制编码与其对应。

80x86 的指令长度是不同的，指令的机器码可以是 1~6 个字节。指令的第一个指节或头两个字节是指令的操作码字段；有些指令可能没有操作数，或有一个操作数，也可以包含一个以上的操作数。操作数越多越长，则指令所需要的字节越多，取一条指令所需的时间也越长。

计算机中每一个程序的运行都是由 CPU 一条一条地顺序执行程序指令来完成的。指令的执行过程如下：

1）CPU 中的控制器从存储器中读取一条指令并放入指令寄存器。

2）指令寄存器中的指令经过译码，决定该指令应执行何种操作、到哪里取操作数。

3）根据操作数的位置取操作数。

4）运算器根据操作数的要求，对操作数完成规定的运算，并根据运算结果修改或设置处理器的一些状态标志。

5）把运算结果保存到指定的寄存器，需要时将结果从寄存器保存到内存单元。

6）修改指令指针计数器，使其指向下一条要执行的指令。

不同指令的操作要求不同，被处理的操作数类型、个数、来源也不一样，执行时的步骤和复杂程度可能会相差很大。特别是 CPU 需要通过总线访问存储器或 I/O 端口时，指令的执行过程会更复杂一些。

2.1.2　操作数的类型

指令中的操作数有以下 4 种类型：立即数（Immediate Operand）、寄存器操作数（Register Operand）、存储器操作数（Memory Operand）和 I/O 端口地址操作数（I/O Port Operand）。

1. 立即数

在一些双操作数指令中，源操作数是一个常量，该操作数在汇编时紧跟在操作码之后，立即可以找到，故此类操作数称为立即数。如指令"MOV AL，12H"，该指令的机器码为"B0，12"，其中 B0 为操作码，12 为立即数。在指令中立即数只能作为源操作数，而不能作为目的操作数。8086/8088 指令中，立即数可以是 8 位或者 16 位带符号数或者无符号数，并只能是整数，不能是小数、变量或其他数据，其取值范围见表 2-1。如超出规定的取值范围，将会发生错误。

表 2-1　8 位或 16 位立即数的取值范围

类　　型	8 位数	16 位数
无符号数	00H~0FFH（0~255）	0000H~0FFFFH（0~65535）
带符号数	80H~7FH（-128~+127）	8000H~7FFFH（-32768~+32767）

汇编语言规定：立即数在表示时必须以数字开头，以字母开头的十六进制数前面必须以数字 0 作为前缀；例如 0E5H 前面的 0 仅表示其后的 E5 是一个数字。数值的进制需要用后缀表示，B（Bianry）表示二进制，H（Hexadecimal）表示十六进制，D（Decimal）或默认表示十进制数，Q（Octal）表示八进制。汇编程序在汇编时将对不同进制的立即数一律编译

成等值的二进制数，负数自动编译成补码机器数，用单引号括起来的字符编译成对应的 ASCII 码。此外，如果操作数是算术表达式、逻辑表达式等形式时，在汇编时由汇编系统自动将其转换为相应的立即数。

2. 寄存器操作数

操作数可以存放于 8086/8088 CPU 内部的寄存器中，包括通用寄存器、地址指针寄存器、变址寄存器以及段寄存器。

所有的通用寄存器、地址指针寄存器和变址寄存器可以用作源操作数，又可以用作目的操作数。

段寄存器 DS、ES、SS 和 CS 用来存放当前的段地址。在与通用寄存器或存储器进行数据传送时，段寄存器 DS、ES、SS 和 CS 通常也可以作为源操作数或目的操作数。但不能用一条指令简单地将一个立即数传送到段寄存器。当 DS、ES、SS 和 CS 需要置初值时，可先将立即数传送到通用寄存器中，然后再将通用寄存器的内容传送到有关的段寄存器。例如，"MOV ES，3000H" 这条指令就是错误的，应改为

  MOV AX,3000H

  MOV ES,AX

代码段寄存器 CS 只能作源操作数，而不能作目的操作数，不允许用户对其直接赋值，其值由系统统筹安排确定。

3. 存储器操作数

指令所需的操作数存储于内存单元中，操作数可以是 8 位、16 位或 32 位的二进制数，需占用 1 个、2 个或 4 个字节的内存空间，此时操作数的数据类型分别是字节 Byte（8 位二进制数）型、字 Word（16 位二进制数）型或双字 Double Word（32 位二进制数）型。

在指令中，存储器操作数可以分别作为源操作数和目的操作数，但是大多数指令不允许二者同时都是存储器操作数，也就是说，不允许从存储器直接到存储器的操作。当实际任务中有这样的需要时，可先将要传送的内存单元的内容传送到 CPU 内部的通用寄存器中，再从该通用寄存器传送到存储器目的单元中。

为了找到存储器操作数的物理地址，必须确定操作数所在的段。一般在指令中并不涉及段寄存器，对于各种不同类型的存储器操作，8086/8088 CPU 约定了默认的段寄存器。例如，CPU 取指令时，默认的段寄存器为 CS，而偏移地址存放于 IP 寄存器中；对数据进行读写时，默认使用 DS 段；堆栈操作默认使用 SS 段。在某些情况下，为了进行特定的操作，可以用指定的段寄存器代替默认的段寄存器，这种情况称为段超越（Segment Override）。例如，"MOV BX,ES：[3000H]"，其功能是将附加段 ES（而不是默认的 DS 数据段）中的偏移地址为 3000H 开始的两个字节的内容送至寄存器 BX 中。各种存储器操作约定的默认段寄存器、允许超越的段寄存器参见表 2-2。

表 2-2　默认的及允许超越的段寄存器

存储器操作的类型	默认的段寄存器	允许超越的段寄存器	有 效 地 址
取指令	CS	无	IP
堆栈段操作	SS	无	SP
通用数据读写	DS	CS，ES，SS	有效地址 EA

存储器操作的类型	默认的段寄存器	允许超越的段寄存器	有 效 地 址
源数据串	DS	CS，ES，SS	SI
目的数据串	ES	无	DI
用 BP 作为基址寄存器	SS	CS，DS，ES	有效地址 EA

对于以上 3 种类型的操作数，从执行速度来看，寄存器操作数的指令执行速度最快，立即数操作数指令次之，存储器操作数指令的速度最慢，这是由于寄存器位于 CPU 的内部，执行寄存器操作数指令时，8086/8088 的执行单元（EU）可以直接从 CPU 内部的寄存器中取出操作数，不需要访问存储器，因此执行速度很快；立即数作为指令的一部分，在取指令时被 8086/8088 的总线接口单元（BIU）取出后存放在 BIU 的指令队列中，执行指令时也不需要访问内存，因而执行速度也比较快；而存储器操作数存放在某内存单元中，为了取出操作数，首先要由总线接口单元计算出内存单元的 20 位物理地址，然后通过总线执行存储器的读写操作，所以相对前两种操作数来说，指令的执行速度最慢。

4. I/O 端口地址操作数

8086/8088 CPU 与外部设备之间使用 IN 和 OUT 指令实现数据传送，在使用这两条指令时，其中一个操作数必须是端口地址，若端口地址在 0 ~ 255（00H ~ 0FFH）之间，则地址可直接作为操作数。例如：

```
IN    AL,35H        ;从地址为 35H 的端口输入一个 8 位数据至 AL 寄存器
OUT   80H,AL        ;将寄存器 AL 的内容送至外部设备地址为 80H 的端口中
```

若端口地址超过 255，则需要通过 MOV 指令先将端口地址送至 DX 寄存器中，然后再通过 IN 或 OUT 指令从 DX 所保存的端口地址中进行数据的输入/输出。采用 DX 寄存器间接寻址，可寻址全部 I/O 地址空间。例如：

```
MOV   DX,23F4H      ;端口地址超过 255,将端口地址 23F4H 存入 DX 寄存器
OUT   DX,AL         ;将寄存器 AL 的内容送至该端口中
```

2.2 寻址方式

指令中寻找操作数存放位置的方式，称为寻址方式。在微处理器硬件设计时，寻址方式的种类就已经确定下来了，并且不能再改变。80x86 指令系统的寻址方式主要包括两种情况，一种是指令中操作数及运算结果的存放位置的寻址，另一种是指令地址的寻址（用在子程序调用或条件跳转指令中）。下面所讨论的寻址方式主要针对第一种情况。关于指令地址的寻址，将在讲述跳转指令和子程序调用指令时作具体说明。

2.2.1 立即寻址

在这种寻址方式中，指令所需的 8 位或 16 位操作数就在指令中，在取指令时可以立即得到。立即数只能作为源操作数，它紧跟在操作码的后面，与操作码一起存放于代码段中，因此这种寻址方式的执行速度很快。立即寻址方式主要用于给寄存器（段寄存器和标志寄存器除外）或存储单元赋初值。

例 2-1 源操作数为立即寻址。

    MOV   AL,80H

指令执行后，AL = 80H，执行过程如图 2-1a 所示。

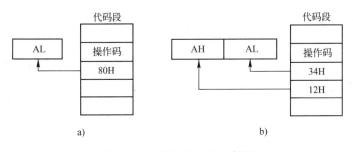

图 2-1　立即寻址方式示意图

a）MOV　AL，80H　b）MOV　AX，1234H

例 2-2 源操作数为立即寻址。

    MOV   AX,1234H

执行后，立即数 1234 的低字节 34H 存放在低地址单元，高字节 12H 存放于高地址单元。可以用"高高低低"来记忆，即高字节放高地址，低字节放低地址。指令执行后，AX = 1234H，执行过程如图 2-1b 所示。

2.2.2　寄存器寻址

在该寻址方式中，操作数在寄存器中，寄存器可能是数据寄存器（8 位或 16 位）、地址指针寄存器、变址寄存器或段寄存器。由于指令执行过程中不必通过总线访问内存单元，因此执行速度最快。

对于 8 位操作数，寄存器可以是 AH、AL、BH、BL、CH、CL、DH 和 DL。

对于 16 位操作数，寄存器可以是 AX、BX、CX、DX、SI、DI、
SP 和 BP。

例 2-3 源操作数和目的操作数都为寄存器寻址。

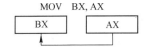

    MOV BX,AX

图 2-2　寄存器寻址方式示意图

执行过程如图 2-2 所示。

2.2.3　直接寻址

在讨论寻址方式时，通常把操作数的偏移地址称为有效地址 EA（Effective Address），EA 可通过不同的寻址方式来得到。

在直接寻址方式中，指令中直接给出操作数的有效地址，或者说，有效地址 EA 就在指令中。它（操作数的有效地址，而不是操作数本身）存放在代码段中指令的操作码之后，但操作数一般存放在数据段 DS 中。当然，也允许数据存放在数据段以外的其他段（如附加段）。此时应在指令中给出"跨越段前缀"。

例 2-4 源操作数为直接寻址。

MOV AX,[0200H]

执行情况如图2-3所示。假设 DS = 2000H，则源操作数的物理地址为 20000H + 0200H = 20200H。因为目的操作数是 16 位的 AX 寄存器，故指令的执行结果是将［20200H］和［20201H］两个单元所存放的内容送至 AX 中，假设这两个单元的内容是 1234H，则指令执行后 AX = 1234H。

例2-5 目的操作数是 8 位寄存器 AL。

MOV AL,[0300H]

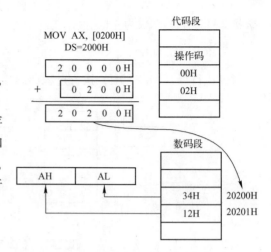

图 2-3 直接寻址方式示意图

假设 DS = 4000H，则指令的执行情况是将［40300H］单元的内容送至 AL 单元中。

例2-6 寻址的源操作数不在默认的数据段 DS 中，而是位于附加段 ES 中。

MOV AX,ES:[4100H]

该指令中，假设 ES = 3000H，所要编译地址为 34100H 和 34101H，执行的结果将这两个单元的内容送到 AX 中。

2.2.4 寄存器间接寻址

指令中要寻址的操作数位于内存单元中，内存单元的偏移地址存放于 CPU 内部的某些寄存器中。执行指令时，CPU 先从寄存器中找到内存单元的偏移地址，和段寄存器左移后的值相加得到物理地址，然后通过总线到该内存单元中取出操作数。可以保存内存单元地址的寄存器只能是 BX、BP、SI 和 DI 之一，这些存放内存单元偏移地址的寄存器称为地址指针寄存器。例如，在对数组的操作中，可将数组的首地址放到这几个寄存器中，以实现对数组各元素的操作。书写汇编语言指令时，用作间接寻址的寄存器必须加上方括号，以免与一般寄存器寻址指令混淆。

上述 4 个寄存器所默认的段寄存器不同，可分为两种情况。

（1）通过 BX、SI、DI 进行寄存器间接寻址。

默认的段寄存器为数据段寄存器（DS），将 DS 的内容左移 4 位（相对于乘以 16），再加上 BX、SI 或 DI 寄存器的内容便可得到操作数的物理地址。

例2-7 目的和源操作数为寄存器间接寻址。

```
MOV AL,[BX]      ;源操作数为寄存器间接寻址,其物理地址 = DS × 16 + BX
MOV BX,[SI]      ;源操作数为寄存器间接寻址,其物理地址 = DS × 16 + SI
MOV [DI],DX      ;目的操作数为寄存器间接寻址,其物理地址 = DS × 16 + DI
```

例2-8

MOV AL,[BX]

已知 DS = 2000H，BX = 0100H，则源操作数的物理地址 = DS × 16 + BX = 20000H + 0100H = 20100H。执行的结果是将［20100H］单元的内容取出来送至 CPU 内部的寄存器 AL

中。指令的执行过程如图2-4a所示。

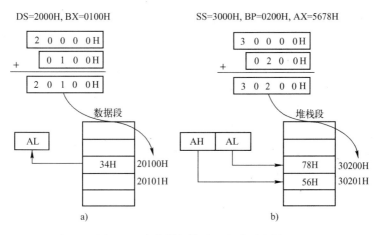

图 2-4　寄存器间接寻址方式示意图

a) MOV AL,[AX]　　b) MOV [BP],AX

（2）通过 BP 进行寄存器间接寻址

默认的段寄存器为堆栈段寄存器（SS），操作数存放在堆栈段中，将 SS 的内容左移 4 位，再加上基址寄存器（BP）的内容，即为操作数的物理地址。

例 2-9　已知 SS = 3000H，BP = 0200H，AX = 5678H，则指令

　　　　MOV [BX],AX

执行过程如图2-4b所示。源操作数的物理地址 = SS × 16 + BP = 30200H。执行的结果是将堆栈段 [30200H] 单元的内容存入 AL，即 87H； [30201H] 单元的内容存入 AH，即 56H。

采用 BX、SI、DI 或 BP 作为间接寻址寄存器时，允许段超越，即可以使用上面所提到的约定情况以外的其他段寄存器。

例 2-10　段超越。

　　　　MOV AX,ES:[BX]　;源操作数位于附加段,其物理地址 = ES × 16 + BX

　　　　MOV DS:[BP],DX　;目的操作数位于数据段,其物理地址 = DS × 16 + BP

2.2.5　基址相对寻址方式

操作数的有效地址是一个基址寄存器（BP 或 BX）的内容与指令中指定的 8 位或 16 位位移量之和。如下所示：

　　　　　　　[BX]　　　16 位偏移量　　　　　;默认段寄存器为 DS

　　EA =　　　　　+

　　　　　　　[BP]　　　8 位偏移量　　　　　　;默认段寄存器为 SS

若没有段跨越前缀，基址寄存器为 BX 时，默认段寄存器为 DS；基址寄存器为 BP 时，默认段寄存器为 SS。

例 2-11　已知 DS = 3000H，BX = 0200H。则指令

MOV AX,［BX + 10H］

执行过程如图 2-5 所示，源操作数的物理地址 = DS × 16 + BX + 10H = 30210H。执行的结果是将数据段［30210H］单元的内容存入 AL；［30211H］单元的内容存入 AH。

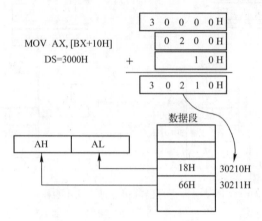

图 2-5　基址相对寻址方式示意图

上述指令也可用"MOV AX,［BX］+ 10H"和"MOV AX,10H［BX］"代替。

2.2.6　变址相对寻址方式

除了存放偏移地址的寄存器 SI 和 DI 外，变址相对寻址方式和基址相对寻址方式的操作过程是一样的。其中，SI 为源变址寄存器，DI 为目的变址寄存器。位移量可以是 8 位或 16 位二进制数，默认数据段寄存器为 DS，允许段超越。

例 2-12　指令

MOV AX,［SI + 40H］

已知 DS = 2000H，SI = 0500H。则所要寻址的源操作数的物理地址为 DS × 16 + SI + 40H，程序的执行结果是将［20540H］单元的内容送 AL，［20541H］单元的内容送 AH。该指令也可以写作"MOV AX,［SI］+40H"或"MOV AX,40H［SI］"。

变址寻址方式常常用于存取表格或一维数组中的元素。例如，某数据表格的首地址为 TABLE，如果读取第十个数据（其有效地址为 TABLE +09H），并存放到 AL 寄存器中，则有

MOV SI,09H
MOV AL,［SI + TABLE］

2.2.7　基址变址寻址方式

基址变址寻址是前面两种寻址方式的结合。操作数的有效地址是一个基址寄存器和一个变址寄存器内容之和，两个寄存器均由指令指定。如下所示：

$$EA = \begin{bmatrix}［BX］\\［BP］\end{bmatrix} + \begin{bmatrix}［SI］\\［DI］\end{bmatrix}$$

　　　　　　　　　　　　　　　;基址寄存器为 BX,则默认段寄存器为 DS
　　　　　　　　　　　　　　　;基址寄存器为 BP,则默认段寄存器为 SS

若没有段跨越前缀，基址寄存器为 BX 时，默认段寄存器为 DS；基址寄存器为 BP 时，

默认段寄存器为SS；允许段超越。

例2-13 基址变址寻址方式。

$$MOV\ AX,[BX][SI]+[08H]$$

执行过程如图2-6所示，已知 DS = 6000H，BX = 1000H，SI = 0500H。则源操作数的物理地址 = DS × 16 + BX + SI + 8H = 61508H。执行的结果是将数据段 [61508H] 单元的内容存入 AL；[61509H] 单元的内容存入 AH；指令执行后 AX = 1918H。

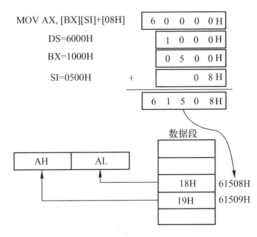

图 2-6　基址变址寻址方式示意图

在汇编语言中，基址变址寻址指令可用不同的书写形式表示。

$$MOV\ AX,[BX][SI]+8H$$
$$MOV\ AX,[BX+SI+8H]$$
$$MOV\ AX,[BX+SI]+8H$$
$$MOV\ AX,8H[BX][SI]$$
$$MOV\ AX,[BX]8H[SI]$$

由此可见，以上方括号作用相当于加号。

但应注意一点，不允许将两个基址寄存器或两个变址寄存器组合在一起寻址，例如，以下指令是非法的：

$$MOV\ AX,[BX][BP]+8H$$
$$MOV\ AX,[DI][SI]+8H$$

利用基址变址寻址方式访问二维数组十分方便。例如，可用基址寄存器存放数组的首地址（有效地址），变址寄存器和位移量分别存放数组的行和列的值，则基址变址寻址指令可以直接访问二维数组中指定行和列的元素。

以上寻址方式举例中，我们绝大多数用的是 MOV 指令，实际上，寻址方式对所有指令均适用。

2.3　8086/8088 指令系统

8086/8088 CPU 指令系统共包括 133 条指令，按功能可分为以下几类：

1) 数据传送指令（Data Transfer Instruction）。

2) 算术运算指令（Arithmetic Instruction）。

3) 逻辑运算指令（Logic Instruction）。

4) 串操作指令（String Manipulation Instruction）。

5) 程序控制指令（Program Control Instruction）。

6) 处理器控制指令（Processor Control Instruction）。

在按类论述各种指令的特点、功能和用途之前，将所有指令的助记符列在表 2-3 中，这样有助于对 8086 的指令系统建立起一个初步而较全面的概念。8086 CPU 指令系统的详细说明及各种符号的意义请参考附录 B。

表 2-3　8086 指令助记符

指 令 类 别			助 记 符
数据传送类指令	通用传送		MOV,PUSH,POP,XCHG,XLAT
	地址传送		LEA,LDS,LES
	标志传送		LAHF,SAHF,PUSHF,POPF
	输入/输出		IN,OUT
算术运算类指令	加法指令		ADD,ADC,INC
	减法指令		SUB,SBB,DEC,CMP
	乘法指令		MUL,IMUL,AAM
	除法指令		DIV,IDIV
	字节、字扩展指令		CBW,CWD
	BCD 码运算调整指令		DAA,DAS,AAA,AAS,AAM,AAD
逻辑运算指令	逻辑运算		AND,TEST,OR,XOR,NOT
	移位指令		SHL,SAL,SHR,SAR
	循环移位		ROL,ROR,RCL,RCR
控制转移类指令	转移	无条件转移	JMP
		条件转移	JA/JNBE,JAE/JNB,JB/JNAE,JBE/JNA,JC,JCXZ,JE/JZ,JNS,JO,JS,JG/JNLE, JNLE,JGE/JNL,JL/JNGE,JLE/JNG,JNC,JNE/JNZ,JNO,JNP/JPO,JP/JPE
	循环控制		LOOP,LOOPE/LOOPZ,LOOPNE/LOOPNZ
	过程调用		CALL,RET
	中断指令		INT,INTO,IRET
串操作指令	串操作		MOVS,CMPPS,SCAS,LODS,STOS
	重复控制		REP,PEPE/REPZ,REPNE/REPNZ
处理器控制指令			CLC,STC,CMC,CLD,STD,CLI,STI,NOP,HLT,WAIT,ESC,LOCK

2.3.1　数据传送类指令

计算机中数据传送是最基本、最主要的操作，因此数据传送类指令是使用频率最高的指令。一个完整的汇编语言程序，数据传送类指令占到1/3 以上。

数据传送类指令的特点是把数据从计算机的一个部位传送到另一个部位。把发送的部位称为源，接收的部位称为目的地。例如，将内存单元的数据送至 CPU 内部参加运算，CPU 的运算结构又需要送至内存单元保存。CPU 内部的寄存器之间也需要进行数据传送。当对外部设备进行操作时，还需要将 I/O 端口的数据送至 CPU 内部的累加器中，或者将累加器的内容输出至 I/O 端口等。数据传送类指令又分为以下几种。

1）通用传送指令：MOV，PUSH，POP，XCHG，XLAT。

2）地址传送指令：LEA，LDS，LES。

3）标志传送指令：LAHF，SAHF，PUSHF，POPF。

4）输入/输出指令：IN，OUT。

1. 通用传送指令

通用传送指令包括 MOV 指令、堆栈指令 PUSH 和 POP、数据交换指令 XCHG 以及查表转换指令 XLAT。除特别说明外，数据传送类指令一般不影响标志位。

（1）MOV 指令

格式： MOV dest,source

功能： 将源操作数送至目的操作数，源操作数保持不变。

特点：

1）可传送字节操作数（8 位），也可传送字操作数（16 位）。

2）可用各种寻址方式。

3）可适用于以下各种传送：① 寄存器与寄存器之间，寄存器与存储器之间的数据传送；② 立即数至寄存器/存储器；③ 寄存器/存储器与段寄存器之间。

例 2-14

MOV	SI,BX	;寄存器至寄存器
MOV	DS,AX	;通用寄存器至段寄存器
MOV	AX,DS	;段寄存器至通用寄存器
MOV	AL,5	;立即数至寄存器,源采用立即寻址
MOV	[2400H],BYTE PTR 5	;立即数至存储器,目的采用直接寻址
MOV	[BX],WORD PTR 5	;立即数至存储器,目的采用寄存器间接寻址
MOV	[2400H],AX	;寄存器至存储器,目的采用直接寻址
MOV	[2400H],BS	;段寄存器至存储器,目的采用直接寻址
MOV	5[BX],CX	;寄存器至存储器,目的采用基址相对寻址
MOV	AX,5[SI]	;寄存器至存储器,源采用变址相对寻址
MOV	DS,[2400H]	;存储器至寄存器,源采用直接寻址
MOV	AX,5[BX][SI]	;存储器至寄存器,源采用基址变址寻址

使用该指令需注意以下几点：

1）源和目的操作数不能同时为存储器操作数。例如，"MOV　[2400H],[DX]"是错误的。

2）两操作数的位数、类型和属性要明确、一致。

例 2-15 下面三条指令是因为源操作数和目的操作数的位数不匹配引起的错误。

MOV	AX,CL	;错误

```
MOV   DL,68A5H                    ;错误
MOV   BX,23A5672H                 ;错误
```

例 2-16 操作数的类型不明确。

```
MOV   [AX],10H                    ;错误
```

这条指令是因为目的操作数的类型不明确引起的,因为计算机不知道用几个字节来保存数据 10,可用运算符 PTR 指定或修改存储器操作数的类型,即通过 BYER PTR、WORD PTR、DWORD PTR 这三个操作符,明确地指定内存操作数的类型,或进行强制类型的转换。可改为

```
MOV   BYER PTR[AX],10H    ;正确,因为指定存储器操作数的类型是 BYTE(字节)
```

或

```
MOV   WORD PTR[AX],10H    ;正确,因为指定存储器操作数的类型是 WORD(字)
```

但 "MOV AX,10" 是正确的,结果是 AX =0010H,也就是高位字节全部被置为 0。

3) CS、IP 和立即数不能作目的操作数。

4) 立即数不能直接送至段寄存器。若给段寄存器赋值,常借助通用寄存器。例如:

```
MOV   AX,68A5H
MOV   DS,AX
```

5) 不允许两个段寄存器之间直接传送数据。

(2) 堆栈操作指令 PUSH (Push Word Onto Stack) 和 POP (Pop Word Off Stack)

8086/8088 的堆栈操作都是字操作,将一个字 (2 个字节) 推入堆栈称为进栈,堆栈空间减少,SP 的值减少,即 SP 自动减 2,进栈的字就存放在栈顶的两个单元内。相反,将一个数从堆栈弹出称为出栈,出栈时,SP 自动加 2,栈顶随进栈或出栈操作而变化。堆栈指令主要有两条,其格式和功能如下。

格式:PUSH source

　　　　POP dest

功能:PUSH 指令将指令中的源操作数的内容推入堆栈,源操作数可以是寄存器操作数或存储器操作数,同时 SP 的内容减 2。POP 指令将堆栈中的内容弹出到指令的目的操作数中,同时 SP 的内容加 2。

例 2-17 SP =1236H,AX =24B6H,DI =54C2H。则下列指令的执行过程如图 2-7 所示。

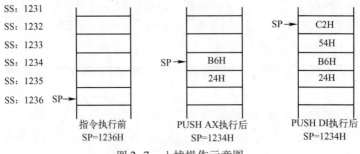

图 2-7　入栈操作示意图

```
PUSH    AX
PUSH    DI
```

例2-18　SP=18FAH，堆栈内容及下列指令的执行过程如图2-8所示。

```
POP CX
POP DX
```

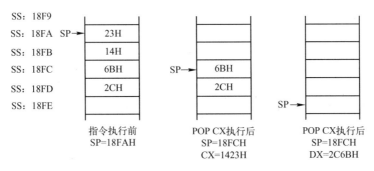

图2-8　出栈操作示意图

PUSH 和 POP 指令的操作数可能有 3 种情况：

1）寄存器（包括通用寄存器以及地址指针和变址寄存器）。

2）段寄存器（CS 除外，PUSH CS 合法的，而 POP CS 是非法的）。

3）存储器。

无论哪一种操作数，其类型必须是字操作数（16 位）。如果推入或弹出堆栈的是寄存器操作数，则应是一个 16 位寄存器；如为存储器操作数，应是两个地址连续的内存单元。如：

```
PUSH    BX          ;将通用寄存器 AX 的内容推入堆栈
PUSH    BP          ;将基址指针寄存器 BP 的内容推入堆栈
PUSH    [SI]        ;将偏移地址为[SI]和[SI+1]两个连续的内存单元的内容推入堆栈
POP     SI          ;从堆栈弹出 1 个字（2 个字节）到变址寄存器 SI 中
POP     [DI]        ;从堆栈弹出 1 个字到[DI]和[DI+1]两个连续的内存单元中
POP     DS          ;从堆栈弹出 1 个字（2 个字节）到段寄存器 DS 中
```

（3）XCHG 交换指令（Exchange Instruction）

格式：XCHG   dest,source

功能：使源操作数与目的操作数进行交换。

交换指令的源操作数和目的操作数各自均可以是寄存器操作数或存储器操作数，即寄存器与寄存器之间、寄存器与存储器之间都可以交换。交换的内容可以是字（16 位），也可以是字节（8 位）。

例2-19　交换指令。

```
XCHG    CL,BL               ;寄存器之间字节交换
XCHG    BX,DX               ;寄存器之间字交换,字操作
XCHG    [SI],BX             ;寄存器与存储器之间交换,字操作
```

在使用 XCHG 指令时，应注意以下两点：

1）段存储器与立即数不能作为操作数。

2）不能在两个存储单元之间直接交换数据，必要时可通过寄存器中转。

例 2-20 将数据段中的变量名分别为 DATA1 和 DATA2 的两个字单元内容互换。

```
MOV    AX,DATA1
XCHG   AX,DATA2
MOV    DATA1,AX
```

（4）查表转换指令（Translate Instruction）

格式： XLAT   或   XLAT OPR

功能： 该指令的操作数都是隐含的，它将 BX 内容为偏移地址、AL 内容为位移量的存储单元中的数据取出送 AL 中，即 [BX + AL]→AL。该指令可以方便地将一种代码转换为另一种代码。因此也称为换码指令。

在实际的编程设计中，经常需要把一种代码转换为另一种代码，例如，把字符的扫描码转换成 ASCII 码或把数字 0～9 转换成 7 段码管所需的相应代码等，XLAT 就是为这种用途所设置的指令。在使用该指令前，应首先在数据段中建立一个长度小于 256 个字节的数据表，并通过指令将表的首地址存放于寄存器 BX 中，要转换的代码所在的存储单元数据表首地址的相对偏移量存放在 AL 中。因为 AL 是一个 8 位的寄存器，所以数据表最大不能超过256 个字节，表格的内容则是所要交换的代码。该指令执行后可在 AL 中得到转换后的代码，BX 的内容保持不变。

该指令可用 XLAT 或"XLAT OPR"两种格式中的任一种，使用"XLAT OPR"时，OPR 为表格的首地址（一般为符号地址），但在这里的 OPR 只是为提高程序的可读性而设置的，指令执行时只使用预先已存入 BX 中表格的首地址。该指令不影响标志位。

例 2-21 将数字 0～9 转换为相应的 7 段 LED 数码管的显示代码。数字 0～9 对应的 7 段 LED 显示代码为 40H、79H、24H、30H、19H、12H、02H、78H、00H、18H。要求查找数据 7 的 LED 显示码，并将其放在寄存器 AL 中。

问题分析：首先需要在数据段中定义 10 个字节的数据表 LED_TABLE，将 0～9 的 LED 显示代码依次存入表中，数据表的定义用 DB 伪指令即可实现。格式如下：

LED_TABLE   DB 40H,79H,24H,30H,19H,12H,02H,78H,00H,18H

定义之后的结果如图 2-9 所示，DB 伪指令的使用参见第 3 章的相关内容。表的定义类似于高级语言中数组的定义，数组名代表数组的首地址，而汇编语言中的表名也代表数据表的首地址。若想转换数字 7 的 LED 显示码，则实现该代码转换的程序段如下：

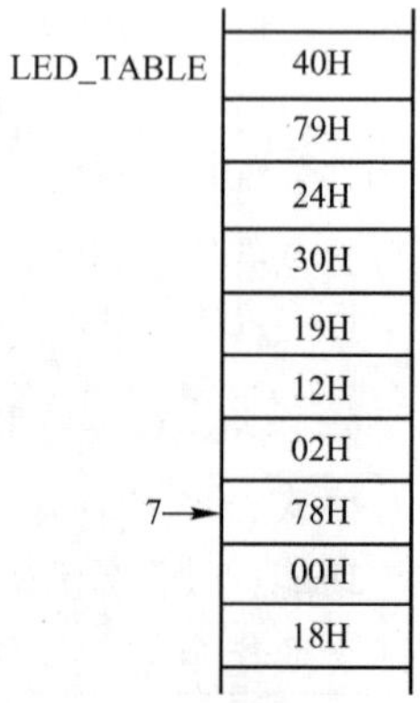

LED_TABLE	40H
	79H
	24H
	30H
	19H
	12H
	02H
7→	78H
	00H
	18H

图 2-9 数据表存储示意图

```
MOV  BX,OFFSET LED_TABLE     ;BX←表首单元的偏移地址,OFFSET 为取偏移地址运算符
MOV  AL,7                    ;AL←7
XLAT                         ;执行后 AL 内容为 7 的 LED 显示码 78H
```

2. 地址传送指令

地址传送指令包括 LEA 指令、LDS 指令和 LES 指令。

（1）LEA 指令

格式：LEA dest,source

功能：指令中的源操作数必须是存储器操作数，目的操作数为 16 位的寄存器操作数，指令的执行结果是将源操作数的有效偏移地址传送至 16 位的目的寄存器中。该指令常用来给某个 16 位通用寄存器设置地址初值，以便从此开始存取数据。

例 2-22　LEA 取地址。

LEA	BX,BUFFER	;将 BUFFER 的偏移地址送 BX 寄存器
LEA	DX,[BP][SI]	;将 BP + SI 的值送 DX 寄存器
LEA	AX,20[BP][DI]	;将 BP + DI + 20 的值送 AX 寄存器

下列两条指令的作用是相同的，都是将 BUFFER 的偏移地址送至 BX 寄存器中。

LEA	BX,BUFFER
MOV	BX,OFFSET　BUFFER

在用 LEA 指令和 MOV 指令对存储器操作数进行运算时，注意其区别：

LEA	BX,BUFFER	;将存储单元 BUFFER 的偏移地址送 BX 寄存器
MOV	BX,BUFFER	;将存储单元 BUFFER 的内容送 BX 寄存器

（2）LDS 指令（Load Data Segment Tegister）

格式：LDS dest,source

功能：源操作数是存储器操作数，目的操作数为任一个 16 位的通用寄存器，指令的执行结果是从源操作数所在地址开始取 4 个字节内容，其中前两个字节的内容送至指令中出现的目的寄存器中，后两个字节的内容传送至指令隐含的 DS 寄存器中。这条指令在程序中需要读取一个新的数据段时很有用。

例 2-23　LDS 取地址。

LDS　DI,[0100H]

其相关内存单元的存储情况如图 2-10 所示。指令执行后 SI = 405BH，DS = 1638H。

（3）LES 指令（Load Extra Segment Tegister）

格式：LES dest,source

功能：除将所寻址的内存单元的后两个字节的内容传送至 ES 寄存器外。其余与 LDS 相似。

例 2-24　LES 取地址。

LES　DI,[BX]

假设 AX = 1200H，内存单元的存储情况如图 2 - 11 所示。指令执行后 DI = 08A2H，ES = 4000H。

LDS 和 LES 指令常常用于在串操作时建立初始的地址指针。串操作时源数据串隐含的段寄存器为 DS，偏移地址在 SI 中；目标数据隐含的段寄存器为 ES，偏移地址在 DI 中。

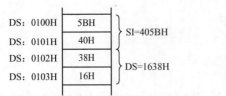
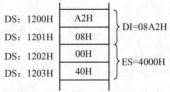

图 2-10　LDS 指令执行示意图　　　　图 2-11　LES 指令执行示意图

3. 标志传送指令

标志传送指令共 4 条。

（1）LAHF 指令（Load AH from Flags）

格式：LAHF

功能：将标志寄存器的低 8 位传送至寄存器 AH 中。

标志位：对标志位无影响。

（2）SAHF 指令（Store AH in Flag Register）

格式：SAHF

功能：将寄存器 AH 的内容送至标志寄存器的低 8 位。

标志位：影响 SF、ZF、AF、PF、CF 标志位。

LAHF 和 SAHF 指令隐含的操作数为 AH 寄存器和标志寄存器 FR 的低字节。利用这两条指令可以修改 FR 中的某些标志位。

（3）PUSHF 指令（Push Flags onto Stack）

格式：PUSHF

功能：将 16 位的标志寄存器的内容压入堆栈顶部，同时修改堆栈指针 SP，使 SP−2。

标志位：对标志位无影响。

（4）POPF 指令（POP Flags off Stack）

格式：POPF

功能：将栈顶的一个字传送到标志寄存器中，同时修改堆栈指针 SP，使 SP＋2。

标志位：该指令影响所有标志位。

PUSHF 和 POPF 指令常用于在调用子程序之前把标志寄存器压入堆栈，保护子程序调用前标志寄存器的值。当从子程序返回后再从堆栈弹出，恢复这些标志状态。

应注意，标志寄存器 FR 中只有少数几个标志位（如 DF、IF、CF）有专门的指令可对其进行置 0 或置 1 操作，其余大部分标志位（如 TF、AF 等）都没有可直接对它们进行设置或修改的专门指令。可利用指令 PUSHF/POPF，在堆栈中改变标志寄存器中任一标志位的状态。

4. 输入/输出指令（Input/Output Instruction）

在微型计算机中，CPU 除了主要和存储器进行频繁的数据传送外，另外一个需要经常进行数据交换的部件是输入/输出设备。和内存单元有地址一样，输入/输出设备也有地址，称为端口（Port）地址。在 80x86 架构的计算机中，I/O 的地址空间和存储器的地址空间是独立的，对 I/O 端口的读写需要专门的指令来完成，即输入/输出指令。

输入/输出指令是专门用于对输入/输出端口进行读写的指令，共有两条：IN 和 OUT。

（1）IN 指令（Input Data from Port）

格式： IN accumulator,port　　;从 I/O 端口读数据,传送到累加器 AL(或 AX),使用直接寻址

　　　　 IN port,accumulator　　;同上,但使用寄存器 DX 间接寻址

功能： 从 I/O 端口输入一个字节到 AL 或输入一个字到 AX 中。

在 IN 指令中,源操作数是一个端口（地址直接写在指令中或由 DX 间接给出）,目的操作数只能是累加器（AL 或 AX）。指令的具体形式有以下 4 种：

　　IN　 AL,port　　　;8 位端口地址,输入一个字节到 AL,适用于 8088 CPU

　　IN　 AX,port　　　;8 位端口地址,输入一个字节到 AX,适用于 8088 CPU

　　IN　 AL,DX　　　　;16 位端口地址,输入一个字节到 AL,适用于 8088 CPU

　　IN　 AX,DX　　　　;16 位端口地址,输入一个字节到 AX,适用于 8088 CPU

例 2-25 输入指令。

　　IN　 AL,80H　　　　;从端口地址为 80H 的外部设备输入一个字节到 AL

例 2-26 从地址为 340H 的端口输入一个字节到 AL。

　　MOV　 DX,340H　　　　;将端口地址 340H 送 DX(只能是 DX!)

　　IN　　 AL,80H　　　　;从该端口输入一个字节到 AL

（2）OUT 指令（Output Data to Port）

格式： OUT accumulator,port　　;将 AL(或 AX)的内容输出到 I/O 端口,直接寻址

　　　　 OUT DX,accumulator　　;同上,但使用寄存器 DX 间接寻址

功能： 将 AL 中的 8 位数据或 AX 中的 16 位数据输出到 I/O 端口。

在 OUT 指令中,源操作数只能是累加器（AL 或 AX）,目的操作数是 I/O 端口（地址写在指令中或由 DX 间接给出）。指令的具体形式有以下 4 种：

　　OUT　 port,AL　　　;8 位端口地址,将 AL 的内容输出到端口,适用于 8088 CPU

　　OUT　 port,AX　　　;16 位端口地址,将 AX 的内容输出到端口,适用于 8086 CPU

　　OUT　 DX,AL　　　　;16 位端口地址,将 AL 的内容输出到端口,适用于 8088 CPU

　　OUT　 DX,AX　　　　;16 位端口地址,将 AX 的内容输出到端口,适用于 8086 CPU

例 2-27 输出到端口。

　　OUT　 43H,AL　　　　;将 AL 的内容输出到地址为 43H 的端口

　　OUT　 DX,AX　　　　;将 AX 的内容输出,端口地址在 DX 寄存器中

　　OUT　 280H,AL　　　;错误! 端口地址超出直接寻址规定的地址范围

　　OUT　 20H,[SI]　　　;错误! 输出指令的源操作数只能是累加器

　　OUT　 BX,AL　　　　;错误! 间接寻址只能使用 DX 作为间址寄存器

使用 I/O 指令要注意以下几点：

1）使用哪个寄存器来暂存输入（输出）的数据?

8086/8088 指令系统规定,只能通过 AL（或 AX）与 I/O 端口进行数据传送,所以指令中的操作数必定有一个是 AL（或 AX）。当要进行输出操作时,需提前将要输出的数据传送至累加器中;而从 I/O 端口输入数据后,需到累加器中去取数据以作进一步的计算。

2）I/O 端口地址如何指定?

I/O 指令只允许使用两种寻址方式。

① 直接寻址：在指令中直接给出一个 8 位的 I/O 端口地址，地址范围为 00 ~ 0FFH；在进行 I/O 端口寻址时，不涉及任何段寄存器，8 位端口地址直接从地址总线 A_0 ~ A_7 给出。

② 寄存器间接寻址：端口地址由 DX 寄存器指定，地址范围为 0 ~ 0FFFFFH。在这种情况下，端口地址需提前通过 MOV 指令传送至 DX 寄存器中（且只能送给 DX），16 位的 I/O 端口地址通过 A_0 ~ A_{15} 给出。

2.3.2 算术运算类指令

算术运算类指令用于实现加、减、乘、除等算术运算，除字节/字扩展指令外，其余指令都影响标志位。算术运算指令可以处理 4 种类型的数据：无符号二进制数、带符号二进制数、无符号压缩 BCD 码和无符号非压缩 BCD 码。无符号二进制数和带符号二进制数的长度可以是 8 位或 16 位。

对于加、减法指令，带符号数和无符号数的加、减运算的操作过程是一样的，故可用同一条加、减法指令来完成。而对于乘、除法运算，带符号数和无符号数的运算过程完全不同，必须设置两种指令（即带符号数的乘、除指令和无符号数的乘、除指令）来处理这两种类型的数据。算术运算类指令又分为：

1）加法指令。

2）减法指令。

3）乘法指令。

4）除法指令。

5）字节、字扩展指令。

6）BCD 码运算调整指令。

1. 加法指令

加法指令共 3 条：加法指令（ADD）、带进位位加法指令（ADC）和加 1 指令（INC）。

（1）ADD（Addition）

格式：ADD dest，source

功能：将目的操作数和源操作数相加，结果送回目的操作数。

标志位：影响 CF、OF、SF、ZF、PF、AF 标志位。

目的操作数可以是寄存器或存储器，源操作数可以是立即数、寄存器或存储器。但两者不能同时为存储器操作数，不能对段寄存器进行加、减、乘、除运算。

例 2-28 ADD 加法。

```
ADD   AL，45H          ;将 AL 的内容与 45H 相加,结果送回 AL 寄存器
ADD   BX，DI           ;将 BX 的内容与 DI 中的内容相加,结果送回 BX 寄存器
ADD   AX，[2345H]      ;将 AX 的内容与偏移地址为 2345H、2346H 内存单元的内容相加,结
                       ;果送回 AX 寄存器
```

例 2-29 ADD 加法。

```
MOV   AL，7EH          ;AL = 7EH
MOV   BL，5BH          ;BL = 5BH
```

```
        ADD    AL,  BL                        ;AL = 7EH + 5BH = 0D9H
```

执行以上 3 条指令后,各标志位的状态为:影响 SF = 1,CF = 0,OF = 1,ZF = 0,PF = 0,AF = 1。由于结果超过了 8 位符号数所表示的范围,故 OF = 1,表示发生了溢出,但最高位并未产生进位,故 CF = 0。

(2) ADC(Add with Carry)

格式:ADC dest, source

功能:将目的操作数和源操作数及进位标志位 CF 的内容相加,结果送回目的操作数,ADC 指令主要用于多字节的加法运算中。

标志位:影响 CF、OF、SF、ZF、PF、AF 标志位。

目的操作数可以是寄存器或存储器,源操作数可以是立即数、寄存器或存储器。但两者不能同时为存储器操作数,不能对段寄存器进行加、减、乘、除运算。

例 2-30 若两个 32 位的数,其起始地址分别存放于 SI 和 DI 中,低字节存放于低地址处,要求将两个 32 位数相加,结果存放于 SI 所指向的存储空间中。

```
        MOV    AX,   [SI]
        ADD    AX,   [DI]             ;将低 16 位相加,若有进位,则 CF = 1
        MOV    [SI],   AX            ;将低 16 位相加的结果存放于 SI 所指向的单元
        MOV    AX,   [SI + 2]
        ADC    AX,   [DI + 2]        ;将高 16 位和低 16 位的进位位相加
        MOV    [SI + 2],   AX        ;保存高 16 位相加的结果
```

(3) INC(Increment by 1)

格式:INC dest

功能:将目标操作数加 1。

标志位:影响 OF、SF、ZF、PF、AF 标志位,但对进位标志位 CF 没影响。

操作数类型可以是寄存器或存储器,但不能是段寄存器。当操作数是存储器操作数时,必须用 PTR 运算符说明其属性。因为对 CF 标志位没影响,故将 0FFFFH 加 1,结果不会影响 CF,此指令常用于在循环程序中修改地址指针和循环次数。

例 2-31 设数据段和附加段的基地址均为 3000H,将数据段中首地址为 BUFFER1 的 200 个字节数据传送到附加段首地址为 BUFFER2 的内存单元中,程序如下:

```
        MOV    AX,3000H
        MOV    DS,AX                 ;建立数据段
        MOV    ES,AX                 ;建立附加段
        LEA    SI,BUFFER1            ;建立源数据指针
        LEA    DI,BUFFER1            ;建立数据目的地址指针
        MOV    CX,200                ;设置计数器
LP: MOV    AL,   [SI]             ;取数
        MOV    [DI],   AL            ;送数
        INC    SI                    ;调整指针
        INC    DI
        DEC    CX                    ;调整计数器
```

```
        JNE    LP                    ;判断,CX≠0,则转移至标号 LP 处
        INT    20H                   ;返回 DOS
```

2. 减法指令

减法指令共 5 条：减法指令（SUB）、带借位位减法指令（SBB）、减 1 指令（DEC）、求补指令（NEG）和比较指令（CMP）。

（1）SUB（Subtraction）

格式： SUB   dest,source   ;dest←dest − source

功能： 将目的操作数减源操作数，结果送回目的操作数。

标志位： 影响 CF、OF、SF、ZF、PF、AF 标志位。

与加法指令一样，目的操作数可以是寄存器或存储器，源操作数可以是立即数、寄存器或存储器。但两者不能同时为存储器操作数。

例 2-32 SUB 减法。

```
    SUB    AL,  45H              ;将 AL 的内容减 45H,结果送回 AL 寄存器
    SUB    BX,  DI               ;将 BX 的内容减去 DI 中的内容,结果送回 BX 寄存器
    SUB    DX,  [2345H]          ;将 DX 的内容减去存储器操作数,结果送回 DX
    SUB    [2345H],AX            ;将存储器的内容减去 AX,结果送回存储器
    SUB    DATA[SI][BX],0234H    ;存储器操作数减去立即数,结果送回存储器
```

相减数据的类型也可以根据要求约定为带符号数或无符号数。当无符号数的较小数减较大数时，因不够减而产生借位，此时，进位标志位 CF 置 1。当带符号数的较小数减去较大数时，将得到负的结果，则符号标志 SF 置 1。带符号数相减，如果结果溢出，则 OF 置 1。

（2）SBB（Subtract with Borrow）

格式： SBB   dest,source   ;dest←dest − source − CF

功能： 将目的操作数减源操作数，再减进位标志 CF，结果送回目的操作数。

标志位： 影响 CF、OF、SF、ZF、PF、AF 标志位。

目的、源操作数的类型与 SUB 指令相同。同样，和 ADC 指令相似，SBB 指令主要用于多字节的减法。

例 2-33 完成 4 字节减法的程序如下：

```
    MOV    AX,[SI]
    SUB    AX,[DI]               ;将低 16 位相减,若有借位,则 CF = 1
    MOV    [SI],AX               ;将低 16 位相减的结果存放于 SI 及 SI − 1 所指向的单元
    MOV    AX,[SI + 2]           ;将被减数高 16 位存放到 AX 中
    SBB    AX,[DI + 2]           ;将高 16 位相减同时减去低 16 位的进位
    MOV    [SI + 2],AX           ;保存高 16 位相减的结果
```

（3）DEC（Decrement by 1）

格式： DEC dest

功能： 将目标操作数减 1。

标志位： 影响 OF、SF、ZF、PF、AF 标志位，但对进位标志位 CF 没影响。

操作数类型与 INC 指令相同，可以是寄存器或存储器，但不能是段寄存器。字操作或字节操作均可。此指令常用于在循环程序中修改地址指针和循环次数。

例 2-34 DEC 指令。

```
DEC   AL                      ;8 位寄存器减 1
DEC   CX                      ;16 位寄存器减 1
DEC   BYTE PTR[BUFFER]        ;存储器操作数减 1,字节操作
DEC   WORD PTR[BP][SI]        ;存储器操作数减 1,字操作
```

例 2-35 延时程序段如下：

```
DALAY:MOV   AX,  0            ;循环的初值相当于 65536
LOOP1: DEC   AX
        JNZ   LOOP1           ;直到减为 0 停止循环
        HLT
```

该程序段会循环执行 65536 次，从而可实现利用软件延时的目的。

（4）NEG（Negate）

格式：NEG dest   ;dest←0 - dest

功能：求补指令。它是用 0 减去目的操作数，结果送回目的操作数。该指令可通过对所有位求反后在最低位加 1 得到结果。

标志位：影响 CF、OF、SF、ZF、PF、AF 标志位。因为是用 0 减操作数，故此指令的结果一般总是标志位 CF = 1，除非操作数为 0 时，才使 CF = 0。若在字节操作时对 - 128 取补，或在字操作时对 - 32768 取补，则操作数结果不变，但标志 OF = 1，其他情况 OF = 0。

操作数类型可以是寄存器或存储器，对 8 位或 16 位的带符号数求补，结果为绝对值相等、符号相反的另一数。若原操作数为正，则执行 NEG 后，变为补码表示的负数。反之，原操作数为补码表示的负数，则执行完 NEG 后，变为正数。要注意，该指令是求补指令，不是求补码指令。

例 2-36 设 BX = 0FFFFBH（ -5 的补码），则执行 NEG BX 后，BX = 0005H。

（5）CMP（Compare Operands）

格式：CMP dest,   ;dest - source

功能：将目的操作数减源操作数，但结果不送回目的操作数，且两操作数内容均保持不变，其结果反映在标志位上。

标志位：影响 CF、OF、SF、ZF、PF、AF 标志位。

目的操作数可以是寄存器或存储器，源操作数可以是立即数、寄存器或存储器。该指令主要用来判断两数的大小，其后常常是条件转移指令，根据比较的结果实现程序的分支。

例 2-37 CMP 指令。

```
CMP   AL,34H
CMP   AX,DX
CMP   [SI],AX
CMP   AX,[SI + 208H]
CMP   DATA1,205H
```

比较指令主要用于比较两个数之间的关系。

1）判断两数是否相等。若两数相等，则相减以后结果为 0，使 ZF = 1。所以根据 ZF 标志位的检测结果就可以判断两数是否相等。

2）比较两数的大小。在程序设计中经常需要比较两个数的大小，然后根据比较结果转到不同的程序段去执行。但对于无符号数和带符号数，需分别进行判断。如 11111111 和 00000000 进行比较，若为无符号数，则 11111111（255）> 00000000（0）；若为有符号数，则 11111111（−1）< 00000000（0）。故分两种情况：

① A、B 为无符号数，执行 CMP A，B。

若 CF = 0，表示无借位，则 A >= B；若 CF = 1，表示有借位，则 A < B。

（2）A、B 为带符号数时，需要 CF、SF、OF 三者一起确定，即执行 CMP A，B。

- OF = 0，则 SF = 0 时，A > B；SF = 1 时，A < B；
- OF = 1，则 SF = 0 时，A < B；SF = 1 时，A > B；
- OF + SF = 0，则 A > B；OF + SF = 1，则 A < B。

具体分析如下：

对于带符号数来说，最高位表示符号位，SF 总是和结果的最高位相同。因此，当两个正数相比较或两个负数相比较时，可用 SF 来判断被减数比减数大还是小。显然，如果 SF = 0，则表示被减数大于减数；如果 SF = 1，则表示被减数小于减数。

但若一个是正数，另一个是负数，当两者相比较或相减时，只用 SF 来判断还不够。例如，被减数为 105，减数为 −50，105 −（−50）= 155。在计算机中运算时，为

$$
\begin{array}{r}
01101001 \\
+\ 00110010 \\
\hline
10011011
\end{array}
$$

按带符号数的观点看，结果为 −101，为一个负数，SF 标志为 1。为什么一个正数减去一个负数会得到一个负的结果呢？原因在于正确的结果 155 已经超出了一个字节的带符号数的范围 −128 ~ +127，也就是产生了溢出。因此，在这种情况下，溢出标志 OF = 1。推广到一般情况，如果两个带符号数相减，结果 SF 和 OF 标志皆为 1，则被减数大于减数。

再看一个负数减一个正数的情况，比如 −105 − 50 = −155，结果使 SF = 0，OF = 1，那么被减数小于减数。也就是说，在运算结果溢出的情况下（即 OF = 1），这时，如果 SF = 0，则被减数小于减数；如果 SF = 1，则被减数大于减数。

归纳上述两种情况，对于两个正数相减或两个负数相减，均不会产生溢出，OF = 0，如果 SF = 0，即 SF 和 OF 的值相同，则被减数大于减数；如果 SF = 1，即 SF 和 OF 的值不同，则被减数小于减数。对于一个正数减一个负数或一个负数减一个正数，则运算结果有可能溢出，在 OF = 1 的情况下，如果 SF = 1，即 SF 和 OF 的值相同，则被减数大于减数；如果 SF = 0，即 SF 和 OF 的值不同，则被减数数小于减数。如果没有溢出，同样可以通过 SF 和 OF 的值是否相同来判定。

因此，对于带符号数的比较，要根据 OF 和 SF 两个标志位来判定大小。

在后面讲到条件转移指令时，将看到 8086/8088 指令系统中，针对无符号数和带符号数分别提供了两类条件转移指令。这两组条件转移指令在执行时的差别就是前者只根据标志位 CF 来判断结果，后者则根据标志位 OF 和 SF 的关系来判断结果。

比较指令 CMP 对几个主要的标志位的影响见表2-4。

表2-4　CMP 指令对主要标志位的影响

比较两数大小		CF	ZF	SF	OF
无符号数比较	目的操作数 > 源操作数	0	0	—	—
	目的操作数 = 源操作数			—	—
	目的操作数 < 源操作数	1	0	—	—
带符号数比较	目的操作数 > 源操作数	—	0	SF、OF 的值相同	
	目的操作数 = 源操作数	—	1	—	—
	目的操作数 < 源操作数	—	0	SF、OF 的值不同	

注："—"表示不对该标志进行检测。

3. 乘法指令

乘法指令共2条：无符号乘除法指令和带符号乘除法指令。之所以分成两类，是因为乘除法不同于加减法，无符号数的乘法和除法指令用于符号数运算时会导致错误的结果。例如 0FFH×0FFH，按照二进制的运算规则，结果为 0FE01H。当把两个乘数看作无符号数时，也就是 255(0FFH)×255(0FFH) = 65025(0FE01H)，结果是正确的；但若把它们当成是带符号数，因为 0FFH 是 1 的补码，所以是(-1)×(-1)，结果为 1，而不是 0FE01H。因此带符号数必须用专门的乘除法指令。

（1）无符号数乘法指令 MUL（Unsigned Multiplication）

格式： MUL　source

功能： 执行 8 位或 16 位无符号数的乘法，执行过程如图 2-12 所示。指令中出现的源操作数为乘数，可以是寄存器或存储器操作数，目的操作数隐含为 AL（字节乘）或 AX（字乘），也就是说，在使用乘法指令前必须先将被乘数送 AL 或 AX 中。两个 8 位数相乘，结果存放在 AX 中；两个 16 位数相乘，结果存放在 DX（高 16 位）和 AX（低 16 位）中。

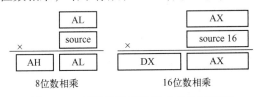

图 2-12　无符号数乘法指令的执行过程

标志位： 对标志位 CF 和 OF 有影响，但 SF、ZF、PF 和 AF 不确定。乘法指令不会产生溢出和进位，故用 CF 和 OF 来表示乘积有效数字的长度。如果运算结果的高半部分（字节乘是 AH，字乘是 DX）为 0，则标志位 CF = OF = 0，否则 CF = OF = 1。因此标志位 CF = OF = 1，表示 AH 或 DX 中包含着乘积的有效数字。

例 2-38　乘法指令。

```
MOV   AL,14H          ;AL = 14H(十进制 20)
MOV   CL,05H          ;CL = 05H(十进制 5)
MUL   CL              ;AX = 0064H(十进制 100)
```

因为高半部分 AH = 0，所以标志位 CF = OF = 0。

注意：乘除法指令虽然编程简单，但执行起来很慢。

（2）带符号数乘法指令 IMUL（Integer Multiplication 或 Signed Number Multiplication）

格式： IMUL　source

功能： 进行带符号数的乘法运算，两个操作数均按带符号数处理，这是与 MUL 的区别。同 MUL 一样可以进行字节与字节、字与字的乘法运算。结果放在 AX（字节乘）或 DX，AX（字乘）中。IMUL 指令的一个乘数也必须放在累加器中（8 位数在 AL，16 位数在 AX，均为隐含的寄存器操作数），另一个被乘数也必须在寄存器或存储器中。

标志位： 对标志位 CF 和 OF 有影响，但 SF、ZF、PF 和 AF 不确定。如果乘积的高半部分仅仅是低半部分符号位的扩展，则标志位 CF = OF = 0，否则，如果高半部分包含乘积的有效数字，则 CF = OF = 1。所谓结果的高半部分是低半部分符号位的扩展，是指当乘积为正值时，其符号位为 0，则 AH 或 DX 全部为 0；当乘积是负值时，其符号位为 1，AH 或 DX 全部为 1。这种情况表示所得的乘积的绝对值比较小，其有效数位仅包含在低半部分中。

例 2-39

MOV　AX,03E8H	;AX = 03E8H（十进制 1000）
MOV　BX,07DAH	;BX = 07DAH（十进制 2010）
IMUL　BX	;执行结果 DX = 001EH,AX = 0AB90H

以上指令完成带符号数（+1000）和（+2010）的乘法运算，得到乘积为（+2010000）。此时，DX 中结果的高半部分包含着乘积的有效数字，故标志位 CF = OF = 1。

4. 除法指令

（1）无符号数除法指令 DIV（Unsigned Division）

格式： DIV　source

功能： 执行无符号数的除法运算，执行过程如图 2-13 所示。

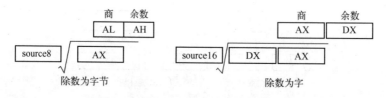

图 2-13　无符号数除法指令的执行过程

该指令要求被除数是除数的双倍字长，被除数以及结果（商和余数）都放在默认的寄存器中。当指令中的源操作数为字节时，16 位被除数必须提前放在 AX 中，运算结果中的商放在 AL 中。当指令中的源操作数为字时，32 位被除数必须提前放到 DX、AX 中，运算结果的 16 位商放在 AX 中，16 位余数在 DX 中。在 DIV 指令中，源操作数必须是寄存器或存储器操作数。两个操作数均被作为无符号数对待。

执行 DIV 指令时，如果除数为 0，或字节除时商大于 0FFH，或字除时商大于 0FFFFH，则 CPU 立即自动产生一个类型为 0 的内部中断。

标志位： 运算结果对标志位无确定影响，都没意义。

例 2-40　被除数是 32 位无符号数，存放于 DX 和 AX 中，除数为 16 位无符号数，存放于 CX 中，实现除法运算的程序段如下：

MOV	AX,0F05H	;AX = 0F05H
MOV	DX,068AH	;DX = 068AH
MOV	CX,08E9H	;CX = 08E9H
DIV	CX	;执行结果：商 AX = 0BBE1H,余数 DX = 073CH

（2）带符号数除法指令 IDIV（Integer Division）

格式： IDIV   source

功能： 执行过程与 DIV 相同，但除数、被除数以及商和余数都是带符号补码数。若被除数与除数等长时，须先将被除数进行符号扩展，即数的大小不变，仅将数的符号位扩展。IDIV 指令执行后，余数的符号总是与被除数的符号相同。

执行 IDIV 指令时，如果除数为 0，或字节除法时 AL 寄存器的商超过（−128 ~ +127）的范围，或字除法时 AX 寄存器中的商超出（−32768 ~ +32767）的范围，则自动产生一个类型为 0 的中断。

标志位： IDIV 指令对标志位的影响与 DIV 指令相同。

例 2−41   IDIV 指令。

MOV	AX, − 2000	;AX = 0F830H(− 2000 的补码)
CWD		;将 AX 的 16 位扩为 32 位(DX = 0FFFFH)
MOV	BX, − 421	;BX = − 421(补码为 0FE5BH)
IDIV	BX	;商 AX = 4,余数 DX = 0FEC4H(即 − 316 补码)

5. 字、字节扩展指令

在各种运算指令中，两个操作数的字长应该符合规定的大小。如在加、减和乘法运算指令中，两个操作数的字长必须相等。在除法指令中，被除数必须是除数的双倍字长。因此，有时需要将一个 8 位数扩展为 16 位数，或者将一个 16 位数扩展为 32 位。

对于无符号数，扩展字长只需在高位添加足够个数的 0 即可。例如，下面两条指令将 AL 中的一个 8 位无符号数扩展成为 16 位，存放在 AX 中。

MOV	AL,0FBH	;AL = 11111011
MOV	AH,00H	;AH = 000000000

对于带符号数，扩展字长时正数与负数的处理方法不同，正数的符号位为 0，而负数的符号位为 1。扩展字长时，应分别在高位添加相应的符号。

（1）CBW（Convert Byte to Word）

格式： CBW

功能： 将一个字节扩展为一个字。该指令的操作数隐含为 AL 和 AH，执行结果是将 AL 的符号位扩展到 AH。若 AL 的 $D_7 = 0$，则 AH = 00H；否则 AH = 0FFH。

标志位： 对标志位无影响。

例 2−42   CBW 扩展指令。

① MOV	AL, 4FH	;AL = 01001111B
CBW		;AH = 00000000B

② MOV　　AL，0FBH　　　　　　;AL = 11111011B
　　CBW　　　　　　　　　　　　;AH = 11111111B

（2）CWD（Convert Word to Double Word）

格式： CWD

功能： 将一个字扩展为双字。即将 AX 的最高位扩展到 DX。若 AX 寄存器最高位 D_{15} = 0，则 DX = 0000H；否则 DX = 0FFFFH。

标志位： 对标志位无影响。

CBW 和 CWD 指令在带符号数的除法（IDIV）运算中十分有用，常常在字节或字的除法运算之前，将 AL 和 AH 中数据的符号位进行扩展。

例 2-43 若在数据段中有一个缓冲区 BUFFER，第一个字为带符号的被除数，第二个字是除数，实现这两个数据相除，商和余数存放到后面连续的字节中。

MOV　BX,OFFSET BUFFER　　;将被除数的偏移地址送 BX
MOV　AX,[BX]　　　　　　　;将被除数送 BX
CWD　　　　　　　　　　　　;按除法指令的要求将被除数扩展至 32 位
IDIV　WORD　PTR[BX + 2]
MOV　[BX + 4],AX　　　　　;将商和余数放到规定的存储单元中
MOV　[BX + 6],DX

例 2-44 编程计算 （W1 – (W2 × W3 + W4 – 5000))/W5，结果送 W6，式中的 Wi 均为符号字变量。

MOV　　AX,W2
IMUL　W3　　　　　　　　　;先计算 W2 × W3,乘积为 32 位,保存在 DX 和 AX 中
MOV　　BX,AX
MOV　　CX,DX　　　　　　　;将 W2 × W3 的乘积暂存到 CX、BX 中
MOV　　AX,W4　　　　　　　;计算 W2 × W3 + W4,需要先将 W4 扩展为 32 位
CWD
ADD　　BX,AX
ADC　　CX,DX
SUB　　BX,5000　　　　　　;计算 W2 × W3 + W4 – 5000
SBB　　CX,0
MOV　　AX,W1　　　　　　　;计算 W1 – (W2 × W3 + W4 – 5000)
CWD
SUB　　AX,BX
SBB　　DX,CX
IDIV　W5
MOV　　W6,AX　　　　　　　;计算 (W1 – (W2 × W3 + W4 – 5000))/W5
MOV　　W6 + 2,DX

6. 十进制数（BCD 码）运算调整指令

前面介绍的加、减、乘、除指令都是针对二进制进行的，而在日常生活中我们习惯使用十进制。在汇编语言程序设计中，可用 BCD 码表示十进制数，BCD 码有两类：

1）非压缩的 BCD 码（Unpacked BCD）：也称未组合的 BCD 码，用 8 位二进制数表示一位十进制数，即一个字节可表示两位 BCD 码，如 01001001 是十进制 49 的压缩 BCD 码表示。

2）压缩的 BCD 码（Packed BCD）：也称组合的 BCD 码，用 4 位二进制数表示一位十进制数，即一个字节可表示一位 BCD 码，该字节的高四位用 0 填充。如 00001001 是十进制 9 的压缩 BCD 码表示。而十进制数 49 表示为非压缩的 BCD 码时，需要用 2 个字节表示，即 0000010000001001。

BCD 码因为本质上是十进制数，所以低 4 位与高 4 位之间是逢十进一的，而二进制数的低四位和高四位之间是逢十六进一。因此 BCD 码在进行算术运算时若直接套用二进制的运算规则，结果就有可能出错。例如，将两个压缩 BCD 码 29 和 18 相加，结果应为 BCD 码 47。但采用二进制的运算规则后，得到如下结果：

$$
\begin{array}{r}
00101001 \\
+\ 00011000 \\
\hline
01000001
\end{array}
$$

即和为 41H，结果错误。因此在采用二进制的运算规则对 BCD 码进行运算后需要对结果进行调整。在低位字节加上 0110 后，结果就正确了。

$$
\begin{array}{r}
01000001 \\
+\ \ \ \ \ \ 0110 \\
\hline
01000111
\end{array}
$$

因此在用 BCD 码进行十进制数加、减、乘、除运算时，应分两步进行：

1）先按二进制数的算术运算指令进行运算，得到中间结果。

2）用十进制调整指令对中间结果进行修正，得到正确的 BCD 码运算结果。

BCD 码调整指令见表 2-5。

表 2-5　十进制调整指令

指令格式	指令说明	指令格式	指令说明
DAA	压缩的 BCD 码加法调整	DAS	压缩的 BCD 码减法调整
AAA	非压缩的 BCD 码加法调整	AAS	非压缩的 BCD 码减法调整
AAM	乘法后的 BCD 码调整	AAD	除法前的 BCD 码调整

（1）DAA（Decimal Adjust after Addition）

格式：DAA

功能：对存放在隐含操作数 AL 中的压缩的 BCD 码之和进行调整，得到正确的压缩 BCD 码十进制和。调整规则如下：

1）若 AL 中的低四位大于 9 或 AF = 1，则将 AL 中的低四位加 0110，并置 AF = 1。

2）若 AL 中的高四位大于 9 或 CF = 1，则将 AL 中的高四位加 0110，并置 CF = 1。

标志位：影响 CF、SF、ZF、PF、AF、OF 标志位。

例 2-45　编程实现十进制加法 47 + 38。

```
MOV  AL, 47H          ;AL = 01000111B(47 的压缩 BCD 码)
ADD  AL, 38H          ;AL = 01111000B, AF = 1
DAA                   ;AL = 10000101B, 即 85 的压缩的 BCD 码
```

（2） DAS （Decimal Adjust after Subtraction）

格式：DAS

功能：对存放在隐含操作数 AL 中的两个压缩的 BCD 码之差进行调整，得到正确的压缩 BCD 码表示的差值。调整规则如下：

1）若 AL 中的低四位大于 9 或 AF = 1，则将 AL 中的低四位减 0110，并置 AF = 1。

2）若 AL 中的高四位大于 9 或 CF = 1，则将 AL 中的高四位减 0110，并置 CF = 1。

标志位：影响 CF、SF、ZF、PF、AF 标志位，但对 OF 标志位不确定。

例 2-46 编程实现十进制减法 45 - 17。

```
MOV  AL,  45H        ;AL = 0100 0101B(45 的压缩 BCD 码)
SUB  AL,  17H        ;AL = 0010 1110B,即 2EH,是一个非法的 BCD 码
DAS                  ;AL = 0010 1000B,即 28 的压缩的 BCD 码
```

（3） AAA （ASCII Adjust after Addition）

格式：AAA

功能：对存放在隐含操作数 AL 中的两个压缩的 BCD 码之和进行调整，将和的十位部分放在 AH 中，个位部分放在 AL 中。调整规则如下：

若 AL 中的低四位大于 9 或 AF = 1，则将 AL 中的低四位加 06H，高四位清 0；并置 AH = 01H，CF = AF = 1；在执行 AAA 指令之前，应使 AH 寄存器清 0。

标志位：影响 CF 和 AF 标志位，但对 SF、ZF、PF、OF 标志位不确定。

例 2-47 字符 9 和 5 的 ASCII 码分别为 39H 和 35H，将两个 ASCII 码相加，结果存入 AX 中，编程如下：

```
MOV  AH,00H          ;执行 AAA 前,使 AH = 0
MOV  AL,'9'          ;字符 9 的 ASCII 码为 39H,故 AL = 39H
SUB  AL,'5'          ;字符 5 的 ASCII 码为 35H,执行后 AL = 6EH
AAA                  ;调整后 AL = 04H,AH = 01H,CF = AF = 1
```

例 2-48 编程实现十进制加法 7 + 8。

分析：可以先将两个加数 7 和 8 以非压缩的 BCD 码形式存放在寄存器 AL 和 BL 中，且令 AH = 0，然后进行加法运算，再用 AAA 指令调整。

```
MOV  AX,  0007H      ;AL = 07H,AH = 00H
ADD  AL,  08H        ;AL = 0FH
AAA                  ;调整后 AL = 05H,AH = 01H,CF = AF = 1
```

以上指令的运算结果为 7 + 8 = 15，所得结果也以非压缩的 BCD 码形式存放，个位放在 AL 中，十位放在 AH 中。

（4） AAS （ASCII Adjust after Subtraction）

格式：AAS

功能：对存放在隐含操作数 AL 中的两个压缩的 BCD 码之差进行调整，得到正确的非压缩 BCD 码形式的差值。调整规则如下：

若 AL 中的低四位大于 9 或 AF = 1，则将 AL 中的低四位减 06H，高四位清 0；并将 AH

的值减1，CF = AF = 1；在执行 AAS 指令之前，应使 AH 寄存器清 0。AAS 一般紧跟在 SUB和 SBB 之后。

标志位： 影响 CF 和 AF 标志位，但对 SF、ZF、PF、OF 标志位不确定。

例 2-49 字符 2 和 7 的 ASCII 码分别为 32H 和 37H，将两个 ASCII 码相减。

```
MOV   AL,32H        ;字符2的 ASCII 码为 32H,故 AL = 32H
MOV   BL,37H        ;字符7的 ASCII 码为 37H,故 BL = 37H
SUB   AL,BL         ;AL = 32H - 37H = 0FEH,为 - 5 的补码
AAS                ;调整后 AL = 05H,AH = 0FFH,CF = AF = 1
```

（5）AAM（ASCII Adjust after Multiplication）

格式： AAM

功能： 对存放在隐含操作数 AL 中的两个非压缩的 BCD 码的乘积进行调整，在使用该指令之前，应先用 MUL 指令将两个非压缩的 BCD 码相乘，然后再用 AAM 指令进行调整，在 AX 中即可得到正确的非压缩的 BCD 码结果，乘积的高位在 AH 中，低位在 AL 中。调整规则如下：

将 AL 除以 10，商送 AH，余数送 AL。虽然该指令的英文原意是乘法的 ASCII 码调整指令，但称作非压缩的 BCD 码乘法调整指令更合适些。

标志位： 影响 SF、ZF 和 PF 标志位，但对 AF、CF、OF 标志位不确定。

例 2-50 计算 7×9。

```
MOV   AL,07H        ;AL = 07H
MOV   BL,09H        ;BL = 09H
MUL   BL           ;AL = 07H × 09H = 3FH
AAM                ;调整后 AL = 03H,AH = 06H,SF = ZF = 0,PF = 1
```

十进制乘积 63 以非压缩 BCD 码的形式存放在 AX 中，由于 AL = 03H（00000011），故 SF = ZF = 0，PF = 1。

例 2-51 编程实现 ASCII 码字符 5 和 4 相乘，结果保存在 AX 中，其中 AH 保存 2 的 ASCII 码，AL 保存字符 0 的 ASCII 码。

```
MOV   AL,'5'        ;AL = 35H
AND   AL,0FH       ;AL = 05H（即 5 的非压缩 BCD 码）
MOV   BL,'4'        ;BL = 34H
AND   BL,0FH       ;BL = 04H（即 4 的非压缩 BCD 码）
MUL   BL           ;AX = 0014H（或十进制数 20）
AAM                ;AX = 0200H
OR    AX,3030H     ;AX = 3230H（（即 '2' 和 '0' 的 ASCII 码）
```

（6）AAD（ASCII Adjust after Division）

格式： AAD

功能： 用于二进制除法 DIV 操作之前，将 AX 中的两个非压缩的 BCD 码转换成等值的二进制数，并存放在 AL 寄存器中。调整规则如下：

将 AH 乘 10，并加上 AL 中的内容，结果送 AL，同时将 0 送 AH。

标志位：影响 SF、ZF 和 PF 标志位，但对 AF、CF、OF 标志位不确定。

AAD 与其他调整指令有所不同。AAD 是在除法前进行调整，然后再用 DIV 指令进行除法运算。所得之商还要用 AAM 指令进行调整，最后方可得到正确的非压缩 BCD 码的结果。

例 2-52 5 位同学的"模拟与数字电路"课程考试得分为 87、93、68、74、56，试设计程序段来计算他们的平均分，并将其平均分存入 AVERAGE 单元。

```
MOV    AL,87H
ADD    AL,93H
DAA
ADC    AH,0
ADD    AL,68H
DAA
ADC    AH,0
ADD    AL,74H
DAA
ADC    AH,0
ADD    AL,56H
DAA
ADC    AH,0
AAD
MOV    BL,5
DIV    BL
MOV    DL,AH
AAM
MOV    AVERAGE,AH
INT    20H                    ;返回 DOS
```

2.3.3　逻辑运算和移位类指令

1. 逻辑运算指令

逻辑运算指令主要包括逻辑"非"（NOT）、逻辑"或"（OR）、逻辑"与"（AND）、测试（TEST）和逻辑"异或"（XOR）5 条。除了逻辑"非"NOT 指令对状态标志位不产生影响外，其余 4 条指令将根据各自逻辑运算的结果影响 SF、ZF 和 PF 状态标志位，同时将 CF 和 OF 置 0，但对 AF 未定义。

（1）NOT（Addition）

格式：NOT dest

功能：将操作数按位取反。

NOT 指令的操作数可以是 8 位或 16 位的寄存器或存储器，但不能对立即数执行逻辑"非"操作。

（2）AND（Logical AND）

格式：AND dest，source

功能：将目的操作数和源操作数按位进行逻辑"与"运算，并将结果送回目的操作数。

该指令的操作数可以是 8 位或 16 位，其中目的操作数可以是寄存器或存储器，源操作数可以是立即数、存储器或寄存器。但指令的两个操作数不能同时是存储器，即不能将两个存储器的内容进行逻辑"与"操作。

AND 指令可以用于有选择地屏蔽某些位（即有选择地清 0），而保留另一些位不变。为了做到这一点，只需将欲屏蔽的位和 0 进行逻辑"与"，而将要保留的位和 1 进行"与"即可。

例 2-53 将寄存器 AL 中高 4 位清 0，低 4 位保持不变。

```
MOV    AL,1011 0101B          ;AL = 1011 0101B
AND    AL,0FH                 ;AL = 0000 0101B,保留低 4 位,高 4 位清 0
```

（3）TEST（Test Bits）

格式：TEST dest, source

功能：将目的操作数和源操作数按位进行逻辑"与"运算，但逻辑运算的结果不送回目的操作数，两个操作数的内容均保持不变，但运算结果影响状态标志位。

TEST 指令常用于测试某些位，根据对指定位状态的判断，结合条件转移指令实现程序转移。

例 2-54 从 10 号端口输入一个字节的数据至累加器 AL 中，测试 AL 的最高位是否为 1，若为 1，则转移到 NEXT 端口。

```
IN    AL,10H
TEST AL,1000 0000H     ;若 AL 的最高位为 1,则 ZF = 0;若 AL 的最高位为 0,则 ZF = 1
JNZ   NEST             ;若 ZF = 0,则跳转到标号 NEXT 处,否则顺序执行
……
NEXT:
```

（4）OR（Logical OR）

格式：OR dest, source

功能：将目的操作数和源操作数按位进行逻辑"或"运算，并将逻辑运算的结果送回目的操作数，操作数的类型与 AND 相同。

常用 OR 指令将寄存器或存储器中某些特定位置 1，而不管这些位原来的状态如何，同时使其余位保持不变。方法是：将需置 1 的位和 1 进行逻辑"或"，将要保持不变的位和 0 进行逻辑"或"。

例 2-55 将 AH 和 AL 最高位置 1，而保持 AX 中其余位不变。

```
OR    AX,8080H
```

可以用 OR 指令将非压缩的 BCD 码转换成相应的十进制的 ASCII 码。

例 2-56 数字变 ASCII 码。

```
MOV    AL,09H          ;AL = 09H
OR     AL,30H          ;AL = 39H,即 9 的 ASCII 码
```

AND 指令和 OR 指令有一个共同特点，即对同一寄存器的内容进行逻辑"与"或逻辑

"或"操作，则该寄存器的内容不会改变，但该操作将影响 SF、ZF 和 PF 标志位，且将 OF 和 CF 清 0。如"AND AX，AX"或"OR AX，AX"指令执行后，AX 的内容不会发生改变，但标志位会受到影响。利用这个特性，可以在数据传送指令之后，使用逻辑"与"或逻辑"或"指令对标志位的影响，就可以判断数据的正负、是否为 0 以及数据的奇偶性等。

例 2-57 有一内存变量 BUFFER，判断其是否为正数，参考程序如下：

```
MOV   AX,BUFFER        ;将其传到 AX,不影响标志寄存器
OR    AX,AX            ;产生状态标志,AX 不变
JNS   PLUS             ;若 X>0,则转移至 PLUS 处继续执行
```

（5）XOR（Logical Exclusive OR）

格式：XOR dest，source

功能：将目的操作数和源操作数按位进行逻辑"异与"运算，并将逻辑运算的结果送回目的操作数，XOR 操作数的类型与 AND 相同。

XOR 指令常用来将某些特定位取反或给寄存器清 0。

1）将寄存器或存储器中某些特定位求反，而其余位保持不变。方法是：要取反的位置 1，其余位置 0。

例 2-58 将 AL 中的 D_0、D_2、D_4、D_6 位求反，D_1、D_3、D_5、D_7 位保持不变。

```
MOV   AL,0FH           ;AL=0000 1111B
XOR   AL,0101 0101B    ;若 AL=0101 1010B
```

2）将寄存器内容清 0，同时清 CF。

```
XOR   AX,AX                ;AX=0,CF=0
```

用"MOV AX，0"指令也可以使寄存器 AX 为 0，但使用字节数较多，而且执行时间较长。

例 2-59

```
XOR   AX,AX      ;清 AX、CF,2 字节指令,3 个时钟周期
SUB   AX,AX      ;清 AX、CF,2 字节指令,3 个时钟周期
MOV   AX,0       ;清 AX,不影响标志位,3 字节指令,4 个时钟周期
```

2. 移位指令

移位（Shift）指令分为两种：算术移位（Arithmetic Shift）和逻辑移位（Logical Shift）。算术移位主要针对带符号数，而逻辑移位主要针对无符号数。移位指令的目的操作数可以是寄存器或存储器操作数，可以是字也可以是字节；源操作数为移位的次数，只能是 CL 寄存器或 1，当移位次数超过 1 次，就要先将移位次数送入 CL。所有移位指令影响标志位 PF、SF、OF、CF，CF 总是等于最后移出的那一位的值，AF 标志位未定义。

移位指令可将寄存器或存储器操作数的内容左移或右移，算术移位 n 次可将操作数乘以或除以 2^n，逻辑移位可用于截取字节或字中的若干位。

（1）逻辑左移/算术左移 SHL/SAL（Shift Arithmetic Left）

格式：SHL dest,1   SAL dest,1

　或　SHL dest,CL   SAL dest,CL

功能： 这两条指令执行相同的操作，将目的操作数顺序向左移 1 位或 CL 寄存器中指定的位数，最低位补 0。执行过程如图 2-14a 所示。如果移位次数等于 1，且移位以后目的操作数最高位与 CF 不相等，则溢出标志 OF = 1；否则 OF = 0。因此，可通过 OF 标志位了解移位操作是否改变了符号位。如果移位次数不等于 1，则 OF 的值不确定。

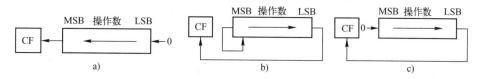

图 2-14　移位指令的执行过程
a）SAL/SHL 指令　b）SAR 指令　c）SHR 指令

用移位指令来完成乘除法运算，比用乘除法指令完成相同运算用的时间要短得多。例如，将寄存器 AL 中的内容乘以 10，若用乘法指令实现乘 10 的操作，最短需要 70 个时钟周期（在寄存器中的两个字节相乘）。而进行如下变换后：

$$X \times 10 = X \times 2 + X \times 8$$

用移位指令来完成，则仅需要 11 个时钟周期即可完成。

指令		含义	时钟周期
SAL	AL,1	;X × 2	2
MOV	BL,AL	;将 X × 2 放入 BL 中暂存	2
SAL	AL,1	;X × 4	2
SAL	AL,1	;X × 8	2
ADD	AL,BL	;X × 2 + X × 8	2

（2）算术右移 SAR（Shift Arithmetic Right）

格式： SAR dest，1　　　SAR dest，CL

功能： 算术右移执行过程如图 2-14b 所示。指令执行后，目的操作数的最高位保持不变，即若为负数（符号位为 1），则补 1；正数（符号位为 0），则补 0。算术右移 1 位相当于带符号数除以 2。但是 SAR 指令完成的除法运算对负数位向下舍去（余数和被除数符号相反），而带符号数除法指令 IDIV 对负数总是向上舍去（余数和被除数符号相同）。

例 2-60　用 SAR 指令做除法。

```
MOV    AL,10000001B        ;10000001B 为 – 127 补码
SAR    AL,1                ;AL = 0C0H( – 64 的补码),CF = 1(即余数为 1)
```

用除法指令进行相同的操作。

```
MOV    AL,10000001B        ;10000001B 为 – 127 补码
CBW                        ;进行符号扩展,AX = 0FF81H
MOV    CL,2
IDIV   CL                  ;AL = 0C1H( – 63 的补码),AH = 0FFH(即余数为 – 1)
```

（3）逻辑右移 SHR（Shift Right）

格式： SHR dest，1　　　SHR dest，CL

功能： 逻辑右移执行过程如图 2-14c 所示。SHR 和 SAR 的功能不同。SHR 执行时最高位始终补 0，因为它是对无符号数移位；而 SAR 执行时最高位保持不变，因为它是对带符号数移位，应保持符号不变。

例 2-61 将一个 16 位无符号数除以 512，16 位无符号数存放在字变量 NUM 中。

解： 由于 $2^9 = 512$，因此右移 9 次即可完成运算。将立即数 9 传送到 CL 寄存器，然后用 SHR 指令完成除以 512 的运算，程序如下：

```
MOV    AL,NUM              ;将被除数送 AX
MOV    CL,9
SHR    AX,CL
```

也可通过以下程序段实现，而且执行速度更快。

```
MOV    AL,NUM              ;将被除数送 AX
SHR    AX,1                ;将被除数除以 2
XCHG                       ;将 AL 和 AH 内容交换
XOR    AH,AH               ;清 AH,运算结果在 AX 中
```

3. 循环移位指令

在很多应用中，需要对操作数的各位进行位循环，循环移位类指令就是针对这些应用而设计的。循环移位指令共有 4 条：ROL、ROR、RCL 和 RCR。循环指令中的左移或右移的次数可以是 1 或由 CL 寄存器指定，但不能是 1 以外的常数或 CL 以外的其他寄存器。

所有循环移位指令都只影响 OF 和 CF 标志位，但 OF 标志位的含义对于左循环移位指令和右循环移位指令有所不同。

（1）循环左移 ROL（Rotate Left）

格式： ROL dest, 1   ROL dest, CL

功能： 将目的操作数向左循环移动 1 位或 CL 寄存器中指定的位数。最高位移到进位标志 CF，同时最高位也移到最低位形成循环，执行过程如图 2-15a 所示。

ROL 影响 CF 和 OF 两个标志位。如果循环移位次数等于 1，且移位以后目的操作数的最高位与 CF 不相等，则溢出标志 OF = 1；否则 OF = 0。因此，OF 的值表示循环移位前后符号位是否有所改变。如果移位次数不等于 1，则 OF 的值不确定。

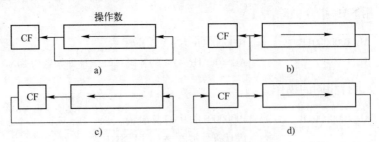

图 2-15 循环移位指令的执行过程

a）ROL 指令 b）ROR 指令 c）RCL 指令 d）RCR 指令

（2）循环右移 ROR（Rotate Right）

格式： ROR dest, 1   ROR dest, CL

功能：ROR 指令将目的操作数向右循环移动 1 位或由 CL 寄存器指定的位数，最低位移到进位标志 CF，同时最低位移到最高位，执行过程如图 2-15b 所示。

ROR 影响 CF 和 OF 两个标志位。如果循环移位次数为 1，且移位以后最高位和次高位不等，则 OF = 1；否则 OF = 0。如果移位次数不等于 1，则 OF 的值不确定。

（3）带进位位循环左移 RCL（Rotate Left Through Carry）

格式：RCL dest，1   RCL dest，CL

功能：将目的操作数连同进位标志 CF 一起向左循环移动 1 位或由 CL 寄存器指定的位数，最高位移入标志 CF，而 CF 移入最低位，执行过程如图 2-15c 所示。RCL 指令对标志位的影响与 ROL 相同。

（4）带进位位循环右移 RCR（Rotate Right Through Carry）

格式：RCR dest，1   RCR dest，CL

功能：将目的操作数连同进位标志 CF 一起向右循环移动 1 位或由 CL 寄存器指定的位数，最低位移入标志 CF，而 CF 移入最高位，执行过程如图 2-15d 所示。RCR 指令对标志位的影响与 ROR 相同。

循环指令和移位指令有所不同，循环指令在移位时移出的二进制位并不丢失，而是循环送回到目的操作数的另一端或 CF 标志位中，需要时可以恢复。

利用循环移位指令同样可以实现对寄存器或存储器中的每一位进行测试。

例 2-62 测试寄存器 AL 中的第 5 位的状态是 1 还是 0。程序如下：

```
      MOV    CL,4            ;CL 为移位次数
      ROL    AL,NUM          ;CF 为 AL 的第 5 位
      JNC    ZERO            ;为 0 跳转,否则继续执行
      ……
ZERO：MOV    AL,BL
      ……
```

例 2-63 将 ASCII 码数转换为压缩 BCD 码数。设键盘输入的 100 个十进制数的 ASCII 码已在段地址 DS 位 4000H，偏移量位 0200H 的内存区域中，要求把它们转换为组合型 BCD 码，高地址的放在高半字节，低地址的放在低半字节。存入偏移地址为 0300H 的区域中。

```
      ;Exam2 -60
      MOV    AX,4000H
      MOV    DS,AX
      MOV    SI, 0200H       ;SI 指向 ASCII 码数据区
      MOV    DI, 0300H       ;DI 指向 BCD 码数据区
      MOV    CX,50           ;设置计数初值
NEXT：MOV    AL,[SI]         ;取数
      INC    SI
      AND    AL, 0FH
      MOV    BL,AL
      MOV    AL,[SI]         ;取数
      AND    AL,0FH
```

```
PUSH    CX
MOV     CL,4
ROL     BL,CL
POP     CX
ADD     AL,BL            ;连续两个 ASCII 码转换为压缩 BCD 码
MOV     [DI],AL
INC     DI
LOOP    NEXT
INT     20H
```

2.3.4　控制转移类指令

控制转移类指令主要用于控制程序的执行顺序。8086/8088 所执行指令的存储位置由代码段寄存器 CS 和指令指针寄存器 IP 的内容所确定。在大多数情况下，要执行的下一条指令已从代码段中取出预先存于 8086/8088 的指令队列中。正常情况下，CPU 执行完一条指令后，自动接着执行下一条指令。而控制转移类指令用来改变程序的正常执行顺序，这种改变是通过改变 IP 和 CS 的内容实现的。若程序发生转移，存放在 CPU 指令队列中的指令就被废弃，BIU 将根据新的 IP 和 CS 值，从内存中取出一条新的指令直接送到 EU 中去执行，接着，再根据程序转移后的地址逐条读取指令重新填入到指令队列中。

控制转移类指令主要包括转移、循环控制、过程调用和中断调用等指令。除中断类指令外，其他类指令均不影响标志位。

控制转移类指令中，需指出所要转向的指令的目的地址，这和前面介绍的与数据有关的寻址不同。为此，在介绍控制转移类指令前，以无条件转移类指令为例，先分析一下与转移的目的地址有关的寻址方式。

1. 转移指令

转移指令分为无条件转移指令和条件转移指令。

（1）无条件转移指令（Unconditional Jump）

格式： JMP target

功能： 将程序无条件地跳转到目的地址处，去执行从该地址开始的指令。在分支结构程序设计中常用无条件转移指令将各分支重新汇聚到一起。

无条件转移指令根据转移目标可以分成两类：段内转移和段间转移。段内转移指跳转的目的地址在同一个代码段内，只需改变 IP 寄存器的内容就可达到转移的目的。段间转移则是要跳转到另一个代码段去执行程序，此时不仅要修改 IP 寄存器的内容，还需要修改 CS 寄存器的内容才能达到目的，转移的目的地址应由新的段地址和偏移地址两部分组成。

1）段内转移。

① 短转移（Short Jump）。短转移的目的地址在距当前 IP 值的 −128 ~ +127 范围内，其中当前 IP 值是指 JMP 指令的下一条指令的地址。这是一条两字节指令。第一个字节为操作码 0EBH；第二字节是带符号数表示的位移量，取值范围为 −128 ~ +127。若为短转移，需在标号前加上 SHORT 运算符。若转移地址超出 −128 ~ +127 的范围，而且指令中又有 SHORT，则编译时会出错。

例2-64 短转移。

    JMP   SHORT NEXT

      ……

    NEXT：……

② 近转移（Near Jump）。近转移是 JMP 指令的默认格式，这是一条三字节的指令，第一个字节为操作码，后两个字节为用符号数表示的转移范围，由于位移量为 16 位，故转移范围可以是当前 IP 地址的 −32768 ~ +32767 之间的任何一个位置。

在当前代码段进行的近转移可以采用直接转移、寄存器间接转移和存储器间接转移方式。

- 直接转移（Direct Jump）：转移的目的地址在指令中直接给出或以符号地址的形式给出。

例2-65 直接转移。

    JMP NEXT

或

    JMP NEAR NEXT   ;NEAR 为符号地址

    JMP 2000H

- 寄存器间接寻址（Register Indirect Jump）：转移的目的地址存放在寄存器中。

例2-66 寄存器间接寻址。

指令"JMP BX"执行的结果，将 BX 的内容送给 IP，若 BX = 1200H，则在指令执行后，BX 的内容被送入 IP，IP = 1200H，于是 CPU 转向偏移地址 1200H 处开始执行。

- 存储器间接寻址（Memory Indirect Jump）：转移的目的地址在存储器的某个单元中，而存储单元的偏移地址在指令给出的寄存器中。

例2-67 指令"JMP［SI］"执行的结果，将［SI］和［SI + 1］的内容送给 IP。

例2-68 指令"JMP［BX + DI］"，若指令执行前，DS = 3000H，BX = 1000H，DI = 2000H，则执行后，物理地址为 33000H 和 33001H 单元中的内容 2350H 被送到 IP，于是 CPU 转向同一代码段中偏移地址为 2350H 的地方继续执行指令。指令的操作过程如图 2-16 所示。

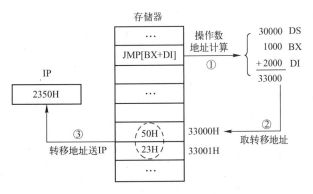

图 2-16　段内转移指令的执行过程

当操作数为存储器时，为了与段间间接转移相区别，段内间接转移指令的地址表达式前通常加上"WORD PTR"。如本例中的指令应写成"JMP WORD PTR［BX + DI］"以表示要传送到 IP 的目的地址是一个段内偏移量（16 位）。

2）段间转移。

① 段间直接转移（Inter Segment Direct Jump）。指令中直接给出了目的地址的段地址和段内偏移量。发生转移时，用段地址取代当前 CS 寄存器内容，用偏移量取代当前 IP 中的内容，从而使程序从一个代码段转移到另一个代码段。

例 2-69 段间直接转移。

  JMP FAR PTR NEXT

程序转到另一个代码段中的 NEXT 标号处继续执行，"FAR PTR"为段间转移的运算符。

例 2-70 段间直接转移。

  JMP 2000H:0200H

指令中已给出了新的段地址为 2000H，偏移地址为 0200H。指令执行后，程序转至该地址处继续执行。本指令的执行过程如图 2-17 所示。

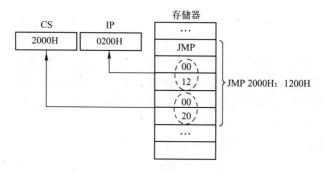

图 2-17 段间间接转移指令的执行过程

② 段间间接转移（Inter Segment Indirect Jump）。指令中给出了一个存储单元的地址，从该地址开始取 4 个字节来取代当前的 IP 和 CS 的内容。

例 2-71 段间间接转移。

  JMP DWORD PTR［BX + SI］

用［BX + SI］和［BX + SI + 1］两个存储单元的内容取代 IP，用［BX + SI + 2］和［BX + SI + 3］两个存储单元的内容取代 CS。

（2）条件转移指令（Conditional Jump）

条件转移指令是根据当前标志位的状态和 CX 寄存器的值来决定程序是否转移。若满足指令所指定的条件，则转移到指定的地址去执行；若不满足条件，则顺序执行下一条指令。

所有的条件转移指令都采用短转移方式，都只能在以当前 IP 地址的 − 128 ~ + 127 字节范围内转移，若超出此范围，将发生汇编错误。

格式： JXX SHORT Lable

功能： 满足条件，则转移；不满足条件，则继续执行下面的程序。

绝大多数条件转移指令（除 JCXZ 外），将标志位的状态作为测试条件。因此，在程序设计中，应首先执行能影响标志位状态的指令，然后才能用条件转移指令测试这些标志，以确定程序是否转移。8086/8088 CPU 的条件转移指令非常丰富，不仅可以测试单个标志位的状态，而且可以综合测试几个标志位的状态。

1）简单的条件转移指令。简单条件转移指令指仅测试一个标志位的状态实现转移的指令，见表 2-6。

表 2-6　简单条件转移指令

指令助记符	测 试 条 件	指 令 功 能
JC	CF = 1	有进位/借位时转移
JNC	CF = 0	无进位/借位时转移
JZ/JE	ZF = 1	结果为 0/相等时转移
JNZ/JNE	ZF = 0	结果不为 0/不相等时转移
JS	SF = 1	结果为负时转移
JNS	SF = 0	结果为正时转移
JO	OF = 1	带符号数结果溢出时转移
JNO	OF = 0	带符号数结果无溢出时转移
JP/JPE	PF = 1	结果低 8 位中有偶数个 1 时转移
JNP/JPO	PF = 1	结果低 8 位中有奇数个 1 时转移

2）组合标志位的条件转移指令。8086/8088 中设置了两组不同的条件转移指令来分别判断带符号数和无符号数的大小，使用两种术语来区分无符号数和带符号数的这种关系。对于无符号数用"高于"（Above）和"低于"（Below）；对于带符号数，则用"大于"（Greater）和"小于"（Less）；判断无符号数和带符号数的大小依据标志位的组合状态来判别。组合标志位的条件转移指令见表 2-7。

表 2-7　组合标志位的条件转移指令

类　　别	指令助记符	测 试 条 件	指 令 功 能
无符号数比较	JA/JNBE	CF = 0 and ZF = 0	高于/不低于等于转移
	JAE/JNB	CF = 0	高于等于/不低于转移
	JB/JNAE	CF = 1	低于/不高于等于转移
	JBE/JNA	(CF or ZF) = 0	低于等于/不高于转移
带符号数比较	JG/JNLE	((SF xor OF) or ZF) = 0	大于/不小于等于转移
	JGE/JNGE	(SF xor OF) = 0	大于等于/不小于转移
	JL/JNGE	(SF xor OF) = 1	小于/不大于等于转移
	JLE/JNG	((SF xor OF) or ZF) = 1	小于等于/不大于转移

75

3）测试 CX 的值是否为 0 转移指令。这是唯一一条不根据标志位进行转移的指令。在程序设计中，CX 寄存器经常用来存放计数值，JCXZ（Jump If CX Register Is Zero）指令在 CX 寄存器的内容为 0 时转移。

例 2-72 测试转移指令。

```
JCXZ NEXT                    ;当 CX = 0 时转移到 NEXT 处继续执行
```

2. 循环控制指令

循环控制指令常用于循环结构的程序设计中，一般放在循环的首部和尾部以确定是否进行循环；使用循环控制指令前必须把循环次数送入 CX 寄存器中，每循环一次，循环控制指令自动将 CX 的内容减 1，若不为 0，则继续循环，否则就退出循环。循环控制指令采用短转移的方式，即只能在 -128 ~ +127 的范围内转移。

循环控制指令共有 3 条：LOOP、LOOPE/LOOPZ 和 LOOPNE/LOOPNZ。

（1）LOOP（Loop Until CX = 0）

格式： LOOP SHORT Label

功能： 将 CX 内容减 1，若减 1 后 CX 不为 0，则转至 Label 处继续循环；否则退出循环，执行 LOOP 后面的指令。指令中的 Label 是一个短标号，该标号处的指令通常是循环体的第一条指令。在进入循环之前，循环次数必须送 CX 中。

LOOP 指令等价于以下两指令的组合：

```
DEC   CX
JNZ   Label
```

例 2-73 5 位同学的"模拟与数字电路"课程考试成绩分别为 87、93、68、74、56，设成绩已存入 BUFFER 开始的单元中，试编程找出最高分，并将其存入 TOP1 单元。

```
        LEA     BX,BUFFER
        MOV     AL,[BX]
        MOV     CX,5
NT:     INC     BX
        CMP     AL,[BX]
        JC      NET
        LOOP    NT
NET:    MOV     AL,[BX]
        LOOP    NT
        MOV     TOP1,AL
```

（2）LOOPE/LOOPZ（Loop If Equal/Loop If Zero）

格式： LOOPE SHORT_LABEL 或 LOOPZ SHORT_LABEL

功能： 先将 CX 内容减 1，若 CX 不为 0 且 ZF = 1，则转至指定的短标号处，换句话说，若 CX = 0 或 ZF = 0 都跳转。

例 2-74 判断内存空间中从地址 2000H 开始的 100 个字节是否全部为 55H。

```
        MOV     SI,2000H
```

```
          MOV      CX,100
BACK:CMP      [SI],55H
          JNC      SI
          LOOPE    BACK
```

（3）LOOPNE/LOOPNZ（Loop If Not Equal/Loop If Not Zero）

格式：LOOPNE SHORT_LABEL 或 LOOPNZ SHORT_LABEL

功能：将 CX 内容减 1，若 CX 不为 0 且 ZF = 0，则转至指定的短标号处，换句话说，若 CX = 0 或 ZF = 1 都将跳出循环。

例 2-75　在内存空间中从地址 1200H 开始的 30 个字节中，保存了某月 30 天的温度值（用一个字节存放），找出首个达到 35℃的日期。

```
          MOV      SI,1200H
          MOV      CX,30
AGAIN：CMP      [SI],35
          JNC      SI
          LOOPNE   AGAIN
```

3.　过程调用和返回指令

为了便于模块化程序设计，往往把程序中某些具有独立功能的部分编写成单独的程序模块，称为过程（Procedure）。汇编语言中的过程相当于高级语言中的函数或子程序。程序执行过程中，主过程在需要时可随时调用这些子过程，子过程执行完以后，又返回到主过程继续执行。8086/8088 指令系统为实现这一功能提供了过程调用指令 CALL 和过程返回指令 RET。

（1）CALL（Call a Procedure）

若被调用的子过程和主过程在同一代码段内，则称该过程为近过程（Near Procedure），对该过程的调用称为近程调用（Near Call）或段内调用。若子过程和主过程不在同一代码段内，则称该过程为远过程（Far Procedure），对远过程的调用称为远程调用（Far Call）或段间调用。

1）近程调用。

① 直接调用。

格式：CALL proc

功能：将 CALL 指令执行时的 IP 寄存器的内容（此时 IP 存放的是 CALL 指令后面的那条指令的地址，也称断点地址）压入堆栈中，以便子过程结束后返回主过程时使用，然后将子过程的入口地址送入 IP 中，使程序流程转到子过程去执行。

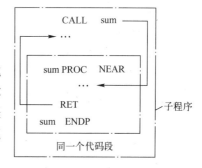

图 2-18　近程调用示意图

在图 2-18 所示的近程调用中，CALL 指令中出现的是子过程名 sum，汇编语言规定过程名代表过程的入口地址，也就是过程第一条可执行指令的地址，故 CALL 指令执行后，程序的流程就转到了子过程 sum。当程序执行到子过程的 RET 语句时，将从堆栈中弹出断点地址到 IP 寄存器，程序就返回到主过程的断点处继续往下执行。

CALL 指令中也可以直接给出子程序第一条指令的偏移地址。

```
;主过程
13B5:0100    MOV    BX,9512
13B5:0103    CALL 0300
13B5:0106    MOV    AX,142F
……
;子过程,和主过程在同一代码段
13B5:0300    MOV    CX,20
13B5:0303    ……
……
13B5:030A    RET
```

主过程在执行到"CALL 0300"时,将下一条指令"MOV AX,142F"的地址(即断点地址)推入堆栈中,因为是近程调用,故只将 0106 压入堆栈。若为远程调用,则要将 13B5 和 0106 都压入堆栈,而且是先压 13B5,再压 0106。

② 间接调用。

格式: CALL reg16 或 CALL WORD PTR men16

其中,reg16/mem16 表示 16 位寄存器或 16 位存储器操作数,其内容为所调用子过程的入口偏移地址。

功能: 首先将断点地址压入堆栈,若指令中的操作数是一个 16 位寄存器,则将寄存器的内容送 IP;若指令中的操作数是存储器操作数,则将从指定地址开始的连续两个单元的内容送 IP。

例 2-76

```
CALL    BX                        ;BX 中为过程的入口偏移地址,将其送 IP
CALL    WORD    PTR[BX]           ;将[BX][BX+1]2 字节的内容送 IP
```

2) 远程调用。

① 直接调用。

格式: CALL proc

功能: 子过程和 CALL 指令不在同一代码段内。指令执行时,首先将 CALL 指令的下一条指令的地址(包括 CS 和 IP)压入堆栈,先压 CS,再压 IP;然后将指令中给出的子过程的段地址和偏移地址分别送到 CS 和 IP,程序流程转入子过程继续执行。

例 2-77

```
CALL 12B0:0100                    ;程序转至 12B0:0100 处继续执行
```

② 间接调用。

格式: CALL men32

其中,reg16/mem16 表示 16 位寄存器或 16 位存储器操作数,其内容为所调用子过程的入口偏移地址。

功能: 首先将断点的 CS 和 IP 寄存器内容压入堆栈,然后将保存在存储器中的子过程的入口地址分别送给 IP 和 CS，其中，前两个字节送 IP，后两个字节送 CS，使程序流程转入子过程继续执行。

例 2-78

    CALL   WORD   PTR[SI]

子过程的入口地址在 SI 所指向的连续 4 个内存单元中，即将[SI][SI+1]的内容取出送 IP，[SI+2][SI+3]的内容送 CS。

（2）RET（Return from a Procedure）

RET 指令用来结束子过程的执行，使程序的执行流程返回到主过程，继续执行 CALL 指令后的指令序列。

1）不带参数的返回指令。

格式：RET

功能：对于近过程，RET 从堆栈顶部弹出 2 个字节到 IP；对于远过程，RET 指令将从堆栈顶部弹出 4 个字节，其中先弹出的 2 个字节送 IP，后弹出的 2 个字节送 CS。

RET 一般为子过程的最后一条指令，无论是远过程还是近过程，返回指令在形式上都是 RET，但汇编时机器码不同。

在子过程的程序设计中，要注意 PUSH 和 POP 指令的配对问题。例如，假设 CALL 指令调用时的断点地址为 0106H，子过程和主过程位于同一代码段。子过程如下：

    13B5:0300   PUSH   BX
    13B5:0301   ……
    ……   ……
    13B5:0309   POP   BX
    13B5:030A   RET

子过程中有入栈和出栈操作，假设 BX=9512H，则在子过程调用和子过程的执行过程中，堆栈的变化如图 2-19 所示。当执行完 POP BX 和 RET 指令后，子过程可以正确地返回主过程。

假设在子过程中没有 "POP BX" 指令，则由于 RET 指令只是将当前堆栈栈顶的 2 个字节弹出到 IP 寄存器，IP 得到的是 9512H，而不是正确的断点地址 0106H。因此，在子过程设计中，有一个 PUSH 指令就必须有一个 POP 指令和它相对应。

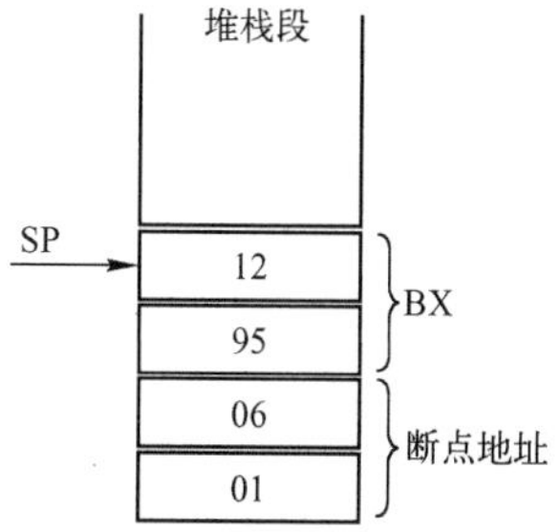

图 2-19 子过程执行时堆栈段变化

2）带参数的返回指令。

格式：RET n

功能：从栈顶弹出返回地址后，再使 SP+n，其中 n 为 0~0FFFFH 中的任一偶数。

这条指令常用于通过堆栈传递参数的子过程调用中，其中 n 为子过程调用前压入堆栈的参数所占的字节数。

4. 中断指令

在系统运行或程序执行过程中，当遇到某些特殊事件打断了计算机当前正在运行的程序，而使 CPU 转去执行和该事件相关的一组专门的例行程序，执行完后 CPU 再返回原来的程序接着往下运行，这种情况称为中断（Interrupt）。这组例行程序称为中断服务程序（Interrupt Service Routine）。在8086/8088中，共有256个中断，分别为INT 00H、INT 001H、INT 002H、…、INT 0FFH。这256个中断包括除法运算中被0除所产生的中断和程序中为某些处理而设置的中断指令等。硬件中断则主要用来处理I/O设备与CPU之间的数据传输。

中断指令用于产生软件中断，以调用一些特殊的中断处理过程。当CPU响应中断时，和调用子程序一样也要将断点的IP和CS的内容保存到堆栈中。除此之外，为了能全面地保存现场信息，以便中断处理结束后返回现场，还需要把反映现场状态的标志寄存器保存入栈，然后才能转到中断服务程序去执行。当然从中断服务程序返回时，除要恢复IP和CS外，还需要恢复中断前标志寄存器的值。标志寄存器的入栈和出栈是由硬件自动完成的。

中断服务程序的入口地址称为中断向量（Interrupt Vector），由4个字节组成，即2个字节的段地址和2个字节的偏移地址。在IBM PC中，内存中最低的地址区的1024个字节（物理地址00000H~0003FFH）为中断向量表（Interrupt Vector Table），存放着256个中断服务程序的入口地址。由于每个中断向量占有4个字节单元，所以中断指令中指定的类型号n需要乘以4才能取得所指定类型的中断向量。例如，若中断类型号为9，则与其相应的中断向量存放在00024H~00027H单元中。

关于中断将在后续章节专门进行详细论述，这里仅介绍8086/8088指令系统提供的3条与软件中断相关的指令：INT n、INTO和IRTE。

（1）INT（Interrupt）

格式：INT n

其中，n为中断类型号，取值范围为0~255。

功能：将程序流程转到和中断类型号n相对应的中断服务程序。

标志位：影响IF、TF标志位。

这是一条放在用户程序中的软件中断指令，与随时可能发生的硬件中断不同，这是编程者有意识地安排在程序中的一个中断。这样使用的中断，其中断服务程序往往是系统预先编写好的一些专用子程序，用来完成一些特定的服务功能，供用户程序使用。例如，DOS功能调用中的"INT 21H"等，这类中断所对应的中断服务程序与子程序不同，它们在系统启动时就已进入内存中，不需要像子程序那样与调用它的程序相关联。

80x86 CPU在取得中断类型号后的处理过程如下：

1）将标志寄存器入栈，此操作类似于PUSHF指令。

2）清除中断允许标志，使IF=0；清除单步标志，使TF=0，以保证进入中断服务程序时不会再次中断，并且也不会响应单步中断。

3）将断点地址（即下条指令的CS和IP）入栈保护，先压CS，再压IP的内容。

4）将n乘以4，得到其在中断向量表中的地址。

5）从中断向量表中取出中断服务程序的入口地址，分别送至CS和IP。

6）开始执行中断服务子程序。

可以看出，INT指令与CALL指令的段间间接调用的执行过程很类似，其区别是：

1）CALL指令根据操作数指定的地址来获得子程序的入口地址，而INT指令根据中断类型号获得中断服务程序的入口地址。

2）CALL 指令执行时将断点的 CS 和 IP 的内容压栈，而 INT 指令处理要将 CS 和 IP 压栈外，还要将标志寄存器 FLAGS 的内容压栈。

3）CALL 指令不影响任何标志，而 INT 指令要影响 IF 和 TF 标志。

4）中断向量放在内存的固定位置，通过中断类型号来获取。而 CALL 指令可以任意指定子程序入口地址的存放位置，通过指令的操作数来获取。

（2）溢出中断 INTO（Interrupt on Overflow）

格式： INTO

其中，检测溢出标志 OF，如果 OF = 1，则启动相应的中断服务程序，否则无操作。

功能： 将程序流程转到和中断类型号 n 相对应的中断服务程序。

带符号数运算中的溢出是一种错误，在程序中应尽量避免（如果避免不了，也希望能及时发现）。为此，8086/8088 指令系统专门提供了一条溢出中断指令，用来判断带符号数加减运算是否溢出。使用时 INTO 指令紧跟在带符号数加、减运算指令的后面。

若算术运算使 OF = 1，则 INTO 指令会调用溢出中断处理程序；若 OF = 0，则 INTO 指令不执行任何操作。

INTO 指令的操作与"INT n"指令是类似的，只不过 INTO 指令是 n = 4 的 INT 指令。换句话说，INTO 指令与"INT 4"指令调用的是同一个中断服务程序。

例 2-79

```
ADD    AX,BX              ;若溢出,则调用溢出中断服务程序,否则往下执行
MOV    RESULT,AX
```

（3）中断返回指令 IRET（Interrupt Return）

格式： IRET

功能： 中断服务程序执行到最后一条指令一定是 IRET，用于从中断服务程序返回到原来发生中断的地方，该指令将从栈顶弹出 3 个字，前两个字是断点地址（第 1 个弹出的字送到 IP，第 2 个送到 CS），第 3 个弹出的字送标志寄存器。

标志位： 影响所有标志位。

2.3.5　串操作指令

顺序存放在内存中的一组数据或字符，称为串。串操作指令可以用来实现内存区域的数据串操作。这些数据串可以是字节串，也可以是字串。串操作指令有如下特点：

第一，源串默认在数据段 DS 中，其偏移地址保存在源变址寄存器 SI 中，但允许段超越；目的串默认在附加段 ES 中，其偏移地址保存在目的变址寄存器 DI 中，不允许段超越。因此在使用串操作指令之前，要先给 SI 和 DI 赋值，使其分别指向源串和目的串。对于较短的数据串，可以将 DS = ES。

第二，串操作指令执行后会自动修改变址寄存器 SI 和 DI 的值，是增量还是减量由方向标志位 DF 决定。当 DF = 0 时，地址指针增量，即字节操作时地址指针加 1，字操作时地址指针加 2；当 DF = 0 时，地址指针减量，即字节操作时地址指针减 1，字操作时地址指针减 2。

（1）方向标志置位指令 STD（Set Direction Flag）

格式：STD

功能：置方向标志，使 DF = 1，串操作时 SI 和 DI 地址减量。

（2）方向标志清除指令 CLD（Clear Direction Flag）

格式：CLD

功能：清方向标志，使 DF = 0，串操作时 SI 和 DI 地址增量。

第三，串操作指令前可以加重复前缀，使指令按规定的操作重复进行，重复次数由 CX 寄存器决定。

重复前缀的几种形式见表2-8。

表 2-8　重复前缀

重 复 前 缀	执 行 过 程	影 响 指 令
REP	（1）若 CX = 0，则退出 REP；否则转（2）； （2）CX = CX - 1； （3）继续执行 MOVS/STOS 指令； （4）重复（1）~（3）	MOVS，STOS
REPE/REPZ	（1）若 CX = 0 或 ZF = 0，则退出；否则转（2）； （2）CX = CX - 1； （3）继续执行 CMPS/SCAS 指令； （4）重复（1）~（3）	CMPS，SCAS
REPNE/REPNZ	（1）若 CX = 0 或 ZF = 1，则退出；否则转（2）； （2）CX = CX - 1； （3）继续执行 CMPS/SCAS 指令； （4）重复（1）~（3）	CMPS，SCAS

注：LODSB 和 LODSW 指令前一般不使用重复前缀。

8086/8088 的串操作指令共有 5 条。

1. 串传送指令 MOVS（Move Byte or Word String）

格式：MOVSB 或 MOVSW

功能：把数据段 DS 中由 SI 间接寻址的一个字节（或一个字）传送到附加段 ES 中由 DI 间接寻址的一个字节单元（或一个字单元）中；然后，根据方向标志 DF 及所传送数据的类型（字节或字）对 SI 及 DI 进行修改，在指令重复前缀 REP 的控制下，可将数据段中的整串数据传送到附加段中。

例 2-80　将数据段中首地址为 BUFFER1 的 200 个字节数据传送到段首地址为 BUFF-ER2 的内存单元中，程序如下：

```
        LEA     SI,BUFFER1          ;将源串首地址送 SI
        LEA     DI,BUFFER2          ;将目的串首地址送 DI
        MOV     CX,200              ;将串的长度送 CX
        CLD
        REP     MOVSB               ;连续传送 200 个字节
    HLT
```

2. 串比较指令 CMPS（Compare Byte or Word String）

格式：CMPSB 或 CMPSW

功能：把数据段 DS 中由 SI 间接寻址的一个字节（或一个字）与附加段 ES 中由 DI 间

接寻址的一个字节单元（或一个字单元）进行比较操作；但比较的结果不送到目的串中，而是反映在标志位上；然后，根据方向标志 DF 及所传送数据的类型（字节或字）对 SI 及 DI 进行修改。

标志位：影响 OF、SF、ZF、AF、PF、CF 标志位。

该指令在指令重复前缀 REPE/REPZ 或者 REPNE/REPNZ 的控制下，可在两个数据串中寻找第一个不相同或者相同的字节（或字）。如果想在两个数据串中寻找第一个不相同的字符，则应使用重复前缀 REPE/REPZ。当遇到第一个不相等的字节（或字）时，就停止比较，但此时地址已被修改，即"ES：DI"已经指向下一个字节或字，应将 SI 和 DI 进行修正使之指向所需寻找的不同的字节（或字）。同理，如果想要寻找两个数据串中第一个相同的字节（或字），则应使用重复前缀 REPNE/REPNZ。

例 2-81　比较两个 20 个字节的字符串，找出其中第一个不相同的字符的地址，如果两个字符串完全相同，则转到 SAME 进行处理，这两个字符串的首地址分别为 STR1 和 STR2。

```
        LEA     SI,STR1             ;将源串首地址送 SI
        LEA     DI,STR2             ;将目的串首地址送 DI
        MOV     CX,20               ;将串的长度送 CX
        CLD                         ;清除方向标志 DF,地址增量
        REPE    CMPSB               ;如相同,重复进行比较
        JCXZ    SAME                ;(CX)=0,则转到 SAME
        DEC     SI
        DEC     DI
        HLT
SAME:……
```

3. 串搜索指令 SCAS（Scan Byte or Word String）

格式：SCASB 或 SCASW

功能：在一个数据串中搜索特定的关键字。将该关键字与附加段中由 DI 间接寻址的字节串（或字串）中的一个字节（或字）进行比较操作，使比较的结果影响标志位。搜索的关键字必须放在累加器 AL 或 AX 中。然后根据方向标志 DF 及所进行操作的数据类型（字节或字）对 DI 进行修改。

标志位：影响 OF、SF、ZF、AF、PF、CF 标志位。

指令将累加器的内容与数据串中的元素逐个进行比较，如果累加器的内容与数据串中某个字节（或字）相等，则比较之后 ZF=1。因此，串搜索指令可以加上重复前缀 REPE 或 REPNE。

例 2-82　在 100 个字节的字符串中，寻址第一个回车符 CR（其 ASCII 码为 0DH），找到后将其地址保留在 DI 中，并在屏幕上显示字符 Y。如果字符串没有回车符，则在屏幕上显示字符 N。该字符串的首地址为 STR。

```
STR:    LEA     DI,STR              ;将目的串首地址送 DI
        MOV     AL,0DH              ;(AL)←0DH
        MOV     CX,100              ;将串的长度送 CX
        CLD                         ;清除方向标志 DF,地址增量
```

	REPNE	SCASB	;如没有找到,重复扫描
	JZ	MATCH	;(CX)=0,则转到 MATCH
	MOV	DL,'N'	;字符串中无回车符,则(DI)←N
	JMP	DSPY	;转到 DSPY
MATCH:	DEC	DI	;(DI)-1
	MOV	DL,'Y'	;则(DI)←Y
DSPY:	MOV	AH,02H	;2 号功能调用,显示 DL 中的字符
	INT	21H	
	HLT		

4. 从源串中取数指令 LODS（Load Byte or Word String）

格式： LODSB 或 LODSW

功能： 将 SI 所指向的源串（DS 段）中的一个字节或字取出送 AL 或 AX，同时修改 SI，指向下一个字节或字。LODS 指令一般不带重复前缀。

标志位： 不影响。

5. 从目的串中存数指令 STOS（Store Byte or Word String）

格式： STOSB 或 STOSW

功能： 将累加器 AL 或 AX 中的一个字节或字传送到附加段中以 DI 间接寻址的目的串中，同时修改 DI，指向下一个字节或字。

标志位： 不影响。

例 2-83 将字符"##"装入以 AREA 为首地址的 100 个字节中。

LEA	DI,AREA	;将目的串首地址送 DI
MOV	AX "##"	;送字符"##"
MOV	CX,20	;将串的长度送 CX
CLD		;清除方向标志 DF,地址增量
REP	STOSW	
HLT		

2.3.6 处理器控制指令

该类指令用来控制处理器与协处理器之间的交互作用，修改 CPU 内部的标志寄存器，以及使处理器与外部设备同步等。

1. 标志位操作指令

8086/8088 共有 7 条直接对标志位进行操作的指令，其中有 3 条针对标志位 CF，另外各有 2 条分别针对标志位 DF 和 IF。

（1）CLC（Clear Carry Flag）

格式： CLC

功能： 清进位标志，使 CF=0。

（2）STC（Set Carry Flag）

格式： STC

功能： 置进位标志，使 CF=1。

（3）CMC（Complement Carry Flag）

格式： CMC

功能： 使进位标志 CF 取反。

（4）CLD（Clear Direction Flag）

格式： CLD

功能： 清方向标志，使 DF = 0，串操作时 SI 和 DI 的值自动增加。

（5）STD（Set Direction Flag）

格式： STD

功能： 置方向标志，使 DF = 1，串操作时 SI 和 DI 的值自动减量。

（6）CLI（Clear Interrupt Flag）

格式： CLI

功能： 清中断允许标志，使 IF = 0，屏蔽 INTR 引脚的中断请求。

（7）STI（Set Interrupt Flag）

格式： STI

功能： 置中断允许标志，使 IF = 1，允许从 INTR 引脚来的中断请求。

以上对某种标志位执行的操作，对其他标志位没有影响。

2. 处理器的其他控制指令

（1）空操作指令 NOP（No Operation）

格式： NOP

功能： 其机器码为 1 个字节，不执行任何有效的操作，也不影响标志位，但占用一个机器周期的时间。可用该指令构成精确时间延时，或用该指令占用一定的存储单元以便程序调试或程序修改。

（2）暂停指令 HLT（Halt）

格式： HLT

功能： 使 CPU 暂停。在暂停状态下 CPU 不进行任何操作，也不影响标志位。常在程序中用该指令等待硬件中断。

当 8086/8088 CPU 处于暂停状态时，出现下列三种情况之一，可使 CPU 退出暂停状态：①在 RESET 引脚上有复位信号；②在 NMI 引脚上有非屏蔽中断请求；③在中断允许情况下，在 INTR 引脚有可屏蔽中断请求。

（3）WAIT（Wait While Test Pin Not Asserted）

格式： WAIT

功能： 使处理器处于空转状态，直到芯片上的 TEST 引脚变低电平为止。

8086/8088 有一个测试信号引脚 TEST，它是由 WAIT 指令测试的。若 TEST 为低电平，则执行 WAIT 指令后面的指令；若为高电平，CPU 处于空闲等待状态，重复执行 WAIT 指令。该指令可用于 CPU 与外部硬件的同步，对标志位无影响。

（4）处理器交权指令 ESC（Processor Escape）

格式： ESC MEM

功能： 当 CPU 执行该指令时，将控制权交给协处理器，例如 8087。ESC 指令将存储单元的内容送到数据总线上去，使协处理器可以从存储器得到指令或操作数。

（5）封锁总线指令 LOCK（Lock System Bus Prefix）

格式： LOCK

功能： 该指令为一条单字节的指令前缀，当 8086/8088 构成最大模式时，LOCK 前缀指令可以放在任何指令的前面，使得加此前缀的指令执行时，8086/8088 的 LOCK 引脚有效，总线被封锁，使其他外部处理器或总线设备不能取得对系统总线的控制权。当这些设备申请总线的控制权时，主 CPU 仅记录此请求，但不响应。只有当此指令执行完毕后，主 CPU 才响应总线请求。此指令不影响标志位。

习题

1. 指出下列指令中源操作数和目的操作数的寻址方式。

（1） MOV   BX,WORD PTR[2200H]

（2） MOV   [BX + SI + 8], BX

（3） MOV   BX,WORD PTR[2200H]

（4） MOV   AX,10H

（5） OUT   DX,AL

（6） IDIV   WORD PTR[DI]

（7） LAHF

（8） PUSHF

（9） JMP   2200H

（10） JMP   DX

2. 指出下列 8088 指令中哪些是错误的，并说明原因。

（1） MOV   DL,[DX]

（2） MOV   ES,2000H

（3） SUB   [BX],[SI]

（4） ADD   AX,[BX + CX]

（5） XCHG   DS,[2400H]

（6） DEC   ES

（7） IN   AL,DX

（8） OUT   1C0H,AL

（9） SAR   AX,5

3. 阅读下列程序段，写出每条指令执行的结果，并写出程序执行后 AX、BX 的内容。

```
MOV   BX, 4EECH
MOV   AX, 97DEH
OR    AX,BX
AND   AX,BX
NOT   AX
MOV   CX,AX
SHL   AX,1
```

```
XOR    BX,AX
TEST   AX,BX
```

4. 阅读下列程序段，写出每条指令执行的结果，并写出程序执行后 AX、DX 的内容。

```
MOV    CL,4
MOV    DX,248AH
MOV    AX,8103H
ROL    DX,CL
MOV    BH,AH
SAR    BH,CL
SHL    AX,CL
OR     DL,BH
```

5. 执行下列程序后，写出 AX、SP、DX、CX 及 ZF 的值。

```
10A3H:2000H    XOR    AL,AL
      2002H    MOV    AX,CS
      2004H    MOV    SS,AX
      2006H    MOV    SP,2F00H
      2009H    MOV    DX,2012H
      200CH    PUSH   DX
      200DH    CALL   2700H
      2010H    ADD    CX,DX
      2012H    HLT
10A3H:2700H    POP    CX
               RET
```

6. 写出实现下面函数（其中 x、y 均为符号字节数）的程序段。

$$Z = \begin{cases} 1, & x \geq 0, y \geq 0 \\ -1, & x < 0, y < 0 \\ 0, & x, y \text{ 异号} \end{cases}$$

7. 在 String 为始地址的字符串中搜索字符串结束标志"$"，并将字符串长度（不包括"$"）放入 Strlen 单元中；如果连续 100 个字节单元之中无"$"，则在 Strlen 单元中填入 0FFH。

8. 某存储区中存放着 80 名学生某科目的成绩（0~99 分），此成绩已压缩的 BCD 码形式存储。试编程统计 60 分及以上和不及格人数，要求统计结果仍以 BCD 码形式存放。

9. 假设已经编制好 5 个乐曲程序，它们的入口地址（含地址和偏移地址）存放在数据段的跳转表 MUSICTAB 中。试编写一个点歌管理程序，其功能是：根据键盘输入的乐曲编号 0~4，转到所点乐曲的入口，执行此乐曲程序。

第3章 汇编语言程序设计

本章要点

1. 汇编语言程序的结构
2. 段定义、过程定义、数据定义、数据定义伪指令语句
3. 汇编语言程序设计的一般方法
4. 子程序、宏定义、DOS、BIOS 功能调用

学习目标

通过本章的学习，了解汇编语言中的一些概念，掌握汇编源程序的结构和汇编语言程序设计的一般方法，并理解段、过程、伪指令语句等的定义特征，能够运用汇编语言程序、连接程序等编写实际程序，并掌握一些编程基本方法。

3.1 汇编语言源程序的结构和语句

3.1.1 汇编语言源程序的结构

8086/8088 CPU 按照逻辑段组织程序，逻辑段包括数据段、代码段、堆栈段和附加段。因此完整的汇编语言源程序也由各个段组成，如例 3-1 的汇编语言源程序包含了数据段、堆栈段和代码段。一个汇编语言源程序可以包含若干个数据段、附加段、堆栈段和代码段，段与段之间的顺序可任意排列。下面是一个完整段定义汇编语言源程序的例子。

例 3-1 完整段定义汇编语言源程序。

```
;EX301. ASM
DATA        SEGMENT                          ;定义数据段
DATA1       DB 0F8H,60H,0ACH,74H,3BH         ;被加数
DATA2       DW0C1H,36H,9EH,0D5H,20H          ;加数
DATA        ENDS                             ;数据段结束
STACK       SEGMENT STACK'STACK'             ;定义堆栈段
            DB100DUP('S')
STACK       ENDS                             ;堆栈段结束
CODE        SEGMENT   PARA'CODE'             ;定义代码段
            ASSUME CS:CODE,DS:DATA,SS:STACK
START:      MOV   AX,DATA
            MOV   DS,AX                       ;初始化 DS
            MOV   CX,5                         ;循环次数送 CX
            MOV   SI,0                          ;置 SI 初值为 0
```

```
              CLC                           ;清 CF 标志
LPER：         MOV   AL,DATA2[SI]           ;取一个字节加数
              ADC   DATA1[[SI],AL          ;与被加数相加
              INC   SI                      ;SI 加 1
              DEC   CX                      ;CX 减 1
              JNZ   LPER                    ;若不等于 0 转移至 LPER 处
              MOV   AH,4CH
              INT   21H                     ;返回 DOS
CODE：        ENDS                          ;代码段结束
              END   STASRT                  ;源程序结束
```

3.1.2　汇编语言源程序的语句格式

汇编语言源程序由语句序列构成，一般一条语句占用一行。汇编语言的语句分为两类：指令语句和伪指令语句。指令语句指定 CPU 做什么操作，例如各类指令；伪指令语句指定汇编器做何种操作。指令语句都有对应的机器码，而伪指令语句除少数一些数据定义伪指令外一般不产生机器码。

1. 指令语句的格式

汇编语言的 CPU 指令语句格式如下：

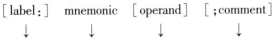

［label：］　mnemonic　［operand］　［;comment］

　标号域　　助记符域　操作数域　　注释域

4 个域中只有助记符域是必不可缺的，其他用方括号括起来的域都是可选的。助记符域是指令的操作码助记符，如 MOV、ADD、SUB 等。助记符域与操作数域之间至少应保留一个空格。多个操作数之间要用逗号分开。标号一般是为转移指令提供目的地址的符号名。程序员不必去计算相对转移的地址偏移量，汇编器会自动完成这一工作。标号后面必须跟一个冒号。注释域以分号打头。这些都是应该注意的。

汇编语言中的标号、段名、常量名、变量名等由用户命名的名字统称为标识符，标识符必须是由字母或特殊字符打头的字母数字串，中间不能有空格。合法的字符包括：字母 A ~ Z 或 a ~ z、数字 0 ~ 9、特殊字符问号（?）、圆点（.）、@ 、下划线（_）和美元符号（$），圆点只能作为第一个字符。

标识符的长度不超过 31 个字符，超过部分均被删去。

2. 汇编伪指令语句的格式

伪指令是针对汇编程序的命令，有段定义、过程定义、数据定义等多种伪指令，将在后面分别介绍。汇编伪指令格式也有 4 个域：

　　［名字］　伪指令　［操作数］　［;注释］

一般来说，只有伪指令域是必须的。对于某些伪指令，名字域也是必须的，但要注意的是，名字域后面不能用冒号（：），域与域之间用空格隔开。

伪指令的操作数域是可选的，它可以有多个操作数，只受行长度的限制。有的伪指令操作数域部分的各操作数之间要求用逗号（,）分开，而有些伪指令则要求用空格分开，必须

严格遵循有关规定。

3.1.3 汇编语言源程序的段定义

汇编语言源程序的段定义与内存的分段组织直接相关。典型的程序包括代码段、数据段和堆栈段。伪指令 SEGMENT 和 ENDS 用于定义各种段。其语句格式如下：

段名字　SEGMENT　［可选项］
｛段模块｝
段名字　ENDS

段名字必须在段的首尾两处出现，而且必须一致。SEGMENT 和 ENDS 必须成对出现。SEGMENT 定义一个段的开始，ENDS 定义一个段的结束。

SEGMENT 语句可以有 3 种可选项：定义类型、连接方式和类别。可选项之间用空格符或制表符 TAB 分开。格式如下：

段名　SEGMENT　［定位类型］　［连接方式］　［'类别'］

1. 定位类型

定位类型指明该段进入内存时从何种类型的边界开始，有 4 种定位类型：PAGE、PARA、WORD 和 BYTE。起始地址分别是

PAGE：XXXX　XXXX　XXXX　0000　0000　B
PARA：XXXX　XXXX　XXXX　0000　0000　B
WORD：XXXX　XXXX　XXXX　XXXX　XXX0　B
BYTE：XXXX　XXXX　XXXX　XXXX　XXXX　B

PAGE、PARA、WORD、BYTE 分别表示以页、段、字、字节为起始地址。若默认则隐含为 PARA。

2. 连接方式

连接程序根据连接方式确定本段与其他段的关系，共有 6 种方式。

1）NONE：表示本段与其他段在逻辑上没有关系，每段都有自己的基址。这是隐含方式。

2）PUBLIC：连接程序把本段与同名同类别的其他段连接成一个段。

3）STACK：表示此段为堆栈段。连接时将所有 STACK 连接方式的同名段连接成一个段。程序中必须至少有一个 STACK 段，否则用户必须以指令初始化 SS 和 SP；若有多个，初始化时，SS 指向第一个 STACK 段。

4）COMMON：连接程序为本段和同名同类型的其他段指定相同的基址，因而本段将与同名同类型的其他段相覆盖。段的长度为最长的 COMMON 段的长度。

5）AT 表达式：连接程序把本段装在表达式的值所指定的段地址上（偏移量按 0 处理）。

6）MEMORY：连接程序把本段定位在其他所有段之上（即地址较大的区域）。若有多个 MEMORY 段，则第一个按 MEMORY 方式处理，其余均按 COMMON 方式处理。

3. 类别

类别必须用单引号括起来。类别指定同样只在模块连接时才需要。一般对于堆栈段，总

是定义类别为'STACK'；对代码段，通常指定类型为'CODE'；对数据段，则指定为'DATA'。如果一个程序不准备和其他程序组合，也可以不指定类别。类别名可由用户任意设定。连接程序把类别名相同的段（段名未必相同）放在连续的存储区间内，但仍为不同的段（连接方式为 PUBLIC、COMMON 的段除外）。

在前面例子中的堆栈段定义如下：

STACK　　SEGMENT　PARA　　STACK　　'STACK'

　　　　↓　　　　　　　　↓　　　　↓

堆栈段名　　　　　　　　定位　连接方式　类别

在堆栈段里一般只要简单定义一下堆栈段空间大小就行了。如"DB　100 DUP(?)"语句为堆栈分配了 100 个字节的空间。堆栈空间的大小取决于程序如何使用堆栈。最大不能超过 64 KB。定义堆栈空间时还可以给字节以初始化，例如：

DB　　100 DUP('STACK')

不仅分配了 500 个字节的堆栈空间，而且还把这个空间初始化为重复 100 次的'STACK'字符串。其目的是为了在查看内存分配或调试程序时可以方便地找到堆栈空间。

3.1.4　汇编语言源程序的过程定义

代码段的内容主要是程序的可执行代码。一个代码段可以由一个或几个过程（子程序）组成。仅由一个过程组成的代码段其形式如下：

```
段名　SEGMENT
    过程名　PROC FAR          ;过程定义语句
    ……                      ;过程体
        RET
    过程名　ENDP             ;过程定义结束语句
段名　ENDS
```

RET 在 FAR 过程中被汇编为段间返回指令，在 NEAR 过程汇编为段内返回指令。两者的机器码是不同的。

一个程序段可以包含几个过程。除主程序外，包含在同一段内的其他过程一般总是定义为 NEAR 过程。因此使用同一个 MASM 命令可以汇编的几个过程，除主过程是 FAR 属性外，其余一般均是 NEAR 属性。过程一经定义就可以用 CALL 语句调用，例如：

CALL　过程名

同 RET 指令一样，CALL 指令也有不同的指令代码。如果过程名是 FAR 属性，则是段间调用。如果过程名是 NEAR 属性，则是段内调用。

3.1.5　汇编语言源程序的段寻址

伪指令 SEGMENT 和 ENDS 可以用来定义不同的段，定义时段名的选取完全是任意的，一般只是为了阅读时清楚起见，取一些意义明显的名字。汇编程序仍然不知道哪个对应数据段，哪个对应代码段，因此用 ASSUME 伪指令来说明段寄存器与段名之间的对应关系。AS-

SUME 语句的一般格式为

ASSUME　段寄存器名:段名 [,…]

其中段寄存器名有 CS、DS、ES 和 SS，每个指定之间用逗号分开。例如，ASSUME 语句为

ASSUME　SS:STACK,CS:CODE;DS:DATA

由于没有用到 ES，可以不写。

ASSUME 语句必须写在代码段中，一般情况下紧跟在代码段定义语句之后。ASSUME 语句给出了对应关系，但并没有真正给段寄存器赋值。段寄存器的赋值还要由程序本身来完成，例如，使用下列语句给 DS 赋值：

MOV　AX,DATA
MOV　DS,AX

注意第一条指令的作用：当 MOV 指令的源操作数出现段名时，是把段基址送给目的操作数。这是传送指令使用中的一种特殊情况。

为什么只对 DS 赋值呢？这是因为 DOS 环境下运行程序时，DOS 的装入程序已对"CS:IP"和"SS:SP"作了正确的初始化，而 DS、ES 初始化为程序段前缀 PSP 的起点，而非用户所需的地址。如果定义了附加段，也应给 ES 用类似语句赋值。

3.1.6　标准程序前奏

其实，DOS 加载一个 EXE 文件时首先要建立一个 PSP，其头两个字节是一条"INT 20H"指令。执行"INT 20H"指令是把控制返回给 DOS 的传统方法。在 DOS 环境下运行一个程序时，自然要求当程序运行结束时，控制返回 DOS。

由于 DOS 的装入程序在加载一个程序时把 DS 和 ES 定位在 PSP 的起点上，于是应在程序一开始通过下面 3 条指令把 PSP 的起点地址压入堆栈：

PUSH　DS
XOR　AX,AX
PUSH　AX

这样当程序执行到最后一条 RET 指令时，它将从堆栈顶部弹出 PSP 的起点地址送 CS:IP，使得"INT 20H"指令得以执行，从而把控制权交还给 DOS。通常把这 3 条指令称为标准程序前奏。

3.1.7　汇编语言源程序结束语句

汇编语言源程序的最后一个语句是汇编语言结束语句，即 END 语句。其格式是

END　[表达式]

其中，表达式必须是一个存储器地址，这个地址是当程序执行时，第一条要执行的指令的地址。例如，以下结束语句：

```
        END    STA
```

STA 是过程名，代表过程的入口地址，也是第一条要执行的指令的地址。

END 语句通知汇编程序，汇编到此结束。END 后面的表达式是可选的。如果一个模块是主模块，那么表达式通常是过程名，或者是第一条指令前的标号，它告诉汇编程序该模块的入口点所在。如果不是主模块，而只是把它和另外一个主模块连接，那么就应该用不带表达式的 END 语句。

以上是完整段定义汇编语言源程序格式，微软宏汇编程序 MASM 都支持。从宏汇编程序 MASM 5.0 开始支持简化段定义汇编语言源程序格式。简化段定义汇编语言源程序格式可以参考相关资料。

3.2 数据定义

汇编语言的数据是指指令或伪指令可以定义、操作的对象，可以分为常量、变量和标号 3 种类型。

3.2.1 常量、变量和标号

1. 常量

常量是指在汇编时已有或产生确定数值的量。常量有常数、字符串、符号常量、数值表达式等多种形式。

（1）常数

常数可以用二进制、十进制、十六进制或八进制等表示。一个常数用二进制表示时，该数据必须用字母 B 结尾。用十进制表示常量时可以用 D 结尾，也可以不用。用十六进制表示常量时要以字母 H 结尾。为了区分十六进制数与标号的区别，规定十六进制数第一个字符必须是数字，如果不是，则必须在其前面加一个数字"0"，如 0F12BH、1234H。如果用八进制表示常数，则以字母 Q 或者字母 O 结尾。

（2）字符串

字符串也是一种常量。字符串常量必须用单引号或双引号括起来，汇编语言把它们汇编成相应的 ASCII 码。例如，字符串 AB 被汇编为"41H，42H"；字符串 12 被汇编为"31H，32H"。

（3）符号常量

符号常量使用标识符表达一个数值。用有意义的符号名表示常量可以提高程序的可读性，同时具有通用性。符号常量可以通过伪指令 EQU 和"="来定义。如 PI = 3. 14159。

（4）数值表达式

数值表达式一般是指由运算符连接的各种常量所构成的表达式。汇编程序在汇编过程中计算表示式，得到一个确定的值，所以也是常量。由于表达式是在程序运行前的汇编过程中进行计算，所以组成表达式的各部分必须在汇编时有确定的值。汇编语言支持多种运算符，将在后续内容中详细介绍。

2. 变量

变量是指存储器中的数据或数据区地址的符号表示。变量需要事先定义才能使用。

变量定义伪指令为变量申请固定长度的存储空间，并可以同时将相应的存储单元初始化。变量定义伪指令在后面数据定义伪指令中介绍。

变量实际上代表着一定长度的内存单元，因此有时也称为内存变量。既然变量是内存单元地址的符号表示，它必须具有段地址和段内偏移量。所以变量有 3 个属性：段基址、段内偏移量以及类型。变量的类型是指变量具有的字节数。字节变量表示一个 8 位的数据，其类型为 1；字变量表示一个 16 位的数据，其类型为 2；双字变量表示一个 32 位的数据，其类型为 4。

3. 标号

标号是指令地址的符号表示或过程名。

标号实际上是代码段中的某一指令的地址。它也有 3 个属性：段地址、段内偏移量和类型。标号的类型有两种：NEAR 标号，它只能在定义它的段内被引用，其类型为 -1（0FFFFH），代表一个指令地址的偏移量；FAR 标号，它既可以在定义它的段内被引用，也可以在其他段内被引用，其类型为 -2（0FFFEH），代表指令的段地址和段内偏移量。

标号可以在各种转移指令中作为操作数使用。它只能定义在可执行的代码段中。如果在定义标号时使用了冒号（:），则汇编程序确定它是 NEAR 标号。

段名、过程名、常量和变量名以及标号不能取用 IBM 宏汇编中的保留字。表 3-1 列出了 IBM 宏汇编中的所有保留字。

表 3-1　IBM 宏汇编中的所有保留字

1. 指令助记符

AAA	CLD	ESC	JAE	JNA	JNP	LDS	MOV	POPF	RET	STC
AAD	CLI	HLT	JB	JNAE	JNS	LEA	MOVS	PUSH	ROL	STC
AAM	CMC	IDIV	JBE	JNB	JNZ	LES	MUL	PUSHF	ROR	STI
AAS	CMP	IMUL	JCXZ	JNBE	JO	LOCK	NEG	RCL	SAHF	STOS
ADC	CMPS	IN	JE	JNE	JP	LODS	NIL	RCR	SAL	SUB
ADD	CWB	INC	JG	JNG	JPE	LOOP	NOP	REP	SAR	TEST
ADN	DAA	INT	JGE	JNGE	JPO	LOOPE	NOT	REPE	SBB	WAIT
CALL	DAS	INTO	JL	JNL	JS	LOOPNE	OR	REPNE	SCAS	XCHG
CBW	DEC	IRET	JLE	JNLE	JZ	LOOPNZ	OUT	REPNZ	SHL	XLAT
CLC	DIV	JA	JMP	JNO	LAHF	LOOPZ	POP	REPZ	SHR	XOR

2. 寄存器名

AH	BH	CH	DH	BP	SP	ES
AL	BL	CL	DL	SI	CS	SS
AX	BX	CX	DX	DI	DS	IP

3. 伪指令

ASSUME	END	EXTRN	NOSEGFIX	PUBLIC	MACRO
CODEMACRO	ENDM	GROUP	ORG	PURGE	
DB	ENDP	LABEL	PROC	RECORD	
DD	ENDS	MODRM	RELB	SEGFIX	
DW	EQU	NAME	RELW	SEGMENT	

（续）

4. 其他保留字						
ABS	EQ	INPAGE	MASK	NOTHING	PROCLEN	STACK
AT	FAR	LE	MEMORY	OFFSET	PTR	THIS
BYTE	GE	LENGTH	MOD	PAGE	SEG	TYPE
COMMON	GT	LOW	NE	PARA	SHORT	WIDTH
DUP	HIGH	LT	NEAR	PREFIX	SIZE	

3.2.2　数据定义伪指令

汇编语言提供两种定义数据或分配数据单元的语句格式。

1. 第一种格式

　　［名字］　伪指令　表达式

其中，名字是可选的，但如果程序中要引用，则名字必须给出，伪指令域可以是 DB、DW、DD。其意义为：

DB——定义字节；

DW——定义字；

DD——定义双字。

表达式域可以是常数，也可以是表达式，还可以是一个问号。如果是问号，表示该数据定义语句只分配了内存空间，但未对该空间初始化，否则不仅为数据分配了内存空间，而且还把该空间初始化为表达式所指定的值，例如：

　　MAX　DW？

该语句分配了一个字单元，但未初始化。

　　BUFFER　DW　0,1,-5

该语句分配了 3 个字单元，并初始化为 0、1、-5，即 00H、00H、01H、00H、0FBH、0FFH。

　　A1　DD　12345H

该语句分配了一个双字单元，并初始化为 45H、23H、01H、00H。

2. 第二种格式

　　［名字］　伪指令　DUP（表达式）

这种格式用于定义一些重复的数据或分配一数据块空间，例如：

```
DATA1  DW  10 DUP(?)          ;分配10个字的空间
DATA2  DB  20 DUP(5)          ;分配20个字节,并全部初始化为05H
       DB  100 DUP('STACK')   ;分配500个字节,并重复填入53H、54H、41H、43H、4BH
```

95

3.2.3 等值伪指令

1. EQU 语句

使用 EQU 可以用一个名字来代表一个常数或者表达式，例如：

```
COUNT   EQU  20
BLOCK   DB   'Read after me! '
NUM     EQU  $ - BLOCK
```

后两句表示使 NUM 获得 BLOCK 块的字节数，即字符串的长度。"$"表示汇编程序的汇编地址计数器的当前值。在这里"$"等于字符串中最后一个字符"!"所在单元的下一个字节的地址偏移量，BLOCK 是字符串第一个字符 R 所在单元的偏移量，$ - BLOCK 就得到字符串的长度。

使用 EQU 应注意一点，使用 EQU 对某个名字赋值后，不能再使用 EQU 伪指令对该名字重新赋值。另外，名字后面不能加冒号（:）。

2. 等号伪指令语句（赋值语句）

等号伪指令也可以把一个常数或表达式指定给一个名字。与 EQU 伪指令不同的是，用等号伪指令定义的名字可以重新定义。

```
B1 = 6            ;B1 定义为 6
B1 = 10           ;重新定义 B1 为 10
B1   EQU   20     ;出错,因为 B1 已经定义,不能用 EQU 重新定义
```

3.3 汇编语言源程序运算符

3.3.1 算术运算符

算术运算符有加（+）、减（−）、乘（∗）、除（/）、模（MOD）、左移（SHL）和右移（SHR）7 种。除法返回的是商，而 MOD 操作返回除法操作的余数。例如：

```
PI_INT    EQU   31416/1000        ;PI_INT = 3
PI_REM    EQU   31416 MOD 1000    ;PI_INT = 1416
```

SHL 和 SHR 是移位操作，一般在建立屏蔽字时使用。例如：

```
MASKB    EQU   00110010B
MASKB1 EQU   MASKB SHL 2       ;MASKB1 = 11001000B
MASKB2  = MASKB   SHR 2        ;MASKB2 = 00001100B
```

3.3.2 逻辑运算符

汇编语言的逻辑运算符有：

AND——逻辑"与";

OR——逻辑"或";

XOR——逻辑"异或";

NOT——逻辑"非"。

逻辑运算符与逻辑运算指令的区别在于，前者在汇编时完成逻辑运算，而后者在执行指令时完成逻辑运算。例如：

```
MASKB    EQU   00101011B
MOV      AL,5EH
AND      AL,MASKB AND 0FH
```

在汇编时，汇编程序计算出"MASKB AND 0FH"为 0BH，按"AND AL，0BH"汇编第三条指令。当指令执行时，AL 才能得到 0AH。

3.3.3 关系运算符

关系运算符有：

EQ——等于；

NE——不等；

LT——小于；

GT——大于；

LE——小于等于；

GE——大于等于。

关系运算符比较两个操作数并产生一个逻辑值。如果关系成立，则结果为真（0FFFFH）；否则为假（0000H）。由于关系运算符只能产生两个值，因此很少单独使用。一般都是同其他操作结合以构成一个判断表达式。例如，要实现

$$AX = \begin{cases} 5, & CHOICE < 20 \\ 6, & CHOICE \geqslant 20 \end{cases}$$

那么可以使用下列语句：

```
MOV    AX,((CHOICE  LT  20)AND 5)OR((CHOICE  GE  20)AND 6)
```

3.3.4 值返回运算符

1. $ 运算符

返回汇编器当前地址计数器的值。

2. SEG 和 OFFSET 运算符

SEG 和 OFFSET 运算符分别返回一个变量或标号的段地址和偏移地址。例如：

```
MOV   AX,SEG   TABLE          ;把 TABLE 的段地址送 AX
MOV   BX,OFFSET   TABLE       ;把 TABLE 的偏移地址送 BX
```

第二条指令等价于"LEA   BX，TABLE"指令。

3. TYPE 运算符

TYPE 运算符用于返回变量和标号的类型。对于字节变量返回1，对于字变量返回2，对于双字变量返回4；对于 NEAR 标号返回 – 1（0FFFFH），对于 FAR 标号返回值 – 2（0FFFEH）。

例如，若 AB 是 DB 定义的变量，执行：

    MOV   AX,TYPE   AB

则 AX = 0001H。

4. LENGTH 和 SIZE 运算符

LENGTH 和 SIZE 运算符只对用 DUP 定义的变量有意义。LENGTH 返回的是分配给变量的元素的个数，而 SIZE 返回的是分配给变量的总字节数，或者说它返回的是变量的长度与其类型之积，例如：

    TABLE   DW   100 DUP(?)

若执行指令"MOV   CX,LENGTH TABLE"，则 CX = 100；若执行指令"MOV   CX,SIZE TABLE"，则 CX = 100 × 2 = 200。

5. HIGH 和 LOW 运算符

HIGH 和 LOW 运算符分别返回一个 16 位表达式的高位字节和低位字节，例如：

    NUM   EQU   0CDEFH
    MOV   AH,HIGH NUM   ;AH = 0CDH
    MOV   AL,LOW NUM   ;AL = 0EFH

3.3.5 属性运算符

1. PTR 运算符

PTR 运算符用于暂时改变变量或标号的原有属性。PTR 的一般格式是

    新属性   PTR   表达式

例如，F1 是 DW 定义的字变量，F2 是 DB 定义的字节变量，若要取 F1 的低字节，或者要将 F2 开始的两个字节送 BX，则

    F1 DW 1234H
    F2 DB 23H,56H,18H
    ……
    MOV   AL,BYTE PTR F1   ;AL = 34H
    MOV   BX,WORD PTR F2   ;BX = 5623H

传送指令的源操作数和目的操作数的位数必须一致。当不一致时，可以用 PTR 运算符暂时改变一下变量的属性，使两个操作数的类型一致。PTR 运算符还常在段间调用指令中使用：

```
CALL   DWORD   PTR[BX]              ;远程调用,把 BX 指向的 4 个单元
                                    ;内容作为远调用的目的地址
```

与 PTR 运算符具有类似功能的是 LABEL 伪指令。LABEL 伪指令可以对已经定义的内存单元的属性重定义，并取一个新名字。其格式为

```
名字   LABEL   类型
```

例如：

```
CFB   LABEL   BYTE           ;CFB 是字节变量,具有与 DFW 变量相同的地址
DFW   DW   4567H             ;DFW 是字变量
EFW   LABEL   WORD           ;EFW 是字变量,具有与 FFB 变量相同的地址
FFB   DB 89H,40H             ;FFB 是字节变量
……
MOV   AL,CFB                 ;AL=67H
MOV   BX,EFW                 ;BX=4089H
MOV   CX,DFW                 ;CX=4567H
MOV   AH,FFB                 ;AH=89H
```

从上面可以看出，LABEL 伪指令可以使一个变量具有多种属性（当然也有多个名字），LABEL 伪指令本身不分配内存单元。

2. THIS 运算符

THIS 运算符与 PTR 运算符有类似的功能，但新的属性放在 THIS 运算符右边。例如：

```
FIRST   EQU   THIS   BYTE       ;MILES 是远标号,其地址与下面的 CMP 指令相同
CMP   SUM,100
……} >64 KB
JMP   MILES                     ;段间转移,使程序跳转到 CMP 指令处继续执行
```

3. 段超越运算符

段超越运算符由段寄存器和冒号表示。例如“ES:”“CS:”等。段超越运算符强迫当前指令的操作数的寻址不按约定的段进行，而由段超越运算符指定的段寻址，如：

```
MOV   AX,ES:[BX]
```

源操作数来自 ES 段，而不是一般约定的 DS 段。

4. SHORT 运算符

SHORT 运算符通知汇编器，转移目标在 -128 ~ +127 之间。例如“JMP SHORT F1”。JMP 指令原为三字节指令，加 SHORT 后，将汇编成两字节指令。

3.4 选择结构程序

一个可执行程序运行时，程序中的指令从存储器装入 CPU，逐条执行。按照指令执行的顺序，程序的结构可以划分以下 3 种。

顺序结构：一般地说，编写程序时写在前面的指令在可执行程序中也排列在前面，首先被执行，写在后面的指令较后被执行。程序按照它编写的顺序执行，每条指令只执行一次，这样的程序称为顺序结构的程序。

循环结构：如果一组指令被反复地执行，这样的程序称为循环结构或者重复结构的程序。

选择结构：在一段程序里，根据某个条件，一部分指令被执行，另一部分指令没有被执行，这样的程序称为选择结构或者分支结构的程序。

一个实际运行的程序，常常是由以上 3 种结构的程序组合而成的，上面的 3 种结构因此被称为程序的基本结构。使用这 3 种基本结构，可以编写出任何需要的程序。

本节及下一节中主要介绍顺序结构的程序设计，编制选择和循环结构程序所使用的相关指令，以及这些程序的编写方法。

3.4.1 基本选择结构

编制程序时，经常会遇到这样的情况，根据不同的条件，需要进行不同的处理。计算分段函数的值就是一个典型的例子。

$$Y = \begin{cases} 3X - 5, & |X| \leqslant 3 \\ 6, & |X| > 3 \end{cases}$$

为此，为 $|X| \leqslant 3$ 和 $|X| > 3$ 分别编制了进行不同处理的指令序列。程序运行时，如果条件 $|X| \leqslant 3$ 成立（为"真"），执行计算 $Y = 3X - 5$ 的一段程序。反之，如果条件 $|X| \leqslant 3$ 不成立（为"假"），则执行 $Y = 6$。也就是说，通过在不同的程序之间进行选择，实现程序的不同功能，选择结构因此得名。

典型的选择结构程序流程和指令序列如图 3-1 所示。

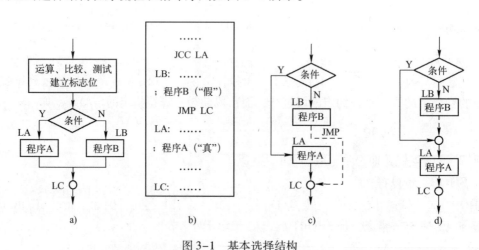

图 3-1　基本选择结构

a）逻辑流程　b）源代码程序　c）源代码反映的流程　d）错误的流程

图 3-1a 反映了该程序的逻辑结构。首先通过运算、比较、测试指令建立新的标志位，然后，在菱形框内对由各标志位反映的条件进行判断。如果条件为"真"，转向由标号 LA

指出的程序 A 执行，否则（条件为"假"），执行由标号 LB 指出的程序 B。判断和转移操作由条件转移指令 JCC LA 完成。

图 3-1b 是对应的汇编指令序列，由于 JCC 指令的特点，首先编写条件为假时对应的程序 B，然后编写条件为真时对应的程序 A，标号 LB 可以省略。特别需要提醒的是，程序 B 结束前，一定要使用 JMP 指令跳过程序 A，否则程序的逻辑关系就像图 3-1d 所反映的，将得到错误的结果。按照指令的物理顺序绘制的流程图如图 3-1c 所示，程序 B 之后的虚线表示由 JMP LC 指令实现的程序转移。

例 3-2　计算分段函数

$$Y = \begin{cases} 3X - 5, & |X| \leqslant 3 \\ 6, & |X| > 3 \end{cases}$$ 。

```
;EX302. ASM,计算分段函数的值
INCLUDE     YLIB. H                    ;引入"头文件",以便引用外部子程序
. MODEL     SMALL
. CODE
PROMPT      DB 0DH,0AH," Input X( -10000 ~ +10000) ;$"
X           DW ?
OUT_MSG     DB 0DH,0AH," Y =$"          ;字符串以"$"为结束标志
START：     PUSH    CS
            POP     DS                 ;装载 DS
            LEA     DX,PROMPT          ;输入提示信息
            CALL    PEADINT            ;从键盘上输入 X 的值
            MOV     X,AX               ;保存输入值
COMP：      CMP     X,3                ;比较,X >3?
            JG      GREATER            ;X >3 成立,表示｜X｜>3,转 GREATER
            CMP     X, -3              ;比较,X < -3?
            JL      GREATER            ;X < -3 成立,｜X｜>3,转 GREATER
LESS：                                 ;｜X｜≤3 的程序段
            MOV     BX,AX              ;BX←X
            SAL     AX,1               ;AX←2X
            ADD     AX,BX              ;AX←2X + X
            SUB     AX,5               ;AX←3X - 5
            JMP     OUTPUT             ;这条指令千万不能遗漏,否则将导致错误的程序流程
GREATER：
            MOV     AX,6               ;｜X｜>3 的程序段
OUTPUT：
            LEA     DX,OUT_MSG         ;结果的前导文字
            CALL    WRITEING           ;输出结束结果
            CALL    CRLF               ;输出回车换行
EXIT：      MOV     AX,4C00H
            INT     21H
            END     START
```

本例中，把数据定义在代码段里。由于输出提示信息字符串时要求首地址放在 DS：DX 处，因此通过堆栈把 CS 段基址转入 DS。

|X|＞3 是一个复合逻辑表达式，它实际上是由 X＞＋3 和 X＜－3 两个逻辑表达式用"或"运算连接而成的。程序内对两项条件分别判断，只有满足其中一项，才立即转入标号 GREATER 执行。

3.4.2　单分支选择结构

图 3-1a 中，如果程序 A 或者程序 B 之一为"空"，也就是说，没有对应的处理过程，如图 3-2a 所示，这样的程序流程称为单分支选择结构。

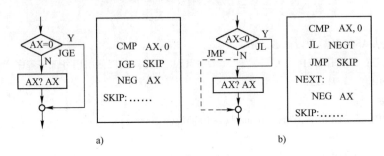

图 3-2　单分支选择结构

a）常见的单分支流程及其源代码　b）单分支的另一种流程与源代码

在原理上，单分支选择结构与基本选择结构是一样的。但是，合理地选择 JCC 指令所使用的条件，可以使程序更加流畅。以计算 AX 的绝对值为例，可以使用 JGE 进行判断，如图 3-2a 所示，也可以使用 JL 进行判断，如图 3-2b 所示，但是前者对应的源程序可读性更好。

与基本选择结构相比，单分支选择结构显得更为清晰、流畅。可以把一些基本选择结构程序改写为单分支选择结构。

例 3-3　将 4 位二进制表示的一个数转换成对应的十六进制字符。

本题要求将 0000 转换成"0"，……，1010 转换成"A"，1111 转换成"F"。二进制数 X 和十六进制字符 Y 之间的转换实际上是计算分段函数：

$$Y = \begin{cases} X+30H, & X \leqslant 9 \\ X+37H, & X \gt 9 \end{cases}$$

转换程序如下：

```
        MOV    AL,X
        CMP    AL,9
        JA     ALPH
        ADD    AL,30H
        JMP    DONE
ALPH：  ADD    AL,37H
DONE：  MOV    Y,AL
```

将它改写为单分支程序：

```
        MOV     AL,X
        OR      AL,30H
        CMP     AL,'9'
        JNE     DONE
        ADD     AL,7
DONE:   MOV     Y,AL
```

3.4.3　复合选择结构

如果选择结构一个分支的程序中又出现了选择结构，这样的结构称为复合选择结构或者嵌套选择结构。

例3-4　计算 Y = SGN(X)。

本例实际上是计算3个分段的一个函数，对于 X < 0、X = 0、X > 0，Y 分别取值 −1、0 和 1。一次判断只能产生两个分支，3个分支需要进行两次判断。对这类问题的处理有两种方法。

1）确认法：每次判断确认一种可能，对已确认的情况进行处理。

2）排除法：每次判断排除若干种可能，留下一种可能情况进行处理

两种方法编制的程序如下，它们对应的程序流程如图3-3a 和图3-3b 所示。

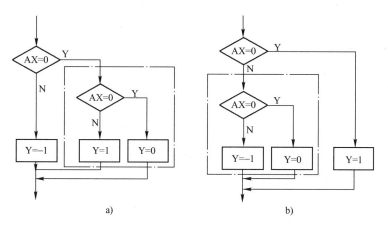

图3-3　复合分支选择结构

a）逐项排除　b）逐项确认

图3-3a 中，判断 X≥0 产生两个分支，条件成立时执行的分支（点画线框内）又构成一个选择结构程序，出现了选择结构的嵌套。

编制这类程序时要注意各级逻辑条件之间的相互关系。进入图3-3a 的 X = 0 判断时，X 的值已经由上一级判断确定为 X≥0。X = 0 为"假"时，X 的值同时具备两项特征：

X≠0 并且 X≥0，它们的综合等效于 X > 0，因此 Y 取值为 1。请读者对图3-3b 中的 X = 0 逻辑条件进行类似的分析。

```
;方法 a,逐项排除                      ;方法 b,逐项确认
    CMP    X,0                      CMP    X,0
    JGE    UN_MINUS                 JE     PLUS
MINUS:                              JE     ZERO
    MOV    Y, -1              MINUS:
    JMP    DONE                     MOV    Y, -1
UN_MINUS:                           JMP    DONE
    JE     ZERO               PLUS:
    MOV    Y,1                      MOV    Y,1
    JMP    DONE                     JMP    DONE
ZERO:                          ZERO:
    MOV    Y,0                      MOV    Y,0
DONE:……                         DONE:……
```

3.4.4 多分支选择结构

在选择结构程序里，如果可供选择的程序块多于两个，这样的结构称为多分支选择结构，如图 3-4a 所示，图 3-4b 是汇编语言程序的实现方法。

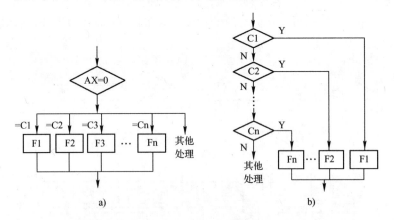

图 3-4 多分支选择结构

a) 多分支选择流程 b) 在汇编语言中实现多分支选择

例 3-5 从键盘上输入数字 1、2、3，根据输入选择对应程序块执行。

```
;EX305. ASM,根据键盘输入,选择功能模块
. MODEL    SMALL
. DATA
PROMPT    DB   0DH,0AH,"Input a number(1-3):$"
MSG1      DB   0DH,0AH,"FUNCTION 1 EXECUTED. $"
MSG2      DB   0DH,0AH,"FUNCTION 2 EXECUTED. $"
MSG3      DB   0DH,0AH,"FUNCTION 3 EXECUTED. $"
. CODE
START: MOV     AX,@DATA
```

```
        MOV     DS,AX
INPUT：  LEA     DX,PROMPT
        MOV     AH,9
        INT     21H                    ;输出提示信息
        MOV     AH,1
        INT     21H                    ;输入一个数字
        CMP     AL,'1'
        JB      INPUT                  ;"0"或非数字,重新输入,本行可以省略
        JE      F1                     ;数字"1",转 F1
        CMP     AL,'2'
        JE      F2                     ;数字"2",转 F2
        CMP     AL,'3'
        JE      F3                     ;数字"3",转 F3
        JMP     INPUT                  ;大于"3",重新输入
F1：    LEA     DX,MSG1                ;F1 程序块
        JMP     OUTPUT
F2：    LEA     DX,MSG2                ;F2 程序块
        JMP     OUTPUT
F3：    LEA     DX,MSG3                ;F3 程序块
        JMP     OUTPUT                 ;本行可以省略
OUTPUT：
        MOV     AH,9
        INT     21H
        MOV     AX,4C00H
        INT     21H
        END     START
```

这个程序实质上就是前面所说的复合分支结构程序。程序中,对每一种可能逐个进行比较,一旦确认,转向对应程序执行。程序比较直观,容易理解,但是选择项目较多时,程序较长,显得累赘。对此,有一种称为地址表的解决方法如下:

1）在数据段建立一张表格,置入各程序块入口地址。

```
ADDTAB    DW     F1,F2,F3
```

2）接收到用户选择后（AL ='1','2','3'）,执行

```
SUB     AL,'1'          ;将数字字符'1','2','3'转换为0,1,2
SHL     AL,1            ;转换为0,2,4
MOV     BL,AL
MOV     BH,0            ;转入 BX
JMP     ADDTAB[BX]      ;间接寻址,转移到对应程序块
```

可选择的程序块较多时,这种方法的程序显得紧凑,规范。

3.5 循环结构程序

循环结构也称为重复结构，它使得一组指令重复地执行，可以用有限长度的程序完成大量的处理任务，因此得到了广泛的应用，几乎所有的应用程序中都离不开循环程序。

按照循环结构结束的条件，有以下两类循环。

1）计数循环：循环的次数事先已经知道，用一个变量（寄存器或存储器单元）记录循环的次数（称为循环计数器）。通常采用减法计数进行循环次数的控制：循环计数器的初值设为循环次数，每循环一次将计数器减1，计数器减为0时，循环结束。

2）条件循环：循环的次数事先并不确定，每次循环开始前或者结束后测试某个条件，根据这个条件是否满足来决定是否继续下一次循环。

按照循环结束判断在循环中的位置，有以下两种结构的循环，如图3-5所示。

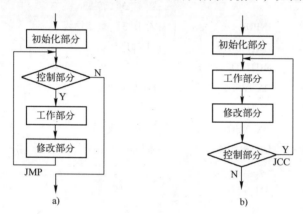

图3-5 循环结构

a）WHILE 循环　b）DO…WHILE 循环

WHILE 循环：进入循环体后，先判断循环继续的条件，不满足条件立即退出循环，循环次数最少为0次。

DO…WHILE 循环：进行循环体后，先执行工作部分，然后判断循环继续的条件，条件满足则转向工作部分继续循环，循环次数最少1次。

3.5.1 循环指令

循环指令把 CX 寄存器用作循环计数器，每次执行循环指令，首先将 CX 的值减去1，根据 CX 的值是否为0，决定循环是否继续。

LOOP	Label	;CX←CX－1,若(CX)≠0,转移到 Label
LOOPZ/LOOPE	Label	;CX←CX－1,若(CX)≠0 且 ZF＝1,转移到 Label
LOOPNZ/LOOPNE	Label	;CX←CX－1,若(CX)≠0 且 ZF＝0,转移到 Label

LOOPZ 和 LOOPE、LOOPNZ 和 LOOPNE 是同一条指令的两种书写方法。上述 3 条循环指令的执行均不影响标志位。

循环指令采用相对寻址方式，Label 距离循环指令的下一条指令必须在 －128 ～ ＋127

之内。

LOOP 指令的功能可以用 JCC 指令实现：

```
DEC    CX          ;CX←CX – 1
JNZ    Lable       ;若(CX)≠0(也就是 ZF = 0),转移到 Label
```

同样地，LOOPZ/LOOPE、LOOPNZ/LOOPNE 指令的功能也可以由 JCC 指令实现，请读者写出对应的指令序列。

由于对 CX 先减 1，后判断，如果 CX 的初值为 0，将循环 65536 次。

3.5.2 计数循环

计数循环是基本的循环组织方式，用循环计数器的值来控制循环，有时候也可以结合其他条件共同控制。

例 3-6 从键盘上输入一个字符串（不超过 80 个字符），将它逆序后输出。

```
;EX306. ASM,把键盘输入的字符串逆序输出
. MODEL    SMALL
INCLUDE    YLIB. H
DATA
BUFFER     DB    81,?,81 DUP(?)
MESS       DB    0AH,0DH,"Input a string please:$"
CODE
START: MOV    AX,@ DATA
       MOV    DS,AX
       LEA    DX,MESS
       MOV    AH,09H
       INT    21H                ;输出提示信息
       MOV    AH,0AH
       LEA    DX,BUFFER
       INT    21H                ;输入字符串
       CALL   CRLF               ;输出回车、换行,另起一行
       LEA    BX,BUFFER          ;缓冲区首地址送入 BX
       MOV    CL,BUFFER + 1
       MOV    CH,0               ;输入字符个数送入 CX(循环次数)
       ADD    BX,CX
       INC    BX                 ;计算字符串末地址送入 BX(指针)
DISP:  MOV    DL,[ BX]
       MOV    AH,02H
       INT    21H                ;逆序输出一个字符
       DEC    BX                 ;修改指针
       LOOP   DISP               ;计数循环
       CALL   CRLF               ;输出回车、换行,结束本行
       MOV    AX,4C00H
```

```
        INT     21H
        END     START
```

这是一个典型的计数循环程序，循环次数就是输入字符的个数，装入 CX，BX 用作字符串指针。

例 3-7　从键盘上输入 7 名裁判的评分（0~10），扣除一个最高分、一个最低分，计算出其他 5 项评分的平均值（保留一个小数），在显示器上输出。

为了求得扣除最高分、最低分后其余分数的平均值，需要分别求出：7 项分数的和、最高分、最低分，用总分减去最高分、最低分，最后除以 5，就得到了需要的成绩。

求 N 个数据中最大值的方法是：预设一个最大值，取出一个数据与这个最大值进行比较，如果数据大于原来的最大值，则将该数据作为新的最大值。进行 N 次比较之后留下的就是这 N 个数据的最大值。预设的最大值的初值可以从 N 个数据中任取一个，也可以根据数据的范围，取一个该范围内的最小的数。例如，用 1 个字节存储的无符号数据，可以预取最大值为 0，用 1 个字节存储的有符号数据，可以预取最大值为 -128（80H）等。计算最小值的方法与此类似。

```
;EX307. ASM,裁判打分程序
. MODEL    SMALL
INCLUDE    YILB. H
. DATA
MESS1    DB   0DH,0AH,"Input a string please :$"
MESS2    DB   0DH,0AH,"The final score is :$"
C5       DB   5
MAX      DB   ?
MIN      DB   ?
SUM      DB   ?
. CODE
START:   MOV      AX,@ DATA
         MOV      DS,AX
         MOV      SUM,0          ;累加器清"0"
         MOV      MAX,0          ;最大值预设为 0
         MOV      MIN,255        ;最小值预设为 255
         MOV      CX,7           ;循环计数器,初值 7
ONE:     LEA      DX,MESS1
         CALL     READDEC        ;用键盘输入一个分数
         ADD      SUM,AL         ;累加
         CMP      AL,MAX         ;与最大值比较
         JBE      L1             ;小于原来最大值,不做处理
         MOV      MAX,AL         ;大于原来最大值则保留为最新的最大值
L1:      CMP      AL,MIN         ;与最小值比较
         JAE      L2             ;大于原来最小值,不做处理
         MOV      MIN,AL         ;小于原来最小值则保留为最新的最小值
L2:      LOOP     ONE            ;计数循环
```

```
        MOV     AL,SUM
        SUB     AL,MAX
        SUB     AL,MIN          ;从总分中减去最大、最小值
        MOV     SUM,AL
        XOR     AH,AH           ;高 8 位清"0"
        DIV     C5              ;求平均值
        PUSH    AX              ;保留余数(在 AH 中)
        MOV     AH,0            ;清余数
        LEA     DX,MESS2
        CALL    WRITEDEC        ;输出结果的整数部分
        MOV     DL,'. '
        MOV     AH,2
        INT     21H             ;输出小数点
        POP     AX              ;从堆栈弹出余数
        SHL     AH,1            ;计算小数部分:( AH ÷ 5 ) × 10 = AH × 2
        MOV     DL,AH
        OR      DL,30H          ;转换成 ASCII 码
        MOV     AH,2
        INT     21H             ;输出结果的小数部分
        CALL    CRLF            ;输出回车换行符,结束本行
        MOV     CX,4C00H
        INT     21H
        END     START
```

3.5.3　条件循环

用条件控制循环具有普遍性，计数循环本质上是条件循环的一种。

例 3-8　求字符串长度。

```
      . MODEL    SMALL
      . DATA
      STRING    DB    " A string for testing. ",0
      LENTH     DW    ?
      . CODE
      START:    MOV     AX,@ DATA
                MOV     DS,AX
                LEA     SI,STRING       ;裁判字符串指针
                MOV     CX,0            ;设置计数器初值
      TST:      CMP     BYTE PTR[SI],0  ;比较
                JE      DONE            ;字符串结束,转向 DONE 保存结束
                INC     SI              ;修改指针
                INC     CX              ;计数
                JMP     TST             ;转向 TST,继续循环
      DONE:     MOV     LENTH,CX        ;保存结果
```

```
                    MOV    AX,4C00H
                    INT    21H
                    END    START
```

如果初学者把程序写成这样：

```
TST:        CMP    BYTE PTR[SI],0        ;比较
            INC    SI                    ;修改指针
            INC    CX                    ;计数
            JNE    TST                   ;转向 TST,继续循环
            ……
```

想一想，这个程序错在哪里？运行结果会怎样？

例3-9　查找字母'a'在字符串 STRING 中第一次出现的位置，如果未出现，将位置值设定为 -1。

```
;EX309. ASM,字符搜索程序
. MODEL    SMALL
. DATA
POSITION   DW   ?
STRING     DB   "This is a string for example. ",0
LENTH      DW   $ - STRING
. CODE
START:      MOV    AX,@ DATA
            MOV    DS,AX
            MOV    SI, -1                ;SI 用作字符串字符指针
            MOV    CX,LENTH              ;字符串长度装入 CX
L0:         INC    SI                    ;修改指针
            CMP    STRING[SI],'a'        ;将字符串内一个字符与'a'进行比较
            LOOPNE L0                    ;字符串未结束,且未找到,转 L0 继续循环
            JNE    NOTFOUNT              ;未找到,转 NOTFOUND
            MOV    POSITION,SI           ;保存位置值
            JMP    EXIT
NOTFOUND:
            MOV    POSITION, -1          ;未找到,置位置值为 -1
EXIT:       MOV    AX,4C00H
            INT    21H
            END    START
```

本程序使用 LOOPNE 指令来控制循环，既有计数控制，又有条件控制。循环结束有两种可能性。

1）字符串内找到字符'a'：循环结束时 ZF = 1，SI 内是字符的出现位置（从 0 开始）。

2）字符串内未找到字符'a'：循环结束时 ZF = 0，SI 内是字符串的长度 -1（30 - 1 = 29）。

对于 LOOPZ/LOOPE、LOOPNZ/LOOPNE 控制的循环，应在循环结束后用条件转移指令区分开这两种情况，分别处理。

如果把上面的题目改为查找最后一个'a'出现的位置，程序应如何修改？

3.5.4 多重循环

如果一个循环的循环体内包含了另一个循环，则称这个循环为多重循环，各层循环可以是计数循环或者条件循环。

例 3-10 打印 20H ~7FH 之间的 ASCII 字符表。

假设打印格式为：每行打印 16 个字符，共打印 6 行。

每行打印 16 个字符：打印 1 个字符的过程重复 16 次，构成一个计数循环。

共需要打印 6 行：打印 1 行字符的过程重复 6 次，构成另一个计数循环。

由于一行字符由 16 个字符构成，所以，打印字符的循环包含在打印行的循环之内。称打印一个字符的循环为内循环，打印行的循环为外循环。两层循环之间关系可以从图 3-6 所示的流程图清晰地看到。它对应的源程序如下：

```
;EX310. ASM,打印 20H ~7FH 之间的 ASCII 字符表
. MODEL    SMALL
INCLUDE    YLIB. H
. CODE
START:    MOV    BL,20H      ;第一个字符的 ASCII 码
          MOV    CH,6        ;行数计数器初值
;=======================打印一行的循环开始==================
L0:       CALL   CRLF        ;开始一个新行
          MOV    CL,16       ;列计数器初值
;----------------------打印一个字符的循环程序开始-----------------
L1:       MOV    DL,BL       ;装入一个字符 ASCII 代码
          MOV    AH,2
          INT    21H         ;输出一个字符
          MOV    DL,20H
          MOV    AH,2
          INT    21H         ;输出一个空格
          INC    BL          ;准备下一个待输出的字符 ASCII 代码
          DEC    CL          ;列数计数
L11:      JNZ    L1          ;列数未满(本行未完),转 L1 继续
;----------------------打印一个字符的循环程序结束---------------
          DEC    CH          ;行数计数
L00:      JNZ    L0          ;行数未满,转 L0 继续
;=======================打印一行的循环结束==================
          CALL   CRLF        ;结束最后一行
          MOV    AX,4C00H
          INT    21H
          END    START
```

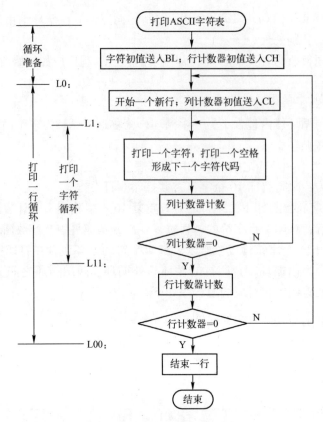

图 3-6 打印 ASCII 字符表

上面的程序由两层循环组成，标号 L1～L11 之间的指令行构成内层循环，标号 L0～L00 之间的指令构成外层循环。初学者请特别注意"置输出字符初值""置行计数器初值""置列计数器初值"这几个操作出现的位置。

在前面的计数循环中，常常使用 CX 作为计数器。上面的程序需要两个计数器，分别用于记录行数和一行内的字符个数（列数），所以改用 CH、CL 作为计数器。借助于堆栈，也可以将 CX"分身"为两个计数器。

```
        ......
        MOV     BL,20H          ;第一个字符的 ASCII 代码
        MOV     CX,6            ;行数计数器
; ==============================打印一行的循环开始 ====================
L0:     CALL    CRLF            ;开始一个新行
        PUSH    CX              ;保存 CX 中的行计数器值
        MOV     CX,16           ;CX 中置入列计数器初值
; ----------------------------打印一个字符的循环开始 -----------------
L1:     MOV     DL,BL           ;装入一个字符 ASCII 代码
        ......
L11:    LOOP    L1              ;列数未满(本行未完),转 L1 继续
; ----------------------------打印一个字符的循环结束 -----------------
        POP     CX              ;恢复 CX 为行数计数
```

L00:   LOOP   L0   ;行数计数,行数未满,转 L0 继续

; ===================== 打印一行的循环结束 =====================

……

在输出一行内各字符时,行计数器处于休眠状态,利用这一特点,将它的值压入堆栈保护,将 CX 用作列计数器。一行输出完毕,列计数器完成了它的使命,这时又将堆栈里保存的行计数器值弹出,CX 又成为行计数器。

运行该程序,显示结果为

! " # $ % & ' ( ) * + , - . /

0 1 2 3 4 5 6 7 8 9 : ; < = > ?

@ A B C D E F G H I J K L M N O

P Q R S T U V W X Y Z [\ ] ^ -

' a b c d e f g h I j k l m n o

p q r s t u v w x y z { | } ~

3.6 子程序

子程序（Subroutine）是一组相对独立的程序代码,可以完成预定的一个功能。需要执行这组程序代码时,由上一级程序（称为主程序,或主调程序）通过调用指令（CALL）进入这个子程序执行。子程序执行完毕后,用返回指令（RET）回到主程序,回到调用指令 CALL 的下一条指令执行。子程序调用和返回的过程如图 3-7 所示。

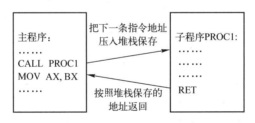

图 3-7 子程序的调用和返回

由此可见,调用指令出现在主程序中,返回指令出现在子程序中。它们成对使用,但是出现在不同的程序中。

子程序调用指令和前面所学的 JMP 指令有相似之处,它们都是通过改变 IP 或 CS 的值进行程序的转移。两者的不同之处在于调用指令要求返回,子程序执行完成必须返回调用它的程序继续执行,而后者可以一去不复返。

按照子程序的入口地址长度,有两种类型的子程序。

1）近程子程序:主程序和子程序处于同一个代码段,CS 寄存器的值保持不变,调用和返回时只需要改变 IP 寄存器的值。入口地址用 16 位段内偏移地址表示,只能被同一个代码段里的程序调用。

2）远程子程序:入口地址用 16 位段基址和 16 位段内偏移地址表示,能够被不同代码段的程序调用,也能被同一代码段的程序调用。调用这样的子程序时,需要同时改变 CS 和

IP 寄存器的值，返回时，需要从堆栈里弹出 32 位的返回地址送入 IP 和 CS 寄存器。

子程序的类型在它定义时说明，未明示其类型的均视为近程子程序。

3.6.1　子程序指令

1. CALL（Call，调用）指令

CALL 指令用来调用子程序，与 JMP 指令类似，有 4 种不同的寻址方法，详见表 3-2。

表 3-2　4 种寻址方式的 CALL 指令

类　型	格　式	操　作	举　例
段内直接调用（近程）	CALL 子程序名	SP←SP−2,SS:[SP]←IP IP←子程序的偏移地址	CALL　PROC1 ;PROC1 是近程子程序的入口标号
段内间接调用（近程）	CALL　REG16/MEM16	SP←SP−2, SS:[SP]←IP IP←REG16/MEM16	LEA　CX,PROC1 CALL　CX;调用近程子程序 PROC1 或者: ADR_PROC1　DW　PROC1 ;子程序偏移地址放入存储器字变量 CALL　ADR_PROC1 或者: LEA　BX,ADR_PROC1 CALL　WORD PTR[BX]
段间直接调用（远程）	CALL　FAR PTR 子程序名	SP←SP−2, SS:[SP]←CS SP←SP−2, SS:[SP]←IP IP←子程序的偏移地址 CS←子程序的段地址	CALL　FAR PTR PROC2 ;PROC2 是远程子程序的入口标号
段间间接调用（远程）	CALL　MEM32	SP←SP−2, SS:[SP]←CS SP←SP−2, SS:[SP]←IP IP←[MEM32] CS←[MEM32+2]	ADR_PROC2　DD　PROC2 ;子程序的入口地址放入存储器双字变量 CALL　ADR_PROC2 ;调用远程子程序 PROC2

2. RET（Return，返回）指令

RET 指令用来从子程序返回主程序，有以下 4 种格式，见表 3-3。

表 3-3　4 种返回方法的 RET 指令

类　型	格　式	操　作	举　例	说　明
段内直接调用（近程）	RET	IP←SS:[SP], SP←SP+2	RET	在近程子程序内使用，将保存在堆栈的 16 位返回地址送回 IP
段内间接调用（近程）	RET　D16	IP←SS:[SP], SP←SP+2 SP←SP+D16	RET　2	将堆栈内 16 位返回地址送入 IP，同时修改 SP，用于废弃主程序存放在堆栈里的入口参数
段间直接调用（远程）	RET	IP←SS:[SP], SP←SP+2 CS←SS:[SP], SP←SP+2	RET	在远程子程序内使用，将保存在堆栈的 32 位返回地址送回 IP 和 CS

类 型	格 式	操 作	举 例	说 明
段间间接调用（远程）	RET D16	IP←SS:[SP]，SP←SP+2 CS←SS:[SP]，SP←SP+2 SP←SP+D16	RET 6	在远程子程序内使用，将保存在堆栈的32位返回地址送回IP和CS。同时修改SP，废弃堆栈中不再使用单元

说明：段内 RET 指令和段间 RET 指令的助记符相同，但是它们汇编所产生的机器代码是不同的。一条 RET 指令究竟是段内还是段间，取决于它所在的子程序的定义。

3.6.2　子程序的定义

1. 子程序定义格式

子程序的定义格式如下：

```
子程序名　PROC　［NEAR/FAR］
        程序体
子程序名　ENDP
```

PROC 和 ENDP 是伪指令，没有对应的机器码，可以用来向汇编程序报告一个子程序的开始和结束。

方括号［］中的选择项 NEAR 或 FAR 分别说明这个子程序是近程或远程子程序。如果没有选择，默认为 NEAR。

子程序体中至少包含一条返回指令，也可以有多于一条的返回指令。

子程序也可以简单地写成下面的形式：

```
子程序名/入口标号：
        ;子程序体
    RET            ;结束子程序运行,返回主程序
```

这种表达方式没有前面一种清晰，而且只能定义近程子程序，因此不予推荐。

2. 子程序文件

编写一个子程序的源代码之前，首先应该明确：

1）子程序的名字。

2）子程序的功能。

3）入口参数。为了运行这个子程序，主程序需要为它准备哪些已知条件？这些参数存放在什么地方？

4）出口参数。这个子程序的运行结果有哪些？存放在什么地方？

5）影响寄存器。运行这个子程序会改变哪几个寄存器的值？

6）其他需要说明的事项。

上述说明性文字，加上子程序使用的变量说明、子程序的程序流程图、源程序清单，就构成了子程序文件。有了这样一个文档，程序员就可以放心地使用这个子程序，不必花更多的精力来了解它的内部细节。

大多时候，可以把上述内容以程序注释的方式书写在一个子程序的首部，以方便使用者。

下面是子程序 FRACTOR,它用来计算一个数的阶乘。

例3-11　子程序 FRACTOR,求一个16位无符号数的阶乘,假设阶乘仍为16位。

```
        ;入口参数:BX = 待求阶乘的数据,出口参数:AX = 求得的阶乘值
        ;影响寄存器:无
FRACTOR  PROC  NEAR
         PUSH  CX              ;把 CX 压入堆栈保护
         PUSH  DX              ;把 DX 压入堆栈保护
         MOV   CX,BX           ;将待求阶乘的数转入 CX 寄存器
         MOV   AX,1            ;累加器置初值"1"
FRALOOP: MUL   CX              ;累乘,影响 DX 寄存器
         LOOP  FRALOOP         ;循环控制
         POP   DX              ;从堆栈里弹出 DX 的原值
         POP   CX              ;从堆栈里弹出 CX 的原值
         RET
FRACTOR  ENDP
```

子程序如果用到了主程序正在使用的寄存器,就会造成冲突。为了使得子程序返回后主程序能继续正常运行,在子程序入口处把可能发生冲突的寄存器的值压入栈保护,程序返回前再恢复它们的值,这个操作称为保护现场和恢复现场。请注意,务必遵循先进后出的顺序。

那么,哪些寄存器需要入栈保护呢?从原理上说,只需要保护与主程序发生使用冲突的寄存器。但是,一个子程序可以为多个主程序调用,究竟哪些寄存器会发生使用冲突就不易确定了。所以,从安全角度出发,可以把子程序中所有使用到的寄存器都压入堆栈保护。但是,请注意,不应包括带回运算结果的寄存器,例如例3-11中的 AX 寄存器。

另外,保护现场和恢复现场能否在主程序中运行?

从理论上说,保护现场和恢复现场可以在主程序中进行。但是,如果主程序中多次调用同一段子程序,就得有多组的 PUSH 和 POP 指令,这显然不如在子程序中进行保护现场和恢复现场来得方便,在那里只需写一次就可以了。

3.6.3　子程序应用

准备好子程序文件之后,就可以着手编制主程序了。每调用一次子程序,主程序需要做3件事:

1)为子程序准备入口参数。

2)调用子程序。

3)处理子程序的返回参数。

例3-12　子程序 FRACTOR 用来计算一个数的阶乘。主程序利用它计算 1～5 的阶乘,存入 FRA 数组。

```
        ;EX312. ASM,主程序调用子程序 FRACTOR,求 1～5 的阶乘
        . MODEL    SMALL
        . DATA
```

```
        FRA      DW      5 DUP(?)
        . CODE
        START：   MOV     AX,@ DATA
                 MOV     DS,AX
                 MOV     BX,1            ;在 BX 中存放待求阶乘的数
                 MOV     SI,0            ;SI 用作存放阶乘值的指针
                 MOV     CX,5            ;求阶乘次数(循环次数)
        LOOP0：   CALL    FRACTOR         ;调用 FRACTOR 求阶乘
                 MOV     FRA[SI],AX      ;保存结果(阶乘)
                 INC     BX              ;产生下一个待求阶乘的数
                 ADD     SI,2            ;修改指针
                 LOOP    LOOP0           ;循环控制
                 MOV     AX,4C00H
                 INT     21H
        FRACTOR  PROC    NEAR
                 PUSH    CX              ;把 CX 压入堆栈保护
                 ……
                 POP     CX              ;从堆栈里弹出 CX 的原值
                 RET
        FRACTOR  ENDP
                 END     START
```

同一个代码段中主程序和子程序的前后顺序是任意的，但是不允许产生交叉。

主程序和子程序之间需要相互传递参数。传递的参数有两种类型。

1）值传递：把参数的值放在约定的寄存器或存储单元进行传递。如果一个入口参数是用值传递的，子程序可以使用这个值，但是无法改变这个入口参数原来的值。

2）地址传递：把参数所在存储单元的地址作为参数传递给子程序。如果一个参数使用它的地址来传递，子程序可以改变这个参数的值。例如，把存放结果的存储单元的地址作为入口参数传递给子程序，子程序就可以把运算结果直接存入这个单元。

参数的存放位置有 3 种类型。

1）把参数存放在寄存器中。

2）把参数存放在主、子程序可以共享的数据段内。

3）把参数存放在堆栈内。

在高级语言程序中，参数传递普遍使用堆栈，下面是一个例子。

例 3-13 求斐波那契数列的前 N 项。斐波那契数列的前两项为 1、1，以后的每一项都是其前两项之和，即 $X_0 = 1$，$X_1 = 1$，$X_i = X_{i-1} + X_{i-2}$（$i \geqslant 2$）。

```
        ;EX313. ASM,利用子程序 FIB,求斐波那契数列的前 20 项
        . MODEL    SMALL
        . DATA
           FIBLST  DW      1,1,18DUP(?)
           N       DW      20
        . STACK                                ;定义堆栈
```

```
    . CODE
    START:      MOV     AX,@DATA
                MOV     DS,AX
                LEA     SI,FIBLST           ;设置 FIBLST 数组的地址指针
                MOV     CX,N
                SUB     CX,2                ;设置循环计数器初值
    ONE:        PUSH    AX                  ;为保存结果,在堆栈预留单元
                PUSH    WORD PTR[SI]        ;Xᵢ₋₂入栈
                PUSH    WORD PTR[SI+2]      ;Xᵢ₋₁入栈
                CALL    FIB                 ;调用子程序,执行后堆栈状态1
                POP     AX                  ;从堆栈弹出结果,执行后堆栈状态4
                MOV     [SI+4],AX           ;把结果存入 FIBLST 数组
                ADD     SI,2                ;修改地址指针
                LOOP    ONE
                MOV     AX,4C00H
                INT     21H
    ;子程序 FIB
    ;功能:计算斐波那契数列的一项
    ;入口参数:Xᵢ₋₁,Xᵢ₋₂在堆栈中
    ;出口参数:Xᵢ=Xᵢ₋₁+Xᵢ₋₂在堆栈中
    FIB         PROC                        ;进入后堆栈状态1
                PUSH    BP
                MOV     BP,SP               ;执行后堆栈状态2
                MOV     AX,[BP+4]           ;从堆栈取出 Xᵢ₋₁
                ADD     AX,[BP+6]           ;AX=Xᵢ₋₁+Xᵢ₋₂
                MOV     [BP+8],AX           ;结果存放堆栈
                POP     BP                  ;恢复 BP
                RET     4                   ;返回,SP=SP+4,执行后堆栈状态3
    FIB         ENDP
                END     START
```

本例中，主程序将子程序所需的参数压入堆栈，通过堆栈传递给子程序。图 3-8 给出了程序执行过程中堆栈的变化。

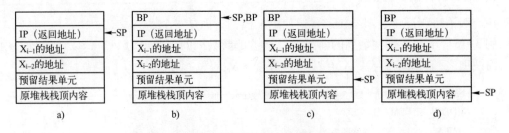

图 3-8 调用子程序过程中堆栈状态的变化

a）堆栈状态 1 b）堆栈状态 2 c）堆栈状态 3 d）堆栈状态 4

上面的源程序中，预留结果单元的操作 PUSH   AX 可以用 SUB   SP,2 代替。从堆栈弹

出结果, 存入数组的两条指令 POP　AX/MOV　［SI＋4］, AX 可以用一条指令 POP　WORD PTR［SI＋4］代替。

3.7　宏指令

宏指令实际上就是由程序员选择、编排的一组指令/伪指令, 用来完成某项功能。宏指令使用之前, 需要为这一组指令起一个名字, 称为定义, 此后就可以在程序中多次使用。

3.7.1　宏指令的定义

宏指令使用之前, 应进行宏指令的定义, 用来向汇编程序声明宏指令对应的一组指令。汇编程序对一条宏指令汇编时, 用它对应的一组指令代替, 称为宏展开。

宏指令定义格式如下:

```
宏指令名　MACRO　［形式参数表］
……                              ;宏体(指令组)
ENDM
```

宏指令名是用户为这组指令起的一个名字, 应满足标识符命名的一般规定。MACRO 和 ENDM 是一对伪指令, 表示宏定义的开始和结束。形式参数中的参数可以为空（没有）, 也可以有多个, 用逗号分隔。宏体则由指令、伪指令和前面已经定义的宏指令组成。

例3-14　定义一个宏, 输出换行回车符。

```
M_CRLF　MACRO
MOV　DL,0AH
MOV　AH,02H
INT　21H
MOV　DL,0DH
INT　21H
ENDM
```

经过上面的定义, 用户使用的指令系统里多出了一条指令。需要输出回车、换行时, 可以在程序中用 M_CRLF 代替这 5 条指令。对源程序汇编时, 宏指令 M_CRLF 又被还原成了这 5 条指令。

例3-15　可以用已经定义的宏指令来定义另一个宏指令, 也就是说, 宏指令可以嵌套定义。

```
SUM2　　MACRO　X,Y
　MOV　AX,X
　ADD　AX,Y
ENDM
SUM3　　MACRO　A,B,C
　SUM2　A,B
　ADD　AX,C
ENDM
```

宏指令 SUM3 用来求 3 个 16 位数据的和。它首先使用宏指令 SUM2 求出 A 和 B 的和，存放在 AX 中，然后再与 C 相加，在 AX 中得到 3 个 16 位数据的和。

3.7.2　宏指令的应用

宏指令定义后，可以在程序的任意位置使用它。

例 3-16　利用宏指令，求 3 个带符号数中最大的数并显示。

```
        INCLUDE    YLIB. H
        MAX        MACROX,Y,Z          ;宏指令写在使用之前,通常出现在程序首部
        LOCAL      L1
            MOV    AX,X
            CMP    AX,Y
            JGE    L1
            MOV    AX,Y
        L1:MOV     Z,AX                ;宏指令 MAX 求 X,Y 的最大值,存入 Z
        ENDM
        . MODEL    SMALL
        . DATA
        BUF    DW    -90,90,234        ;3 个数
        BIG    DW    ?                 ;存放最大数的单元
        MESS   DB    0DH,0AH," The Max is: $ "
        . CODE
        START: MOV  AX,@ DATA
               MOV DS,AX
               MAX BUF,BUF + 2,BIG     ;求前两个数中的较大者,存入 BIG
               MAX BUF + 4,BIG,BIG     ;求第 3 个数与 BIG 中的较大者,存入 BIG
               LEA  DX,MESS
               MOV AX,BIG
               CALL WRITEINT           ;输出结果
               MOV AX,4C00H
               INT  21H                ;返回操作系统
               END  START
```

源程序通过两两比较，找到最大数并输出。在 MAX 宏指令定义中，出现了标号 L1。该宏指令被二次调用，这样，在目标代码中会出现两个 L1 标号，也就是说，在同一个源程序中出现两个同标号。为了避免这个错误，宏定义中使用局部标号定义伪指令 LOCAL 把 L1 定义为局部标号。宏展开时，汇编程序对局部标号进行换名处理，用?? 0000、? 0001、……依次代替各个宏展开中的标号。注意，LOCAL 伪指令应紧接 MACRO 语句之后，两行之间不得有其他语句。

3.8　DOS 和 BIOS 功能调用

在 PC 主板的只读存储器芯片（ROM）中，有一组特殊的程序，称为基本的输入/输出

系统（BIOS）。BIOS 由许多子程序组成，这些子程序为应用程序提供了一个使用 IBM - PC 系统常用设备的接口。例如，要在屏幕上显示字符，可以通过调用 BIOS 提供的显示子程序，而不必关心显示卡的型号、特性等一系列问题。

操作系统在更高一个层次为用户提供了与系统及硬件的接口，称为 DOS 功能调用。例如，从磁盘上读取文件，如果通过 BIOS 功能调用来完成，首先要读出磁盘目录，查出该文件在磁盘上的存储位置（磁头号、磁道号、扇区号），然后按照文件的存储位置再读出该文件内容。但是如果通过 DOS 功能调用，只需知道路径和文件名就可以了。许多 DOS 功能调用实现时需要调用 BIOS 提供的相关功能。

3.8.1　BIOS 功能调用

BIOS 功能（子程序）调用通过软中断指令 INT 实现，其格式如下：

    INT　n

n 的取值范围是 16～255，每个 n 对应一段子程序。与一般子程序调用一样，在 BIOS 功能调用前也要设入口参数，功能调用也会返回参数（不是所有的功能都有参数返回）。本小节介绍几个最常用的 BIOS 调用，更多的内容请参阅本书附录。

（1）INT　16H　键盘输入

1）AH = 0：从键盘读入一键。

返回参数：AL = ASCII 码，AH = 扫描码。

功能：从键盘读入一个键后返回，按键不显示在屏幕上。对于无相应 ASCII 码的键，如功能键等，AL 返回 0，AH 中返回该键的扫描码。

2）AH = 1：判断是否有键输入。

返回参数：若 ZF = 0，则有键盘输入，AL = ASCII 码，AH = 扫描码；ZF = 1，键盘无输入。

（2）INT　33H　鼠标功能

INT　33H 用于提供鼠标的相关信息，如鼠标的当前位置、最近一次的按键和移动速度、鼠标的按下和释放状态等。注意，INT　33H 的功能号应该送入 AX 而不是常用的 AH。下面介绍几种最常用的鼠标功能。

1）AX = 1：显示鼠标指针。

使鼠标指针显示在屏幕上，无返回参数。

2）AX = 2：隐藏鼠标指针。

无返回参数，执行后鼠标指针不可见，但是鼠标的位置仍然被记录。

3）AX = 3：获取鼠标位置和状态。

返回参数：BX = 鼠标状态，其中 $D_0 = 1$ 表示左键被按下，$D_1 = 1$ 表示右键被按下，$D_2 = 1$ 表示中键被按下。

CX = 鼠标当前的 X 坐标（水平位置，以像素为单位）。

DX = 鼠标当前的 Y 坐标（垂直位置，以像素为单位）。

在文本显示方式下，一个字符宽和高都是 8 个像素，因此像素的坐标除以 8 就转换成字符的坐标。

4）AX=4：设置鼠标的位置。

入口参数：CX=X 坐标（水平位置，以像素为单位）。

DX=Y 坐标（垂直位置，以像素为单位）。

无返回参数。

如果想把鼠标定位于第 5 行第 6 列字符处，则设置 CX=5×8=40，DX=6×8=48。

例 3-17 跟踪鼠标，在屏幕的右上角显示鼠标的即时坐标。

```
;EX317. ASM
INCLUDE     YLIB. H
. MODEL     SMALL
. CODE
MAIN        PROC
    CALL    SHOWMOUSE               ;调用子程序 SHOWMOUSE,使鼠标指针可见
AGAIN:
    CALL    SETXY                   ;设置光标位置(1 行 60 列)
    CALL    GETPOSITION             ;获得鼠标的当前位置
    CALL    SHOWPOSITION            ;在光标处显示鼠标位置"行:列"
    MOV     CX,2000H
    LOOP    $                       ;延时
    JMP     AGAIN                   ;重复上面的过程,直到按 Ctrl + Break 键
MAIN  ENDP                          ;主程序到此结束
SHOWMOUSE PROC                      ;子程序 SHOWMOUSE,使鼠标指针可见
    PUSH    AX
    MOV     AX,1
    INT     33H
    POP     AX
    RET
SHOWMOUSE ENDP
SETXY PROC                          ;子程序 SETXY,设置屏幕光标位置
    MOV     AH,2
    MOV     DH,1                    ;在 DH 中放置行号
    MOV     DL,60                   ;在 DL 中放置列号
    MOV     BH,0
    INT     10H                     ;设置光标位置为 1 行 60 列
    RET
SETXY  ENDP
GETPOSITION  PROC                   ;子程序 GETPOSITION
    MOV     AX,3
    INT     33H                     ;得到鼠标当前位置在 CX/DX 中
    RET
GETPOSITION  ENDP
SHOWPOSITION  PROC                  ;子程序 SHOWPOSITION
    PUSH    CX                      ;CX(鼠标光标位置列号)入栈暂存
```

```
        MOV      AX,DX
        MOV      DX,0FFFH
        CALL     WRITEINT            ;显示鼠标当前的行号(垂直位置)
        MOV      DL,':'
        MOV      AH,02H              ;输出一个冒号
        INT      21H
        POP      AX                  ;从堆栈弹出鼠标光标位置列号
        MOV      DX,0FFFH
        CALL     WRITEINT            ;显示鼠标光标当前位置的列号(水平位置)
        RET
SHOWPOSITION   ENDP
        END      MAIN
```

3.8.2　DOS 功能调用

与 BIOS 功能调动相比，DOS 功能调用功能更强大，使用更方便。但是，DOS 功能调用没有重入功能，也就是不能递归调用，所以不能在"中断服务程序"(见第 6 章)内使用。

MS – DOS 负责文件管理、设备管理、内存管理和一些辅助功能，功能十分强大。DOS 功能调用使用 INT　21H 指令，AH 中存放功能号，表示需要完成的功能。每个功能调用，都规定了使用的入口参数、存放该参数的寄存器，调用产生的返回参数也通过寄存器传递。

本章介绍了一些常用的 DOS 功能调用，更多的信息可以查阅本书目录。

习题

1. 什么是三种基本结构？解释"基本"两个字在其中的含义。

2. 什么叫作控制转移指令？它和数据传送、运算指令有什么区别？它是怎样实现它的功能的？

3. 指令 JMP　DI 和 JMP　WORD PTR[DI]作用有什么不同？请说明。

4. 已知(AX) = 836BH，X 分别取下列值，执行 CMP　AX,X 后，标志位 ZF、CF、OF、SF 各是什么？

　(1) X = 3000H　　(2) X = 8000H　　(3) X = 7FFFFH　　(4) X = 0FFFFH　　(5) X = 0

5. 已知(AX) = 836BH，X 分别取下列值，执行 TEST　AX,X 后，标志位 ZF、CF、OF、SF 各是什么？

　(1) X = 0001H　　(2) X = 8000H　　(3) X = 0007H　　(4) X = 0FFFFH　　(5) X = 0

6. 假设 X 和 X + 2 字单元存放有双精度数 P，Y 和 Y + 2 字单元存放有双精度数 Q，下面程序完成了什么？

```
        MOV   DX,X + 2
        MOV   AX,X
        ADD   AX,X
        ADC   DX,X + 2
        CMP   DX,Y + 2
```

```
        JL      L2
        JG      L1
        CMP     AX,Y
        JBE     L2
L1:MOV  Z,1
        JMP     SHORT   EXIT
L2:MOV  Z,2
EXIT:……
```

7. 编写指令序列，将 AX 和 BX 中较大的绝对值存入 AX，较小的绝对值存入 BX。

8. 编写指令序列，比较 AX、BX 中的数的绝对值，绝对值较大的存入 AX，绝对值较小的存入 BX。

9. 编写指令序列，如果 AL 寄存器存放的是小写字母，把它转换成大写字母，否则不改变 AL 内容。

10. 计算分段函数：$Y = \begin{cases} X-3, & X < -2 \\ 5X+6, & -2 \leqslant X \leqslant 3 \\ 2, & X > 3 \end{cases}$。

X 的值从键盘输入，Y 的值送显示器输出。

11. 编写程序，求 10 元素字符组 LIST 中绝对值最小的数，并入 MIN 单元。

12. 编写程序，求 20 元素无符号字数组 ARRAY 中最小的奇数，存入 ODD 单元，如果不存在奇数，将 ODD 单元清 "0"。

13. 一个有符号数以 0 为结束标志，求这个数组的最大值、最小值和平均值。

14. 一个 16 个字符组成的字符串，RULE 是一个字整数。编写程序，测试 STRING 中的每一个字符，如果该字符为数字字符，把 RULE 中对应位置 "1"，否则置 "0"。

15. 编写程序，从键盘上输入一个无符号字整数，用四进制格式输出它的值（也就是，每两位二进制数看作一位四进制数，使用数字 0～3）。

16. 编写程序，把一个 30 个元素的有符号字数组 ARRAY 按照各元素的正负分别送入数组 P 和 M，正数和零元素送入 P 数组，负数送入 M 数组。

17. 缓冲区 BUFFER 中存放有字符串，以 0 为结束标志。编写程序，把字符串中的大写字母转换成小写字母。

18. 数组 SCORE 中存有一个班级 40 名学生的英语课程成绩。按照 0～59、60～74、75～84、85～100 统计各分数段人数，存入 N_0、N_1、N_2、N_3 变量内。

19. 编写程序，从键盘上输入无符号字整数 X、Y 的值，进行 X+Y 的运算，然后按以下格式显示运算结果和运算后对应标志位的状态。

```
SUM = XXXX
ZF = Y,OF = Y,SF = Y,CF = Y
```

（其中 X 为十进制数字，Y 为 0 或者 1）

20. 编写程序，从键盘输入一个字符串，统计其中数字字符、小写字母、大写字母、空格的个数并显示。

21. 编写程序，打印九九乘法表。

22. 编写程序，显示 1000 以内所有的素数。

23. 编写程序，输入 N，计算 $S = 1 * 2 + 2 * 3 + \cdots\cdots + (N - 1) * N$。

24. 编写程序，输入 N，输出如下矩阵（设 N = 5）

```
1  1  1  1
2  2  2  1
3  3  2  1
4  3  2  1
4  3  2  1
```

25. 阅读下面的子程序，叙述它完成功能，它的入口参数和出口参数各是什么？

```
CLSCREEN   PROC
MOV    AX,0600H
MOV    CX,0
MOV    DH,X
MOV    DL,Y
MOV    BH,07H
INT    10H
RET
CLSCREEN   ENDP
```

26. 编写程序，输入一个以 $ 为结束符的数字串，统计其中 0 ~ 9 各个数字出现的次数，分别存放到 S_0 ~ S_9 这 10 个单元中。

27. 字符串 STRING 以一字节 0 为结束标志。在 STRING 中查找空格，记下最后一个空格的位置，存放在变量 SPACE 中。如果没有空格，置 SPACE 为 -1。

第4章 存 储 器

本章要点

1. 存储器的分类及特点
2. 微机存储系统的分层组织结构
3. 存储器的性能指标
4. 半导体存储器的分类及结构
5. 半导体存储器的应用

学习目标

通过本章的学习，了解半导体的分类、组成、工作原理，了解微机系统中存储器的分层组织结构，掌握各类存储器的结构、基本工作原理和外部特征，能够利用常用的存储器芯片构成所需的内存空间。

4.1 存储器概述

4.1.1 计算机中的存储器

计算机中的存储器由两部分组成。一部分是位于主机内部的存储器，简称主存（Main Memory），由半导体器件构成。CPU 对它进行的一次读、写操作称为访问（Access）。这类存储器的主要特征是 CPU 可以按地址访问其中的任何一个单元，称为随机访问。

现代计算机为了进一步提高运行速度，在主存和 CPU 之间增设了容量小、速度快的高速缓冲器（Cache）。在这样的系统中，Cache 和主存构成计算机的内部存储器，简称内存。在没有 Cache 的系统中，主存就是内存。

连接在计算机主机外部的存储器是辅助存储器，也称为外部存储器，简称辅存或外存。外存目前主要采用磁表面存储和光存储器件，例如常见的磁带、磁盘和光盘存储器。它们通过专用接口电路与计算机主机相连接，相当于一台外部设备。CPU 只能以块为单位访问这类存储器，电源关闭后，辅存中的信息可以长期保持。

本章主要叙述以半导体器件构成的内存储器。

4.1.2 半导体存储器的分类与性能指标

1. 半导体存储器分类

微型计算机普遍采用半导体存储器作为内存。半导体存储器分类见表4-1。

RAM 是 Radom Access Memory（随机读写存储器）的简称。它的第一个特点是可读出，可写入，读写花费的时间基本相同；第二个特点是按地址访问，访问不同地址存储单元所花费的时间相同（这是单词 Random 的含义所在，但同时也是所有计算机主存的共同特点）；第三个特点是具有易失性，掉电后原来存储器的信息全部丢失，不能恢复。

ROM 是 Read Only Memory（只读存储器）的简称。它存储的信息可以读出，但是不能写入，或者不能用"常态"的方法写入。ROM 的另一个特点是具有非易失性，电源关闭后，其中的信息仍然保持。由于这一特点，ROM 用于存放相对固定、不变的程序或重要参数。微机系统用 ROM 存放引导程序、基本输入/输出程序（BIOS）和固定的系统表格等。

Flash Memory（闪速存储器）简称闪存，是近年来在 EEPROM 技术基础上发展出来的新型存储器。它既具有 ROM 类存储器非易失性的优点，同时又克服了 ROM 存储器不能写入或写入速度慢的缺点，因此得到了广泛的应用。

表4-1 半导体存储器分类

类别	可读	可写	易失性	存储器名	主要用途
RAM	√	√	√	静态 RAM（SRAM） 动态 RAM（DRAM）	小规模计算机系统内存，Cache 计算机主存储器（内存储器）
ROM	√	※	×	掩模型 ROM（MROM） 可编程 ROM（PROM） 紫外线可擦除可编程 ROM（EPROM） 电可擦除可编程 ROM（EEPROM）	大批量固定的程序与数据 小批量固定使用的程序与数据 可不定期更新的程序与数据（主板 BIOS） 可不定期更新的程序与数据（主板 BIOS）
Flash Memory	√	√	×	闪速存储器（Flash Memory）	便携设备存储器，可随时更新的程序数据

※不同的 ROM 有不同的写特性，有些 ROM 不能写入，新型 ROM 可以写入。参见相应 ROM 介绍。

2. 半导体存储器的性能指标

衡量半导体存储器的性能指标主要有存储容量、存取时间、可靠性和功耗等。

（1）半导体存储器的存储容量

电子计算机内，信息的最小表示单位是一个二进制位（bit），它可以存储一个二进制 0 或 1。CPU 访问存储器的最小单位通常是 8 位二进制组成的字节（Byte，简写为 B）。每个字节在主存中所在位置的编号称为地址。存储芯片或芯片组成能够存储的二进制位数或者所包含的字节总数就是它的存储容量。计量单位 KB（千字节）、MB（兆字节）、GB（吉字节）和 TB（太字节）的关系如下：

$$1\,KB = 2^{10}\,B = 1024\,B$$

$$1\,MB = 2^{10}\,KB = 1024\,KB$$

$$1\,GB = 2^{10}\,MB = 1024\,MB$$

$$1\,TB = 2^{10}\,GB = 1024\,GB$$

半导体存储器芯片容量取决于存储单元的个数和每个单元包含的位数。存储容量可以用下面的式子表示：

存储容量(S) = 存储单元(p) × 数据位数(i)

存储单元数（p）与存储器芯片的地址线条数（k）有密切关系：$p = 2^k$，或 $k = \log_2 p$。数据位数 i 一般等于芯片数据线的根数。存储芯片的容量（S）与地址线条数（k）、数据线的位数（i）之间的关系可表示为 $S = 2^k \times i$。

例如，一个存储芯片容量为 2048 × 8，说明它有 8 条数据线，2048 个单元，地址线的条

数为 $k = \log_2 2048 = \log_2 2^{11} = 11$。再如一个存储芯片有 20 条地址线和 4 条数据线，那么它的单元数为 $2^{20} = 1M$，容量为 $1M \times 4$（$4M$）。

（2）存取时间

存取时间是指 CPU 访问一次存储器（写入或读出）所需的时间。存储周期则是指连续两次访问存储器之间所需的最小时间，存储周期等于存取时间加上存储器的恢复时间。存储器的存取时间通常以纳秒（ns）为单位。秒（s）、毫秒（ms）、微秒（μs）和纳秒（ns）之间的换算关系如下：

$$1\,s = 10^3\,ms = 1000\,ms$$
$$1\,ms = 10^3\,\mu s = 1000\,\mu s$$
$$1\,\mu s = 10^3\,ns = 1000\,ns$$

存储周期为 0.1 ms 表示每秒可存取 1 万次，10 ns 意味着每秒可存取 1 亿次。存取时间越短，速度越快。目前微机内存读写时间一般在 10 ns 以内，高速缓冲器（Cache）的存取速度则更快。

（3）可靠性

内存发生的任何错误都会使计算机不能正常工作。计算机要正确运行，必然要求存储器系统具有很高的可靠性。存储器的可靠性取决于构成存储器的芯片和配件质量及组装技术。

（4）功耗

使用低功耗存储器芯片构成的存储系统不仅可以减少对电源容量的要求，而且可以减少发热量，提高存储系统的稳定性。

4.2 随机存储器

随机存储器（RAM）用来存放当前运行的程序、数据和运算中间结果等。本节介绍两类 MOS 型随机存储器 SRAM 和 DRAM 的特点、外部特征以及它们的应用。

4.2.1 静态随机存取存储器（SRAM）

1. SRAM 工作原理

静态 RAM 的六管基本存储电路如图 4-1 所示。图中，VF_3 和 VF_4 始终处于"导通"状态，相当于两个负载电阻。VF_1、VF_2 和 VF_3、VF_4 构成双稳态触发器，VF_5、VF_6 是行选导通管，这 6MOS 管组成了存储 1 位二进制信息 0 或 1 的基本存储单元。VF_7 和 VF_8 为列选通管，为一列上的多个基本存储单元电路共用。该基本存储电路的工作原理如下。

（1）信息保持

在没有读写操作的任意时刻，假设 B 点处于低电平。

由于 B 点（低电平）连接到 VF_1 的栅极，因此 VF_1 处于截止状态。

由于 VF_1 截止，A 点通过负载电阻 VF_3 与电源连接，因此 A 点处于高电平。

A 点连接到 VF_2 栅极，处于高电平，因此 VF_2 处于导

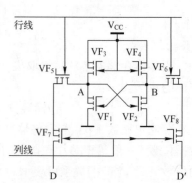

图 4-1　MOS 型静态存储单元

通状态。

由于 VF_2 导通，而 VF_2 的源极接地，因此 B 点保持为低电平。

由于上述一连串的"因果"关系，在没有外部作用的情况下，A 保持为高（A = 1），B 保持为低（B = 0），A、B 两点的状态互相"支持"，处于一种稳定的状态。

反之，如果在某一时刻 B 点处于高电平，同样可以有如下因果关系：

$$(B = 1) \rightarrow (VF_1 导通) \rightarrow (A = 0) \rightarrow (VF_2 截止) \rightarrow (B = 1) \rightarrow \cdots\cdots$$

这时，存储单元处于另一种稳定状态。

把（A = 1，B = 0）的状态称为 1 状态，（A = 0，B = 1）的状态称为 0 状态。

（2）信息读出

需要读出该电路所存储信息时，使行线和列线同时有效（高电平），这时 VF_5 和 VF_6 以及 VF_7 和 VF_8 这 4 个管子导通。基本存储单元通过这"两级"控制门与数据线 D 和 D′ 相连接。A 点电平传送到 D，B 点电平传送到 D′，原存储的信息传送到数据线上从而被读出。

（3）信息写入

向该存储单元写入新的信息时，同样使行线和列线同时有效，同时把待写入数据加到数据线 D 和 D′ 上，如果写入信息为 1，则使 D = 1，D′ = 0。于是：

$$(A = D = 1) \rightarrow (VF_2 导通) \rightarrow (B = 0) \rightarrow (VF_1 截止) \rightarrow (A = 1) \rightarrow \cdots\cdots$$

行选和列选信号撤销之后，上述状态就稳定地保留下来。

如果写入信息为 0，则使 D = 0，D′ = 1，于是：

$$(A = D = 0) \rightarrow (VF_2 截止) \rightarrow (B = 1) \rightarrow (VF_1 导通) \rightarrow (A = 0) \rightarrow \cdots\cdots$$

由此可见，写 1 后，基本存储单元 A 稳定为 1，B 稳定为 0。同理，当写入 0 后，A 为 0，B 为 1，也是稳定的。

从静态基本存储电路的结构可以看出，其特点如下：

1）使用双稳态触发器存储信息，工作稳定可靠。

2）每个 1bit 存储电路需要使用 6 个 MOS 管，电路相对复杂，使得单位面积能够集成的基本存储单元数量减少，存储密度较低。

3）基本存储电路工作时，VF_1、VF_2 之中总有一路处于导通状态，单元电路数量很多时，累计电流很大，芯片容易发热，这进一步影响到它的存储密度。

4）静态存储器一旦电压消失，原存储的状态消失。再次上电时，原来的信息不能恢复。信息易失性是 SRAM 的最大弱点。

2. SRAM 的典型芯片

一个 SRAM 芯片由上述许多基本存储单元组成。除了地址线引脚和数据线引脚外，SRAM 芯片还应有 2 ~ 3 根控制信号引脚。读写控制线一般标注为 $R/\overline{W}$ 或 $\overline{WR}$，或 $\overline{WE}$，该线为高时，读出存储器的数据；为低时，把数据写入存储器。另一控制信号称为片选信号，标注为 $\overline{CE}$（Chip Enable）或 $\overline{CS}$（Chip Select）。$\overline{CE}$ 为高电平，表示芯片没有被选中：$R/\overline{W}$ 为高电平，对该芯片进行读操作；$R/\overline{W}$ 为低电平时，对该芯片进行写操作。$\overline{CE}$ 信号由地址译码电路产生。

典型的 SRAM 芯片有 1 K × 4 bit 的 2114、2 K × 8 bit 的 6116、8 K × 8 bit 的 6264、16 K × 8 bit 的 62128、32 K × 8 bit 的 62256、64 K × 8 bit 的 62512 以及更大容量的 128 K × 8 bit

（1 Mbit）的 HM628128 和 512 K×8 bit（4 Mbit）的 HM628512 等。

图 4-2 所示的是 8 K×8 bit 的 SRAM 芯片 6264 的引脚。其中 $A_0 \sim A_{12}$ 为地址线，$D_0 \sim D_7$ 为数据线，V_{CC} 为电源正端（+5 V），$\overline{WE}$ 为写控制信号输入，$\overline{OE}$ 为数据输出使能信号（通常接微处理器的读信号），$\overline{CS_1}$ 和 CS_2 为片选信号。

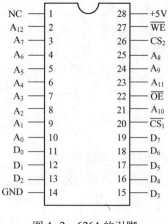

图 4-2　6264 的引脚

$\overline{CS_1} = 0$，$CS_2 = 1$ 时，芯片被选中：

$\overline{OE} = 0$，$\overline{WE} = 1$，芯片进行读出操作。

$\overline{OE} = 1$，$\overline{WE} = 0$，芯片进行写入操作。

6264 的 $\overline{CS_2}$ 平时接高电平，当 CS_2 电压降至 0.2 V 时，只需要向该引脚提供 2 μA 的电流，则在 $V_{CC} = 2$ V 时，该芯片就进入掉电保护状态。该状态下，芯片内的信息能够正确地保持，但不能进行读写操作。

3. SRAM 芯片与系统的连接

一个完整的主存储器通常由若干存储芯片构成。这时，可以把存储单元的地址划分为两个部分：

高位地址反映了该存储单元所在的芯片号，同一个存储芯片内，各个存储单元的高位地址是相同的。

低位地址表示这个存储单元在芯片内的相对位置。

因此，高位地址一般送往地址译码器，产生各芯片的片选信号；低位地址连接到芯片的地址引脚，用来选择芯片内的存储单元。

存储器的地址译码有两种方式：全地址译码和部分地址译码。

（1）全地址译码

该译码方式就是所有高位地址全部参加译码，连接存储器时要使用全部的地址信号。全地址译码方式下，存储器芯片上的每一个单元在整个内存空间中具有唯一的、独占的一个地址。

图 4-3 所示是一片 SRAM 6264 与系统总线的连接。图中地址总线的高 7 位（$A_{13} \sim A_{19}$）参加地址译码，低 13 位 $A_0 \sim A_{12}$ 接到芯片对应的 $A_0 \sim A_{12}$ 引脚。$A_{13} \sim A_{19}$ 为 000 1111 时，译码器输出低电平，芯片被选中。所以，该 6264 芯片的地址范围为 <u>0001 111</u>0 0000 0000 0000（1E000H）~ <u>0001 111</u>1 1111 1111 1111（1FFFFH）。带下划线的地址是这个芯片在整个内存中的序号，低 13 位则代表一个存储单元在芯片内部的相对位置。

改变译码电路的连接方式则可以改变这个芯片的地址范围。

译码电路构成方法有很多，可以利用基本逻辑门电路构成，也可以利用集成的译码器芯片或可编程芯片组成。

（2）部分地址译码

该译码方式是只有部分高位地址参与存储器的地址译码。图 4-4 所示是一个部分地址译码的例子。只要地址 $A_{19}A_{18}A_{17}A_{16}A_{14} = 11111$，不论地址 $A_{15}A_{13}$ 为 0 或 1，该 6264 芯片都能被选中，$A_{15}A_{13}$ 为 00、01、10、11 时，该芯片的地址范围分别为

130

$$0F4000H \sim 0F5FFFH\ (A_{15}A_{13} = 00H\ 时)$$
$$0F6000H \sim 0F7FFFH\ (A_{15}A_{13} = 01H\ 时)$$
$$0FC000H \sim 0FDFFFH\ (A_{15}A_{13} = 10H\ 时)$$
$$0FE000H \sim 0FFFFFH\ (A_{15}A_{13} = 11H\ 时)$$

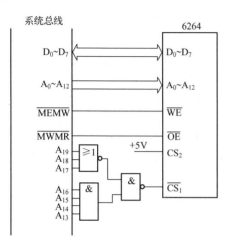

图 4-3 全地址译码连接存储器   图 4-4 6264 部分地址译码连接

该芯片占据了 4 个 8 KB 的内存空间。对这个 6264 芯片进行存取时，可以使用以上 4 个地址范围的任一个。可见采用部分地址译码会重复占用地址空间。芯片占用的这 4 个 8 KB 的区域不可再分配给其他芯片，否则，会造成总线竞争而使微机无法正常工作。

部分地址译码使芯片重复占用地址空间，破坏了地址空间的连续性，减小了总的可用存储地址空间。其优点是译码器的构成比较简单，主要用于小型系统中。

4.2.2 动态随机存取存储器（DSRAM）

1. DRAM 的基本存储单元

动态随机存取器（DRAM）的基本单元电路可以采用 4 管电路或单管电路。由于单管电路元件数量少，芯片集成度高，所以被普遍采用。

单管动态存储单元电路如图 4-5 所示，它由一个 MOS 管 VF_1 和一个电容 C 构成。写入时，字选择线（地址选择线）为高电平，VF_1 管导通，写入的信息通过位线（数据线）存入电容 C 中（写入 1 对电容充电，写入 0 对电容放电）；读出时，字选择线也为高电平，存储在 C 电容上的电荷通过 VF_1 输出到位线上。根据位线上有无电流可知存储的信息是 1 还是 0。字选择线的信号由片内地址译码得到。

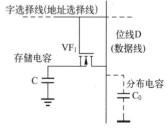

图 4-5 单管动态存储单元

DRAM 芯片集成度高、价格低，微型计算机主存储器几乎毫无例外地都是由 DRAM 组成。

2. DRAM 芯片介绍

2164A 是容量为 64 K × 1 bit 的动态随机存储器芯片，其外部引脚如图 4-6 所示。DRAM

芯片把片内地址划分为行地址和列地址两组，分时从它的地址引脚输入。所以，DRAM 芯片地址引脚只有它内部地址线的一半。根据 2164A 的容量，它有 8 条分时使用的地址线 $A_7 \sim A_0$（$\log_2(64\,\mathrm{K})/2$）。它的数据线有两根：用于输入的 D_{IN} 和用于输出的 D_{out}。

2164A 的内部结构可参考图 4-7，$\overline{RAS}$ 为行地址选通信号，它有效时，从地址引脚输入行地址信号，这些地址被锁存到芯片内的行地址锁存器。$\overline{RAS}$ 信号同时也用作芯片的片选信号。

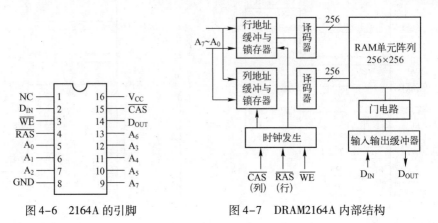

图 4-6　2164A 的引脚　　　　图 4-7　DRAM2164A 内部结构

$\overline{CAS}$ 为列地址选通信号，它有效时，从地址引脚输入列地址信号，这些地址被锁存到芯片内的列地址锁存器。

行、列地址经过各自的电路译码后选择 64 K 中的一个单元。写信号 $\overline{WE}$ 有效时（低电平）进行写入操作，D_{IN} 上的信号经过输入缓冲器吸入被选中的单元；写控制信号 $\overline{WE}$ 无效（高电平）表示读操作，被选中单元的数据经过输出缓冲器出现在 D_{out} 引脚上。

常用的 DRAM 芯片还有 $64\,\mathrm{K} \times 1\,\mathrm{bit}$ 的 4164、$256\,\mathrm{K} \times 1\,\mathrm{bit}$ 的 41256、$1\,\mathrm{M} \times 1\,\mathrm{bit}$ 的 21010、$256\,\mathrm{K} \times 4\,\mathrm{bit}$ 的 21014、$4\,\mathrm{M} \times 1\,\mathrm{bit}$ 的 21040，以及大容量的 $16\,\mathrm{M} \times 16\,\mathrm{bit}$、$64\,\mathrm{M} \times 4\,\mathrm{bit}$、$32\,\mathrm{M} \times 8\,\mathrm{bit}$ 等芯片。

3. DRAM 芯片的读写时序

（1）数据读出

数据的读出时序如图 4-8 所示。行地址首先加在 $A_0 \sim A_7$ 上，此后 $\overline{RAS}$ 信号有效，它的下降沿将行地址锁存在芯片内部。接着，列地址加在芯片的 $A_0 \sim A_7$ 上，$\overline{CAS}$ 信号有效，它的下降沿将列地址锁存。保持 $\overline{WE} = 1$，在 $\overline{CAS}$ 有效期间，数据由 D_{OUT} 端输出并保持。

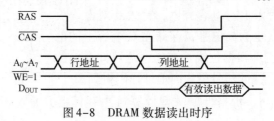

图 4-8　DRAM 数据读出时序

（2）数据写入

如图 4-9 所示，数据写入的过程与读出基本类似，区别是送完列地址后，将 $\overline{WE}$ 端置为低电平，把要写入的数据从 D_{IN} 端输入。

（3）刷新

如图 4-10 所示，DRAM 芯片靠电容存储信息，由于存在漏电流，时间长了，所存放的信息会丢失。因此，DRAM 必须对它所存储的信息定时进行刷新，也就是将存放的信息读出并重新写入。

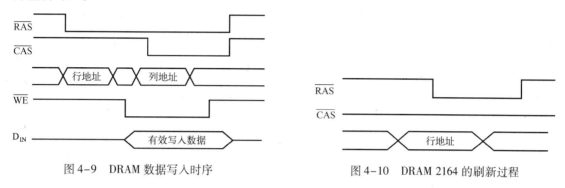

图 4-9　DRAM 数据写入时序　　　　　图 4-10　DRAM 2164 的刷新过程

DRAM 芯片刷新按行进行，给芯片加上行地址并使行选信号 $\overline{RAS}$ 有效，列选信号 $\overline{CAS}$ 无效，芯片内部刷新电路将选中一行所有单元，同时进行刷新（对原来为 1 的电容补充电荷，原来为 0 的则保持不变）。将行地址循环一遍，则可刷新所有存储单元。由于 $\overline{CAS}$ 无效，刷新时位线上的信息不会送到数据总线上。刷新过程中，DRAM 不能进行正常的读写操作。

DRAM 要求每隔 2~8 ms 刷新一遍，这个时间称为刷新周期。

4.2.3　新型 DRAM 存储器

随着微处理器工作速度的不断提高，要求用作主存的 DRAM 具有更快的访问速度。为此，新型 DRAM 存储器件近年来不断地涌现。

1. SDRAM

传统的 DRAM 采用异步的方式进行存取。处理器在给出存储器地址和读写命令之后，要等待存储器内部进行译码、读写等操作，这一段时间的长短随使用芯片的不同而不同。在这段时间内，处理器相关部件和总线除了等待之外不能做其他事情，这降低了系统的性能。

SDRAM 采用同步的方式进行存取。送往 SDRAM 的地址信号、数据信号和控制信号都在某一个时钟信号的上升沿被采样和锁存，SDRAM 输出的地址信号、数据信号和控制信号都在某一个时钟信号的上升沿锁存到芯片内部的输出寄存器。而且，输入地址、控制信号到数据输出所需的时钟个数可以通过对芯片内方式寄存器的编程来确定。这样，在 SDRAM 输入了地址、控制信号，进行内部操作期间，处理器和总线主控器可以安全地处理其他任务（如启动其他存储体的读操作），而无须简单等待，从而提高系统的性能。

SDRAM 芯片还采用一种突发总线模式进行读写操作：写入一个地址之后，可以进行连续多个单元的读写，进一步提高了读写速度，后续相关章节进一步介绍。

SDRAM 芯片基于双存储体结构，内含两个交错的存储阵列。CPU 从一个存储体访问数据的同时，另一个存储体已准备好读写数据，通过两个存储阵列的紧密切换，读数据效率得到成倍提高。

SDRAM 的工作电压一般为 3.5 V，其接口多为 168 线的 DIMM 类型。

SDRAM 的时钟频率早期为 66 MHz，后来提高为 133 MHz、150 MHz。由于它以 64 位的宽度（8 B）进行读写，带宽（单位时间内理论上的数据流量峰值）可以达到 1.2 GB/s（8 B×150 MHz）。

2. DDR SDRAM

DDR（Double Data Rate）SDRAM（双倍数据速率同步内存）是由 SDRAM 发展出来的新技术。SDRAM 只在时钟脉冲的上升沿进行一次数据写或读操作，DDR 通过 2 位预读操作，不仅在时钟脉冲的上升沿，而且在时钟的下降沿还可以进行一次对等的操作（写或读）。原来的 SDRAM 对应被称为 SDR（Single Data Rate）SDRAM（单倍数据速率同步内存）。这样，理论上 DDR 的数据传输能力就比同频率的 SDR 提高一倍。假设系统 FSB（Front Side Bus，前端总线）的频率是 100 MHz，DDR 的工作频率可以倍增为 200 MHz，带宽也倍增为 1.6 GB/s（8 B×100 MHz×2）。

DDR2 SDRAM 是在 DDR DRAM 的基础上进一步发展而来的，采用了 4 位预读技术。首先，它内建了一个二倍于外部时钟频率的内部时钟，外部时钟为 100 MHz 时，内部时钟频率达到 200 MHz。其次，它同样可以在时钟脉冲的上升沿和下降沿各传输一次数据。于是，在一个外部时钟周期内传了 4 次数据。采用 100 MHz 外部核心频率时，实现了 400 MHz 的实际工作频率，单通道数据吞吐量一次可以达到 8 B×400 MHz＝3.2 GB/s。新型 DDR2 内存数据传送频率已经达到 1066 MHz（266.6 MHz×4）。

目前，采用 8 位预读技术的 DDR3 内存已经面世并投入使用，它的数据传送频率是外部频率的 8 倍，有效地支持了微型计算机整体性能的提高。

3. 双通道存储器

为了进一步提高内存的读写速度，在新型微型计算机的主板上，设置了两个独立的 64 bit 智能内存控制器，形成了 128 bit 宽度的内存数据通道，使内存的宽带翻了一番。

现行的主板芯片组大多支持双通道 DDR2 内存，大都具有 4 个 DIMM 插槽，每两个一组，每一组代表一个内存通道，只有当两组通道上同时安装了内存时，才能使内存工作在双通道模式下。

双通道内存技术的理论值虽然非常诱人，但是实际应用中，整机的性能并不能比使用单通道 DDR 内存的整机提高 1 倍，因为毕竟系统性能瓶颈不仅仅是内存。从一些测试结果可以看出，采用 128 bit 内存通道的系统性能比采用 64 bit 内存通道的系统整体性能高出 3% ~ 5%，最高的可获得 15% ~18% 的性能提升。最新的 Intel CORE i7 微处理器还可以使用三通道的 DDR3 存储器。

为了进一步提高内存的数据读写速度，Intel 公司还在研究一串行方式传输内存数据。

4.3 只读存储器

只读存储器（ROM）具有掉电信息不会丢失的特点（非易失性），弥补了读写存储器（RAM）性能上的不足，成为微型计算机的一个重要部件。

4.3.1 掩模型只读存储器（MROM）

MROM 的内部结构如图 4-11 所示，芯片内每一个二进制位对应着一个 MOS 管，数据从它的漏极引出。该位上存储的信息取决于这个 MOS 管的栅极是否被连接到字线上：栅极与字线连接，该单元被选中时，MOS 管导通，漏极与电源 +E 相通，输出高电平，该位存储的信息为 1；栅极与字线未连接时，无论字线被选中与否，输出端与电源 +E 不能导通，输出低电平，对应的信息为 0。由于 MOS 管的栅极与字线连接与否在制造过程

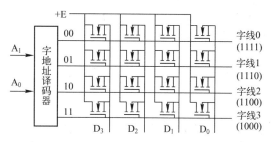

图 4-11 MROM 结构示意图

中已经确定，未连接的 MOS 管封装后不能再接上，所以 MROM 内的信息不可改变。

MROM 芯片批量生产成本低，适合于批量大，程序和数据已经成熟，不再需要修改的场合。

4.3.2　可编程只读存储器（PROM）

可编程只读存储器（Programmable Read Only Memory，PROM）的基本存储单元由一个晶体管或 MOS 管组成，电路内串接有一段熔丝。芯片出厂时，所有熔丝均处于连通状态，根据具体电路的不同，每一个单元存储的信息同为全 0 或全 1。

用户使用该芯片时，可以根据需要，有选择地给部分单元电路通以较大的电流，将该电路上的熔丝烧断。熔丝被烧断后，该位所存储的信息就由原来的 0 变为 1，或者由 1 变为 0。

PROM 靠存储单元中的熔丝是否熔断来决定信息 0 和 1。一旦存储单元的熔丝被烧断就不能恢复，因此，PROM 只能写入一次。

有的 PROM 芯片采用 PN 结击穿的方式进行编程，原理与上述器件类似。

PROM 也是一种非易失性存储器。少量使用时，总体成本低于 MROM。

4.3.3　可擦除可编程只读存储器（RPROM）

可擦写可编程只读存储器（Erasable Programmable Read Only Memory，EPROM）可根据用户的需求多次写入和擦除。

EPROM 基本单元的主体是具有两个栅极的雪崩注入式 MOS 管（见图 4-12a），浮空栅 G_1 被二氧化硅所包围，与外部没有连接。

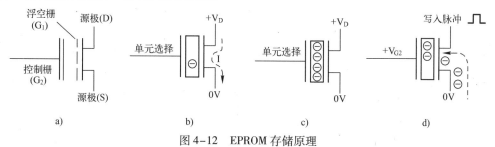

图 4-12 EPROM 存储原理

a）EPROM 存储单元　b）读出 1 操作　c）读出 0 操作　d）写入 0（编程）

读出一个单元内容时，该单元控制栅上加正电压。如果浮空栅上没有电子，该 MOS 管导通，MOS 管有电流通过，读出 1（见图 4-12b）。如果浮空栅上积累有较多的电子，由于负电荷的阻挡作用，MOS 管不能导通，没有电流通过，读出 0（见图 4-12c）。可见，该电

路的存储状态取决于浮空栅是否积累了较多的电子。芯片出厂时，浮空栅上没有电子，各单元均为 1。

该芯片的上方有一个透明的石英窗。将紫外线对准该石英窗照射一定时间（10～15 min），可以消除浮空栅上的电荷，使 MOS 管恢复到出厂时的状态，各位均存储 1，这一过程称为擦除。

对 EPROM 吸入新的内容（编程）时，首先要将该芯片整体擦除。需要写 1 的单元保持原状态即可。对于写 0 的单元，控制栅接正电压，在漏极加上一个较高电压（例如 + 25 V）的正脉冲（编程脉冲）。这时，MOS 管导通，在漏极较高电压作用下，漏极 – 源极间产生雪崩，管道中有较多的高能电子，同时，在控制栅垂直方向正电压的作用下，漏极 – 源极管道的电子进入浮空栅，并在高压结束后滞留在浮空栅内，形成 0 存储状态（见图 4-12d）。

存储在 EPROM 中的内容能够长期保存达几十年之久，掉电后内容不会丢失。

4.3.4 电擦除可编程只读存储器（EERPROM）

EEPROM 是电擦除可编程只读存储器的英文缩写。由于采用电擦除技术，所以不必像 EPROM 芯片那样需要从系统中取下，再用专门的擦除器擦除。EEPROM 还允许以字节为单位擦除和重写，使用起来比 EPROM 方便。

1. EEPROM 存储原理

EEPROM 的存储单元也是具有两个栅极的 NMOS 管（见图 4-13a），控制栅 G_1 被二氧化硅所包围，与外部连接，在 G_1 和漏极 D 之间有一块小面积的氧化层，厚度极薄。

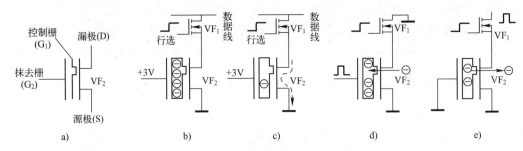

图 4-13　EEPROM 存储原理

a）EEPROM 存储单元　b）读出 1 操作　c）读出 0 操作　d）置为全"1"　e）写入 0

与 EPROM 类似，该单元的存储状态也取决于浮空栅上有没有电子。不同的是，浮空栅有电子，NMOS 管截止，数据线上为 1；浮空栅没有电子，NMOS 管导通，数据线上为 0。

擦除该单元内容时，在抹去栅 G_2 上加 + 20V 的正电压，它导致 G_1 – D 之间的小面积氧化层产生隧道效应，电子从漏极进入浮空栅，形成 1 存储状态。这也是芯片出厂时的初始状态。

同样编程仅仅对需要写入 0 的单元进行。抹去栅接地，漏极加 + 20 V 的正脉冲，在高压的作用下，浮空栅的电子从小面积氧化层流出，形成 0 状态。

2. EEPROM 芯片

EEPROM 的主要产品有高压编程的 2816、2817，低压编程的 2816A、2864A 和 28512，以及 1 Mbit 以上的 28010（1 Mbit，128 Kbit）、28040（4 Mbit）等。它们的读取时间为 120～

250 ns，写入时间与字节擦写时间相当，约为 10 ms。

下面以 EEPROM 芯片 NMC98C64A 为例介绍 EEPROM 的工作过程。

（1）98C64A 的引脚

98C64A 芯片（见图 4-14）容量为 8 K × 8 bit，其中：

$A_0 \sim A_{12}$ 为地址线，用于选择片内 8 K 个存储单元。

$D_0 \sim D_7$ 为数据线。

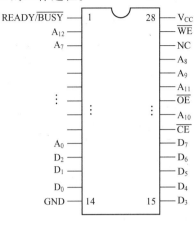

图 4-14　98C64A 引脚

$\overline{CE}$ 为片选信号，低电平有效，$\overline{CE} = 0$ 时选中该芯片。

$\overline{OE}$ 为输出允许信号，$\overline{CE} = 0$，$\overline{OE} = 0$，$\overline{WE} = 1$ 时，将选中的单元的数据读出。

$\overline{WE}$ 为写允许信号，$\overline{CE} = 0$，$\overline{OE} = 1$，$\overline{WE} = 0$ 时，将选中的数据写入所选单元中。

READY/$\overline{BUSY}$ 为准备好/忙状态输出端，98C64A 执行编程写入的过程中，此引脚为低电平（$\overline{BUSY}$）。写操作完成后，此引脚变为高电平（READY）。检查此引脚的状态可以判断一字节写操作是否完成。

（2）98C64A 的工作过程

1）数据读出。

EEPROM 读出数据的过程与 RAM 及 EPROM 芯片相仿。在 $A_0 \sim A_{12}$ 上给出单元地址，并使 $\overline{CE} = 0$，$\overline{OE} = 0$，$\overline{WE} = 1$，就可从指定的存储单元读出数据。

2）数据写入。

编程写入 98C64A 有两种方式：字节写入和自动页写入。

字节写入方式一次写入一个字节的数据。每写一个字节，要等到 READY/$\overline{BUSY}$ 端的状态由低电平变为高电平后，才能开始下一个字节的写入。这是 EEPROM 芯片与 RAM 芯片在写入上的一个重要区别。

不同的芯片写入一个字节所需的时间略有不同，一般是几毫秒到几十毫秒。98C64A 需要的时间为 5 ms，最大为 10 ms。

98C64A 中，把相邻的 32B 称为页。低位地址 $A_4 \sim A_0$ 用来寻址一页内所包含的一个字节，高位地址线 $A_{12} \sim A_5$ 用来决定访问哪一页数据，$A_{12} \sim A_5$ 因此被称为页地址。

自动页写入时，首先向 98C64A 写入一页的第一个数据，在此后的 300 μs 内，连续写入本页的其他数据，再利用查询或中断检查 READY/$\overline{BUSY}$ 端的状态是否已变高电平。若变高电平，则表示这一页数据的写入已经结束，接着开始写下一页，直到将数据全部写完。利用这种方法，写满 8 K × 8 bit 的 98C64A 只需 2.6 s。

3）擦除。

擦除和写入本质上是同一种操作，只不过擦除总是向单元中写入 0FFH。EEPROM 可以一次擦除一个字节，也可以一次擦除整个芯片的内容。擦除一个字节，就是向该单元写入数据 0FFH。如果在 $D_0 \sim D_7$ 上加 0FFH，使 $\overline{CE} = 0$，$\overline{WE} = 0$，并在引脚上加上 +15 V 电压。保持这种状态 10 ms，就可将芯片上所有单元擦除干净，这种操作称为擦除。

EEPROM 98C64A 有写保护电路，加电荷断电不会影响芯片的内容。写入的内容一般可保存 10 年以上。每一个存储单元允许擦除或编程上万次。

4.3.5 闪速存储器

闪速存储器（Flash Memory）是在 EEPROM 的基础上发展起来的新型存储器（以下简称闪存）。闪存克服了 EEPROM 写入速度慢的弱点，既有 RAM 可读、可写，读写速度快的优点，又具有 ROM 非易失性的优点，而且集成度高，是半导体存储器技术划时代的进展。

1. 闪存存储原理

闪存存储单元也是有两个栅极 MOS 管（见图 4-15a），其中的浮空栅没有向外连接的引线。

（1）读出

在控制栅上加上正电压，漏极加正电压，源极接低电平（见图 4-15b）。如果浮空栅存有负电荷，它对控制栅的正电压起到阻挡的作用，这时，MOS 管截止，漏极与源极没有电流流过，原存储信息为 0。如果浮空栅内没有电荷，则 MOS 管导通，漏极与源极有电流，原存储信息为 1。可见，闪存存储单元依照浮空栅有无负电荷来表示两种存储状态。

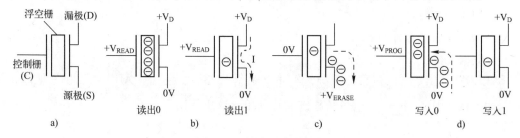

图 4-15　闪存的存储原理
a）闪存存储单元　b）读出操作　c）擦除操作　d）写入（编程）

（2）擦除

如图 4-15c 所示，在 MOS 管的控制栅加低电平，源极上加正电压，原存储在浮空栅中的负电荷被源极吸出。由于各存储单元的源极连接在一起，经擦除后，所有单元均处于 1 状态。

（3）写入（编程）

如图 4-15d 所示，写入操作在擦除之后进行。由于擦除后原状态为 1，写 1 时无须操作。写 0 时，控制栅加上正电压（编程电压），源极接低电平。在控制栅 - 源极之间电压的作用下，电子从源极流空浮空栅并留存下来，存储单元变为 0 状态。

闪存写入操作的速度较 EEPROM 有了明显提高，比 DRAM 仍稍慢。

由于闪存所具有的特点，Pentium Ⅱ以后的主板都采用了这种存储器存放 BIOS 程序，方便 BIOS 程序及时升级。

2. 闪存芯片

典型的闪存芯片有 29C256（32 K × 8 bit = 256 Kbit）、29C512（64 K × 8 bit = 512 Kbit）、29C010（128 K × 8 bit = 1 Mbit）、29C020（256 K × 8 bit = 2 Mbit）、29C040（512 K × 8 bit = 4 Mbit）、29C080（1024 K × 8 bit = 8 Mbit）等。

下面以 TMS28F040 为例介绍闪存的工作原理。28F040 的引脚如图 4-16 所示。它有 19 根地址线和 8 根数据线，芯片的容量为 512 K × 8 bit（4 Mbit）。

（1）28F040 的引脚

28F040 芯片（见图 2-12）容量为 512 K × 8 bit，其中，$\overline{G}$ 为输出允许信号，低电平有效；$\overline{E}$ 为芯片写允许信号，它的下降沿锁存地址，上升沿锁存写入的数据。

以只读方式工作时：V_{PP} 接 +5 V，$\overline{E}=0$，$\overline{G}=0$，是从芯片读出数据。

以读写方式工作时：V_{PP} 接 +12 V，$\overline{E}=0$，$\overline{G}=0$，是从芯片读出数据；$\overline{E}=0$，$\overline{G}=1$，是向芯片写入数据。

28F040 芯片将其 512 KB 的容量分成 16 个 32 KB 的块（页），每一块均可独立进行擦除。

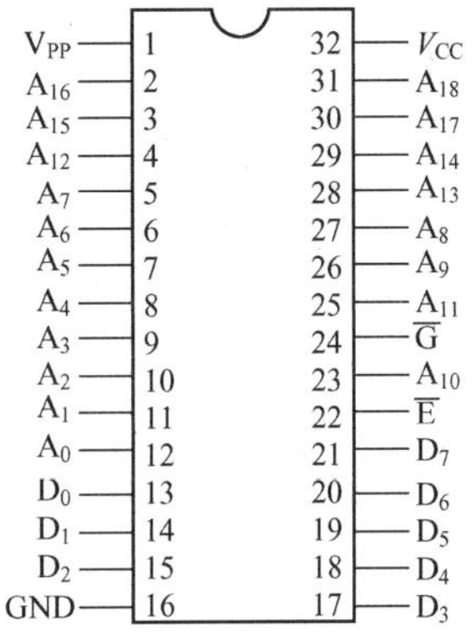

（2）28F040 工作方式

28F040 有 3 种工作方式：数据读出、编程写入和擦除。

对该芯片进行任何操作之前，都要首先向芯片内的控制寄存器写入规定的命令（使用该芯片范围内任一地址），然后才能进行对应的操作（见表 4-2）。

图 4-16　28F040 引脚

表 4-2　28F040 的操作

操　作	总线操作	第一个总线周期			第二个总线周期		
		操作	地址	数据	操作	地址	数据
发送读存储单元命令	1	写	×	00H（0FFH）			
读标记	3	写	×	90H	读	IA[①]	
读状态寄存器	2	写	×	70H	读	×	SRD[②]
清除状态寄存器	1	写	×	50H			
自动块擦除	2	写	×	20H	写	BA[②]	0D0H
擦除挂起	1	写	×	0B0H			
擦除恢复	1	写	×	0D0H			
自动字节编程	2	写	×	10H	写	PA[③]	PD[⑤]
自动片擦除	2	写	×	30H	写	×	30H
软件保护	2	写	×	0FH	写	BA[④]	PC[⑥]

① 若是读厂家标记则 IA = 00000H，读器件标记则 IA = 00001H。

② SRD 是由状态寄存器读出的数据。

③ BA 为要擦除块的地址。

④ PA 为欲编程存储单元的地址。

⑤ PD 为要写入 PA 单元的数据。

⑥ PC 为保护命令：

　　PC = 00H——清除所有的保护；　PC = 0FFH——置全片保护；

　　PC = 0F0H——清指定地址的块保护；　PC = 0FH——置指定地址的块保护。

此外，28F040 内部还有一个状态寄存器，存储了芯片当前的状态。写入命令 70H 可读出状态寄存器的内容（见表 4-3）。

表 4-3　状态寄存器各位的功能

位	高　电　平	低　电　平	作　　用
SR_7（D_7）	准备好	忙	写命令
SR_6（D_6）	擦除挂起	正在擦除/已完成	擦除挂起
SR_5（D_5）	块或片擦除错误	片或块擦除成功	擦除
SR_4（D_4）	字节编程错误	字节编程成功	编程状态
SR_3（D_3）	V_{PP}太低，操作失败	V_{PP}合适	检测 V_{PP}
$SR_2 \sim SR_0$			保留未用

1）数据读出。

初始加电以后，或者对芯片内任意地址写入命令 00H（或 0FFH）之后，芯片就处于读存储单元的状态。芯片的读操作与 RAM 和 EPROM 芯片类似。此时的 V_{PP}（编程电压）与 V_{CC}（+5 V）相连。

还可以通过发送适当的命令，读出内部状态寄存器的内容，读出芯片内部的厂家及器件标记。

2）擦除。

擦除操作可以对一个字节、一个块或整个芯片进行，还可以在擦除过程中暂停擦除（擦除挂起）和恢复擦除。

对字节的擦除包含在字节编程过程中，写入数据的同时就等于擦除了原单元的内容。

整片擦除最快只需 2.6 s，擦除后的各单元的内容均为 0FFH，受保护的内容不能被擦除。

允许对 28F040 的某一块进行擦除，每 32 KB 为一块。擦除一块的最短时间为 100 ms。

3）编程写入。

编程写入包括对芯片单元的写和设置软件保护。

28F040 向控制寄存器写入命令 10H，再在指定的地址单元写入相应数据。接着查询状态，判断这个字节是否写好，若写好则重复上面的过程，直到全部字节写入。

28F040 的编程速度很快，一个字节的写入时间仅为 8.6 μs。

软件保护是用命令使芯片的某一块或整片规定为写保护，被保护的块不能写入新的内容，也不会被擦除。首先向控制寄存器写入命令 0FH，再向被保护块任一地址写入命令 0FH，就可置规定的块为写保护。若写入的第二个命令为 0FFH，就置全片为写保护状态。

3. 闪存的应用

闪存可以用作内存，用于内容不经常改变且对写入时间要求不高的场合，如微机的 BIOS。闪存也大量应用于移动存储器，如优盘、数码相机、数码摄像机和 MP3 播放器等设备的内存储器（SD 卡、CF 卡和 MMC 卡等）。

4.4　存储器的扩展

各种存储芯片的容量都是有限的，要构成一定容量的内存，就必须使用多片存储芯片构成较大容量的存储器模块，这种组合称为存储器的扩展。扩展存储器有 3 种方法，即位扩展、字扩展以及将两者结合起来的字位全扩展。微机系统中大多采用字位全扩展方法组成较大容量的存储器模块。

4.4.1 位扩展

微型计算机中，最小的信息存取单位是字节，如果一个存储芯片不能同时提供 8 bit 数据，就必须把几块芯片组合起来使用，这就是存储器芯片的位扩展。现在的微机可以同时对存储器进行 64 KB 的存取，这就需要在 8 bit 的基础上再次进行位扩展。位扩展把多个存储芯片组成一个整体，使数据位数增加，但单元数不变。经位扩展构成的存储器，每个单元的内容被存储在不同的存储芯片上。如果用 2 片 $4K \times 4bit$ 的存储芯片经位扩展构成 $4K \times 8bit$ 的存储器，每个地址单元中的 8 位二进制数分别存放在两个芯片上，一个芯片存储该单元内容的高 4 位，另一个芯片存储该单元内容的低 4 位。

例如，用 $64K \times 1bit$ DRAM 芯片构成的存储器模块，必须用 8 片这样的芯片。由于只对位数扩展，单元数不变，因此各芯片的地址线可直接并联至地址总线上。各芯片的数据线按高低位分别接至数据总线的对应位上。控制信号及片选信号也并联。用位扩展方式组成的存储器模块如图 4-17 所示。

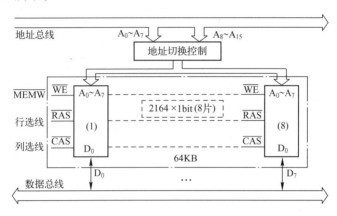

图 4-17 位扩展连接

位扩展连接方法归纳如下：
1）芯片的地址线全部并联且与地址总线相应连接。
2）片选信号并联，连接到地址译码器的输出端。
3）读写控制信号并联，连接到控制总线的存储器读写控制线上。
4）不同芯片的数据线连接到数据总线的不同位上。

4.4.2 字扩展

所谓字扩展就是存储单元数的扩展，也就是地址的扩展。

例如，已有容量为 $2K \times 8bit$ 的 SRAM 芯片，现要求用 4 片这样的芯片，构成 $8K \times 8bit$ 的存储器模块，起始地址为 4000H。

由于芯片容量是 $2K \times 8bit$，所以每个芯片有 11 根地址线（$A_{10} \sim A_0$）和 8 根数据线（$D_7 \sim D_0$）。

根据要求，可以列出各芯片的始末地址如下：

芯片 0　起始地址：010 00 000 0000 0000　　（4000H）

　　　　结束地址：010 00 111 1111 1111　　（47FFH）

芯片 1　起始地址：010 01 000 0000 0000　　（4800H）

　　　　结束地址：010 01 111 1111 1111　　（4FFFH）

……

用字扩展方式组成的存储器模块如图 4-18 所示。可以看出，地址的最低 11 位（$A_{10} \sim A_0$）用来选择芯片内的各单元（片内地址），可以直接与每个芯片的地址线相连。

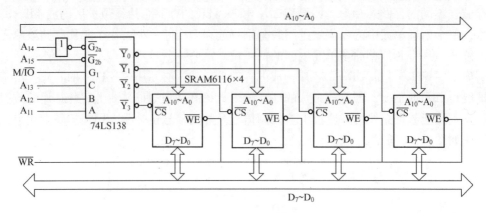

图 4-18　存储器的字扩展

地址的中间 2 位（$A_{12} \sim A_{11}$）用来选择该组内的各芯片（选片地址），为 00、01、10、11 时顺序选择 4 个芯片。由于使用了 3-8 译码器 74LS138，选片地址扩展为 3 位（$A_{13} \sim A_{11}$），这 3 位分别连接到 3-8 译码器的译码信号输入端 C、B、A。由于 A_{13} 在本处应为 0，译码器产生的 8 个译码信号只使用前面的 4 个（$Y_0 \sim Y_3$），用作 4 个芯片的片选信号。

剩余的最高 2 位地址（$A_{15} \sim A_{14}$）对于本组固定为 01，这是本组存储器被选中的标志（选组地址）。这 2 位地址连同 CPU 产生的存储器选择信号 $M/\overline{IO}$，用作译码器允许工作信号"G"。

由于只扩展字，因此几个芯片的数据线并联在一起，接至系统数据总线上，读写控制线也并联连接。

字扩展的方法如下：

求出组成存储器模块所需芯片数，然后按下列步骤连接有关信号线。

1）各芯片的数据线并联，接至相应的系统数据总线。

2）各芯片的地址线并联到地址总线的对应位（低位）上，地址总线高位接译码器，译码器输出用作各个芯片的片选信号。

3）读写控制逻辑信号并联后与控制总线中相应的信号连接。

4.4.3　字位全扩展

如果存储器的字数和位数都不能满足系统存储器的要求，就要同时进行位扩展和字扩展。

假设一个存储器容量为 M×N 位，所用的芯片规格是 L×K 位，组成这个存储器模块共需(M×N)/(L×K) = (M/L)×(N/K)个存储芯片。例如，用 64K×4 bit 芯片组成 512K×32 bit 的存储器模块，则需要(512K/64K)×(32/4) = 8×8 = 64 个存储芯片。

微机中内存的构成就是字扩展的一个很好的例子。首先，存储芯片生产厂制造出一个个单独的存储芯片，如 64M×1 bit、128M×1 bit 等。然后，内存条生产厂将若干个芯片用位扩展的方法组装成内存模块（即内存条），如用 8 片 128M×1 bit 的芯片组成 128 MB 的内存条。最后用户根据实际需要购买若干个内存条插到主板上构成自己的内存储器，即字扩展。一般来说，最终用户做的都是字扩展（即增加内存地址单元）的操作。

内存扩展的次序一般是先进行位扩展，构成满足字长要求的内存模块，然后再用若干个这样的模块进行字扩展，使总容量满足要求。

综上所述，存储器的字位扩展可以分为 3 步：

1）选择合适的芯片。

2）根据要求将芯片多片并联进行位扩展，设计出满足字长要求的存储模块。

3）对存储模块进行字扩展，构成符合要求的存储器。

习题

1. 内存储器主要分哪几类？它们的主要区别是什么？

2. 存储周期指的是（　　　）。

　　A. 存储器进行连续读或写操作所允许的最短时间间隔

　　B. 存储器的读出周期

　　C. 存储器进行连续写操作所允许的最短时间间隔

　　D. 存储器的写入周期

3. 说明 SRAM、DRAM、MROM、PROM、EPROM、EEPROM 和闪存的特点和用途。

4. 已知一个 SRAM 芯片的容量为 8K×8 bit，该芯片有一个片选信号引脚和一个读/写控制引脚，问：该芯片至少有多少个引脚？地址线多少条？数据线多少条？

5. SRAM 和 DRAM 存储原理不同，它们分别靠（　　　）来存储 0 和 1。

　　A. 双稳态触发器的两个稳态触发器

　　B. 内部熔丝是否断开和双稳态触发器

　　C. 极间电荷和浮空栅是否积累足够的电荷

　　D. 极间是否有足够的电荷和双稳态触发器的两个稳态

6. 已知一个 DRAM 芯片外部引脚信号中有 4 条数据线和 7 条地址线，计算它的容量。

7. 对于 32M×8 bit 的 DRAM 芯片，其外部数据线和地址线为多少条？

8. DRAM 为什么需要定时刷新？

9. CPU 的存储器系统由一片 6264（8K×8 bit SRAM）和一片 2764（8K×8 bit EPROM）组成。6264 的地址范围为 8000H~9FFFFH，2764 的地址范围为 0000H~1FFFFH。画出采用 74LS138 译码器的全地址译码存储器系统电路（CPU 地址总线为 16 位，数据线为 8 位）。

10. 掩模 ROM 在制造时通过光刻是否连接 MOS 管来确定 0 和 1，如果对应的某存储单元位没有连接 MOS 管，则该位信息为（　　　）。

A. 不确定　　　　B. 0　　　　　　C. 1　　　　　　　　D. 可能为0，也可能为1

11. 下列容量的 ROM 芯片除电源和地线外还有多少个输入引脚和输出引脚？写出信号名称。

A. 512×8 bit　　B. 128 K×8 bit　　C. 16 K×8 bit　　D. 1 M×8 bit

12. 某一 EPROM 芯片，其容量为 32 K×8 bit，除电源和地线外，最小的输入引脚和输出引脚分别为（　　）。

A. 15 和 8　　　B. 32 和 8　　　C. 17 和 8　　　D. 18 和 10

13. 已知 RAM 芯片的容量为（　　）。

A. 16 K×8 bit　　B. 32 K×8 bit　　C. 64 K×8 bit　　D. 2 K×8 bit

如果 RAM 的起始地址为 3400H，则各 RAM 对应的末地址为多少？

14. 某存储器起始地址为 1800H，末地址为 1FFFH，求该存储器的容量。

15. 有一个存储体，其地址线为 15 条，数据线为 8 条，则

（1）该存储体能够存储多少个汉字？

（2）如果该存储体由 2 K×4 bit 的芯片组成，需要多少片芯片？

（3）应采用什么方法扩展？分析各位地址线的使用。

16. 试说明闪存芯片的特点及 28F040 的编程过程。

17. 利用全地址译码将 6264 芯片接到 8088 系统总线上，地址范围为 30000H ~ 31FFFH，画出逻辑图。

18. 若用 2164 芯片构成容量为 128 KB 的存储器，需多少片 2164 芯片？至少需多少条地址线？其中多少根用于片内寻址？多少根用于片选译码？

第5章 输入/输出接口技术

重点内容

1. I/O 接口的概念与功能
2. 输入/输出传送方式及应用特点
3. 端口的地址及其译码
4. I/O 端口的编址方式及分配

学习目标

通过本章的学习，能够掌握微机接口的基本概念，了解微机接口电路的组成，了解微机接口的功能和分类，了解微机接口与 CPU 的数据交换方式，掌握 I/O 端口地址编址方式及地址译码电路，了解微机系统 I/O 端口地址的分配及选用。

5.1 微型计算机接口概述

5.1.1 微型计算机接口的概念

在计算机系统中，程序、数据和各种外部信息要通过外部设备输入到计算机内部，计算机内的各种信息和处理结果要通过外部设备进行输出，计算机内的微处理器与外部设备之间常需要进行频繁的信息交换。由于外部设备多种多样，微处理器和外部设备在速度、信号形式等方面存在很大差异，因此，为保证微处理器与外部设备可靠地进行信息传输，需要在两者之间增加一种部件，以使得微处理器与外部设备进行最佳耦合与匹配，这种部件就是微型计算机接口（简称微机接口）。典型的微机接口如图 5-1 所示。

接口（Interface）的全称是输入/输出接口或 I/O 接口，它位于微机系统总线和外部设备之间。微机接口技术是研究微型处理器与外部设备之间的硬件连接和软件控制的一门技术，是计算机软件、硬件相结合的技术体现。

5.1.2 设置接口电路的目的

I/O 设备种类繁多，有机械式、电动式、电子式等多种形式。它们涉及的信息类型也各不相同，可以是数字量、模拟量或开关量。CPU 与 I/O 设备之间存在速度、信号形式、时序等差异，因此，I/O 接口主要应该解决以下问题：

1）速度匹配问题。CPU 的速度很高，而外部设备的速度相对要低得多，而且不同外部设备的速度差异很大。

2）信号电平和驱动能力问题。CPU 的信号是 TTL 电平（一般在 0 ~ 5 V 之间），提供的功率很小，而外部设备需要的电平要比这个范围宽得多，需要的驱动功率也较大。

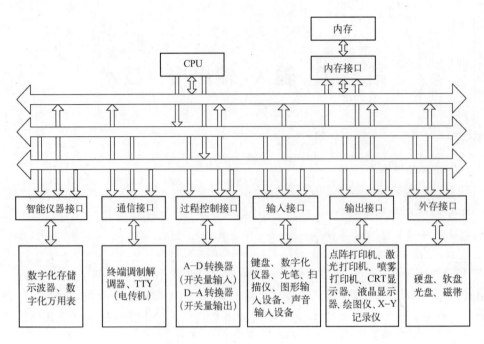

图 5-1 典型的微机接口

3）信号类型匹配问题。CPU 只能处理数字信号，而外部设备的信号类型多种多样，有数字量、开关量、模拟量（电流、电压、频率、相位），甚至还有非电量，如压力、流量、温度、速度等。

4）信息格式问题。CPU 在系统总线上传送的是 8 位、16 位、32 位或 64 位并行二进制数据，而外部设备使用的信号形式、信息格式各不相同。有些外部设备使用数字量或开关量，而有些外部设备使用的是模拟量；有些外部设备采用电流量，而有些是电压量；有些外部设备采用并行数据，而有些则采用串行数据。

5）时序匹配问题。CPU 的各种操作都是在统一的时钟基准信号下完成的，各种操作都有自己的总线周期，而各种外部设备也有自己的定时与控制逻辑，大多与 CPU 时序不一致。因此各种各样的外部设备不能直接与 CPU 的系统总线相连。

5.1.3 I/O 接口的基本功能

接口的作用是要以尽量统一的标准为 CPU 与各种外部设备之间建立起可靠的信号连接和数据传输的通道。针对前面提到的问题，I/O 接口的功能主要包括以下几项。

1. I/O 地址译码与设备选择功能

系统中一般带有多种外部设备，同一种外部设备也可能有多台，而 CPU 在同一时间只能与一台外部设备交换信息，这就要借助外部设备地址译码电路的地址译码，使 CPU 在同一时刻只选中某一个 I/O 端口来选定外部设备。只有被选定的外部设备才能与 CPU 进行数据交换或通信。而未被选中的 I/O 接口呈现高阻状态，与总线隔离。

2. 数据的锁存和缓冲功能

外部设备（如打印机等）的工作速度与主机相比相差甚远。为了充分发挥 CPU 的工作效率，接口内设置有数据寄存器或者用 RAM 芯片组成的数据缓冲区，使之成为数据交换的中转站。当 CPU 要将数据传送到速度较慢的外部设备时，CPU 可以先把数据送到锁存器中锁存，当外部设备做好接收的准备工作后，再把数据取出。反之，若外部设备要把数据送到 CPU，也可以先把数据送到输入寄存器，再发联络信号通知 CPU 读取。在输入数据时，多个外部设备不允许同时把数据送到系统总线上，以免引起总线竞争而使总线崩溃。因此，必须在输入寄存器和数据总线之间增加一个缓冲器，只有当 CPU 发出的选通命令到达时，特定输入缓冲器被选通，外部设备送来的数据才抵达系统数据总线。接口的数据保持能力在一定程度上缓解了主机与外部设备速度差异所造成的冲突，并为主机与外部设备的批量数据传输创造了条件。

3. 信号转换功能

外部设备大都是复杂的机电设备，其电气信号往往不是微机系统中的 TTL 电平或 CMOS 电平，常需用接口电路来完成信号的电平转换，例如，可以采用 Intel 1488 或 Intel 1489 芯片来实现计算机与外部设备进行串行通信的电平转换。为了防止干扰，常常使用光耦合技术，使主机与外部设备在电气上隔离。

主机系统总线上传送的数据与外部设备使用的数据，在数据位数、格式等方面往往存在很大差异。例如，主机系统总线上传送的是 8 位、16 位或 32 位并行数据，而外部设备采用的却是串行数据传送方式，这就要求接口完成并/串、串/并的转换。若外部设备传送的是模拟量，则还需进行 A–D 或 D–A 转换。

4. 对外部设备的控制和检测功能

接口接收 CPU 送来的命令字或控制信号，实施对外部设备的控制与管理。外部设备的工作状况以状态字或应答信号通过接口返回给 CPU，以"握手联络"过程来保证主机与外部设备输入/输出操作的协调同步。

5. 中断或 DMA 管理功能

有时为了满足实时性和与外部设备并行工作的要求，采用中断传送方式；有时为了提高数据传送的速率又采用 DMA 传送方式。这就要求相应接口有传送中断请求和 DMA 请求以及中断和 DMA 管理的能力。

6. 可编程功能

现代微机的接口芯片大多数是可编程接口（Programmable Interface），这样在不改变硬件的情况下，只需要修改程序就可以改变接口的工作方式，大大增加了接口的灵活性和可扩充性，使接口向智能化方向发展。

实际使用中不要求所有接口都具备上述全部功能。但是，设备选择、数据锁存与缓冲以及输入/输出操作的同步能力是各种接口都应具备的基本功能。

5.1.4 I/O 与 CPU 之间的接口信息

CPU 与 I/O 设备之间要传送的信息，通常包括数据信息、状态信息和控制信息，如图 5-2 所示。

1. 数据信息（Data）

微机中的数据，通常为 8 位、16 位或 32 位，大致包括 3 种基本类型。

1）数字量：由键盘、光电输入设备输入的信息，或者由微机送到显示器、打印机、绘图仪等的信息是以二进制形式或以 ASCII 码表示的数或字符。

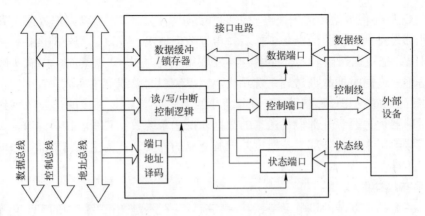

图 5-2　CPU 与外部设备之间的接口

2）模拟量：当微机用于控制时，诸如温度、压力、流量、位移等各种非电量现场信息经由传感器及其调理电路转换成的电量，大多是模拟电压或电流。这些模拟量必须经过A-D转换才能输入微机；微机的控制信息输出则必须经过 D-A 转换，才能去控制执行机构。

3）开关量：这是一些只有两个状态的量，如电动机的运转与停止、开关的合与断以及阀门的开与关等。这些量只要用一位二进制数即可表示，因此字长为 8 位的微机一次输入或输出最多可以控制 8 个开关量。

2. 状态信息（Status）

状态信息是反映外部设备当前所处工作状态的信息，以作为 CPU 与外部设备间可靠交换数据的条件。接口电路中常用的状态位如下。

1）准备就绪位（Ready）：对于输入端口，该位为 1，表明端口的数据寄存器已经准备好数据，等待 CPU 来读取；当数据被取走后，该位清 0。对于输出端口，该位为 1，则表示端口的输出数据寄存器已空，即上一个数据已经被外部设备取走，可以接收 CPU 的下一个数据了；当新数据到达后，该位清 0。

2）忙指示位（Busy）：用来表明输出设备是否能够接收数据。该位为 1，则表示外部设备正在进行输出数据传送操作，暂时不允许 CPU 送新的数据过来。本次数据传送完毕后，该位清 0，表示外部设备正处于空闲状态，并允许 CPU 将下一个数据传送到输出端口。

3）错位位（Error）：如果在数据传送过程中发现产生了某种错位，则将错误状态位置1。CPU 查到错误状态后便进行相应的处理，如重新传送或终止操作。系统中可以设置若干个错误状态位，用来表明不同性质的错误，如奇偶校验或数据溢出。

3. 控制信息（Control）

控制信息是 CPU 输出给外部设备用于设置外部设备工作方式等的信息，例如，控制输入/输出装置启动或停止的信息。输入/输出接口芯片中常用寄存器来设置和保存控制信息，称为控制字。控制字的格式和内容因接口芯片不同而不同，常用的控制字有方式选择控制字及操作命令字等。

状态信息和控制信息是与数据性质不同的信息，必须分别进行传送。但在 8086/8088 CPU 中，对于外部设备端口操作只有通用的 IN 和 OUT 指令。因此，外部设备的状态信息也必须作为一种数据输入，CPU 的控制命令作为一种数据输出。为使三者之间能够区分开，要求它们必须各自有不同的端口地址，所以，一个外部设备往往需要几个端口地址，在对外部设备进行操作时，CPU 寻址的是端口，而不是笼统的外部设备。若一个端口的寄存器是 8 位的，外部设备的数据端口也是 8 位，而状态和控制端口往往只用其中的一位或两位，故不同外部设备的状态和控制信息可以共用一个端口。

5.2　I/O 端口地址译码技术

5.2.1　I/O 端口编址

CPU 与接口之间的通信是通过对接口内部寄存器的操作实现的，这些寄存器就是 I/O 端口（I/O Prot）。为了区分不同的端口，需要为每一个端口分配一个地址编号，称为 I/O 端口的地址，CPU 通过地址编号寻找和访问接口内部的寄存器。一般是一个端口对应一个寄存器；也可以一个端口对应多个寄存器，这时，接口内部的逻辑电路将根据端口地址、读/写或信息特征选择不同寄存器进行读写操作。

由于 CPU 地址总线既连接到内存储器也连接到 I/O 接口，需要有一种机制来区分和寻址到要操作的内存单元或 I/O 端口，这种机制称为编址方式。常用的 I/O 编址方式有两种情况：一种是 I/O 端口与内存单元统一编址；另一种是 I/O 端口与内存单元独立编址。

1. I/O 端口与内存单元统一编址

这种编址称为存储器映射编址方式。每个 I/O 端口都被当成一个存储单元看待，I/O 端口与内存储器单元统一进行地址分配，使用统一的指令访问 I/O 端口或者访问内存储器单元。Motorola 公司的 68 系列、Apple 系列微机就是采用这种方式。

例如，某 CPU 有 20 条地址总线，当采用 I/O 端口与内存统一编址方式时，一共有 2^{20} = 1 M 个地址编号，按图 5-3 所示进行地址分配。内存单元地址范围是 00000H ~ 0EFFFFH，分配给 I/O 端口的地址范围为 0F0000H ~ 0FFFFFH。CPU 的 1 MB 地址空间中，960 KB 是内存地址空间，64 KB 是 I/O 地址空间。

在这种编址方式中，使用访问内存的方法来访问 I/O 端口，不需要专门的 I/O 指令。由于访问内存的指令种类很多，寻址方式多样，这种编址方式为访问外部设备带来了很大的灵活性。同时，I/O 控制信号也可与存储器宽度控制信号共用，这样就给应用带来了很大的方便。但是，内存和 I/O 端口共用统一的地址空间，相对减少了内存可用的地址范围，并且从指令的形式上不易区分当前是对内存还是对端口进行操作，降低了程序的可读性。

2. I/O 端口与内存单元独立编址

（1）I/O 端口独立编址

这种编址方式也称为 I/O 映射编址方式。在这种方式中，内存储器单元和 I/O 端口有各自独立的地址空间，如图 5-4 所示。大型计算机通常采用这种方式，有些微型计算机，例如 8086/8088CPU、IBM - PC 系列和 Z80 系列也采用这种方式。

以 8086/8088 为例，访问内存储器时使用 20 根地址线 A_0 ~ A_{19}，内存地址范围为 00000H ~ 0FFFFFH，总共可寻址 2^{20} = 1 MB 单元。理论上，访问 I/O 端口也可以用 20 根地址线，访问 1 MB 的 I/O 地址空间。由于系统中的 I/O 端口比内存单元要少得多，因此访问 I/O 端口时使用低 16 根地址线 A_0 ~ A_{15}，I/O 端口地址范围为 0000H ~ 0FFFFH，可寻址 2^{16}

=64 K 个端口。实际使用中，常用 10 根地址范围是 000H～3FFH，在 I/O 地址线较少的情况下，可以简化 I/O 译码电路，使 I/O 寻址速度更快。

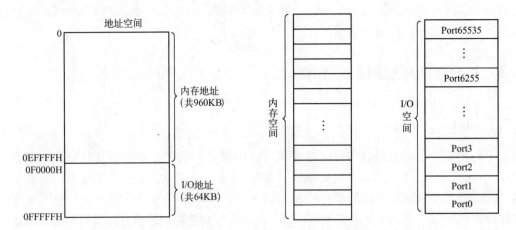

图 5-3 I/O 端口与内存单元统一编址示意图　　图 5-4 I/O 端口与内存单元独立编址示意图

在 I/O 端口与内存单元独立编址方式下，采用专用的 I/O 指令，以区别于存储器的访问指令。物理实现上，CPU 对 I/O 端口和存储单元的不同寻址是通过不同的控制信号来实现的。如 8088CPU，当 $\overline{IOR}$ 信号为 0 时，表示当前 CPU 执行的是存储器读写操作，这时地址总线上给出的是某个存储单元的地址；当 $\overline{IOR}$ 为 1 时，则表示当前 CPU 执行的是 I/O 读写操作，这时地址总线上给出的是某个 I/O 端口地址。

在这种编址方式中，由于设置了专门的 I/O 指令，I/O 指令简短，执行速度快；内存地址空间不受 I/O 端口地址空间影响；专用 I/O 指令（IN/OUT），与内存访问指令（LOAD/STORE、MOV）有明显区别，程序可读性好。缺点是专用 I/O 指令类型较少，功能较弱，一般只能在累加器和 I/O 端口间交换信息，使得程序设计灵活性较差；另外，要求微处理器能提供存储器读/写和 I/O 端口读/写两组控制信号，增加了控制逻辑的复杂性。

（2）独立编址下的 I/O 指令

当采用 I/O 端口与内存独立编址方式时，CPU 使用专门的 I/O 指令访问端口。80x86 指令系统中的 I/O 指令是 IN/OUT 两种指令。IN 指令的功能是从 I/O 端口输入数据到微处理器的累加器中，OUT 指令的功能是将微处理器的累加器中的数据写到 I/O 端口中。

例 5-1　写出完成下面功能的程序段：1）读取 20H 号端口字节数据；2）读取 203H 端口的字数据；3）将 AL 中的数据输出到 2CH 端口；4）将 AX 中的数据写到 300H 端口。

1）端口地址 20H≤0FFH，可以采用直接寻址或间接寻址，字节传送数据。

```
        IN    AL,20H
或者    MOV   DX,20H
        IN    AL,DX
```

2）端口地址 203H＞0FFH，必须采用间接寻址，字传送数据。

```
        MOV   DX,203H
        IN    AL,DX
```

3）端口地址 2CH≤0FFH，可以采用直接寻址或间接寻址，字节传送数据。

        OUT   2CH,AL

或者   MOV   DX,2CH

        OUT   DX,AL

4）端口地址 300H >0FFH，必须采用间接寻址，字传送数据。

        MOV   DX,300H

        OUT   DX,AX

执行 I/O 指令时，CPU 需要执行一次总线操作。在总线周期的 T_1 时钟周期，CPU 将端口地址输出到地址总线上，同时产生地址锁存信息。在 T_2、T_3 时钟周期，AL 或 AX 通过数据总线进行数据传送。T_4 周期则完成总线操作，一条 I/O 指令执行完毕。

5.2.2　PC 的 I/O 端口地址分配

80x86 系列微机采用 I/O 映射编址方式，I/O 端口与内存单元分开独立编址。I/O 地址线共 16 根，对应的 I/O 端口编址可达 64 K。在实际的微机主板上，一般仅使用 $A_9 \sim A_0$ 共 10 根地址线定义 I/O 端口，寻址空间（0400H ~ 0FFFFH）留给用户扩展使用。

按 PC 系列微机系统中 I/O 接口电路的复杂程度及应用形式，可以把 I/O 接口的硬件电路分为两大类：系统板上的 I/O 接口芯片和扩展槽上的 I/O 接口控制卡。

1. 系统板上的 I/O 接口芯片端口地址分配

系统板上的 I/O 接口芯片大多是可编程的大规模集成电路，如定时器/计数器、中断控制器、DMA 控制器、并行接口等。其端口地址范围分配见表 5-1。

表 5-1　系统板上 I/O 接口芯片的端口地址

I/O 接口名称	PC/XT	PC/AT
DMA 控制器 1	0000H ~ 000FH	0000H ~ 001FH
DMA 控制器 1	—	00C0H ~ 009FH
DMA 页面寄存器	0080H ~ 0083H	0080H ~ 009FH
中断控制器 1	0020H ~ 0021H	0020H ~ 0021H
中断控制器 2	—	00A0H ~ 00BFH
定时器	0040H ~ 0043H	0040H ~ 005FH
并行接口芯片	0060H ~ 0063H	—
键盘控制器	—	0060H ~ 006FH
RT/CMOS RAM	—	0070H ~ 007FH
NMI 屏蔽寄存器	00A0H ~ 00BFH	—
协处理器	—	00F0H ~ 00FFH

2. 扩展槽上的 I/O 接口控制卡端口地址分配

扩展槽上的 I/O 接口控制卡（适配器），如软盘驱动卡、硬盘驱动卡、图形卡、声卡、打印机卡、串行通信卡等，其端口地址范围分配见表 5-2。

表 5-2 扩展槽上接口控制卡的端口地址

I/O 接口名称	PC/XT	PC/AT
硬盘控制卡	0320H ~ 032FH	01F0H ~ 01FFH
游戏控制卡	0020H ~ 020FH	0200H ~ 020FH
扩展器/接收器	0210H ~ 021FH	—
并行口控制卡 1	0370H ~ 037FH	0370H ~ 037FH
并行口控制卡 2	0270H ~ 027FH	0270H ~ 027FH
串行口控制卡 1	03F8H ~ 03FFH	03F8H ~ 03FFH
串行口控制卡 2	02F0H ~ 02FFH	02F0H ~ 02FFH
原型插件板（用户可用）	0300H ~ 031FH	0300H ~ 031FH
同步通信卡 1	03A0H ~ 03AFH	03A0H ~ 03AFH
同步通信卡 2	0380H ~ 038FH	0380H ~ 038FH
单显 DMA	03B0H ~ 03BFH	03B0H ~ 03BFH
彩显 CGA	03D0H ~ 03DFH	03D0H ~ 03DFH
彩显 EGA/VGA	03C0H ~ 03CFH	03C0H ~ 03CFH
软驱控制卡	03F0H ~ 03F7H	03F0H ~ 03FFH

3. I/O 端口地址选用注意事项

由于用户可以使用的 I/O 端口地址资源有限，为了避免在使用中发生端口地址的冲突，在选用 I/O 端口地址时应注意以下几点：

1）凡是被系统配置占用的端口地址一律不能使用。

2）未被系统占用，但被计算机厂家申明保留的地址不要使用，以免发生 I/O 端口地址重叠和冲突造成所设计的产品与系统冲突。

3）用户通常可以使用 300H ~ 31FH 端口地址，这些可用的 I/O 地址范围很少，时常与其他接口控制卡发生 I/O 地址冲突，往往采用地址开关 DIP 进行设置。

要准确地了解系统中使用了哪些 I/O 端口地址，最好的方法是进入 Windows 后，通过控制面板中断计算机管理工具查看 I/O 端口的分配。

5.2.3 端口地址译码

当 CPU 执行 I/O 指令时，CPU 首先要在总线上发出要访问的端口地址信号和必要的控制信号，然后通过一个转换电路将这些信号转换为相应的 I/O 端口的选通信号，这个转换过程就是 I/O 端口地址译码，完成这个过程的转换电路称为 I/O 端口地址译码电路。

1. I/O 端口地址译码的基本原理

I/O 端口地址译码器按照地址信息和控制信号的不同组合进行译码。一个接口内部往往会有多个端口，其端口地址一般采用连续排列的方式。通常，将地址线分成所谓的高位地址线和低位地址线两部分。高位地址线与 CPU 控制信号组合，经译码电路产生 I/O 接口芯片的片选信号 $\overline{\text{IOR}}$，实现系统中片间寻址；低位地址直接连到 I/O 接口芯片，作为 I/O 接口芯片内部寄存器的选择信号。用于片内端口寻址的低位地址线条数取决于接口中端口的数目。如并行接口芯片 8255 内部有 4 个端口，则需要用 A_1 和 A_0 两根低位地址线进行译码。

I/O 地址译码电路不仅与地址信号有关，还与控制信号有关，常用的控制信号有 $\overline{\text{RD}}$、

$\overline{WR}$、$M/\overline{IO}$（$IO/\overline{M}$）、$\overline{IOR}$、$\overline{IOW}$、$\overline{BHE}$信号以及 DMA 控制逻辑送到 I/O 槽上的$\overline{AEN}$信号（为低电平时，表示处于非 DMA 传送状态）等。

图 5-5 所示为一个典型的端口译码连接方式。图中有两个接口芯片，接口芯片 1 有 4 个端口，接口芯片 2 有 2 个端口。两个接口芯片的数据线与系统总线的数据线相连，读写信号$\overline{RD}$、$\overline{WR}$分别与系统总线提供的$\overline{IOR}$、$\overline{IOW}$相连。用系统地址总线的低位 A_1A_0 连到接口芯片 1 的内部端口选择地址线 A_1A_0，实现对 4 个端口的片内寻址。用系统地址总线的低位 A_0 连接到接口芯片 2 的内部端口选择地址线 A_0，实现对两个端口的片内寻址。地址信号 $A_9 \sim A_2$ 和$\overline{AEN}$控制信号，经译码电路产生两个接口芯片的片选信号。译码电路要保证产生的片选地址范围是不一样的，否则就会发生端口地址冲突。

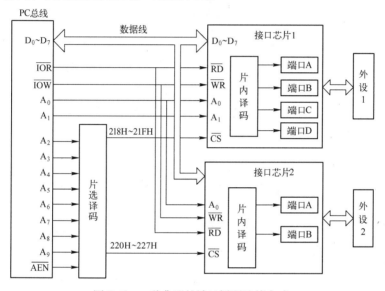

图 5-5　一种典型的端口译码连接方式

2. 门电路译码

设计地址译码器电路，可以用一般的组合逻辑电路。门电路译码的特点是结构简单，使用灵活方便，适于系统中 I/O 端口较少的场合。

如图 5-6 所示为由门电路组成的译码电路，产生的端口地址为 2F0H。为了与非门 T_1 输出低电平，则要求输入的 $A_9 \sim A_0$ 对应 1011110000B。与非门 T_2 中$\overline{AEN}$信号为控制信号，由 DMA 控制器（DMAC）发出，为低电平时表示 CPU 占用系统总线，可以访问某个端口，译码器工作；为高电平时表示 DMAC 占用系统总线，应让端口不被访问，译码器停止工作，避免在 DMA 传送期间 DMAC 错误访问某端口。在这里，$\overline{AEN}$应取

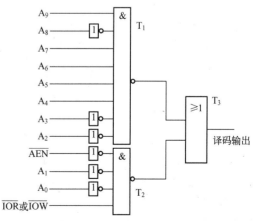

图 5-6　门电路组成的译码电路

低电平。地址总线 A_1 和 A_0 均取 0 时，端口地址为 2F0H，再和端口读写控制组合提供译码信号。

3. 译码器译码

当系统中 I/O 端口较多时，采用门电路译码特别复杂，这时采取译码器就相对简单得多。常用的译码器接口芯片有双 2 – 4 线译码器 74LS139、3 - 8 线译码器 74LS138 和 4 - 16 线译码器 74LS154。其他型号的译码器接口芯片的工作原理和控制过程基本相同，下面以最常用的 74LS138 为例来描述。

74LS138 的真值表见表 5-3。$\overline{Y}_0 \sim \overline{Y}_7$ 是输出线，低电平有效。G_1、$\overline{G}_{2A}$、$\overline{G}_{2B}$ 为 3 个控制信号输入端，A、B、C 为 3 个译码输入端。

表 5-3 74LS138 真值表

G_1	$\overline{G}_{2A}$	$\overline{G}_{2B}$	A	B	C	输 出
1	0	0	0	0	0	$\overline{Y}_0 = 0$，其余为 1
1	0	0	0	0	1	$\overline{Y}_1 = 0$，其余为 1
1	0	0	0	1	0	$\overline{Y}_2 = 0$，其余为 1
1	0	0	0	1	1	$\overline{Y}_3 = 0$，其余为 1
1	0	0	1	0	0	$\overline{Y}_4 = 0$，其余为 1
1	0	0	1	0	1	$\overline{Y}_5 = 0$，其余为 1
1	0	0	1	1	0	$\overline{Y}_6 = 0$，其余为 1
1	0	0	1	1	1	$\overline{Y}_7 = 0$，其余为 1
非上述值			×	×	×	全部为 1

图 5-7 所示的全译码电路可以产生 340H ~ 347H 共 8 个端口地址的译码信号。$A_2 \sim A_0$ 对应接 C、B、A 这 3 个输入端，由 $A_9 \sim A_3$ 和 $\overline{AEN}$ 产生控制信号 G_1、$\overline{G}_{2A}$、$\overline{G}_{2B}$ 的有效电平。读写 340H 端口会使 $\overline{Y}_0 = 0$，读写 341H 端口会使 $\overline{Y}_1 = 0$。这种一个端口对应唯一的一个地址的译码方式称为全译码方式。这 8 个端口只占主机的 8 个端口地址，没有浪费地址，但使用的地址线较多，电路也比较复杂。

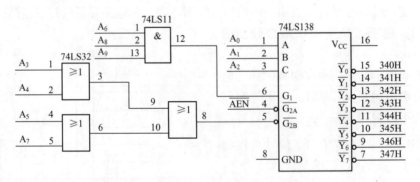

图 5-7 全译码电路

在实际应用中，有些接口电路本身需要多个端口，因此接口电路需要使用部分译码电路。如图 5-8 所示，定时器/计数器芯片 8253 需要 4 个端口，所以系统地址线 A_1A_0 分别需要 4 个端口，系统地址线 A_1A_0 分别保留给 8253 的端口地址选择线 A_1A_0，74LS138 译码器的

控制和输入包括 $A_9 \sim A_2$ 和 $\overline{AEN}$，译码器输入端分别接 $A_4 A_3 A_2$，所以译码器输出端 $\overline{Y}_0 \sim \overline{Y}_7$ 每一个都对应有 4 个端口。

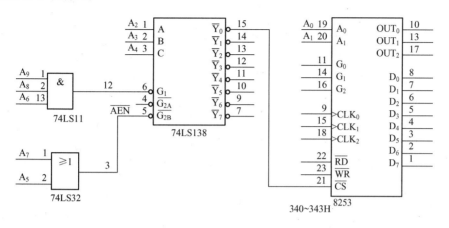

图 5-8　部分译码电路

4. 开关式可选译码

在用户要求扩展卡的口地址能够适应不同的地址分配场合时，可采用开关式地址可选译码器。开关式可选译码电路如图 5-9 所示，电路用 DIP 开关选择地址，并使用了一片 74LS688 的 8 位数据比较器。当输入端 $A_0 \sim A_7$ 的地址与设置端 $B_0 \sim B_7$ 的状态一致时，输出 $\overline{A=B}$ 为低，其输出控制地址译码器芯片 74LS138 的译码。考虑到读写分别控制，所以以 $\overline{IOR}$ 和 $\overline{IOW}$ 也参与译码，使 8 个口地址可作 16 个口地址使用。此电路必须在 $A_9 = 1$，$\overline{AEN} = 0$ 时才能有效译码。

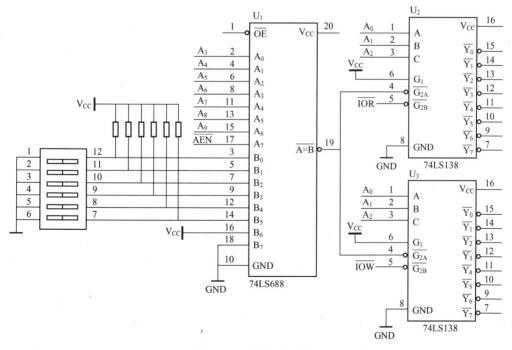

图 5-9　开关时可选译码

155

5.3 输入/输出传送方式

微机系统中主机与外部设备之间传送数据的方式有无条件传送方式、查询传送方式、中断传送方式和 DMA 传送方式等。

5.3.1 无条件传送方式

这是一种最简单的传送方式，它适合于外部设备（例如各种机械或电子开关设备）总是处于准备好的情况。主机对开关设备的操作无非是读取开关状态或者设置开关状态。无条件传送方式在数据交换时，硬件上不需要设计与外部设备的握手信号，软件上也不需要判别外部设备数据是否准备好或外部设备是否处于忙状态，只需在确定外部设备工作速度的前提下，插入一段定时程序执行输入/输出指令即可。

无条件传送方式的优点主要是：硬件、软件的开销小，硬件 I/O 接口中只需设置输入缓冲器或输出锁存器，以及相应的端口译码电路，而不需要状态端口和控制端口；软件只需要等待一段时间进行输入/输出即可。无条件传送方式适合用于数据变化比较缓慢的简单外部设备，如读取开关状态、驱动数码显示管等。

1）图 5-10 所示为一个无条件传送输入的接口电路。若外部设备的端口地址为 0160H，则完成数据输入的程序段为

```
MOV   DX,0160H      ;三态缓冲器芯片的选中地址
IN    AL,DX         ;采集数据
```

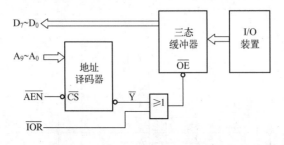

图 5-10　无条件传送输入接口电路

输入时认为来自外部设备的数据已出现在三态缓冲器的输入端。CPU 执行输入指令，指定的端口地址经系统地址总线（对 PC 为 $A_9 \sim A_0$）送至地址译码器，译码后产生 $\overline{Y}$ 信号。$\overline{Y}$ 为低电平，说明地址线上出现的地址正是本端口地址；端口读控制信号 $\overline{IOR}$ 有效（低电平）时，说明 CPU 正处于端口读周期。二者均为低电平时，经或门后产生低电平，开启三态缓冲器使来自外部设备的数据进入系统数据总线而到达累加器。

2）无条件传送的输出方式如图 5-11 所示。相应的程序段为

```
MOV   DX,0160H      ;数据锁存器的选中地址
MOV   AL,[BX]
OUT   DX,AL         ;输出数据
```

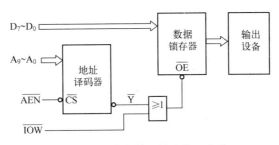

图 5-11　无条件传送输出接口电路

在输出时，CPU 的输出数据经数据总线加至输出锁存器的输入端，端口地址译码信号$\overline{Y}$与$\overline{IOW}$信号相"或"后产生锁存器的控制信号。锁存器控制端$\overline{C}$为高电平时，其输出端跟随输入端变化；$\overline{C}$为低电平时，输出端锁存输入端的数据，送到外部设备。

例 5-2　一个采用无条件传送的数据采集系统如图 5-12 所示。被采集的数据是 8 个模拟量，由继电器线圈 P_0、P_1、…、P_7 控制触点 S_0、S_1、…、S_7 逐个接通。用一个 4 位（十进制数）数字电压表测量，把被采样的模拟量转换成 16 位 BCD 代码，高 8 位和低 8 位通过两个不同的端口输入，它们的地址分别为 340H 和 341H。CPU 通过端口 342H 输出控制信号，以控制继电器的吸合，实现不同模拟量的采集。

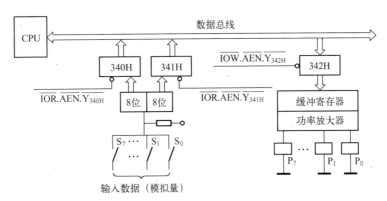

图 5-12　无条件传送的数据采集系统

数据采集过程可用以下程序来实现：

```
START:  MOV    CX,0100H          ;01→CH,置合第一个继电器
                                  ;00→CL,断开所有继电器
        LEA    BX,BUFFER         ;置输入数据缓冲器的地址指针
        XOR    AL,AL             ;清 AL 及进位标志 CF
NEXT:   MOV    AL,CL
        MOV    DX,342H
        OUT    DX,AL             ;断开所有继电器线圈
        CALL   NEAR DELAY1       ;模拟继电器触点的释放时间
        MOV    AL,CH
        OUT    DX,AL             ;使 P₀ 吸合
        CALL   NEAR DELAY2       ;模拟触点闭合及数字电压表的转换时间
```

157

```
        MOV     DX,340H
        IN      AL,DX                   ;输入高 8 位数据
        MOV     [AL],AL                 ;输入内存
        INC     BX
        INC     DX
        IN      AL,DX                   ;输入低 8 位数据
        MOV     [BX],AL                 ;输入内存
        INC     BX
        RCL     CH,1                    ;CH 左移一位,为下一个触点闭合做准备
        JNC     NEXT                    ;8 个模拟量未输入完,则循环
CONTINUE:……                            ;输入完,则执行其他程序段
```

5.3.2 查询传送方式

无条件传送方式可以用来处理开关设备,但不能用来处理许多复杂的机电设备,如打印机。CPU 可以以极高的速度成组地向这些设备输出数据,但这些设备的机械动作速度很慢。如果不查询打印机的状态,不停地向打印机输出数据,打印机来不及打印,后续的数据必然覆盖前面的数据,造成数据丢失。查询传送方式就是在传送前先查询一下外部设备的状态,当外部设备准备好了才传送;若未准备好,则 CPU 继续等待。

查询传送方式比无条件传送方式要准确和可靠,但是在这种方式下 CPU 要不断地查询外部设备的状态,占用大量的时间,而真正用于传送数据的时间却很少。例如,用查询传送方式实现从终端键盘输入字符信息的情况,由于输入字符的流量是非常不规则的,CPU 无法预测下一个字符何时到达,这就迫使 CPU 必须频繁地检测键盘输入端口是否有进入的字符,否则就有可能造成字符的丢失。实际上,CPU 浪费在与字符输入无直接关系的查询时间达到 90% 以上。

对于查询传送方式来说,一个数据传送过程可以由 3 步完成:

1) CPU 从接口读取状态信息。

2) CPU 检测状态字的对应位是否满足"就绪"条件,如果不满足,则回到前一步继续读取状态信息。

3) 如果状态字表明外部设备已处于"就绪"状态,则进入下一步传送数据。

为此,接口电路中除了有数据端口外,还需要设置有状态端口。对于输入过程来说,如果数据输入寄存器中已经准备好新数据供 CPU 读取,则使状态端口中的"准备好"标志位置 1;对于输出过程来说,外部设备取走一个数据后,接口就将状态端口中的对应标志位置 1,表示数据输出寄存器正处于"空"状态,可以从 CPU 接收下一个输出数据。查询传送方式的输入/输出程序流程如图 5-13 和图 5-14 所示。

例如,一个典型的查询式输入程序段如下所示,其中 0AH 为状态端口地址,0BH 为数据端口地址,状态口 D_7 位为状态标志 READY。

```
STATE:IN        AL,0AH                  ;输入状态信息
      TEST      AL,80H                  ;测试"准备好"位
      JZ        STATE                   ;未准备好,继续查询
      IN        AL,0BH                  ;准备好,输入数据
```

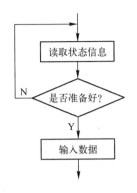

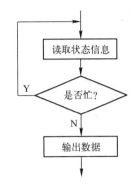

图 5-13　查询传送方式输入程序流程图　　　　图 5-14　查询传送方式输出程序流程图

查询输出部分程序为：

```
POLL:   MOV    DX,TATUS_PORT    ;TATUS_PORT 为状态口地址
        IN     AL,DX            ;输入状态信息
        TEST   AL,80H           ;测试 BUSY 位对应的 D7 位
        JNE    POLL             ;BUSY 则循环等待
        MOV    DX,DATA_PORT     ;DATA_PORT 为数据口地址
        MOV    AL,BUFFER        ;从缓冲区取数据
        OUT    DX, AL           ;输出数据
```

查询传送方式也称应答传送方式。相应的状态信息 READY 和 BUSY 称为握手联络（Handshake）信号。

例 5-3　一个采用查询传送方式的数据采集系统如图 5-15 所示。8 个模拟量 $V_0 \sim V_7$ 经过多路开关接至 A-D 转换器的模拟量输入端。多路切换开关由控制口（地址为 330H）的 $D_2 \sim D_0$ 控制切换。当 $D_2 D_1 D_0 = 000$ 时，经模拟量 V_0 接至 A-D 转换器。A-D 转换结束信号 EOC（相当于 READY 信号）由状态口（地址为 331H）接至系统数据总线。A-D 转换的结果由数据口（地址为 332H）接至系统总线。A-D 转换的启动信号受控制端口的 D_4 位控制，当启动脚由低变为高时，启动 A-D 转换，并需维持高电平至 A-D 转换结束。

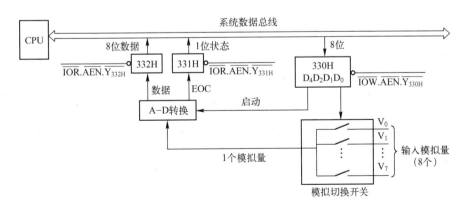

图 5-15　查询传送方式数据采集系统

实现该数据采集过程的程序为：

```
STATE:  MOV    CL,0E8H        ;设置启动 A–D 转换的控制信号
        LEA    DI,BUFFER      ;DI 指向数据缓冲区
AGAIN:  MOV    AL,CL
        AND    AL,0EFH        ;使启动线变低电平
        MOV    DX,330H
        OUT    DX,AL
        CALL   DELAY          ;延时,以满足 A–D 转换器的时序要求
        MOV    AL,CL
        OUT    DX,AL          ;启动 A–D 转换,且选择模拟量 V₀
POLL:   INC    DX
        IN     AL,DX          ;输入状态信息
        SHR    AL,1
        JNC    POLL           ;未转换完,循环等待
        INC    DX
        IN     AL,DX          ;输入数据
        STOSB                 ;存储数据
        INC    CL             ;修改多路开关控制信号
        JNE    AGAIN          ;8 个模拟量未输入完,则循环
        RET                   ;输入完,则返回主程序
```

5.3.3 中断传送方式

查询传送方式有两个明显的缺点。第一，CPU 的利用率低。因此 CPU 要不断地读取状态字和检测状态字，如果外部设备未准备好，则 CPU 一直要继续查询等待。这样的过程占用 CPU 的大量时间，尤其是与中速或高速的外部设备交换信息时，CPU 真正用于传送数据和处理数据的时间极少，绝大部分时间都消耗在查询上。第二，不能满足实时控制系统对 I/O 设备处理的要求。因为在使用查询传送方式时，假设一个系统有多个外部设备，那么 CPU 只能轮流对每个外部设备进行查询，但这些外部设备的工作速度往往差别很大，这时 CPU 很难满足对各个外部设备随机提出的输入/输出服务请求进行响应。

为了提高 CPU 的工作效率以及对实时系统的快速响应，中断传送的信息交换方式应运而生。所谓中断，是指程序在运行中，出现了某种紧急事件，CPU 必须中止当前正在执行的程序而转去处理紧急事件（执行一段中断处理子程序），并在处理完毕后再返回原运行程序的过程。一个完整的中断处理过程包括中断请求、中断响应、中断处理和中断返回。

类似于上述中断处理过程的日常生活实例很多。例如，一个人在办公室处理日常公务，期间电话铃响起，此时他放下手中的工作，转去接电话，接完电话后又回到原位继续处理公务。这就是一个类似于计算机中断处理的过程。

CPU 与外部设备间采用中断传送方式交换信息，就是外部设备处于就绪状态时，例如，当输入设备已将数据准备好或输出设备可以接收数据时，就可以向 CPU 发出中断请求，CPU 暂时停止当前执行的程序而和外部设备进行一次数据交换。当输入操作或输出操作完成后，CPU 再继续执行原来的程序。采用中断传送方式时，CPU 不必总是去检测或查询外

部设备的状态，因为当外部设备就绪时，会主动向 CPU 发出中断请求信号。通常 CPU 在执行每一条指令的末尾处，会检查外部设备是否有中断请求。如果有，则在中断允许的情况下，CPU 保存下一条指令的地址（断点）和当前标志寄存器的内容，转去执行中断服务程序。执行完中断服务程序后，CPU 会自动恢复断点地址和标志寄存器的内容，继续执行原来被中断的程序。

与查询传送方式相比，中断传送方式具有如下特点：

1）提高了 CPU 的工作效率。

2）外部设备具有申请服务的主动权。

3）CPU 可以和外部设备并行工作。

4）可实时对系统的 I/O 处理要求及时响应。

有关中断传送方式更具体的讨论详见后续章节。

5.3.4　直接存储器存取方式（DMA）

中断传送方式相对于查询传送方式来说，大大提高了 CPU 的利用率，但是中断传送方式仍然是由 CPU 通过执行指令来传送数据的。每次中断都要进行保护现场、保护断点、存储数据，以及最后恢复现场，返回主程序等操作，需要执行多条指令，使得传送一个字节（或字）要较长时间。这对于高速带的外部设备（如磁盘）与内存间的信息交换来说，显得太慢了。由此提出了不需要 CPU 干预（不需要 CPU 执行程序指令），而在专门硬件电路控制下进行的外部设备与存储器间直接数据传送的方式，称为直接存储器存取（Direct Memory Access）方式，简称 DMA 方式。这种专门的硬件控制电路称为 DMA 控制器，简称 DMAC。

DMA 方式是外部设备与内存之间，在 DMAC 的控制下，直接进行数据交换而不通过 CPU。这样数据传送的速度上限主要取决于存储器的存取速度。DMA 方式传送时，CPU 让出系统总线（即 CPU 连到这些总线上的相应信号线处于高阻状态），系统总线由 DMAC 接管。故 DMAC 必须具备以下功能：

1）能向 CPU 发出要求控制总线的 DMA 请求信号 HRQ（Hold Request）。

2）当收到 CPU 发出的 HLDA（Hold Acknowledge）信号后能接管总线，进入 DMA 方式。

3）能发出地址信息对存储器寻址，并能修改地址指针。

4）能发出存储器和外部设备的读写控制信号。

5）决定传送的字节数，并判断 DMA 传送是否结束。

6）接收外部设备的 DMA 请求信号和向外部设备发 DMA 响应信号。

7）能发出 DMA 结束信号，使 CPU 恢复正常工作。

DMAC 框图如图 5-16 所示。当外部设备把数据准备好后，发一个选通脉冲使 DMA 请求触发器置 1。它向 DMAC 发出 DMA 请求信号，同时将数据选通到数据缓冲寄存器并向状态/控制端口发出准备就绪信号。然后 DMAC 向 CPU 发出 HRQ 信号，请求使用总线。CPU 在现行时钟周期结束后响应 DMA 请求，发出 HLDA 信号，表示 CPU 已让出总线。DMAC 收到 HLDA 信号就接管总线，向地址总线发出存储器的地址信号，向外部设备端口发 DMA 响应信号和读控制信号，将来自外部设备端口的数据送上数据总线，并发出存储器写命令，把外部设备输入的数据直接写入存储器中。在全部数据传送完后，DMAC 撤除总线请求信号（HRQ 变低电平），在下一个 T 周期的上升沿，CPU 就使 HLDA 变低电平，并重新获得对总线的控制。

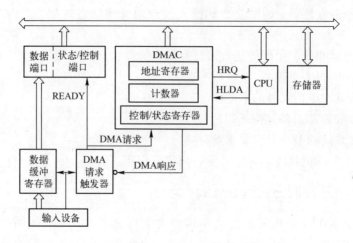

图 5-16　DMAC 框图

在 DMAC 的控制下，可以实现外部设备与内存之间、内存与内存之间以及两种高速外部设备之间的高速数据传送，如图 5-17 所示。DMA 传送方式详见后续章节。

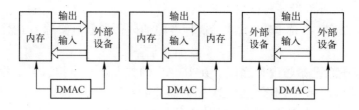

图 5-17　DMA 传送的几种形式

习题

1. 微型计算机系统中为什么要使用接口？主机能否不经接口直接与外部设备相接构成一个微型计算机系统？为什么？

2. 简述接口电路组成中各部分的作用，并区分什么是接口，什么是端口。

3. CPU 与输入/输出设备之间传送的信息有哪几类？

4. 试说明 CPU 对 I/O 设备采用的两种不同编址方式的优缺点和访问 I/O 设备采用的指令有哪些，CPU 与 I/O 设备之间交换数据的控制方式有哪些，比较其优缺点。

5. 查询传送方式的工作原理是怎样的？主要应用在什么场合？

6. 在 CPU 与外部设备之间的数据接口上一般加有三态缓冲器，其作用是什么？

7. 在输入/输出电路中，为什么常常要使用锁存器和缓冲器？

8. 相对于查询传送方式，中断传送方式有什么优点？相对于 DMA 方式，中断方式有何不足？

9. 设计一个外部设备端口地址译码器，使 CPU 能寻址以下 4 个地址范围：

（1）240H～247H。

（2）248H～24FH。

（3）250H～257H。

（4）258H～25FH。

10. 试从存储器地址为 40000H 的存储单元开始输出 1 KB 的数据到端口地址为 OUTPUT 的外部设备中，接着又从端口地址为 INPUT 的外部设备输入 2 KB 数据给首地址为 40000H 的存储单元。请用无条传送方式写出 8088/8088 指令系统的输入/输出程序。

第6章 中断技术

重点内容

1. 中断的概念
2. 中断的类型
3. 8259A 控制器

学习目标

通过本章的学习，了解中断的概念和基本工作原理，熟悉各种中断的类型和特点，掌握通过中断矢量表和中断服务程序实现中断的方法。掌握中断控制器 8259A 芯片引脚的功能及内部结构，并能对 8259A 进行初始化编程及操作控制。

6.1 中断技术概念

6.1.1 中断的基本概念

中断：由于某个内部或外部的事件发生，CPU 中断当前正在执行的程序，而转去执行处理该事件，处理完后，再回到原程序继续执行，这个过程称为中断。如图 6-1 所示。

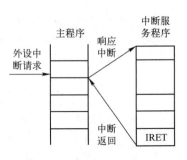

图6-1 中断传送方式示意图

中断源：引起中断的事件或原因。在计算机系统中中断源一般分两类：

1）内部中断。内部中断是在 CPU 内部产生的，如 CPU 执行程序时遇到特殊情况（如除法出错）或通过 CPU 执行中断指令产生的（INT n）等。

2）外部中断。外部中断是指在 CPU 外部产生的，如 I/O 接口的申请、电源故障等。

中断服务程序：处理中断事件的程序段，如 IBM PC 的 BIOS 系统。

中断断点：被中断终止的原程序的下一条指令的地址。

中断系统：为实现中断功能而配置的软硬件总和。

6.1.2 中断的处理过程

对不同的中断源，CPU 的响应及处理过程不尽相同，但大致包括以下过程。

1. 中断源请求中断

外部设备通过中断接口电路向 CPU 提出请求信号。接口电路一般设置中断请求触发器，用来保持该请求信号，直到 CPU 响应该中断才清除它。另外，在中断接口电路中设置中断屏蔽触发器，CPU 可以通过设置中断屏蔽触发器，使某些中断源的中断请求不能提交到 CPU。

2. 中断判优

由于存在多个中断源，并且中断的发生是随机的，可能会出现两个或两个以上的中断源同时请求中断服务，这种情况下就需要对请求中断的中断源进行优先级判别。中断接口电路对中断请求进行优先级排队，判断优先级的这个阶段称为中断判优。微处理器按照中断判优级别的高低先后进行响应。

3. 中断响应

没有中断请求时，微处理器执行主程序。在接到中断请求后，若 CPU 满足响应中断的条件，则进入中断响应周期。对于可屏蔽中断请求，CPU 响应中断的条件如下。

1）响应条件：当前指令执行结束；没有更高级的中断请求；CPU 开中断（IF＝1）。

2）响应过程：若发现有中断请求且上述条件满足，则 CPU 响应中断，进入中断响应周期，完成以下操作。

① 清除中断允许标志 IF、单步陷阱标志位 TF，以免在响应过程中被新的中断源中断，破坏了当前中断处理的现场。

② 将标志寄存器 FLAGS、CS 和 IP（断点）一次压入堆栈保存。

③ 获得相应的中断服务程序入口地址，执行中断服务程序。

上述操作均由 CPU 内部的硬件自动完成，无须用户编程。

4. 中断服务

CPU 转入中断服务程序后，往往要做以下几件事情，如图 6-2 所示。

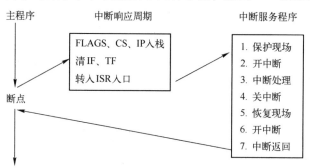

图 6-2　中断响应及处理过程示意图

1）保护现场：将中断服务程序中用到的各寄存器压入栈，以免存放其中的主程序的数据被破坏。

2）开中断：以便在执行中断服务程序时，能响应更高级的中断请求。

3）中断处理：处理申请中断的中断源所要求的操作。

4）关中断：保证在恢复现场时不被新的中断打断。

5）恢复现场：中断服务程序结束前，将堆栈内保存的内容逐次弹出，恢复各寄存器的内容，以便主程序顺利执行。

6）开中断：保证返回主程序后仍能响应中断。

7）中断返回：中断服务程序的最后一条指令总是 IRET，其操作是将 IP、CS、FLAGS

的内容逐次弹出，恢复到主程序的断点处执行指令。

在8086/8088CPU中，现场的保护与恢复必须由用户编程来完成。

6.1.3 中断的优先权管理

在微机系统中，往往有多个外设需通过中断方式要求 CPU 处理，但由于 CPU 引脚有限，往往只有一条中断请求线。这时就需要对中断的优先权进行管理，主要包括以下几个方面。

1. 中断优先权排队

当有多个中断源同时请求中断时，CPU 就要识别出哪些中断源有中断请求，辨别和比较它们的优先权，先响应优先权级别最高的中断申请。这种把多个中断源的优先处理权按轻重缓急进行由高到低的顺序排列，称为中断优先权排队。它可以通过以下方式来实现。

（1）软件查询法

该法需用一个简单的接口电路，如图 6-3 所示。设有 3 个外设 A、B、C，它们的中断请求信号接到端口地址为 20H 的中断请求寄存器上，寄存器的每个触发器输出端相或后送到 CPU 的 INTR 端。当 A、B、C 中有中断请求时，使相应的触发器置 1，进而使 INTR = 1，向 CPU 发出中断请求。若 CPU 响应后，转入同一中断服务程序，其流程如图 6-4 所示。

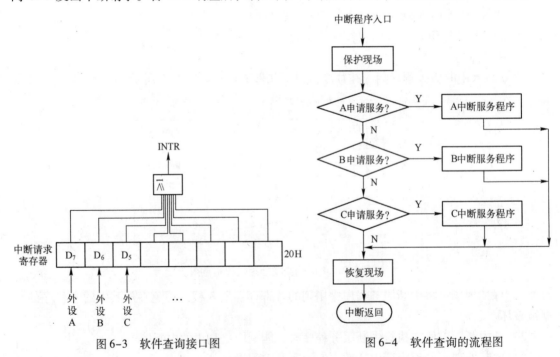

图 6-3　软件查询接口图　　　　　图 6-4　软件查询的流程图

具体查询程序的编程有两种方法：屏蔽法和移位法。

屏蔽法：

```
IN     AL, 20H        ;输入中断请求触发器的状态
TEST   AL, 80H
JNE    AISP           ;外设 A 有请求,则转至外设 A 服务程序
TEST   AL,40H
```

```
        JNE    BISP            ;外设 B 有请求,则转至外设 B 服务程序
        TEST   AL,20H
        JNE    CISP            ;外设 C 有请求,则转至外设 C 服务程序
        ……
```

移位法：

```
        IN     AL,20H
        SHL    AL,1
        JC     AISP
        SHL    AL,1
        JC     BISP
        SHL    AL,1
        JC     CISP
        ……
```

显然，先被查询的中断源，优先权最高。图中，外设 A 的优先权最高，B 次之，C 最低。这种方法的优点是节省硬件，不需要判断与确定优先权的硬件排队电路。但中断源较多时，查询程序段较长，由询问转入相应的服务程序入口的时间较长。

（2）菊花链法

这是一种获得中断优先级的简单硬件方法。其做法是在每个外设对应的接口上接一个逻辑电路，这些逻辑电路构成一个链来控制中断应答信号的通路，称为菊花链，如图 6-5 所示。

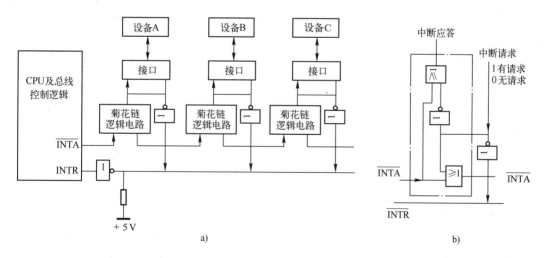

图 6-5　菊花链优先排队电路

a）菊花链　b）菊花链逻辑电路

电路的工作过程如下：

1）中断请求。设备 A、B、C 通过接口发出中断请求，1 表示有请求，0 表示无请求。只要有一个设备发出请求，则 INTR = 1。

2）中断响应。若 CPU 开中断，发中断响应信号$\overline{\text{INTA}}$。该信号先送给设备 A 的菊花链

电路，若设备 A 没有请求，则它输出的$\overline{INTA}$仍为 0，往下传送；若设备 A 有请求，经过或门后作为接口的中断应答信号，而由于其中断请求为 1，则输出的$\overline{INTA}=1$，使后级的中断得不到响应。

显然越靠近 CPU 的接口（外设），优先级越高。图中，设备 A 的优先权最高，设备 B 次之，设备 C 最低。

（3）可编程中断控制器——专用芯片管理方式

采用专门的可编程中断优先级管理芯片来完成中断优先级的管理。这是当前 IBM – PC 系列机最常用的方法。后面的 6.3 节将对 Intel 公司的 8259A 中断控制器进行详细论述。

后两种方法都属于硬件管理法，其优点是提高了中断响应的速度。早期计算机采用软件查询或菊花链方法，而目前计算机均采用专用芯片管理法。

2. 中断嵌套

若 CPU 正在处理某一中断过程时，出现了级别更高的中断请求，CPU 应能停止执行级别低的中断服务程序，而去处理级别更高的中断，等高级别中断处理完，再处理未处理完的低级中断，待低级中断处理完，再回到主程序。这种方式称为多重中断或中断嵌套。图 6-6 所示为三级中断处理过程。图中外设 C 的优先级最高，B 次之，A 最低。

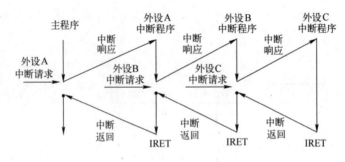

图 6-6　中断嵌套传送方式示意图

6.2　IBM – PC 的中断系统

IBM – PC 系列机的中断系统简单灵活且功能强大，本节主要介绍 8086/8088CPU 的中断系统及其中断处理过程。

6.2.1　8086/8088 CPU 的中断结构

8086/8088CPU 的中断系统采用向量中断结构。每个中断源都有一个唯一的中断类型号，即用 8 位二进制表示的编号，这样就有 256 个不同的中断。这些中断可以来自外部，也可以来自内部，或者满足某些特定条件（陷阱）后引发 CPU 中断，如图 6-7 所示。

1. 外部中断

外部中断是由 CPU 的外部硬件产生的中断，又称硬件中断。8086/8088 芯片有两条中断请求输入引脚：NMI（17 号引脚）和 INTR（18 号引脚），分别用于接收来自外部的非屏蔽

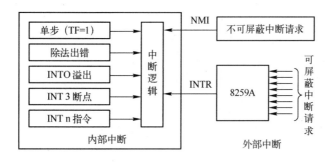

图 6-7 8086/8088 中断系统结构

和可屏蔽的中断请求。

（1）非屏蔽中断

该类中断通过 CPU 的 NMI 引脚引入，上升沿触发，由 CPU 内部锁存，但要求高电平持续两个时钟周期以上。该中断请求不受中断允许标志位 IF 控制。无论 IF 如何，只要 NMI 信号有效，CPU 即在当前指令结束后，响应该中断。NMI 中断类型号为 2。

在一般系统中，NMI 中断往往由某些检测电路发出，主要用来监视电源、时钟，处理 RAM 或 I/O 通道的错误，以及协处理器 8087 的异常请求。

（2）可屏蔽中断

该类中断通过 CPU 的 INTR 引脚引入，电平触发，高电平有效，且必须保持到当前指令结束。因为 CPU 只在每条指令的最后一个时钟周期采样 INTR 引脚。

可屏蔽中断受标志寄存器的 IF 位控制。IF ＝ 0 时，CPU 不响应 INTR 的中断请求；IF ＝ 1 时，CPU 响应 INTR 的中断请求，开始一个"中断响应周期"。可以用指令改变 IF 的状态：STI 开中断，CLI 关中断。

2. 内部中断

内部中断是由 CPU 执行指令产生的中断，又称软件中断。它包括以下几种。

（1）除法出错

当算术运算中遇到除数为 0，或对带符号数进行除法运算时所得商超出规定范围，CPU 自动产生中断，立即转入相应的中断服务程序。该中断类型号为 0。

（2）单步中断

受标志寄存器中 TF 标志位控制。当 TF ＝ 1 时，CPU 自动产生单步中断。

所谓单步中断，就是 CPU 每执行一条指令，就进入一次单步中断服务程序。此服务程序的功能是显示 CPU 内部各寄存器的内容等。因此，它在检查较小的用户程序中的一些逻辑错误时往往很有用，是一种强有力的调试手段。该中断类型号是 1。

单步中断过程：首先将 FLAGS 入栈，清除 IF 和 TF 标志，将断点入栈，最后进入单步中断服务程序。进入后，由于 TF ＝ 0，CPU 不会以单步方式执行中断服务程序，而是连续地执行服务程序，显示 CPU 内部各寄存器内容，最后返回断点，弹出 FLAGS 内容（使 TF ＝ 1），执行下一条指令后，又显示各寄存器内容。如此往复。

（3）断点中断 INT

在 8086/8088 指令系统中有一条设置程序断点的单字节中断指令 INT，类型号默认为 3。执行该指令时，CPU 将产生类型号为 3 的内部中断，转去执行一个断点中断服务程序。其功能是显示 CPU 内部寄存器的内容，并给出一些提示信息。

该中断也是用于软件调试中，与单步中断不同的是，它更适用于在一个较长的程序中分离出一个存在问题的程序段。断点中断指令可以设置在程序的任何位置，但在实际调试程序中，只需在一些关键性的地方设置断点，检查程序是否运行正确。

（4）溢出中断 INTO

在 8086/8088 指令系统中有一条单字节指令 INTO。CPU 执行该指令时，CPU 产生类型号为 4 的内部中断。

该指令总是跟在带符号数进行加减运算的指令后面。若标志寄存器中 OF = 1 时，执行溢出中断，进入溢出中断服务程序，给出出错信息；若 OF = 0（无溢出），也进入该中断服务程序，但只对标志位进行测试后，就返回原程序继续执行。

因为在 8086/8088 指令系统中，带符号数和无符号数的加减运算采用同一套指令。若带符号数溢出（表示溢出），不及时处理，将导致整个程序错误。而对 CPU 来说，无法确定当前处理的数据是无符号数还是带符号数，这可由 INTO 指令确定。

（5）用户自定义的软件中断

8086/8088 系统的双字节指令 INT n，可由用户自定义一个中断，类型号为 n。

3. 内、外部中断的优先权排队

8086/8088 中断系统规定，除了单步中断外，所有内部中断的优先权均高于外部中断。所有中断的优先权顺序见表 6-1。另外，除了单步中断外，所有内部中断都不能被屏蔽。

表 6-1　8086/8088 的中断

中　断　名	中断类型号	优　先　级
除法错	类型 0	
INT n	类型 n	
UBTO	类型 4	高 ↑ 低
NMI	类型 2	
INTR	外设送入	
单步	类型 1	

6.2.2　中断向量表

8086/8088CPU 的中断系统能处理 256 个不同的中断源，每个中断源都有相应的中断服务程序。当 CPU 响应中断后，如何转入各自中断源的中断服务程序？即如何找到中断服务程序的入口地址？

这是由于 8086/8088CPU 在内存中设置了中断向量表。所谓中断向量表就是中断服务程序的入口地址。而中断向量表把系统中所有的中断向量集中起来，按中断类型号从小到大的顺序放到存储器的某一个区域内。这个存放中断向量的存储器为中断向量表。

8086/8088CPU 的中断向量表如图 6-8 所示，占用内存 00000H～003FFH 最低端 1KB 的存储空间，存放中断类型号 0～255 共 256 级中断的入口地址。每个地址占用 4 个字节，其中低 2 个字节存放中断服务程序入口的偏移地址，高 2 个字节存放中断服务程序入口的段基址。

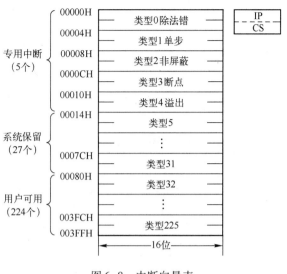

图 6-8　中断向量表

CPU 响应中断后，首先获得中断类型号 n（内部产生或从数据总线读取），再通过类型号 n×4 得到中断向量在中断向量表中的首地址，顺序取出 4 个内存单元的内容（两个字），把第一个字送入 IP，第二个字送入 CS，即(4n+1,4n)送入（IP），(4n+3,4n+2)送入（CS），从而转到该中断的服务子程序。

在 8086/8088CPU 的中断向量表中，类型号 0~4 已经由系统定义，用户不能修改。类型 5~31 是系统保留的中断，这是 Intel 公司为软硬件开发保留的中断向量号，一般不允许用户改作其他用途。剩下类型 32~255，中断向量表地址为 00080H~003FFH，可供用户采用 INTR 或 INT n 中断使用。

6.2.3　可屏蔽中断的响应过程

中断请求信息由外设接口或中断控制器送至 8086/8088 的 INTR 引脚上。若 IF=0，CPU 就不响应中断；若 IF=1 且没有更高优先级的中断发生，则 CPU 在执行完当前指令后，开始响应中断。其过程如下：

1）执行两个中断响应周期，读取中断类型号 n。图 6-9 所示为 CPU 中断响应周期的时序关系。在两个响应周期内，CPU 会各发出一个中断响应信号$\overline{\text{INTA}}$负脉冲，均从 T_2 保持到 T_4 状态。第一个中断响应周期的$\overline{\text{INTA}}$告诉中断控制器，"中断已被响应，准备好中断类型号"；第二个中断响应周期的$\overline{\text{INTA}}$发出，中断控制器接收到后，把中断类型号送上数据总线。CPU 在 T_4 前沿（下降沿）采样该类型号。CPU 将中断类型号 n 左移两位（×4），形成中断向量表地址，存入暂存器。

2）执行一个总线写周期，将标志寄存器 FLAGS 的内容压入栈。

3）将 PSW 中的中断允许 IF、单步陷阱 TF 标志位清零。

4）执行一个总线周期，将断点的段寄存器 CS 的内容压入栈。

5）执行一个总线周期，将断点的指令指针寄存器 IP 的内容压入栈。

6）执行一个总线周期，从 n×4 的字存储单元中把中断服务程序入口地址的偏移地址

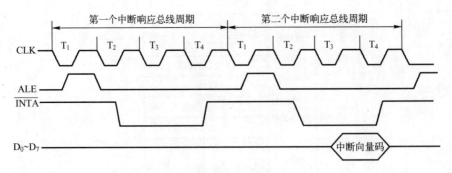

图 6-9　中断响应周期的时序关系

读入 IP。

7）执行一个总线周期，从 $n \times 4 + 2$ 的字存储单元中把中断服务程序入口地址的段基址读入 CS。

所以，CPU 在执行了 7 个总线周期后，转向相应的中断服务程序。需要说明的是，8086CPU 的两个中断响应周期中间往往要插入 2～3 个空闲状态，而 8088CPU 的两个中断响应周期之间没有间隔。

当一个非屏蔽中断，或一个软件中断或一个单步中断被响应时，由于其中断类型号是固定的，因此以上的第 1）不需要执行，而其余的第 2）～7）步仍要执行。

6.3　可编程中断控制器 8259A

Intel 8259A 是 80x86 系列兼容的可编程中断控制器，80x86 通过它来管理中断。它可直接管理 8 级中断，通过级联可扩展至 64 级中断。具体来说，8259A 可实现这些中断优先权判别、提供中断向量、屏蔽或开放中断输入等功能，而且 8259A 还具有多种工作方式，可由用户编程决定，以满足多种类型微机中断系统的需要。

6.3.1　8259A 的引脚及内部结构

1. 8259A 的内部结构

8259A 的内部结构框图如图 6-10 所示，其主要由下列 8 个基本部分组成。

（1）中断请求寄存器（Interrupt Request Register，IRR）

这是一个 8 位的寄存器，用来接收来自 $IR_0 \sim IR_7$ 上的中断请求信号，并将 IRR 的相应位置位。中断源产生中断请求的方式有两种：一种是边沿触发方式，另一种是电平触发方式。

（2）优先权判别器（Priority Resolver）

它在中断响应期间，可以根据控制逻辑规定的优先权级别以及中断屏蔽寄存器（IMR）的内容，对 IRR 中保存的所有中断请求进行优先权排队，将其中优先权级别最高的中断请求位送入 ISR，表示要为其进行服务。

（3）当前服务寄存器（In Service Register，ISR）

这是一个 8 位寄存器，用来存放当前正在处理的中断请求，也是通过给响应位置位实现的。在中断嵌套方式下，可以将其内容与新进入的中断请求的优先级别进行比较，以决定能

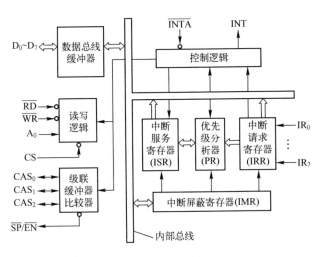

图 6-10　8259A 的内部结构

否进行嵌套。ISR 的置位是在中断响应的第一个 $\overline{INTA}$ 有效时完成的。

（4）中断屏蔽寄存器（Interrupt Mask Register，IMR）

这是一个 8 位寄存器，用来存放中断屏蔽字，它是由用户通过编程来设置的，以决定是否屏蔽从 $IR_7 \sim IR_0$ 来的中断请求。

（5）控制逻辑

在 8259A 的控制逻辑电路中，有一组初始化命令字寄存器（$ICW_1 \sim ICW_4$）和一组操作命令字寄存器（$OCW_1 \sim OCW_3$），这 7 个寄存器均可由用户根据需要通过编程来设置。控制逻辑可以按编程所设置的工作方式来管理 8259A 的全部工作。

这 7 个寄存器通过不同的端口进行访问。其中，ICW_1、OCW_2、OCW_3 通过 $A_0 = 0$ 端口来访问，而 $ICW_2 \sim ICW_4$、OCW_1 通过 $A_0 = 1$ 的端口来访问。

（6）数据总线缓冲器

这是一个 8 位双向、三态缓冲器，用作 8259A 与系统总线的接口，用来传输初始化命令字、操作命令字、状态字和中断类型号。

（7）读写控制逻辑

读写控制逻辑接收来自 CPU 的读写命令，完成规定的操作。具体由片选信号 $\overline{CS}$、$\overline{RD}$、$\overline{WR}$ 和地址输入信号 A_0 共同控制。当 CPU 对 8259A 进行写操作时，它控制将写入的数据送相应的命令控制寄存器中（包括初始化命令字和操作命令字）；当 CPU 对 8259A 进行读操作时，它控制将相应的寄存器的内容（IRR、ISR、IMR）输出到数据总线上。

（8）级联缓冲器/比较器

级联缓冲器/比较器用在级联方式的主从结构中，用来存放和比较各 8259A 的从设备（ID）。与此部件相连的三条级联线 $CAS_0 \sim CAS_2$ 和 $\overline{SP/EN}$，其中，$CAS_0 \sim CAS_2$ 是 8259A 相互间连接用的专用总线，用来构成 8259A 的主从式级联控制结构，编程时设定的从 8259A 的从设备标志保存在级联缓冲器中。级联系统中全部 8259A 的 $CAS_0 \sim CAS_2$ 对应端互连，在中断响应期间，主 8259A 从所有申请中断的从片中选出优先级最高的从 8259A，将其从设备标志（ID）输出到级联线 $CAS_0 \sim CAS_2$ 上。级联系统中的从片在接收到这个从设备标志后，与自己的级联缓冲器中保存的从设备标志相比较，若相等则说明本片被选中。这样，在后续的$\overline{\text{INTA}}$有效期间，被选中的从设备就把中断类型号送到数据线。

2. 8259A 引脚功能

8259A 是 28 脚的双列直插封装芯片，其引脚如图 6-11 所示。

1) $D_0 \sim D_7$：双向、三态，与系统的数据总线直接相连，用来与 CPU 进行数据交换。

2) $\overline{\text{RD}}$：读信号，输入，低电平有效，与来自 CPU 的 IOR 相连。当 CPU 向 8259A 发出读信号时，用来通知 8259A 将其内部某个寄存器的值送到数据总线上。

3) $\overline{\text{WR}}$：写信号，输入，低电平有效，与来自 CPU 的 IOW 相连，与 RD 信号作用相反，当 CPU 向 8259A 发出该信号时，说明数据总线上有数据等待 8259A 接收。

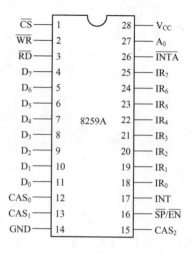

图 6-11　8259A 的引脚

4) $\overline{\text{CS}}$：片选信号，低电平有效。一般接端口地址译码器输出，为 CPU 对 8259A 的选择信号。

5) INT：中断请求，输出。在单片系统中，该引脚与 CPU 的 INTR 端相连。当来自外部设备的中断请求信号被 8259A 识别和处理后，8259A 通过该引脚向 CPU 发出中断请求。在组成主从式级联系统时，主 8259A 的 INT 引脚和 CPU 的 INTR 连接，而从片的 INT 引脚应连接到主片的 $IR_0 \sim IR_7$ 的某个引脚上。

6) $IR_0 \sim IR_7$：中断请求输入，由中断源给 8259A。这 8 个引脚可分别接收 I/O 设备的中断请求。在多片 8259A 组成的主从系统中，主片 $IR_0 \sim IR_7$ 分别与各从片的 INT 端相连，而各从片的 $IR_0 \sim IR_7$ 端则直接与外部 I/O 设备相连，这样就实现了主从式级联结构。

7) $\overline{\text{INTA}}$：中断响应，输入。它用来接收来自 CPU 的中断应答信号，即当 8259A 通过 INT 引脚向 CPU 发出中断请求信号时，如果此时 CPU 内部的中断允许标志为 1，则 CPU 向 8259A 发出中断应答信号。

8) $\overline{\text{SP}}/\overline{\text{EN}}$：从设备编程/允许缓冲器，双向。该引脚是做输入还是输出与 8259A 的工作方式有关。如果 8259A 工作在非缓冲方式，该引脚为输入信号，$\overline{\text{SP}}$ 起作用，作为主片/从片的选择控制信号。当系统只有单片 8259A 时，该引脚必须接高电平。如果系统由多片 8259A 组成主从式级联系统，则主片的 $\overline{\text{SP}}/\overline{\text{EN}}$ 端接高电平，从片的 $\overline{\text{SP}}/\overline{\text{EN}}$ 接低电平。如果 8259A 工作在缓冲方式，该引脚为输出信号，$\overline{\text{EN}}$ 起作用，此时，该引脚与总线缓冲器的允许段相连，8259A 通过该引脚发出缓冲器的驱动信号。

9) $CAS_0 \sim CAS_2$：级联信号。在多片 8259A 组成的主从式系统中，主片与所有从片的这 3 个引脚分别连在一起，对于主片，这 3 个信号是输出信号，由它们的不同组合 000 ~ 111 分别确定是连在哪个 IR_i 上的从片工作。对从片而言，这 3 个信号是输入信号，以此判断本从片是否被选中。

10) A_0：内部寄存器选择，输入。在系统中，必须分配给 8259A 两个端口地址，其中一个为偶地址，一个为奇地址，并且要求偶地址较低，奇地址较高。该引脚一般与 CPU 的某根地址线相连，用来表明是哪一端口被访问。

在 8088 系统中，由于系统的数据总线是 8 位的，因此 8259A 的 $D_0 \sim D_7$ 可以直接与系统总线相连，而此时 8259A 的 A_0 端口可以与地址总线的 A_0 端相连，这样 8259A 就被分配了两个相邻的一奇一偶的端口地址，从而满足 8259A 对端口地址的要求。

3. 8259A 的工作过程

下面以单片 8259A 为例介绍其工作过程，如图 6-12 所示。

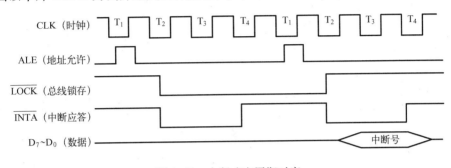

图 6-12　中断响应周期时序

1）中断源通过 $IR_0 \sim IR_7$ 向 8259A 发中断请求，使得 IRR 的相应位置位。

2）若此时 IMR 中的对应位为 0，表明该中断请求没有被 8259A 屏蔽，则进入优先级排队。8259A 分析这些请求，若条件满足，则通过 INT 向 CPU 发出中断请求。若 IMR 的对应位为 1，则该中断请求被 8259A 屏蔽。

3）CPU 接收到中断请求信号后，如果满足条件，则进入中断响应，通过 $\overline{INTA}$ 引脚发出连续两个负脉冲。

4）8259A 收到第一个 $\overline{INTA}$ 时，做如下动作：①使 IRR 的锁存功能失效，防止此时再来中断导致中断响应出现错误，到第二个 $\overline{INTA}$ 时恢复有效；②使 ISR 的相应位置位，表示已开始为该中断请求服务；③使 IRR 相应位清 0。

5）8259A 收到第二个 $\overline{INTA}$ 时，做如下动作：送中断类型号，中断类型号由初始化编程即引脚编号 $IR_0 \sim IR_7$ 共同决定，6.3.3 节中详细介绍；如果 8259A 工作在中断自动结束方式，则此时清除 ISR 的相应位。

这里需要说明一点，若 8259A 工作在级联方式下，并且从 8259A 的中断请求级别最高，在收到第一个 $\overline{INTA}$ 脉冲结束时，主 8259A 将从设备标志 ID 送到 $CAS_0 \sim CAS_2$ 上，在第二个 $\overline{INTA}$ 脉冲有效期间，由被选中的从 8259A 将中断类型号送上数据线。

6.3.2　8259A 编程结构

8259A 的编程结构如图 6-13 所示。8259A 共有 7 个 8 位的寄存器，这 7 个寄存器被分为两组，第一组寄存器共 4 个，用来存储初始化命令字（Initialization Command Words，ICW），分别称为 $ICW_1 \sim ICW_4$，这四个初始化命令字一般在计算机启动时完成设置，在以后的工作过程中不再改变。

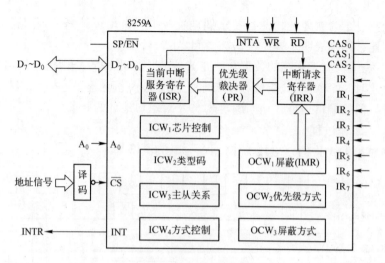

图 6-13　8259A 的编程结构

第二组寄存器有 3 个，用来存储操作命令字（Operation Command Words，OCW），分别称为 $OCW_1 \sim OCW_3$。这 3 个操作命令字用来动态地控制中断处理过程，比如对中断的屏蔽等，并且可以被多次设置。

6.3.3　8259A 的初始化命令字

8259A 的 4 个初始化命令字中，其中 ICW_1 被写入 $A_0 = 0$ 的地址端口，$ICW_2 \sim ICW_4$ 被写入 $A_0 = 1$ 的地址端口。

1. ICW_1 的格式与含义

8259A 最初写入的必是 ICW_1，由引脚 A_0 和 D_4 位确定，其格式如图 6-14 所示。

0	×	×	×	1	LTIM	ADI	SNGL	ICW₄
					1：电平触发 0：电平触发	不使用	1：单片 0：多片	1：需要 ICW₄ 0：不需要 ICW₄

图 6-14　ICW_1 的命令字格式

$A_0 = 0$，$D_4 = 1$ 是 ICW_1 的标志，表示当前操作是 ICW_1。$A_0 = 0$ 表示 ICW_1 要写入偶地址端口。

$D_7 \sim D_5$：只用于 8080/8085 系统中，而在 8086/8088 系统中不用，可为任意值。

D_3（LTIM）：IR_i 的触发方式选择。为 1，电平触发；为 0，边沿触发。

D_2（ADI）：该位在 8086/8088 系统中不起任何作用，在 8080/8085 系统中，该位决定中断源中每两个相邻的中断向量地址的间隔值。

D_1（SNGL）：单片或级联方式指示。为 1，单片使用；为 0，则为级联方式。

D_0（ICW_4）：指示是否使用 ICW_4，如果需要则必须为 1。在 8086/8088 系统中，ICW_4 命令字是必须设置的，也就是说，该位必须设置为 1。

当 ICW_1 写入后，8259A 内部有一个初始化过程，相当于 RESET 功能，其操作是：顺序逻辑复位，准备按 ICW_2、ICW_3、ICW_4 顺序接收 ICW；清除 ISR、IMR；指定优先级方式为全嵌套方式；普通屏蔽方式；非自动中断 EOI 方式；状态读出预置为 IRR。

2. ICW$_2$的格式与含义

ICW$_2$用于设置中断类型码，其格式如图 6-15 所示。

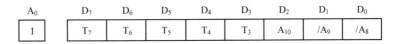

图 6-15 ICW$_2$的命令字格式

A$_0$ = 1 表示 ICW$_2$要写入奇地址端口。

一个 8259A 芯片能接收 8 个外部设备的中断请求，因此对应的中断类型号也应有 8 个，中断类型号的高 5 位与 ICW$_2$的高 5 位相同，低 3 位为中断输入引脚 IR$_i$的编码 i，由 8259A 自动插入。若由 IR$_0$引脚引入中断，则低 3 位取值为 000，以此类推，若由 IR$_7$引脚引入中断，则低 3 位取值 111。因此，在设置 ICW$_2$的初始化命令字时，只有高 5 位是有效的。

用户设置了 ICW$_2$后，连在各中断请求引脚的中断源的中断类型号也就唯一地确定了。表 6-2 给出了来自各中断请求引脚的中断源的中断类型号与 ICW$_2$及引脚编号的关系。

表 6-2　中断类型号与 ICW$_2$及引脚编号的关系

ICW$_2$	D$_7$	D$_6$	D$_5$	D$_4$	D$_3$	D$_2$	D$_1$	D$_0$
IR$_0$	T$_7$	T$_6$	T$_5$	T$_4$	T$_3$	0	0	0
IR$_1$	T$_7$	T$_6$	T$_5$	T$_4$	T$_3$	0	0	1
IR$_2$	T$_7$	T$_6$	T$_5$	T$_4$	T$_3$	0	1	0
IR3$_3$	T$_7$	T$_6$	T$_5$	T$_4$	T$_3$	0	1	1
IR$_4$	T$_7$	T$_6$	T$_5$	T$_4$	T$_3$	1	0	0
IR$_5$	T$_7$	T$_6$	T$_5$	T$_4$	T$_3$	1	0	1
IR$_6$	T$_7$	T$_6$	T$_5$	T$_4$	T$_3$	1	1	0
IR$_7$	T$_7$	T$_6$	T$_5$	T$_4$	T$_3$	1	1	1

例如，若在初始化时写入 ICW$_2$ = 48H，则连在 IR$_0$ ~ IR$_7$各引脚的中断源的中断类型号就分别为 48H、49H、…、4FH。反之，如果系统要求来自 IR$_0$ ~ IR$_7$各引脚的中断源的中断类型号为 80H ~ 87H，则在初始化时写入 ICW$_2$的高 5 位就应该是 10000B，而低 3 位任意。

3. ICW$_3$的格式与含义

ICW$_3$用来设定主片/从片标志，必须填入 A$_0$ = 1 的地址端口，ICW$_3$的具体格式与该 8259A 是主片还是从片有关。显然，只有当系统中含有多片 8259A 时，该命令字才有意义。前面曾经提到过，ICW$_1$的 D$_1$位用来指明系统中是否有多位 8259A。因此，只有当 ICW$_3$的 D$_1$位为 0 时，才需要设置 ICW$_3$。

主片的 ICW$_3$格式如图 6-16 所示。

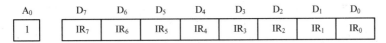

图 6-16　主片 ICW$_3$的命令字格式

每一位对应一个中断请求引脚，哪个 IR_i 引脚上连接有从片，则相应 ICW_3 的 D_i 位为 1，反之为 0。因此，主片的 ICW_3 是用来指出该片的哪个引脚接有从片。比如当 $ICW_3 = 0AAH$（10101010B）时，表明在 IR_7、IR_5、IR_3、IR_1 这四个引脚上连接有从片，而另外的则没有。

从片的 ICW_3 格式如图 6-17 所示。

A_0	D_7	D_6	D_5	D_4	D_3	D_2	D_1	D_0
1	×	×	×	×	×	IR_2	IR_1	IR_0

图 6-17　从片 ICW_3 的命令字格式

$ID_0 \sim ID_2$ 是从设备标志 ID 的编码，它等于该从片的 INT 段所连接的主片的 IR_i 引脚的编码 i。例如，某从片接在主片 IR_3 端，则该从片的 ICW_3 的低 3 位应设置为 011B。因此，从片的 ICW_3 是用来指出本片连在主片的哪一个引脚的。ICW_3 的高 5 位无用，可写入任意值，但一般都赋 0。

4. ICW_4 的格式与含义

ICW_4 叫作方式控制初始化命令字，必须填入 $A_0 = 1$ 的地址端口，前面曾经提到过，ICW_1 的 D_0 位（IC_4）为 1 时，必须设置 ICW_4；如果为 0，则不需要设置 ICW_4。

主片的 ICW_4 格式如图 6-18 所示。

A_0	D_7	D_6	D_5	D_4	D_3	D_2	D_1	D_0
1	0	0	0	SFNM	BUF	M/S	AEOI	uPM

图 6-18　ICW_4 的命令字格式

1）$D_7 \sim D_5$：这三位总设置为 0。

2）D_4（Special Fully Nested Mode，SFNM）：如果该位取值为 1，说明系统工作在特殊的全嵌套方式下。要解释这个问题，首先需要了解全嵌套方式的概念。

所谓嵌套，是指在执行较低级别中断服务程序的过程中，CPU 可以为更高级别的中断提供服务。

全嵌套方式为 8259A 默认工作方式，也是最常用的。若系统没有对 8259A 进行过其他设置，系统将工作在该方式下，其优先级次序为 $IR_0 > IR_1 > \cdots > IR_7$，以此决定是否能进入中断嵌套。如果系统正在进行中断处理，此时收到新的中断请求，8259A 将对新的中断请求与当前正在处理的中断进行优先级比较，如果较高，则进行中断嵌套，否则，将不予响应。

特殊的全嵌套方式仅用在级联系统中的主片上，不但允许优先级更高的中断请求进入，也允许同级的中断请求进入，以确保对同一个从片的不同 IR_i 输入的中断能按优先级进入中断嵌套，实现真正的完全嵌套的优先级结构。例如，在图 6-19 所示的级联系统中，对于主片来说，从片的所有 IR 端都具有相同的优先级，若当前 CPU 正在为从片的 IR_4 端的外部设备进行服务，但从片的 IR_0 端又发出中断请求，这时若主片工作在全嵌套方式，是不会响应的，但若主片工作在特殊的全嵌套方式下，则会响应该请求。

也就是说，特殊全嵌套方式与特殊嵌套方式只有一点不同，其余基本相同，即当新收到的中断请求的优先级与当前正在处理的中断优先级相等时，也进行中断嵌套。这时，主片采用特殊的全嵌套方式，而从片则工作在全嵌套方式。

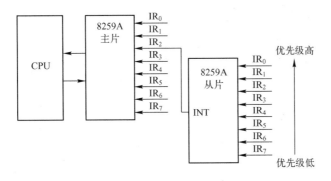

图 6-19　特殊全嵌套方式示意图

3）D_3（BUF）：如果该位取值为 1，说明 8259 工作在缓冲方式；如果为 0，则说明 8259A 工作在非缓冲方式。

8259A 芯片连接系统总线的方式有两种：缓冲方式和非缓冲方式。在小系统中，比如采用单片 8259A 芯片，一般采用非缓冲方式，即将 $D_0 \sim D_7$ 直接与数据总线相连。在一个较大的系统中，比如采用多片 8259A 级联组成的主从式系统，一般采用缓冲方式，即将 8259A 通过总线驱动器和数据总线相连。此时 $\overline{SP}/\overline{EN}$ 引脚作为输出能使信号和总线驱动器相连。

4）D_2（M/S）：当 8259A 工作在缓冲方式，即 D_3（BUF）位为 1 时，该位有效。

当 8259A 工作在非缓冲方式，由 $\overline{SP}/\overline{EN}$ 端（$\overline{SP}$）来标识本 8259A 是主片还是从片，$\overline{SP}/\overline{EN}$ 接 +5V，表示该片为主片，$\overline{SP}/\overline{EN}$ 接地，表示该片为从片，如图 6-20a 所示。

但是，当 8259A 工作在缓冲方式时，因为 $\overline{SP}/\overline{EN}$ 端（EN 有效）接总线驱动器，所以需要通过对 ICW_4 编程来确定是主片还是从片。如果 M/S 为 1，表明该片为主片；如果为 0，则该片为从片。

如图 6-20b 所示，在多片主从式系统中，一般与系统数据总线的连接方式为缓冲方式，这时主片的 $\overline{SP}/\overline{EN}$ 端和数据总线驱动器的输出允许端 $\overline{G}$ 相连，从片的 $\overline{SP}/\overline{EN}$ 端接地。主片的 $CAS_2 \sim CAS_0$ 这 3 个引脚分别与从片的 $CAS_2 \sim CAS_0$ 相连，主片正是靠这 3 个引脚来通知从片，以告知其发出的中断请求是否得到响应。当从片向主片的 IR_i 发出中断请求时，如果此时主片未对该中断请求端加以屏蔽，那么主片通过 INT 端向 CPU 发出中断请求信号。CPU 响应中断后，与单片 8259A 系统一样，CPU 从 $\overline{INTA}$ 端发送两个负脉冲。主片在收到第一个 $\overline{INTA}$ 信号后，将中断服务寄存器 ISR 的对应位置 1，同时中断请求寄存器 IRR 中的对应位清 0，并且同时将从片的标识号送到 $CAS_2 \sim CAS_0$ 线上，比如，从片连接在主片的 IR_6 引脚上，则此时 $CAS_2 \sim CAS_0$ 的取值为 110。此时，从片判断自身的标号是否与 $CAS_2 \sim CAS_0$ 上的取值是否一致，如果一致，则从片也对 $\overline{INTA}$ 信号响应，将本片的中断服务寄存器 ISR 的相应位置 1，同时中断请求寄存器 IRR 中的对应位清 0。

在第二个 $\overline{INTA}$ 信号到达后，此时主片不作出任何响应，从片则将对应的中断类型号送到数据总线上。

5）D_1（AEOI）：如果该位为 1，则 8259A 工作在自动结束方式，在这种方式下，当第

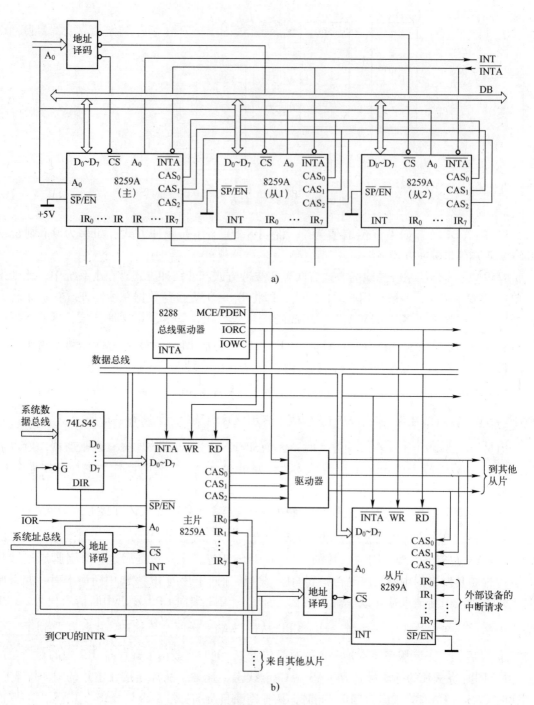

图 6-20 缓冲方式和非缓冲方式

a) 非缓冲方式　b) 缓冲方式

二个$\overline{\text{INTA}}$脉冲到来时，ISR 的相应位会自动清除。这样，在中断处理过程中，8259A 中就没有"正在处理"的标识。此时，若有中断请求出现，且 IF = 1，则无论其优先级如何（比本级高、低或相同），都将得到响应。这种方式比较简单，只能用在单片 8259A 且多个中断不会嵌套的系统中，主从式结构一般不用中断自动结束方式。如果设置 $D_1=0$，则不用中断自动结束方式，这时必须在程序的适当位置（一般是在中断服务程序最后）使用中断结束命令（见 OCW_2 的说明），使 ISR 中断相应位复位，从而结束中断。

6）D_0（uPM）：CPU 类型选择。该位取值为 1，则表明该系统为 8086/8088 系统；如果为 0，则为 8080 或 8085 系统。

5. 8259A 的初始化流程

对 8259A 的初始化必须按照如图 6-21 所示的流程进行。从初始化流程图中可以看出，对初始化命令字的个数、写入的顺序及写入端口地址都有要求。8259A 通过写入次序、端口地址及各初始化命令字的标志位来区别它们，从而实现了一个端口地址可对应多个写入内容，有效地减小了芯片引脚的数目。

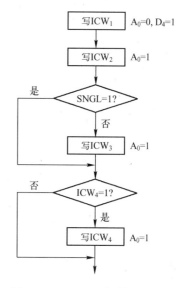

图 6-21　8259A 的初始化流程图

8259A 的初始化编程总结如下：

1）ICW_1 必须写入 $A_0=0$ 的地址端口，$ICW_2 \sim ICW_4$ 必须写入 $A_0=1$ 的地址端口。

2）$ICW_1 \sim ICW_4$ 的设定次序固定不变，不可颠倒。

3）对每一片 8259A 均需设置 ICW_1 和 ICW_2。是否设置 ICW_3、ICW_4 均由 ICW_1 的相应位指明。只有在级联方式下，主、从片才需设置 ICW_3；仅当 8086/8088 系统需要设置特殊全嵌套方式、缓冲方式、中断自动结束方式时，才设置 ICW_4。

4）在级联方式下，对每片 8259A 均要单独编程，其中主片和从片的 ICW_3 格式及功能均不相同，应视具体硬件的连接方式而定。

6. 8259A 的初始化编程举例

例 6-1　在 IBM PC/XT 中仅用一片 8259A，中断请求信号采用边沿触发；中断类型号为 08H ~ 0FH；用普通全嵌套、缓冲、非自动中断结束方式。8259A 的端口地址为 20H、21H。试按照上述要求对 8259A 设置初始化命令字。

该片 8259A 的初始化设置的程序段如下：

```
MOV   AL,00010011B        ;ICW₁:边沿触发、单片、设置 ICW₄
OUT   20H,AL
MOV   AL,00001000B        ;ICW₂:中断类型号为 08H ~ 0FH
OUT   21H,AL
MOV   AL,00001001B        ;ICW₄:全嵌套、缓冲、EOI 方式
OUT   21H,AL
```

例 6-2　在 IBM PC/AT 中使用 2 片 8259A 构成主从式中断控制器。从片的 INT 与主片的 IR_2 相连。主片的中断类型号为 08H ~ 0FH，端口地址为 20H、21H；从片的中断类型号为 70H ~ 77H，端口地址为 0A0H、0A1H。主、从片的中断请求信号均采用边沿触发，采用缓冲、非自动中断结束方式。试按照上述要求对 8259A 设置初始化命令字。

主片的初始化程序段如下：

```
       MOV    AL,00010001B              ;ICW₁:边沿触发、级联、设置 ICW₄
       OUT    20H,AL
       MOV    AL,00001000B              ;ICW₂:中断类型号为 08H～0FH
       OUT    21H,AL
       MOV    AL,00000100B              ;ICW₃:主片 IR₂ 接有从片
       OUT    21H,AL
       MOV    AL,00011101B              ;ICW₄:特殊全嵌套、缓冲/主片、EOI 方式
       OUT    21H,AL
```

从片的初始化程序段如下:

```
       MOV    AL,00010001B              ;ICW₁:边沿触发、级联、设置 ICW₄
       OUT    0A0H,AL
       MOV    AL,0111000B               ;ICW₂:中断类型号为 70H～77H
       OUT    0A1H,AL
       MOV    AL,00000010B              ;ICW₃:从片标识码即接有主片的 IR₂
       OUT    0A1H,AL
       MOV    AL,00001001B              ;ICW₄:普通全嵌套、缓冲/从片、EOI 方式
       OUT    21H,AL
```

6.3.4 8259A 的操作命令字

8259A 的 3 个操作命令字,分别为 OCW₁～OCW₃。这些命令字是在 8259A 初始化后,由用户在应用程序中设置的。与初始化命令字不同,在写入时并没有严格的次序要求,可以在任何时候写入,用于对中断处理过程进行动态控制。在系统运行过程中,可多次改写操作命令字。其中 OCW₁ 必须写入 $A_0 = 1$ 的地址端口,OCW₂～OCW₃ 必须写入 $A_0 = 0$ 的地址端口。

1. OCW₁ 的格式与含义

OCW₁ 是中断屏蔽操作命令字,直接对 IMR 的相应位进行设置。其格式如图 6-22 所示。

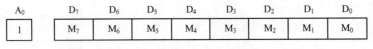

图 6-22 OCW₁ 的命令字格式

$A_0 = 1$,表示 OCW₁ 要写入奇地址端口。

$M_7 \sim M_0$:将 M_i 置 1,就是将 IMR 的相应位置 1,就是屏蔽了 IR_i 的中断请求信号。

例 6-3 试编程实现下列要求:屏蔽 IR_5、IR_4 和 IR_1 引脚上的中断请求,而不改变其余的中断屏蔽情况,8259A 的端口地址为 20H、21H。程序段如下:

```
       IN     AL,21H                    ;读 IMR 的当前值
       OR     AL,00110010B              ;OCW₁:D₅、D₄、D₁ 位置 1
       OUT    21H,AL
```

2. OCW₂ 的格式与含义

OCW₂ 用来设置/改变中断优先级模式;发送中断结束 EOI 命令。其格式如图 6-23 所示。

182

A₀		D₇	D₆	D₅	D₄	D₃	D₂	D₁	D₀
0		R	SL	EOI	0	0	L₂	L₁	L₀

图 6-23 OCW$_2$ 的命令字格式

$A_0 = 0$，表示 OCW$_2$ 要写入偶地址端口；D_4、$D_3 = 00$ 是 OCW$_2$ 的特征位。

R：优先级方式控制位。为 1，循环优先级；为 0，固定优先级。

SL：决定 $L_2 \sim L_0$ 是否有效。为 1，有效；为 0，无效。

EOI：中断命令结束位。为 1，发 EOI 命令；为 0，则该位不起作用。

$L_2 \sim L_0$：双功能。在特殊中断技术命令时，$L_2 \sim L_0$ 指出具体要使哪一位复位；在优先级特殊循环方式命令时，$L_2 \sim L_0$ 指出循环开始时 IR$_i$ 中哪个中断优先级最低。

R、SL、EOI 必须组合起来使用，其组合方式所对应的命令见表 6-3。

表 6-3　OCW$_2$ 的中断结束及优先级方式

R	SL	EOI	功 能 说 明
0	0	1	普通 EOI 命令，全嵌套方式
0	1	1	特殊 EOI 命令，全嵌套方式，$L_2 \sim L_0$ 指定的 ISR 位清零
1	0	1	普通 EOI 命令，优先级自动循环
1	1	1	特殊 EOI 命令，优先级特殊循环，$L_2 \sim L_0$ 指定的 ISR 位清零，且 $L_2 \sim L_0$ 指定的 IR 位为最低优先级
1	0	0	自动 EOI 时，优先级自动循环
0	0	0	自动 EOI 时，取消优先级自动循环
1	1	0	优先级特殊循环，$L_2 \sim L_0$ 指定优先级最低的 IR 位
0	1	1	无操作

例 6-4　试编程实现下列要求：特殊中断结束方式，使 IR$_3$ 在 ISR 中的相应位复 0。8259A 的端口地址为 20H、21H。程序段如下：

```
MOV   AL,01100011B        ;OCW₂:特殊 EOI、ISR 中的 D₃ 位复 0
OUT   20H,AL
```

3. OCW$_3$ 的格式与含义

OCW$_3$ 有 3 个功能：设置 8259A 的中断屏蔽方式；设置中断查询方式；设置读 8259A 内部寄存器的命令。其格式如图 6-24 所示。

A₀		D₇	D₆	D₅	D₄	D₃	D₂	D₁	D₀
0		0	ESMM	SMM	0	1	P	RR	RIS

图 6-24　OCW$_3$ 的命令字格式

$A_0 = 0$，表示 OCW$_3$ 要写入偶地址端口；$D_4 = 0$、$D_3 = 1$ 是 OCW$_2$ 的特征位；D_7 未用，一般为 0。

ESMM、SMM：配合使用，设置/取消特殊屏蔽方式。11，设置特殊屏蔽方式；10，取消特殊屏蔽方式。当 ESMM $= 0$，保持原来屏蔽方式，SMM 不起作用。

设置特殊屏蔽方式的方法：在某级中断服务程序中首先设置命令字 OCW$_3$ 的 ESMM、

SMM 位为 11，设置特殊屏蔽方式，然后通过设置命令字 OCW$_1$ 使该级的 M$_i$ 位为 1。这样该级中断被屏蔽而不允许发生同级中断，同时开放了低级别的中断请求。若要退出特殊屏蔽方式，通过设置命令字 OCW$_3$ 的 ESMM、SMM 位为 10，执行输出指令即可。

P：查询命令位。为 1，CPU 将 8259A 置于中断查询方式，并向 8259A 发出查询命令；为 0，处于非查询方式。中断查询方式：在 CPU 的中断标志 IF = 0（关中断）状态下，不能通过 INTR 向 CPU 申请中断。此时，CPU 向 8259A 偶端口发查询命令字，然后用 IN 指令读取偶端口得到 8259A 的查询字，了解当前是否有中断请求以及正在申请的中断源中中断优先级最高的中断源编码。查询字由 8259A 发送到数据总线上供 CPU 读取判断，其格式如图 6-25 所示。

A$_0$	D$_7$	D$_6$	D$_5$	D$_4$	D$_3$	D$_2$	D$_1$	D$_0$
0	1	×	×	×	×	W$_2$	W$_1$	W$_0$
	1：有中断请求 0：无中断请求					当前请求中断的最高 优先级的IR端编码		

图 6-25　查询字格式

RR：CPU 是否发读命令。为 1，发读命令；为 0，不发读命令。

RIS：读 ISR 还是读 IRR。为 1，读 ISR；为 0，读 IRR。该位只有在 RR = 1 时起作用。

读 ISR、IRR 的方法：首先关中断，然后执行输出指令送出 OCW$_3$，使 RR = 1，发读命令。最后执行输入指令，把所选中的寄存器内容读入 CPU。

SL：决定 L$_2$ ~ L$_0$ 是否有效。为 1，有效；为 0，无效。

EOI：中断命令结束位。为 1，发 EOI 命令；为 0，则该位不起作用。

L$_2$ ~ L$_0$：双功能。在特殊中断技术命令时，L$_2$ ~ L$_0$ 指出具体要使哪一位复位；在优先级特殊循环方式命令时，L$_2$ ~ L$_0$ 指出循环开始时 IR$_i$ 中哪个中断优先级最低。

R、SL、EOI 必须组合起来使用，其组合方式所对应的命令见表 6-3。

6.4　8259A 综合应用实例

8259A 的性能优越，在许多微机上都采用它来作中断控制器。从 8086/8088 到 286、386，均直接采用单片 8259A 或两片 8259A 的级联来工作，486 虽然采用了集成技术，但芯片内部仍相当于两片 82C59 的级联。

例 6-5　在一由 8088CPU 和 8259A 构成的系统中，中断控制器 8259A 与系统的硬件连接如图 6-26 所示。

1）假设未参加地址译码的地址线全部置 0，问该片 8259A 的端口地址是什么？

2）要求中断源 1 ~ 中断源 3 的终端类型号分别为 68H、6CH 和 6FH，则各中断源应分别接在 8259A 的哪个引脚上？此时 ICW$_2$ 的值应是什么？

3）此时 8259A 的 INT 和 $\overline{INTA}$ 引脚应分别接在系统总线的哪一根上？

解：1）端口地址：A$_7$、A$_6$、A$_5$、A$_4$、A$_3$、A$_2$、A$_1$、A$_0$

0 0 0 1 0 1 0 0　　偶地址

0 0 0 1 0 1 0 1　　奇地址

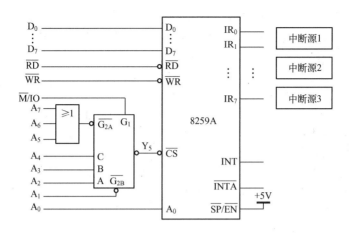

图 6-26　中断控制器 8259A 连接电路图

故偶地址为 14H、奇地址为 15H。

2）68H 即 01101 000B，因此中断源 1 应接在 IR_0；

6CH 即 01101 100B，因此中断源 2 应接在 IR_4；

68H 即 01101 111B，因此中断源 3 应接在 IR_7；

此时 ICW_2 的值可为 01101 ×××B，其中 ××× 可为任意值。

3）此时的 INT 和 $\overline{INTA}$ 两个引脚分别接在系统总线的 INTR 和 $\overline{INTA}$ 上。

例 6-6　某片 8259A 的 IR_0、IR_2、IR_5 引脚上接有中断源的中断请求，相对应的中断类型号分别为 80H、82H、85H；中断服务程序的入口地址分别为：段地址同为 4000H，偏移地址依次为 2640H、5670H 和 8620H；要求中断请求信号为边沿触发，优先级固定，采用中断自动结束方式，一般全嵌套，非缓冲方式。试完成中断向量表的设置以及 8259A 的初始化（假设端口地址为 70H 和 71H，CPU 为 8088）。

解：因为是单片系统，所以不需要设 ICW_3，相关命令字：

ICW_1：××× 1 0 × 1 1 B；

ICW_2：1 0 0 0 0 × × × B；

ICW_4：0 0 0 0 0 × 1 1 B；

OCW_1：1 1 0 1 1 0 1 0 B（开放 IR_0、IR_2、IR_5）。

主程序如下：

```
;装载中断服务程序入口地址到中断向量表
CLI                          ;关中断
PUSH    DS                   ;保护 DS 的值
PUSH    DX,4000H             ;送中断向量的段地址(对应 IR₀)
MOV     DS,DX
PUSH    DX,2640H             ;送中断向量的偏移地址
MOV     AL,80H               ;送中断类型号
MOV     AH,25H               ;25H 功能调用
INT     21H
PUSH    DX,4000H             ;送中断向量的段地址(对应 IR₂)
```

```
    MOV     DS,DX
    PUSH    DX,5670H                    ;送中断向量的偏移地址
    MOV     AL,82H                      ;送中断类型号
    MOV     AH,25H                      ;25H 功能调用
    INT     21H
    PUSH    DX,4000H                    ;送中断向量的段地址(对应 IR₅)
    MOV     DS,DX
    PUSH    DX,8620H                    ;送中断向量的偏移地址
    MOV     AL,85H                      ;送中断类型号
    MOV     AH,25H                      ;25H 功能调用
    INT     21H                         ;系统功能调用
    POP     DS                          ;恢复 DS 的值
;对 8259A 初始化,所有 × 的位全取 0
    MOV     AL,13H                      ;ICW₁
    OUT     70H,AL
    MOV     AL,80H                      ;ICW₂
    OUT     71H,AL
    MOV     AL,03H                      ;ICW₄
    OUT     70H,AL
    MOV     AL,0DAH                     ;OCW₁
    OUT     71H,AL
    STI
```

PC 中断的应用

IBM PC/XT 使用单片 8259A 来管理可屏蔽中断,其连接线路如图 6-27 所示。8259A 的端口地址为 20H、21H,中断源的中断类型号分别为 08H ~ 0FH。

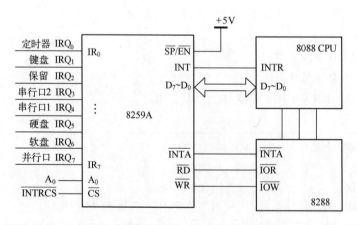

图 6-27　IBM PC/XT 的 8259A 连接图

8259A 的 8 个中断源在 XT 中的作用如下:

IRQ₀接至系统板上定时器/计数器 8253 计数器 0 的输出信号 OUT₀,用作微机系统的电子时钟中断请求。IRQ₁是键盘输入接口送来的中断请求信号,用来请求 CPU 读取键盘扫描

码。$IRQ_2 \sim IRQ_7$与62芯的PC总线上的$IRQ_2 \sim IRQ_7$相连，用户可通过这6个引脚中的某一个引入自己需要的I/O设备中断。一般来说，IRQ_3用于第2个串行异步通信接口；IRQ_4用于第1个串行通信接口；IRQ_5用于硬盘适配器；IRQ_6用于软盘适配器；IRQ_7用于并行打印机。

为了增强中断处理能力，在IBM PC/AT微机系统中使用了两片8259A构成主从式中断控制器，而在386、486、Pentium等微机系统中，其外围控制芯片都集成有与AT的两片8259A相当的中断控制电路。两片8259A的级联连接如图6-28所示。由图可知，主8259A与XT中的一样，只是原来保留的IRQ_2用于级联从片，所以相当于主片的IRQ_2又扩展了8个中断请求端$IRQ_8 \sim IRQ_{15}$。在两片8259A中，主片的端口地址为20H、21H，中断类型号为08H～0FH，与XT微机系统相同；从片的端口地址为0A0H、0A1H，中断类型号为70H～77H。

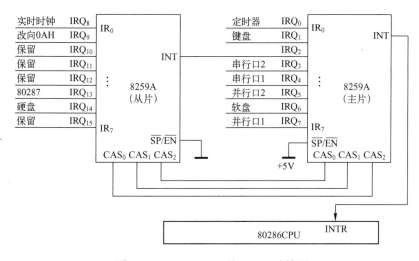

图6-28　IBM PC/AT的8259A连接图

在系统板上，IRQ_0、IRQ_1的作用与XT相同，扩展的IRQ_8用于实时时钟中断，IRQ_{13}来自于协处理器80287。除此之外，所有的中断请求信号都来自扩展板。

例6-7　IBM PC/XT的IRQ_2端输入一个中断请求信号。每产生一次中断，要求CPU响应后在显示器上显示字符串"THIS IS A 8259A INTERRUPT!"，中断10次后主机不再响应中断请求，并且显示"PROGRAM TERMINATED NORMALLY!"

8259A的端口地址为20H和21H，中断源的中断类型码为08H～0FH。

8个中断源的作用如下。

IRQ_0：接至系统板上8235定时器/计数器0的输出OUT0，用作微机系统的电子时钟中断请求。

IRQ_1：键盘中断，请求CPU读取键盘扫描码。

$IRQ_3 \sim IRQ_4$：串口中断。

IRQ_5和IRQ_6：硬盘和软件中断。

IRQ_7：并行打印机。

主程序如下：

```
    DATA  SEGMENT
```

```
        MESS1    DB 'THIS IS A8259A INTERRUPT! ', 0AH, 0DH, ' $'
        MESS2    DB 'PROGRAM TERMINATED NORMALLY! ', 0AH, 0DH, ' $'
DATA    ENDS
CODE    SEGMENT
        ASSUME CS:CODE,DS:DATA
START:
        CLI                              ; 开中断
        MOV    AX,   SEG IRQ2_INT        ; 设置中断向量
        MOV    DS,   AX
        MOV    DX,   OFFSET IRQ2_INT     ;偏移地址
        MOV    AX,   250AH               ; IRQ₂ 的类型号为 0AH
        INT    21H
        MOV    AX,DATA                   ; 将 DS 指向数据段
        MOV    DS,AX
        IN     AL,21H                    ; 读取中断屏蔽字
        AND    AL,0FBH                   ; 开放 IRQ₂ 中断
        OUT    21H,AL
        MOV    BX,10                     ;设置中断次数
        STI                              ; 开中断
WIN:JMP    WIN                           ; 等待硬中断
```

中断服务程序如下:

```
    IRQ2_INT:
        MOV    DX,   OFFSET   MESS1            ; 显示中断信息
        MOV    AH,   9
        INT    21H
        MOV    AL,   20H                       ; 发 EOI 命令
        OUT    20H,  AL
        DEC    BX
        JNZ    NEXT                            ; 10 次未到,转向 NEXT 中断返回
        IN     AL, 21H                         ; 10 次已到,恢复屏蔽字,禁止 IRQ₂
        OR     AL, 04H
        OUT    21H, AL
        MOV    DX,   OFFSET   MESS2            ; 显示 10 次结束信息
        MOV    AH,   9
        INT    21H
        MOV    AH,   4CH                       ; 返回 DOS 系统
        INT    21H
    NEXT:IRET                                  ; 中断返回
    IRQ2_INT  ENDP
CODE    ENDS
END    START
```

习题

1. 什么叫中断？什么叫中断源？

2. 什么叫中断类型码、中断向量、中断向量表？在基于 8086/8088 的微机系统中，中断类型码和中断向量之间有什么关系？

3. 什么是硬件中断和软件中断？在 PC 中两者的处理过程有什么不同？

4. 试述基于 8086/8088 微机系统处理硬件中断的过程。

5. 8259A 中断控制器的功能是什么？

6. 试说明一般中断系统的组成和功能。

7. 8086/8088 系统的中断源分哪两大类？它们分别包括哪些中断？

8. 8259A 的主要功能是什么？它内部的主要寄存器有哪些？分别完成什么功能？

9. 8259A 的中断屏蔽寄存器 IMR 和 8086 中断允许标志 IF 有什么区别？

10. 在多片 8259A 级联系统中，为什么主片常采用特殊屏蔽方式？

11. 8259A 的初始化命令字和操作命令字分别有哪些？它们的使用场合有什么不同？

12. 某时刻 8259A 的 IRR 内容是 08H，说明_____。某时刻 8259A 的 ISR 内容为 08H，说明_____。在两片 8259A 级联的中断电路中，主片的 IR_5 作为从片的中断请求输入，则初始化主、从片时，ICW_3 的控制字分别是_____和_____。

13. 按下列要求对 8259A 进行初始化编程：单片 8259A 应用于 8086 系统，中断请求信号为边沿触发，中断类型号为 80H ~ 87H，采用自动中断结束方式、特殊全嵌套非缓冲方式，8259A 的端口地址为 04A0H 和 04A2H（端口译码用 CPU 的 A_1 地址线接 8259A 的 A_0）。

14. 设 8086 系统中有两片 8259A，从片 8259A 接至主片 8259A 的 IR_5。主片的端口地址是 2B0H、2B2H，从片的端口地址是 2C0H、2C2H，主片的 IR_0 的中断类型号为 50H，从片的 IR_0 的中断类型号为 60H，所有请求都是边沿触发。用 EOI 命令清 ISR 的相应位，主从片的 IMR 都要清除，$\overline{SP}/\overline{EN}$ 用作输入。试画出硬件连接图，并编写初始化程序。

第7章　DMA技术

重点内容

1. 直接存储器存取（DMA）的概念
2. DMA传送的过程及方式
3. 可编程DMA控制器8237A
4. IBM PC/XT的DMA结构

学习目标

通过本章的学习，了解DMA概念、传送的过程、工作方式和特点，熟悉可编程芯片8237A的引脚和内部结构，掌握8237A的初始化编程及应用，了解IBM PC/XT微机系统的DMA应用通道结构。

7.1　DMA传送概述

所谓直接存储器存取（Direct Memory Access，DMA）是指将外设的数据不经过CPU，直接送入内存储器，或者，从内存储器不经过CPU直接送往外设。一次DMA传输只需执行一个DMA周期（相当于一个总线读/写周期），因而能够满足高速外设数据传送的需要。本节介绍DMA传输原理、DMA传输所需要的DMA控制器8237A及其编程应用。

7.1.1　DMA传输原理

1. DMA控制器

使用DMA方式传输时，需要一个专门的器件来协调外设接口和内存储器的数据传输，这个专门的器件称为DMA控制器，简称DMAC，如图7-1所示。

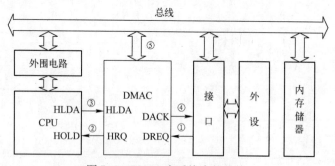

图7-1　DMAC在系统中的连接

在DMAC的内部，有若干个寄存器。

1）地址寄存器：存放DMA传输时I/O数据的存储单元地址。

2）字节寄存器：存放 DMA 传输的字节数。

3）控制寄存器：存放由 CPU 设定的 DMA 传输方式、控制命令等。

4）状态寄存器：存放 DMAC 当前的状态，包括有无 DMA 请求、是否结束等。

在系统中，DMAC 有两种不同的作用。

总线从模块：CPU 对 DMAC 进行预置操作，也就是向 DMAC 写入内存传送区的首地址、传送字节数和控制字时，DMAC 相当于一个外设接口，称为总线从模块。

总线主模块：进行 DMA 传输时，CPU 暂停对系统总线的控制，DMAC 取得了对总线的控制权，这时的 DMAC 称为总线主模块。

2. DMA 传输过程

一次 DMA 传输的过程由以下步骤组成：

1）外设准备就绪，需要进行 DMA 操作时，向 DMAC 发出 DMA 请求信号。DMAC 接到这个信号后，向 CPU 发出总线请求信号。

2）CPU 接到总线请求信号后，如果允许，会在当前总线周期结束后，发出总线应答信号，同时放弃对总线的控制。这时，DMAC 开始实行对总线的控制。

3）DMAC 将内部地址寄存器的内容通过地址总线送往内存储器。对于数据输入过程，向外部设备发出外设读信号，同时向存储器发出存储器写信号。在这两个信号的作用下，一字节的数据从外设接口送往数据总线，而存储器从数据总线接收这个数据，写入由地址总线上的地址指定的内存单元。对于数据输出过程，情况正好相反。DMAC 向存储器发读命令，向外设接口发写命令，一字节数据从存储器传送到外设接口，完成一次输出的操作。

4）传送一字节后，DMAC 自动对地址寄存器的内容进行修改，指向下一个要传送的字节。同时，将字节计数器减 1，记录尚未完成的传输次数。

5）一个数据传输结束，DMAC 向 CPU 撤销总线请求信号，CPU 于是也撤销允许使用总线的"总线应答"信号，CPU 收回对总线的控制权。

以上的过程完全由硬件电路实现，速度很快。用 DMA 方式进行一次数据传输所经历的时间称为 DMA 周期，大体上相当于一次总线读写周期的时间。

例如，要将串行通信接口接收到的 200B 的数据包用 DMA 方式存入以 BUFFER 为首地址的内存区域，需要的操作如下：

1）对 DMAC 进行预置。向 DMAC 写入内存首地址（BUFFER）、传输字节数（200）、传输方向（外设→内存）和控制命令（允许 DMA 传输）等。

2）对串行通信接口进行初始化，设置串行通信的参数，允许串行输入等。

3）此后串行接口每收到一个数据，就进入一次 DMA 周期。从串行接口接收的一个数据进入内存。每进入一次，DMA 传输结束后，DMAC 内的字节计数器内容减 1。

4）最后一个数据的 DMA 传输结束后，DMAC 内的字节计数器的内容为 0。DMAC 内部状态寄存器"传输完成"状态位为 1，同时它还发出传输结束信号 EOP。CPU 可以通过查询知道传输已经结束，也可以利用 EOP 信号申请中断，在中断服务程序里进行结束处理。

所以，DMA 方式传输 200B 的过程为 1 次对 DMAC 初始化和 200 个 DMA 周期。

3. 8086 系统中的 DMA 信号

在 8086 最小系统中，CPU 通过 HOLD 引脚接收 DMAC 的总线请求，在 HLDA 引脚上发出对总线请求的允许信号。通常，CPU 接收到总线请求信号并完成当前总线操作以后，就会使 HLDA 出现高电平而响应总线请求，DMAC 于是就成为主宰总线的部件。此后，DMAC 将 HOLD 信号变为低电平时，便放弃对总线的控制。8086 检测到 HOLD 信号变为低电平后，也将 HLDA 信号变为低电平。于是，CPU 又控制了系统总线。

8086CPU 工作于最大模式时，通过 $\overline{RQ}/\overline{GT_0}$ 和 $\overline{RQ}/\overline{GT_1}$ 引脚接收 DMAC 的总线请求，在同一根线上发送对总线请求的允许信号。$\overline{RQ}/\overline{GT_0}$ 引脚有较高的优先权。

7.1.2 DMA 传送的方式

DMA 的传送方式可以分为 4 种：单字节传输方式、数据块传输方式、请求传输方式和级联传输方式。每种方式有不同的特点，适用于不同的场合。

1. 单字节传输方式

在这种方式下，8237A 完成一个字节传输后，8237A 释放系统总线，一次 DMA 传输结束。如果收到一个新的 DMA 请求，则重新申请总线，重复上述过程。这种方式下，CPU 可以在每个 DMA 周期结束后控制总线，进行数据传输，所以不会对系统的运行产生大的影响。

2. 数据块传输方式

在这种方式下，DMAC 获得总线控制权后，可以连续进入 DMA 周期，进行多个字节的传输（最多 64 KB）。当字节计数器减为 −1，或者受到外部输入的强制停止命令（从 $\overline{EOP}$ 引脚输入一个低电平信号）时，8237A 才释放总线而结束传输。显然，这种方式可以获得最高的数据传输速度。在数据传输期间，CPU 不能访问总线（包括取指令）。如果一次传输的数据较多，这种方式会对系统工作产生一定的影响。

3. 请求传输方式

这种方式与块传输类似，申请一次总线可以连续进行多个数据的传输。但是，在每传输一个字节后，8237A 都对外设接口的 DMA 请求信号线 DREQ 进行测试，如果检测到 Q 变为无效电平，则立刻暂停传输；当 DREQ 又变为有效电平时，就接着进行下一个数据的传输。这种方式允许外设由于某种原因发生的数据不连续，按照外设的最高速度进行数据传输，使用比较灵活。

4. 级联传输方式

如图 7-2 所示，在级联方式下，几个 8237A 可以进行级联，一片 8237A 作为主片，其余用作从片，构成主从式 DMA 系统。所谓级联，就是从片收到外设接口的 DMA 请求后，不是向 CPU 申请总线，而是向 DMA 控制器主片申请，再由主片向 CPU 申请。一片主片最多可以连接 4 片从片。这样，5 片 8237A 构成的二级 DMA 系统，可以得到 16 个 DMA 通道。级联时，主片通过软件在方式寄存器中设置为级联传输方式，从片设置成上面的三种方式之一。

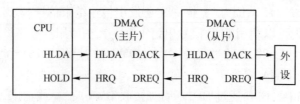

图 7-2 两片 DMAC 级联方式的连接

7.1.3 DMA 的操作类型

DMA 的操作类型一般有下面 4 种。

1）DMA 读：把数据由存储器传送到外部设备。

2）DMA 写：把外部设备输入的数据写入存储器。

3）DMA 检验：不进行任何数据传送，对数据块内部的每个字节进行某种校验，这时，DMAC 不发送存储器或 I/O 设备的读/写控制信号。

4）存储器到存储器传输：实现内存区域到内存区域的传输。

7.2 DMA 控制器 8237A

Intel 8237A 是一种高性能的可编程 DMA 控制器。该控制器上有 4 个独立的 DMA 通道，可以实现内存储器到外部设备、外部设备到内存储器以及内存储器到内存储器之间的高速数据传输。最高数据传送速率可以达到 1.6MB/s，一次传输的最大数据块可达到 64 KB。可以用级联的方式扩展 DMA 通道数，最多可以扩展 4 片从片，也就是 16 个 DMA 通道。下面对 8237A 的引脚、内部结构、工作时序和内部寄存器进行介绍。

7.2.1 8237A 的内部结构

8237A 的内部结构可以分成两个主要部分，即 4 个 DMA 通道和一个公共控制部分，如图 7-3 所示。它是一个可编程 DMA 控制器（DMAC），可以提供 4 个通道的 DMA 传输控制。

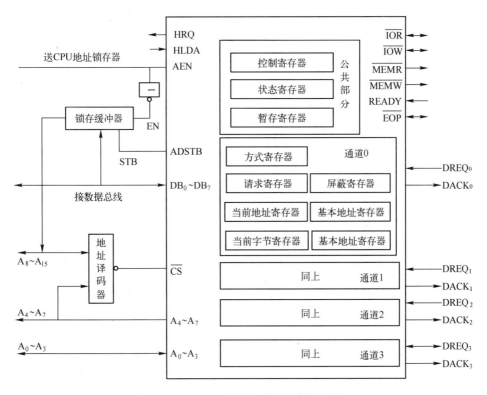

图 7-3 8237A 的内部结构和外部连接

1）有 4 个完全独立的 DMA 通道，可分别进行编程，控制 4 台独立的外部设备。可以用级联的方法扩展 DMA 通道数。4 个通道共用一个控制寄存器、状态寄存器和暂存寄存器等。

2）每个通道的 DMA 请求均可分别允许或禁止，并对各通道进行优先级排队。

3）数据块最大为 64KB，每传送一个字节后使地址自动加 1 或减 1。

4）DMA 请求可以由外部输入，也可以由软件设置。

5）可以进行从存储器到存储器的数据传输，用于对存储区域初始化。

7.2.2 8237A 的外部引脚

Intel 公司的 8237A 是一片 40 引脚双列直插式芯片，如图 7-4 所示，引脚功能如下。

1. 请求与响应信号

$DREQ_0 \sim DREQ_3$：DMA 通道请求信号。当外部设备需要请求 DMA 服务时，由外部设备将 DREQ 信号置成有效电平，一直要保持到 DMAC 产生响应信号。有效电平可以通过程序设定为高电平有效或低电平有效。4 个 DMA 通道的优先权是按 $DREQ_0$ 最高、$DREQ_3$ 最低的顺序排列的。

$DACK_0 \sim DACK_3$：DMA 通道响应信号。8237A 根据现场情况及优先权，对相应通道的设备请求服务产生的 DMA 响应信号。响应信号的有效电平可以通过程序设定为高电平有效或低电平有效。

HRQ：总线请求信号。8237A 向 CPU 发出的申请使用系统总线信号，输出高电平有效。

HLDA：总线响应信号。8237A 接收的来自 CPU 的响应信号 HLDA，高电平有效，表示 CPU 已经让出总线控制权，8237A 取得了总线控制权。

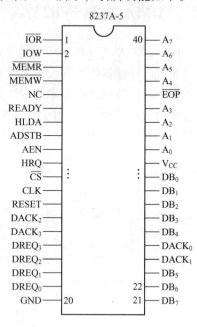

图 7-4 8237A 的外部引脚

2. DMA 传送控制信号（DMA 作为主控器，主动工作状态）

$A_0 \sim A_7$：地址线。输出低 8 位存储器地址。

$DB_0 \sim DB_7$：分时复用作为访问存储器的高 8 位地址线和数据线。

ADSTB：地址选通。DMA 传送开始时，输出高电平有效，把在 $DB_0 \sim DB_7$ 上输出的高 8 位地址锁存在外部锁存器中。

AEN：地址允许。输出，高电平有效，将锁存的高 8 位地址送入系统总线，与 DMAC 此时输出的低 8 位地址组成 16 位存储器地址。

$\overline{MEMR}$：存储器读。输出，低电平有效时将数据从存储器读出。

$\overline{MEMW}$：存储器写。输出，低电平有效时将数据写入存储器。

$\overline{IOR}$：I/O 读。输出，低电平时，在 DMAC 控制下，将数据从外部设备读出。

$\overline{IOW}$：I/O 写。输出，低电平时，在 DMAC 控制下，将数据写入外部设备。

READY：准备就绪。在主动态时控制总线周期的长度，与慢速设备同步。例如，在 DMA 传送的 S_3 状态结束时，在下降沿检测 READY 的状态，若为低电平，就在 S_3 后产生一个 S_W 周期，延续 S_3 的各种状态。在 S_3 或 S_w 结束若检测到 READY 为高电平，就进入 S_4 周期。

$\overline{EOP}$：写过程结束，低电平有效，双向。DMA 传送过程结束，DMAC 就从 $\overline{EOP}$ 输出一个负脉冲，通知外部设备。若从外部给 $\overline{EOP}$ 输入负脉冲信号，则终结 DMA 传送。

3. 处理器接口信号（DMA 作为受控器，被动工作状态）

$DB_0 \sim DB_7$：数据线。用于 CPU 对 8237A 进行初始化传送命令，或传送结束后传送状态。

$A_0 \sim A_7$：地址线。作为 CPU 对 8237A 进行初始化时访问该芯片内部寄存器与计数器寻址之用，4 位组合分别表示第 00H ~ 0FH 个端口。

$\overline{CS}$：片选，低电平有效时，微处理器与 8237A 通过数据线通信，主要完成对 8237A 的编程。

$\overline{IOR}$：I/O 读。CPU 读取 8237A 内部状态寄存器信息。

$\overline{IOW}$：I/O 写。CPU 向 8237A 写命令及初始化参数。

CLK：时钟。控制芯片内部操作和数据传输。

RESET：复位。使 8237A 处于初始状态。

7.2.3　8237A 内部寄存器的功能与操作

DMA 控制器 8237A 是一个可编程的集成电路，共有 10 种内部寄存器，占有 16 个端口地址，即为 DMA + 0 ~ DMA + 15。其中每个通道有两个专用的地址，其余 8 个地址由各通道共用。IBM $_0$ 微型计算机上的 8237A 控制器端口分配情况见表 7-1。

1. 8237A 通道专用寄存器

（1）基本地址寄存器

基本地址寄存器为 16 位寄存器，用来存放 DMA 传送的内存存储器起始地址，寄存器的内容在初始化时由程序写入，先写低字节，后写高字节，其内容在整个数据块的 DMA 传输过程中保持不变。其作用是在自动预置时，将它的内容装入当前地址寄存器。该寄存器只能写入，不能读出。

（2）基本字节计数器

基本字节计数器也是 16 位寄存器，用来存放 DMA 传送的字节数。若传送 N 字节数据，则写基本字节计数器的字节总数为 N - 1。寄存器的内容在初始化时由程序写入，先写低字节，后写高字节，其内容在整个数据块的 DMA 传输过程中保持不变。其作用是在自动预置时，将它的内容装入当前字节寄存器。该寄存器只能写入，不能读出。

（3）当前地址寄存器

当前地址寄存器为 16 位寄存器，用来存放 DMA 传送的当前内存储器地址，每次 DMA 传送后，该寄存器的值自动增 1 或减 1。该寄存器的值可由 CPU 读出（先低位后高位）。其初值与基本地址寄存器的内容相同，并且两者地址相同，CPU 根据读写指令来区分。若设置为自动预置，则在每次计数结束后，自动恢复为它的初始值。该寄存器可读可写。

（4）当前字节寄存器

当前字节寄存器也是 16 位寄存器，用来存放 DMA 传送过程中没有传送完的字节数，它的初值与基本字节计数器的内容相同，每次传送后，该寄存器的值自动减 1。该寄存器的值减为 −1 时，数据块传送结束，$\overline{EOP}$ 引脚变为低电平。该寄存器的值可由 CPU 读出。若设置为自动预置，则在每次计数结束后，自动恢复为它的初始值。该寄存器可读可写。

表 7-1　8237A 控制器的寄存器地址

端口	通道	端口地址编号	寄存器	
			读（$\overline{IOR}$）	写（$\overline{IOW}$）
DMA + 0	0	00H	读通道 0 的当前地址寄存器	写通道 0 的基本地址与当前寄存器
DMA + 1	0	01H	读通道 0 的当前字节计数器	写通道 0 的基本字节计数器与当前字节寄存器
DMA + 2	1	02H	读通道 1 的当前地址寄存器	写通道 1 的基本地址与当前寄存器
DMA + 3	1	03H	读通道 1 的当前字节计数器	写通道 1 的基本字节计数器与当前字节寄存器
DMA + 4	2	04H	读通道 2 的当前地址寄存器	写通道 2 的基本地址与当前寄存器
DMA + 5	2	05H	读通道 2 的当前字节计数器	写通道 2 的基本字节计数器与当前字节寄存器
DMA + 6	3	06H	读通道 3 的当前地址寄存器	写通道 3 的基本地址与当前寄存器
DMA + 7	3	07H	读通道 3 的当前字节计数器	写通道 3 的基本字节计数器与当前字节寄存器
DMA + 8	公用	08H	读状态寄存器	写命令寄存器
DMA + 9		09H	—	写命令寄存器
DMA + 10		0AH	—	写单个通道屏蔽寄存器
DMA + 11		0BH	—	写工作方式寄存器
DMA + 12		0CH	—	写清除先/后触发器命令 *
DMA + 13		0DH	读暂存寄存器	写总清命令 *
DMA + 14		0EH	—	写清 4 个通道屏蔽寄存器命令 *
DMA + 15		0FH	—	写置 4 个通道屏蔽命令

* 为软件命令。

2. 8237A 通道共用寄存器

（1）工作方式寄存器

工作方式寄存器对应 DMA + 11 端口，用于设置 DMA 的操作类型、操作方式、地址改变方式、自动预置以及选择通道。其格式如图 7-5 所示。

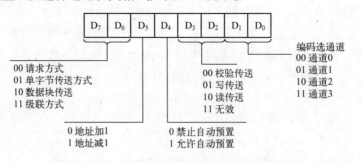

图 7-5　8237A 的工作方式寄存器

D_7、D_6：用来设置工作方式。

D_5：指出每次传输后地址寄存器的内容是增 1 还是减 1，决定了在内存中存储数据或读

196

取数据的顺序。

D_4：为 1，可以使 DMAC 进行预置。如果 8237A 被设置为具有自动预置功能，当完成一个 DMA 操作，出现 $\overline{EOP}$ 负脉冲时，当前地址寄存器和当前字节寄存器会从基本地址寄存器和基本字节计数器中重新取得初值，从而为进入下一个数据传输过程做好准备。

D_3、D_2：用来设置数据传输类型。数据传输类型有 3 种：写传输、读传输和校验传输。写传输由 I/O 接口向内存写入数据。读传输将数据从存储器读出送到 I/O 接口。校验传输用来对读传输功能或写传输功能校验，这是一种伪传输。此时，8237A 也会产生地址信号和 $\overline{EOP}$ 信号，但并不能产生对存储器和 I/O 接口的读/写信号。校验传输功能一般用于器件测试。

D_1、D_0：用来指出通道号。

（2）命令寄存器

命令寄存器对应 DMA + 8 端口，用来控制 8237A 的操作，只能写，不能读，格式如图 7-6 所示。

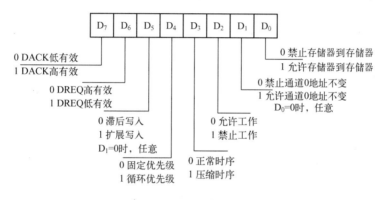

图 7-6　8237A 的命令寄存器

D_1、D_0：用来控制内存到内存的传输。当 $D_0 = 0$ 时，D_1 才有意义。实现内存到内存的传输，就要把源区的数据先送到 8237A 的暂存器中，然后再将它送到目的区。这就是说，每次内存到内存的传输要用到两个 DMA 周期。在进行内存到内存的传输时，固定用通道 0 的地址寄存器存放源地址，用通道 1 的地址寄存器和字节计数器存放目的地址和计数值。传输时，目的地址寄存器的值像通常一样进行加 1 或减 1 操作，但是，源地址寄存器的值可以通过对控制寄存器设置（当 $D_1 = 1$）而保持不变。这样，可以使同一个数据传输到整个选定的内存区域。

D_2：用来启动和停止 8237A 的工作。$D_2 = 0$ 时，启动 8237A 工作；$D_2 = 1$ 时，停止 8237A 的工作。这一位影响所有的通道，一般情况下应使它为 0（启动工作）。

D_3：表示采用的时序类型。使用普通时序时，每传输一个字节一般需要 3 个时钟周期。为了满足高速外部设备的需要，8237A 还设置了压缩时序的工作方式。这时，传输一个字节的时间可以压缩到 2 个时钟周期。使用压缩时序时，8237A 只改变低 8 位地址，因此传输的字节数限制在 256B 以内。

D_4：控制通道的优先权。$D_4 = 0$，采用固定优先权，即 $DREQ_0$ 优先权最高，$DREQ_3$ 最低。$D_4 = 1$，采用循环优先权，优先权随着 DMA 服务的结束而变化，已服务过的通道优先权变为最低，而它的下一个通道的优先权变为最高。

D_5：$D_5 = 0$ 采用滞后写，表示写脉冲滞后读脉冲一个时钟；$D_5 = 1$ 采用扩展写，表示读、写脉冲同时产生。扩展写增加了写命令的宽度。使用压缩时序（$D_3 = 1$）时这一位无意义。

D_7、D_6：决定 DREQ 和 DACK 的有效电平。

（3）状态寄存器

状态寄存器对应 DMA + 8 端口，存放 8237A 的状态信息，只能读出，不能写入，格式如图 7-7 所示。

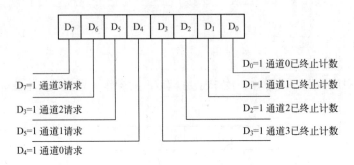

图 7-7　8237A 的状态寄存器

状态寄存器的低 4 位用来指出 4 个通道的计数结束状态，高 4 位表示 4 个通道当前有无 DMA 请求。

（4）屏蔽寄存器

屏蔽寄存器用来禁止或允许通道的 DMA 请求。屏蔽命令有两种格式：写单个通道屏蔽寄存器（DMA + 10 端口）和写 4 个通道屏蔽寄存器（DMA + 14 端口）。

1）单个通道屏蔽寄存器：每次屏蔽一个通道，只能写，不能读，格式如图 7-8 所示。

2）4 个通道屏蔽寄存器：可同时屏蔽 4 个通道。当程序使寄存器的低 4 位全部置 1 时，则禁止所有的 DMA 请求；全部置 0 时，则清 4 个通道的屏蔽，允许所有 DMA 请求。该寄存器只能写，不能读，格式如图 7-9 所示。

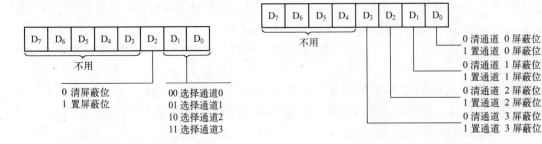

图 7-8　8237A 的单通道屏蔽寄存器　　　　图 7-9　8237A 的 4 个通道屏蔽寄存器

（5）请求寄存器

请求寄存器用软件来启动 DMA 请求，对应 DMA + 9 端口。一般的情况下，DMA 请求由硬件发出，通过 DREQ 引脚引入 DMA 请求。但是，它也可以由软件发出，由软件来启动

DMA 传输。该寄存器只能写，不能读，格式如图 7-10 所示。

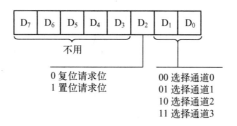

图 7-10 8237A 的请求寄存器

DMA 请求寄存器中的 D_1、D_0 位用来指出通道号，D_2 用来表示是否对相应通道设置 DMA 请求，如 D_2 为 1，则使相应通道的 DMA 请求触发器置 1，于是产生 DMA 请求，如 D_2 为 0，则无请求。

这种请求方式必须是块传输方式，传送结束后，EOP 信号自动清除相应的请求位。

（6）暂存寄存器

暂存寄存器用于在存储器到存储器传送时，暂时保存从源地址读出的数据，对应 DMA +13 端口。RESET 信号和总清命令可清除该寄存器的内容。

3. 软命令

8237A 有 3 条特殊的软命令。所谓软命令就是只要对特定的地址进行一次性写操作（使 $\overline{CS}$ 和内部寄存器地址及 $\overline{IOW}$ 同时有效），命令就生效，而与写入的具体数据无关。

（1）总清命令

OUT 0DH，AL。总清除命令与硬件的 RESET 信号具有相同的功能，也就是说，总清命令使控制寄存器、状态寄存器、DMA 寄存器、暂存器以及先/后触发器都清 0，而使屏蔽寄存器置 1，屏蔽所有的 DMA 请求。只要在程序中写入 OUT 0DH，AL 这条语句就可以实现总清功能。

（2）清屏蔽寄存器命令

OUT 0EH，AL。该命令使 4 个通道的屏蔽位均清 0。

（3）清先/后触发器命令

OUT 0CH，AL。8237A 内部有一个"先/后触发器"，当该触发器为 0 时，访问 16 位寄存器的低字节；为 1 时，访问高字节。该触发器在 8237A 复位时清 0，每访问一次寄存器后，能自动翻转，0 变 1 或 1 变 0。在写入内存储器起始地址或字节计数器初值之前，将这个触发器清 0，就可以按照先低位字节、后高位字节的顺序写入初值。

7.2.4 8237A 的编程

8237A 初始化编程的步骤如下：

1）发送总清命令。

2）写基本地址和当前地址寄存器。

3）写基本字节数和当前字节寄存器。

4）写工作方式控制字。

5）写屏蔽寄存器。

6）写控制寄存器。

7）写请求寄存器。

例7-1 利用8237A通道0从外部设备输入54 KB的一个数据块，传送至内存5678H开始的存储区域（增量传送），采用块传送方式，非自动预置。外部设备的DREQ和DACK都为高电平有效。已知8237A端口地址为50H~5FH。

端口地址分析如下：

8237A端口地址为50H~5FH，则根据表7-1可知写总清命令端口为5DH（$A_4 \sim A_0 = 0DH$），基本地址和当前地址寄存器的端口地址为50H（$A_4 \sim A_0 = 0$），基本字节计数器和当前字节寄存器的端口地址为51H（$A_4 \sim A_0 = 1$），工作方式控制字端口为5BH（$A_4 \sim A_0 = 0BH$），单个通道屏蔽寄存器端口地址为5AH（$A_4 \sim A_0 = 0AH$），命令寄存器端口地址为58H（$A_4 \sim A_0 = 08H$）。

初始化程序如下：

```
OUT   5DH,AL        ;写总清命令
MOV   AL,78H        ;写基本地址寄存器和当前寄存器的低8位
OUT   50H,AL
MOV   AL,56H        ;写基本地址寄存器和当前寄存器的高8位
OUT   50H,AL
MOV   AL,00H        ;写基本字节计数器和当前字节寄存器的低8位(54K=0D800H)
OUT   51H,AL
MOV   AL,78H        ;写基本字节计数器和当前字节寄存器的高8位(54K=0D800H)
OUT   51H,AL
MOV   AL,85H        ;写工作方式控制字,块传送,增量,非自动预置,DMA写,通道1
OUT   5BH,AL
MOV   AL,01H        ;写屏蔽寄存器,使通道0不屏蔽
OUT   5AH,AL
MOV   AL,0A0H       ;写命令寄存器,DACK高有效,DREQ高有效,扩展写,固定优先,普通
                   ;时序,启动8237A,非内存和内存传送
OUT   58H,AL
```

7.2.5 8237A的工作时序

8237A时钟的每一个周期分为两大类，即空闲周期和有效周期。

1. 空闲周期 S_i

8237A复位以后就处于空闲周期S_i，在此周期，8237A处于被动工作状态，CPU可对8237A进行初始化编程，或者虽然已经初始化，但还没有DMA请求输入。在空闲周期中，8237A要检查DREQ的状态，以确定是否有通道请求DMA服务。同时也对$\overline{CS}$端采样，判定CPU是否要对8237A进行读写操作，如$\overline{CS}$为低电平，且HLDA也为低电平，就使芯片进入有效周期。

2. 有效周期

8237A获得外部设备有DMA请求，就脱离空闲周期进入有效周期。此时，8237A作为

系统的主控芯片,将控制 DMA 传送过程。DMA 传送使用系统总线完成,其控制信号以及工作时序类似 CPU 总线周期。通常有效周期由 $S_0 \sim S_4$ 这 5 个周期组成,如图 7-11 所示。

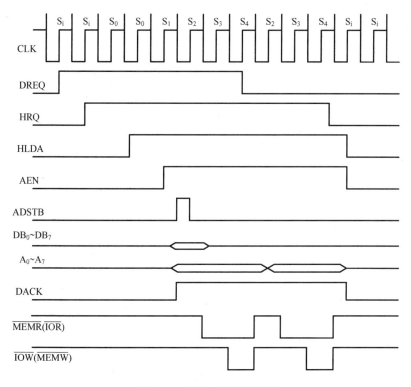

图 7-11　8237A 的工作时序

S_0:等待周期。当 8237A 接到外部设备的 DREQ 请求,并向 CPU 发出了 HRQ 后就从空闲周期 S_i 进入等待周期 S_0,并重复执行 S_0,等待 CPU 让出总线控制权,直到收到来自 CPU 的 HLDA 响应后,结束 S_0 状态。在 S_0 期间,8237A 仍可以接收来自 CPU 的读写操作。

S_1:更新高 8 位地址。8237A 用 $DB_0 \sim DB_7$ 送出高 8 位地址 $A_8 \sim A_{15}$,同时使 ADSTB 有效,将高 8 位地址送入锁存器(在 S_2 的下降沿信号被锁存)。由于 S_1 是 CPU 已经释放总线后进入的状态,因此 8237A 还使 AEN 有效。但是,在传输一段连续的数据时,存储器地址总是相邻的,它们的高 8 位地址往往是不变的。这样在进行下一个字节的传输时,就没必要再把高位地址锁存一次,这种情况下 S_1 可以省略。

S_2:输出 16 位 RAM 地址和发 DACK 信号寻址 I/O 设备。8237A 首先向外设送出 DACK 信号,启动外设开始工作。同时开始送出读数据的控制信号。如果是 DMA 读操作,就送出 $\overline{MEMR}$ 到存储器。反之,就把 $\overline{IOR}$ 送到外设。

S_3:送出写操作所需的控制信号。如 DMA 读,就将 $\overline{IOW}$ 送外设;反之则将 $\overline{MEMR}$ 送存储器。S_3 状态结束时,在下降沿检测 READY 的状态,若为低电平,就在 S_3 后产生一个 S_w 周期,延续 S_3 的各种状态。在 S_3 或 S_w 结束处若检测到 READY 为高电平,就进入 S_4 周期,如图 7-12 所示。

S_4:结束本次一个字节的传输。如果整个 DMA 传输结束,后面紧接的是 S_i 周期,若还要继续进行下一个字节传输,则再次重复进行 $S_1 \sim S_4$ 的过程。

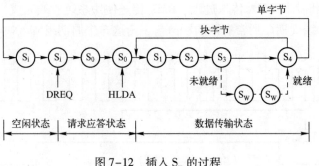

图 7-12　插入 S_w 的过程

7.3　PC 中 DMA 的应用

为了实现 DMA 传送，一般除了 DMAC 之外，还需要由其他配套芯片组成一个完整的传输系统。

7.3.1　DMA 系统的组成

在 PC 中，采用 Intel 8237A 为 DMAC，另外，还要配置 DMA 页面地址锁存器、总线驱动器及地址锁存器等，构成一个完整的 DMA 系统，其系统逻辑如图 7-13 所示。

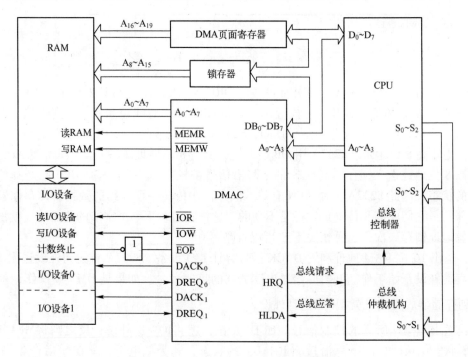

图 7-13　PC 系列 DMA 系统逻辑框图

8237A 只能输出 $A_0 \sim A_{15}$ 共 16 条地址线，而 PC 中的系统地址总线有 20 位、24 位等，显然 8237A 提供的地址线是不够的。这里以 8086/8088 系统为例，说明 20 位地址信息是怎么形成的。

在 8086/8088 系统中，系统的寻址范围是 1 MB，地址线有 2 根。为了能够在 8086/8088 系统中使用 8237A 来实现 DMA 传送，需要用到一组 4 位的页面寄存器。页面寄存器主要用来产生 DMA 通道的高 4 位地址 $A_{16} \sim A_{19}$，它与 8237A 输出的 16 位地址一起组成 20 位地址线，用来访问存储器的全部存储单元。

8237A 对 I/O 设备的寻址如图 7-13 所示，它是用 DACK 信号来取代 I/O 设备地址选择，使申请 DMA 请求并被认可的设备在 DMA 传送过程中保持为有效设备。也就是说，对请求 DMA 的 I/O 设备，在进行读写数据时，只要 DACK 信号和 $\overline{IOR}$ 或 $\overline{IOW}$ 信号同时有效，就能完成对 I/O 设备的读或写操作，与 I/O 设备的端口地址无关。

7.3.2　单片 8237 系统

如图 7-14 所示，在早期的 PC 中，一般采用 1 片 8237A 芯片，可以支持 4 个通道 DMA 传送。其中通道 0 用于动态存储器 DRAM 刷新；通道 1 为用户保留或用于网络数据链路控制卡使用；通道 2 用于内存与软盘的高速数据交换；通道 3 用于内存与硬盘的高速数据交换。

以上通道均传送 8 位数据，每次 DMA 传送最多为 64 KB，可在 1 MB 空间范围寻址。所以系统中只需要设置一个页面地址寄存器（端口地址为 80H ~ 83H）来存放 20 位地址的最高 4 位，而低 16 位地址由 8237A 本身提供。

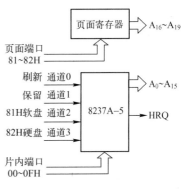

图 7-14　单片 DMAC

7.3.3　双片 DMAC 的 DMA 系统

如图 7-15 所示，在 286 以上的 PC 中，通常采用 2 片 8237A 芯片，记为片（0）和片（1），可以支持 7 个通道 DMA 传送。其中片（0）为主片，它的 4 个通道只有通道 2 仍为软盘 DMA 传送服务，通道 0 和通道 3 都空下来未使用，因为 286 以上的 PC 动态存储器有专门的刷新电路，硬盘驱动器也采用高速 PIO 传送数据。片（1）为从片，它的通道 4 用作片（0）和片（1）的级联，其他通道 5、6、7 均保留使用。

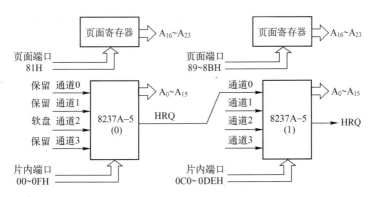

图 7-15　双片 DMAC

203

片（0）的 1~3 通道仍按 8 位数据进行 DMA 传送，最大传送 64 KB。片（0）的通道 0 和片（1）的通道 5、6、7 是按 16 位数据进行 DMA 传送的，每次 DMA 传送最大为 64 KB。

7.3.4 DMA 系统应用实例

在 DMA 系统中，除了对 DMA 控制器 8237A 的初始化，还要在提供存储器地址时，向页面地址寄存器写入高 4 位地址值。

下面是一个 DMA 系统中接收某外部数据包并存入内存缓冲区的应用实例。

例 7-2 已知 8237A 端口地址 00H ~ 0FH（相应寄存器的地址见表 7-1），利用通道 1 传送数据，页面地址寄存器地址为 83H。内存缓冲区地址为 2100：0030H，传送数据块长度为 200B。设 RECEIVE 子程序是启动外部设备获得数据的子程序。

程序如下：

```
    MOV   AL,00000100B        ;检测前,先禁止 8237A 的工作
    OUT   08H,AL              ;命令字送命令寄存器
    OUT   0DH,AL              ;写总清命令
    MOV   AL,00000101B        ;方式字;请求传输,地址增加,非自动预置,写传输
    OUT   0BH,AL
    MOV   AL,02H
    OUT   83H,AL              ;页面地址 =02H
    OUT   0CH,AL              ;清先/后触发器
    MOV   AL,30H
    OUT   02H,AL              ;写低位地址(30H)
    MOV   AL,10H
    OUT   02H,AL              ;写高位地址(10H)
    MOV   AX,199              ;传输字节数
    OUT   03H,AL              ;写字节数低位
    MOV   AL,AH
    OUT   03H,AL              ;写字节数高位
    MOV   AL,00000001B
    OUT   0AH,AL              ;清除通道 1 屏蔽
    CALL  RECEIVE             ;从串口接收数据
    PUSH  DS
    MOV   AX,2103H
    MOV   DS,AX               ;DS 置初值,缓冲区首地址 DS:0000H
WAIT:
    OUT   0CH,AL              ;清先/后触发器
    IN    AL,03H
    MOV   BL,AL
    IN    AL,03H
    MOV   BH,AL               ;未传送的字节数送 BX
    CMP   BX,0
    JNZ   WAIT                ;没完成则等待
```

```
MOV    AL,00000101B
OUT    0AH,AL                    ;完成后屏蔽通道1
POP    DS
```

习题

1. 什么是 DMA 传输？DMA 方式为什么能实现高速传送？

2. 简述 DMA 传送的一般过程。

3. DMA 控制器 8237A 的主要性能是什么？

4. DMA 控制器 8237A 何时作为主设备工作？什么时候作为从设备工作？在这两种情况下，系统总线的$\overline{IOR}$、$\overline{IOW}$、$\overline{MEMR}$、$\overline{MEMW}$以及地址总线各处于什么状态？系统总线中哪个信号可以区分 8237A 处于哪种情况工作？

5. 8237A 有几个通道？各通道包含哪些寄存器？基地址寄存器和当前地址寄存器、基字节和当前字节寄存器各自的作用是什么？

6. 8237A 选择存储器到存储器的传送模式必须具备哪些条件？

7. 8237A 只有 8 位数据线，为什么能完成 16 位数据的 DMA 传送？8237A 的地址线为什么是双向的？

8. 说明 8237A 单字节 DMA 传送数据的全过程，8237A 单字节 DMA 传送与数据块 DMA 传送有什么不同？

9. 如果 8237A 的片选地址范围是 200H ~ 20FH，编程实现用通道 2 将内存 2100H ~ 2300H 单元的数据传送到 8000H 单元开始的内存区域。

第8章 可编程定时器/计数器

本章要点

1. 定时/计数的基本概念
2. 可编程定时器/计数器 8253/8254
3. 8253/8254 的基本应用

学习目标

通过本章的学习，了解微机系统中常用的定时技术，熟悉可编程定时器/计数器 8253/8254 的引脚及其内部结构，理解 8253/8254 的工作方式和控制字，掌握其编程方法，能利用芯片设计实际应用系统。

8.1 基本概念

在微机控制系统与计算机应用中，常常需要定时信号为处理器或外部设备提供时间基准。微机系统中的定时可以分为内部定时和外部定时两种类型。内部定时是计算机本身运行的时间基准；外部定时是外部设备与 CPU 之间或外部设备之间的时间基准。如定时中断、定时采集或延时一段时间实现某种控制等，有时也需要对外部事件进行计数/计时。在此仅重点讨论外部定时。

实现定时和计数的方法通常有 3 种：软件定时、硬件定时以及可编程的定时/计数方法。

（1）采用软件定时

软件定时是让计算机执行一个专门的指令序列（也称延时程序），由执行指令序列中所有指令花费的时间来构成一个固定的时间间隔，从而达到定时或延时的目的。通过恰当地选择指令并安排循环次数则可以很容易实现软件定时。它的优点是不需要增加硬件设备，只需要编写延时程序即可。缺点是执行延时程序要占用 CPU 的时间开销，延时时间越长，开销越大，浪费了 CPU 的资源。

（2）简单硬件定时

简单硬件定时是采用电子元器件构成电路，通过调整和改变电路中定时元件（如电阻和电容）的数值大小，即可实现调整和改变定时的数值与范围。例如，常用的单稳延时电路是用一个输入脉冲信号去触发单稳电路，经过预定的时间间隔之后产生一个输出信号，从而达到延时目的。其延时时间间隔的长短由电路中的定时电阻、电容值（即 RC 时间常数）所决定。这种定时方法的缺点是其定时值和定时范围不能通过程序（软件）的方法予以控制和改变。

（3）可编程定时器/计数器

在微机系统中，通常是采用软硬件结合的方法，即采用可编程定时器与计数器电路。这种电路的定时值及其调整范围均可以通过软件的方法进行改变，因而功能多样，使用方便。

常用的可编程定时器/计数器芯片很多，如 Intel 公司的可编程定时器/计数器 8253/8254、Zilog 公司的可编程定时器/计数器电路 CTC 等。熟悉这些芯片的功能特点及在系统中的编程使用方法，对于了解和掌握计算机与实时控制系统中的计数/定时技术，将会有很大的帮助。本章以 Intel 8253/8254 为例，详细介绍它的功能特点、编程使用方法及应用实例。

8.2 可编程定时器/计数器 8254

8.2.1 8254 的内部结构及外部引脚

1. 8254 的内部结构

Intel 8254 的内部结构如图 8-1 所示。其内部有 3 个功能相同的 16 位减法计数器，它的主要特点包括：

1）具有 3 个独立的 16 位计数器。

2）每个计数器都可以按照二进制或 BCD 数进行减法计数。

3）每个计数器的计数速率最高可达 2 MHz。

4）每个计数器有 6 种工作方式，均可由程序设置和改变。

5）全部输入、输出都与 TTL 电平兼容。

8254 的读写操作对系统时钟没有特殊要求，因此它几乎可以应用于任何微机系统中，可以作为可编程的事件计数器、分频器、方波发生器、实时时钟以及单脉冲发生器等。

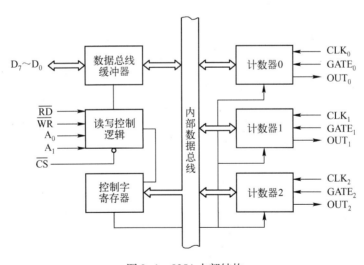

图 8-1　8254 内部结构

8254 内部结构包括数据总线缓冲器、读写控制逻辑、控制字寄存器和 3 个独立的计数器。总线缓冲寄存器主要有以下功能：

1）CPU 向 8254 所写的控制字经数据总线缓冲器和 8254 内部的数据总线传送给控制字寄存器寄存。

2）CPU 向某计数器所写的计数初值经它和内部总线送到指定的计数器。

3）CPU 读某计数器的现行值，该值经内部总线和缓冲器传送到系统的数据总线上，被 CPU 读取。

8254 的计数器 0、计数器 1、计数器 2 是 3 个独立的计数器，它们的内部结构相同。每个计数器包含一个 16 位减 1 计数单元、16 位计数初值寄存器和 16 位输出锁存器，如图 8-2 所示。但是，每个计数通道都必须由 CPU 写入控制字和计数初值后才能开始工作。控制字寄存器寄存由 CPU 通过数据缓冲器送来的控制字，控制每个计数器的工作方式，选择计数器按什么计数制进行计数，并确定初值的写入顺序。因此，3 个独立的计数器各自应有自己的控制字寄存器。写入计数器的初值保存在计数初值寄存器中，由 CLK 脉冲的一个上升沿和一个下降沿将其装入减 1 计数器。输出寄存器的值跟随减 1 计数器的变化。每个计数器都有对输入的 CLK 脉冲按二进制或十进制的预置值开始递减计数。

2. 8254 的引脚结构

采用 NMOS 工艺制成，单一 +5V 电源，24 引脚双列直插式封装。8254 的控制字寄存器只能写入，不能读出。如图 8-3 所示，8254 共有 24 引脚，功能如下：

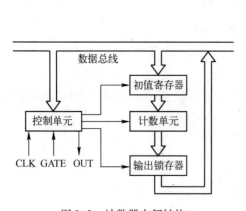

图 8-2　计数器内部结构

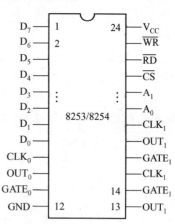

图 8-3　8254 的外部引脚

1）双向三态数据总线 $D_0 \sim D_7$，是 PC 总线与 8254 之间的数据传输线。

2）片选信号$\overline{CS}$、地址选择线 A_1、A_0 和读写控制信号$\overline{RD}$、$\overline{WR}$，与 CPU 的控制线相连，地址选择线 A_1、A_0 和片选信号$\overline{CS}$一起确定 8254 端口地址。一个 8254 占用 4 个端口地址，由 A_1、A_0 的取值来区分，编码为 00、01、10、11 分别寻址 0 号、1 号、2 号计数器和控制字寄存器（3 个计数器的控制字共用一个端口）。

3）电源线 V_{CC} 和地线 GND。

4）每个计数器有 3 个引脚，即 CLK、GATE 和 OUT。CLK 为时钟输入线，在计数方式工作时是计数脉冲输入线；OUT 为计数器输入端，当计数器减为 0 时，根据所设置的工作方式输出相应的信号；GATE 为门控信号，用于启动或禁止计数器操作。

读写逻辑接收系统总线的 5 个输入信号，根据这 5 个信号产生芯片操作的控制信号，见表 8-1。

表 8-1 8254 的读写控制逻辑

$\overline{CS}$	$\overline{RD}$	$\overline{WR}$	A_1	A_0	操　作
0	0	1	0	0	读计数器 0
0	0	1	0	1	读计数器 1
0	0	1	1	0	读计数器 2
0	0	1	1	1	无操作
0	1	0	0	0	计数常数写入计数器 0
0	1	0	0	1	计数常数写入计数器 1
0	1	0	1	0	计数常数写入计数器 2
0	1	0	1	1	写入控制字寄存器
0	1	1	×	×	无操作
1	×	×	×	×	禁止（三态）

8.2.2　8254 的工作方式和操作时序

8254 每个定时器/计数器通道都有 6 种工作方式，区分这 6 种工作方式的主要标志有三点：一是输出波形；二是计数过程中门控信号 GATE 对计数操作的影响；三是启动计数器的触发方式。下面结合上述三点进行介绍和分析。

1. 方式 0：计数器方式——计数期间低电平输出（GATE 高电平有效）

8254 在方式 0 时主要有以下 3 个特点：

1）向计数器写入方式 0 控制字后，输出信号 OUT 开始变为低电平。赋初值后，在每个 CLK 时钟的下降沿，计数器进行减 1 计数。当计数器减到 0 时，OUT 端立即输出高电平，并一直保持到重新写入计数初值或重新设置工作方式为止。工作的时序图如图 8-4 所示。

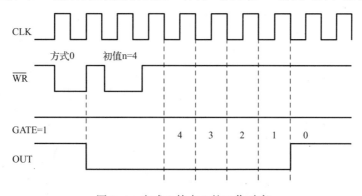

图 8-4　方式 0 特点 1 的工作时序

2）GATE 为高电平，允许计数；为低电平，暂停计数，其计数值保持不变；GATE 信号再次变为高电平时，计数器从暂停处继续计数。GATE 信号的变化并不影响输出端 OUT 的状态。工作时序如图 8-5 所示。

3）如果计数过程中，重新写入某一计数初值，则在写完新的计数初值后，计数器将按新写入的计数数值重新开始减 1 计数。工作时序如图 8-6 所示。

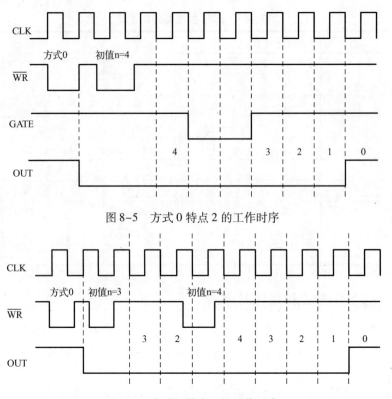

图 8-5　方式 0 特点 2 的工作时序

图 8-6　方式 0 特点 3 的工作时序

2. 方式 1：可重触发的单稳态触发器（低电平输出，GATE 信号上升沿重新计数）

8254 工作在方式 1 时，主要有以下 3 个特点：

1）写入控制字后，OUT 输出高电平作为起始电平。送初值后，若无 GATE 的上升沿，OUT 维持高电平。当 GATE 端产生上升沿后，OUT 端输出低电平，并在 CLK 时钟的下降沿进行减 1 计数。当计数器减到 0 时，OUT 端立即输出高电平。计数器要执行计数，则要求门控信号 GATE 必须产生一个由低变高的信号。工作的时序如图 8-7 所示。

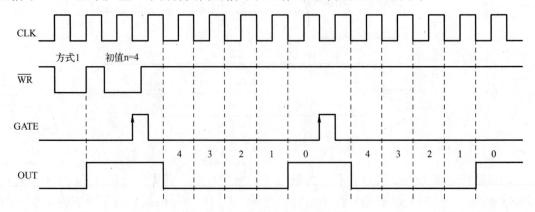

图 8-7　方式 1 特点 1 的工作时序

2）在计数器工作期间，当门控信号 GATE 又出现一个上升沿时，计数器将装入原计数初值，重新开始减 1 计数。工作时序如图 8-8 所示。

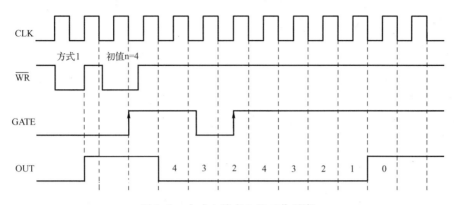

图 8-8　方式 1 特点 2 的工作时序

3）如果工作期间对计数器写入新的计数值，则要等到当前的计数器计到零，且门控信号 GATE 再次出现上升沿后，才按新写入的计数值开始工作。工作时序如图 8-9 所示。

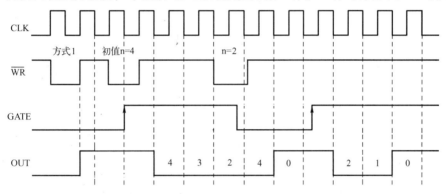

图 8-9　方式 1 特点 3 的工作时序

3. 方式 2：频率发生器（周期性负脉冲）

8254 工作在方式 2 时，主要有以下 3 个特点：

1）写入控制字后，OUT 输出高电平作为起始电平。送初值后，计数器开始减 1 计数，OUT 维持高电平。当减到 1 时，OUT 端变为低电平并维持一个 CLK 周期，然后又变为高电平，同时从初值开始新的计数过程。因为这种工作方式下计数器能连续工作，并且输出固定频率的脉冲，所以称为频率发生器或分频器。工作的时序图如图 8-10 所示。

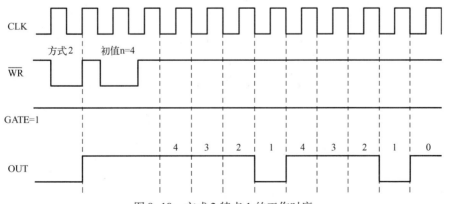

图 8-10　方式 2 特点 1 的工作时序

2）GATE 为高电平时允许计数，低电平时终止计数。待 GATE 恢复高电平后，计数器将按原来设定的计数值重新计数。工作的时序图如图 8-11 所示。

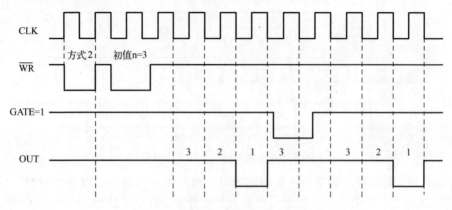

图 8-11　方式 2 特点 2 的工作时序

3）若计数过程中写入新的计数值不会影响正在进行的计数过程，须等到计数器减 1 之后，计数器才装入新的计数初值，并按新的初值进行计数。工作的时序图如图 8-12 所示。

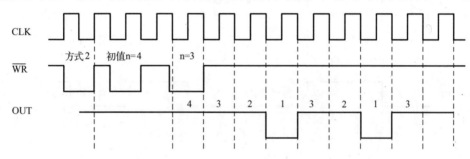

图 8-12　方式 2 特点 3 的工作时序

4. 方式 3：方波发生器

方式 3 与方式 2 类似，都具有自动装入计数初值的功能。除计数过程和输出波形不同，其他均与方式 2 相同，输出方波信号，因此称为方波发生器，计数过程分两种情况。

1）计数初值为偶数时，工作时序如图 8-13 所示。写入控制字后，OUT 输出高电平作为起始电平。写入计数初值后，每一个 CLK 脉冲使减 1 计数器减 2，当减到 0 时，OUT 输出低电平，减 1 计数器恢复计数初值，OUT 变高电平，并开始新的减 2 计数。OUT 连续输出占空比为 1/2 的方波。

2）计数初值为奇数时，工作时序如图 8-14 所示。写入控制字后，OUT 输出变为高电平。写入计数初值后开始减 1 计数。减到 $(n+1)/2$ 以后，OUT 变为低电平，减到 0 时，OUT 又变为高电平，并重新从初值开始新的计数过程。这时的输出波形高电平时比低电平多一个 CLK 信号周期。

5. 方式 4：软件触发选通

8254 工作在方式 4 时主要有以下特点：

1）写入控制字后，OUT 输出高电平作为起始电平。当由软件触发写入初始值后，计数值做减 1 计数，OUT 端保持高电平。当计数器减到 0 时，在 OUT 端输出一个宽度等于一个

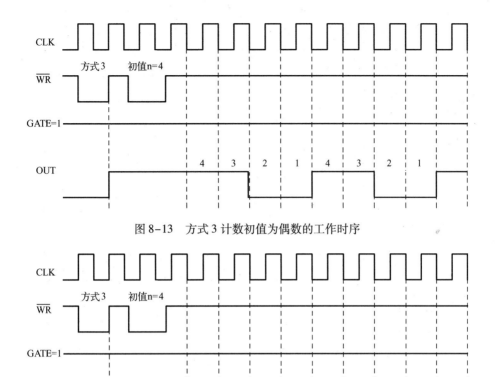

图 8-13　方式 3 计数初值为偶数的工作时序

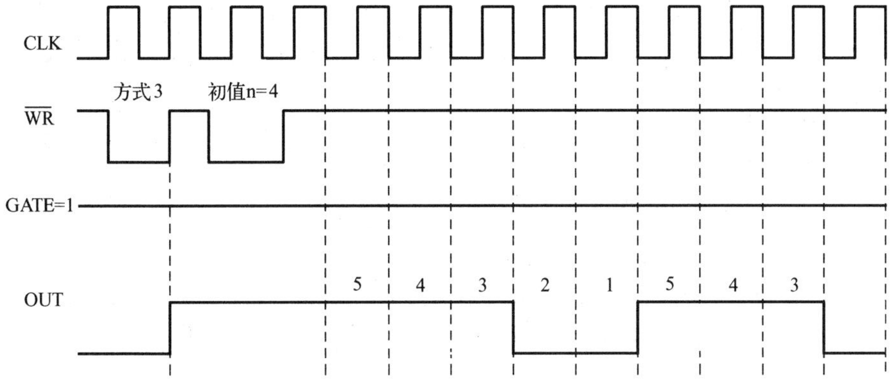

图 8-14　方式 3 计数初值为奇数的工作时序

计数脉冲的负脉冲，再恢复到高电平。这种方式不能自动装初值，要启动下一次计数，必须重新写入初值。工作的时序图如图 8-15 所示。

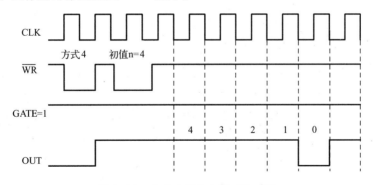

图 8-15　方式 4 特点 1 的工作时序

2）GATE 为高电平时允许计数，低电平时终止计数。待 GATE 恢复高电平后，计数器将从原设定的计数值开始减 1 计数。工作时序如图 8-16 所示。

3）如果工作期间对计数器写入新的计数值，并不影响当前的计数状态，只有当前计数值减到 0 后，计数器才按新写入的计数值开始计数。工作时序如图 8-17 所示。

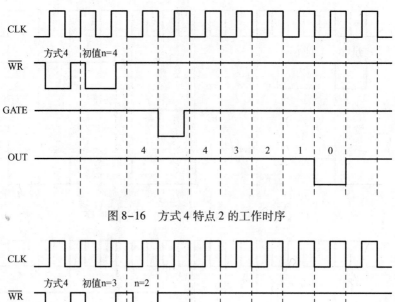

图 8-16　方式 4 特点 2 的工作时序

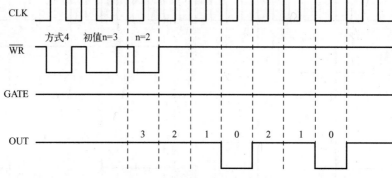

图 8-17　方式 4 特点 3 的工作时序

6. 方式 5：硬件触发选通（输出单脉冲）

方式 5 与方式 4 类似，所不同的是，由 GATE 上升沿触发计数器开始工作。

1）向计数器写入方式 5 控制字后，OUT 输出高电平作为起始电平。写入计数初值后，计数器并不立即开始计数，在 GATE 端输入上升沿触发信号后，计数开始。而门控信号是由硬件电路产生的，所以叫硬件触发选通。工作时序如图 8-18 所示。

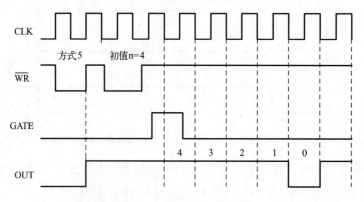

图 8-18　方式 5 工作时序

2）计数过程中或计数结束后，如果门控再次出现上升沿，则计数器将从原设定的计数初值重新计数。工作时序如图 8-19 所示。

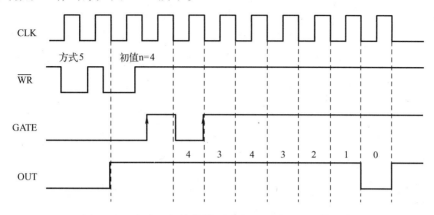

图 8-19 方式 5 门控信号再次出现上升沿的工作时序

7. 6 种工作方式比较

上面分别说明了 8254 的 6 种方式的工作过程，下面通过表 8-2 对这 6 种工作方式进行对比，以便在应用时，可以有针对性地加以选择。一般方式 0、1 和方式 4、5 可以选作计数器用，方式 2、3 可选作定时器用（输出周期脉冲或周期方波）。

表 8-2 8254 各方式中的 GATE 信号、输出波形

方 式	功 能	GATE	输 出 波 形
0	计数器	高电平	写入初值后经过 n + 1 个时钟周期 OUT 变高电平
1	可重触发的单稳态触发器	上升沿	输出宽度为 n 个时钟周期的低电平
2	分频器	高电平	输出周期为 n 个时钟周期、宽度为 1 个时钟周期的负脉冲
3	方波发生器	高电平	初值为偶数时，输出周期为 n 个时钟周期的方波
4	软件触发选通	高电平	写入初值后经 n 个时钟周期，输出 1 个时钟周期的负脉冲
5	硬件触发选通	上升沿	门控信号触发后经 n 个时钟周期，输出 1 个时钟周期的负脉冲

8.2.3 8254 的控制字和初始化

8254 是可编程的接口芯片，使用之前必须先对它初始化编程。一般初始化分两步进行：首先向 8254 写入控制字，对所选通道的工作方式和计数格式进行设置；然后要向所选通道写入计数初值。每个通道在写完控制字和计数初值之后才能开始工作。

1. 8254 的方式控制字

8254 方式控制字如图 8-20 所示，8254 的控制字定义如下：

（1）D_7、D_6 为计数器的控制寄存器选择位

用于选择计数器。为 00 时选择计数器 0，为 01 时选择计数器 1，为 10 时选择计数器 2，为 11 时，非法。

（2）D_5、D_4 为读/写方式控制位

D_5、D_4 = 00 时锁存计数器的当前计数值，以便读出。

D_5、D_4 = 01 表示写入时，只写入计数初值低 8 位，高 8 位置 0，读出时，只读出低 8 位

D_7	D_6	D_5	D_4	D_3	D_2	D_1	D_0
SC_1	SC_0	RW_1	RW_0	M_2	M_1	M_0	BCD
00计数器0 01计数器1 10计数器2 11非法		00为计数器锁存 01只读写低位字节 10只读写高位字节 11先读写低位字节, 后读写高位字节		000 方式0 计数结束中断方式 001 方式1 硬件触发单拍脉冲 010 方式2 频率发生器 011 方式3 方波发生器 000 方式4 软件触发选通 101 方式5 硬件触发选通			0为计数器 采用二进 制计数 1为计数器 采用BCD 码计数

图 8-20　8254 方式控制字

的当前计数值,即这个通道只使用低 8 位进行计数。

D_5、D_4 = 10 表示写入时,只写入计数初值高 8 位,低 8 位置 0,读出时,只读出低 8 位的当前计数值,即这个通道只使用低 8 位进行计数。

D_5、D_4 = 10 表示写入时,只写入计数初值高 8 位,低 8 位置 0,读出时,只读出高 8 位的当前计数值,即这个通道仍然进行 16 位计数。

D_5、D_4 = 11 计数初值为 16 位,分两次用同一个地址写入计数初值寄存器,先写低 8 位,后写高 8 位。读出时,先读低 8 位,后读高 8 位。

（3）D_3、D_2、D_1 为工作方式选择位

D_3、D_2、D_1 取值 000 ~ 101 分别代表方式 0 ~ 方式 5。

（4）D_0 为计数格式选择位

D_0 = 0,按二进制格式计数;D_0 = 1,按 BCD 码格式计数。

2. 8254 初始化编程

初始化编程分两步:对所用到的计数器写入方式控制字和初值。方式控制字要送到控制端口,即对应 A_1A_0 = 11。而初值要送到相应的计数器端口:计数器 0 的初值要送到 A_1A_0 = 00 所对应的端口;计数器 1 要送到 A_1A_0 = 01 所对应的端口;计数器 2 要送到 A_1A_0 = 10 所对应的端口。

例 8-1　某微机系统中 8254 的端口地址为 60H ~ 63H,要求计数器 0 工作在方式 0,计数初值为 0A8H,按二进制计数;计数器 1 工作在方式 1,计数初值为 2000H,按 BCD 码计数;计数器 2 工作在方式 3,初值为 1B3CH,按二进制计数。写出初始化程序段。

解:按要求分别算出 3 个计数器的方式控制字。

计数器 0:00010000B = 10H;计数器 1:01100011B = 63H;计数器 2:10110110B = 0B6H。

初始化程序如下:

```
        MOV   AL,10H              ;写计数器 0 控制字
        OUT   63H,AL             ;方式控制字送控制端口
        MOV   AL,0A8H            ;写计数器 0 计数初值
        OUT   60H,AL             ;计数器 0 的初值送到计数器 0 的端口
        MOV   AL,63H             ;写计数器 1 控制字
        OUT   63H,AL             ;方式控制字送控制端口
        MOV   AL,20H             ;写计数器 1 计数初值
        OUT   61H,AL             ;计数器 1 的初值送到计数器 1 的端口
```

MOV AL,0B6H	;写计数器2控制字
OUT 63H,AL	;方式控制字送控制端口
MOV AL,3CH	;写计数器2计数初值的低8位
OUT 62H,AL	;计数器2的初值送到计数器2的端口
MOV AL,1BH	;写计数器2计数初值的高8位
OUT 62H,AL	;计数器2的初值送到计数器2的端口

8.3 8254 的应用

8254 作为经典的可编程定时/计数芯片，应用非常广泛，如精确的硬件定时、波形发生器、分频器、脉冲计数器等。下面通过几个应用的实例，进一步理解其工作原理。

1. 计数器应用设计

8254 可用于统计外部设备提供的具有随机性的脉冲信号的个数，以得知某一事件发生的次数，如生产线零件计数、高速公路上车流量统计等。

例 8-2 采用 8254 设计一个可以重复进行的计数系统，每按脉冲开关 100 下，点亮一下 LED 发光二极管。其他时间 LED 发光二极管不亮。

解：1）根据硬件电路，可设计连接电路如图 8-21 所示。

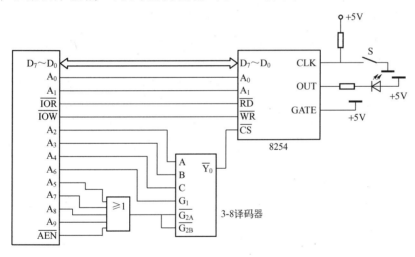

图 8-21 硬件连接示意图

2）8254 中某个计数器的 CLK 端接开关 S，每按一下产生一个 CLK 下降沿，用其进行计数。初值可设为 100。

3）该计数器的 OUT 端可用于控制 LED 发光二极管亮或灭。

4）该计数器的工作方式应能支持连续计数：方式 2 或方式 3。

5）该计数器的 GATE 端可恒接高电平。

6）该 8254 芯片的 $\overline{CS}$ 端应接一个译码电路，译码范围为 40H～43H。

程序如下：

MOV AL,25H	;计数器0,方式2,计数值100采用BCD码

```
    MOV   DX,43H
    OUT   DX,AL              ;方式控制字送控制端口
    MOV   AL,01H             ;计数值100,只送高8位BCD码
    OUT   40H,AL             ;计数初值写入计数器0
```

2. 分频器设计

采用计数器的工作方式3可以产生连续的频率一定的脉冲,也可以将这个脉冲送到中断控制器8259A的输入端,定时产生一个中断。

例8-3 某微机系统中8254的端口地址为250H～253H,如何用该定时器将2MHz的脉冲变为1Hz?

若设计一个计数器,算出初值 n = 定时时间/时钟脉冲周期 = 时钟脉冲频率/输出脉冲频率 = 2MHz/1Hz = 2000000,而一个计数器的初值最大长度是16位(65535),远远小于刚才算出的初值,用一个计数器是无法实现的,所以需要2个计数器进行级联。两个计数器级联时,总的计数值是两个计数值的乘积。对总数为2000000的分频系数,可以有多种分解方法,例如,将2000000计数值分解为计数器0计数400次,计数器1计数5000次来完成。计数器级联示意图如图8-22所示。

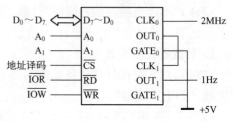

图8-22　计数器级联

计数器0的输出 OUT₀ 作为计数器1的时钟信号。可设定计数器0工作在方式3,分频系数400,采用BCD码计数,则计数器0方式控制字为27H;计数器1工作在方式2,分频系数5000,也采用BCD码计数,则计数器1方式控制字为65H,初始化程序如下:

```
    MOV   AL,27H            ;计数器0控制字
    MOV   DX,253H
    OUT   DX,AL             ;方式控制字送控制端口
    MOV   AL,65H            ;计数器1控制字
    OUT   DX,AL             ;方式控制字送控制端口
    MOV   DX,250H
    MOV   AL,04H            ;计数器0时间常数(BCD数高4位)
    OUT   DX,AL
    MOV   DX,251H
    MOV   AL,50H            ;计数器1时间常数(BCD数高8位)
    OUT   DX,AL
```

初始化之后,从计数器1的输出端 OUT1 输出的脉冲就是1Hz,对总数为2000000的分频系数,可以有多种分解方法。

3. 脉宽调制

在工业生产中经常要对交直流电动机进行转速的调节。可用一个开关电源对电动机供电,控制电源的开、关的时间比例,就可控制输出的有效电压,从而控制电动机的转速,这种方法就是常用的脉宽调制PWM(输出周期固定、占空比可变的脉冲信号)。我们可用8254来定时。

例8-4 某系统的8254的端口地址为250H~253H，计数器0工作在方式2，产生周期和宽度固定的脉冲信号。计数器1工作在方式1，用作脉宽调制的输出端。系统时钟频率为2 MHz（时钟周期为0.5 μs）。

计数器0的输出接到计数器1的GATE端，计数器1是工作在方式1，由方式1的特点可知，OUT_1信号和OUT_0具有相同的周期。计数器1输出OUT_1用作PWM脉冲，PWM脉冲周期由计数器0决定，宽度（高电平和低电平的宽度）由计数器1决定，如图8-23所示。

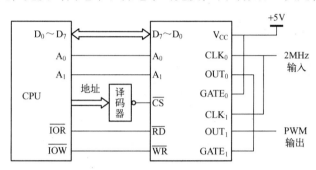

图8-23 基于8253/8254的脉宽调制

设PWM周期 T = 5 ms，该周期信号由计数器0控制输出：方式2，计数初值为5 ms/0.5 μs = 10000。PWM脉冲宽度由计数器1控制产生：方式1，计数值为N时（N可以在程序中设置和修改），低电平时间为0.5 μs × N，高电平时间为0.5 μs × (10000 − N)，输出占空比为(10000 − N)/10000的脉冲。N增大，对应的有效直流电压变小。程序如下：

```
MOV    AL,34H          ;计数器0控制字:00110100,方式2
MOV    DX,253H
OUT    DX,AL           ;方式控制字送控制端口
MOV    AL,72H          ;计数器1控制字
OUT    DX,AL           ;方式控制字送控制端口
MOV    DX,250H
MOV    AX,10000        ;计数器0时间常数
OUT    DX,AL           ;写入初值低8位
MOV    AL,AH
OUT    DX,AL           ;写入高8位
MOV    DX,251H
MOV    AX,N
OUT    DX,AL           ;写入初值低8位
MOV    AL,AH
OUT    DX,AL           ;写入高8位
```

8.4 PC中定时器/计数器的应用

PC主板芯片组里集成了8254定时器/计数器电路。8254的3个计数器分别用于电子钟基准、DRAM动态存储器刷新和扬声器发声。8254在微机系统中的应用如图8-24所示。

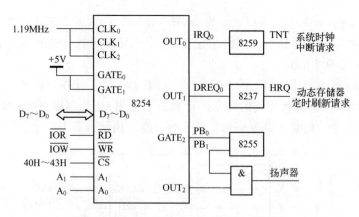

图 8-24　8254 在微机系统中的应用示意图

1. 计数器 0——系统计时器

计数器 0 用于为系统电子钟提供一个恒定的时间基准。计数器 0 工作于方式 3，OUT_0 接 8259 中断控制器的 IRQ_0。由于 $f_{CLK} = 1.19$ MHz，计数器最大计数值为 0，则 OUT 端 T = 65536/1.19 MHz≈55 ms。计数器 0 每隔 55 ms 通过 8259 向 CPU 发出中断请求，CPU 运行系统计时中断服务程序，完成日时钟计数。

初始化程序如下：

```
MOV   AL,00110110B        ;方式3,16 位二进制计数
OUT   43H,AL
MOV   AL,0
OUT   40H,AL
```

2. 计数器 1——动态存储器定时刷新控制

计数器 1 用于产生动态存储器刷新定时信号。动态存储器必须在 2 ms 内刷新 128 行，即每行要求 15.625 μs 刷新一次。计数器 1 工作于方式 2，通过 OUT_1 向 8237DMA 控制器产生请求，由 8237 对动态存储器进行刷新。$f_{CLK} = 1.19$ MHz，定时时间 T≈15 μs。计数器初值 n ≈15 μs×1.19 MHz≈18。

初始化程序如下：

```
MOV   AL,01010100B        ;方式2,二进制计数
OUT   43H,AL
MOV   AL,00010010B
OUT   41H,AL
```

3. 计数器 2——扬声器音频发生器

计数器 2 用于为系统机箱内的扬声器发声提供音频信号。系统中的扬声器发声用于提示和故障报警，如内存、显卡故障等。当 OUT_2 连续输出音频信号，则可以驱动扬声器发出不同音调的声音。计数器 2 工作于方式 3，预置计数值为 533H，OUT_2 端输出频率 = 1.19 MHz/ 533H = 896 Hz。

初始化程序如下：

```
MOV    AL,10110110B
OUT    43H,AL
MOV    AX, 0533H
OUT    42H,AL
MOV    AL, AH
OUT    42H,AL
```

习题

1. 常见的定时方法有哪几种？各有什么优缺点？

2. 简述 8254 的作用与特性。

3. 试画出 8254 的内部结构框图。

4. 试比较软件、硬件和可编程定时器/计数器用于定时的特点。

5. 8254 的每个通道的最大定时值是多少？欲使 8254 用于定时值超过其最大值时，应如何使用？

6. 试比较 8254 的方式 2、方式 4 和方式 5。

7. 设可编程定时器/计数器 8254 的通道 0、工作于方式 3，已知计数初值 N 为 4 和 5，试画出 N=4 和 N=5 两种情况下 OUT 的输出波形。

8. 已知 8254 定时器/计数器中 0 号、1 号、2 号计数器及控制寄存器地址分别为 340H、342H、344H、346H。试对 8254 的 3 个计数器进行编程，使计数器 0 设置为方式 1，计数初值为 2050H；计数器 1 设置为方式 2，计数初值为 3000H；计数器 2 设置为方式 3，计数初值为 1000。

9. 利用 8254 作为定时器，8255 一个输出端口控制 8 个指示灯，编写一段程序，使 8 个指示灯依次闪动，闪动频率为每秒 1 次。

第9章 并行接口

本章要点

1. 可编程并行接口的概念
2. 可编程并行接口 8255A
3. 8255A 的应用和程序设计

学习目标

通过本章的学习，了解并行数据传送方式的特点和并行接口的基本功能，熟悉可编程并行接口芯片 8255A 的外部引脚和内部结构，掌握 8255A 的初始化编程及软、硬件设计应用方法。

9.1 接口电路概述

计算机系统有并行传送和串行传送两种方式。并行传送是以计算机的字长（如 8 位、16 位、32 位、64 位）为单位，一次传送一个字长的数据，需要使用多根数据线。串行传送时通过一根数据线，将数据一位一位顺序送出。并行传送速率比串行传送快，但由于信号线多，且信号线间电容会引起串扰，不适合于远距离传送数据，一般用于外部设备与微机之间近距离、大量和快速的信息交换。例如，系统板上各部件（CPU 与存储器、CPU 与 I/O 接口）、I/O 扩展板上各部件、CPU 与打印机、CPU 与磁盘之间的数据交换都是采用并行数据传送方式。与并行传送相比，串行通信具有传输线少、成本低等优点，适合于远距离传送，其缺点是速度慢。

并行接口电路在微处理器和外设之间传送数据，主要起着锁存或缓冲的作用。并行接口电路有许多种，最基本的接口电路芯片是三态缓冲器和锁存器，如常用的 74LS244/74LS254 和 74LS273/74LS373 等，这些芯片都是不可编程的接口，一旦搭成系统后，用户无法改变其功能，通用性和灵活性较差。目前，在微机系统设计中广泛使用的是可编程并行接口芯片。可编程并行接口芯片的工作方式和功能，可以用软件编程的方法选择和改变。常用的可编程并行接口芯片有 Intel 公司的 8255A、Motorola 公司的 MC6820、Zilog 公司的 A80PIO 等。

9.2 可编程并行接口 8255A

Intel 8255A 是 Intel 公司生产的可编程并行接口芯片。它不需要附加外部电路便可和大多数并行传输数据的外部设备直接连接，可通过软件编程的方法分别设置它的 3 个 8 位 I/O 端口的工作方式，使用方便。

9.2.1 8255A 内部结构及外部引脚

8255A 的引脚及其内部结构如图 9-1 所示。

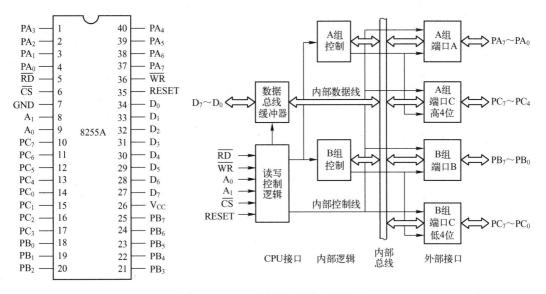

图 9-1 8255A 的引脚及其内部结构

1. 与 CPU 相连的引脚

1）$D_0 \sim D_7$：数据线，与系统总线相连。

2）$A_0 \sim A_1$：用来选择 A、B、C 这 3 个数据端口和控制字寄存器，见表 9-1。

3）$\overline{RD}$：低电平有效，控制 8255A 送出数据或状态信息至系统数据总线，以便 CPU 从 8255A 读取信息。

4）$\overline{WR}$：低电平有效，控制把 CPU 输出到系统总线上的数据或控制字写到 8255A。

5）$\overline{CS}$：低电平有效，片选信号。由它启动 CPU 与 8255A 中间的通信，一般接端口地址译码器输出端。

6）$\overline{CS}$、$\overline{RD}$、$\overline{WR}$、RESET 以及地址线 A_0、A_1 一起构成了 8255A 的读写控制逻辑，见表 9-1。控制字的端口地址为 4 个端口地址的最后一个地址。

表 9-1 8255 端口操作表

$\overline{CS}$	$\overline{RD}$	$\overline{WR}$	A_1	A_0	选中端口
0	1	0	0	0	数据总线→A 口
0	1	0	0	1	数据总线→B 口
0	1	0	1	0	数据总线→C 口
0	1	0	1	1	数据总线→控制寄存器
0	0	1	0	0	A 口→数据总线
0	0	1	0	1	B 口→数据总线
0	0	1	1	0	C 口→数据总线
0	0	1	1	1	非法状态
0	1	1	×	×	数据总线为高阻态
1	×	×	×	×	数据总线为高阻态

2. 与外部设备相连的引脚

由 3 个 8 位输入/输出端口组成，$PA_0 \sim PA_7$、$PB_0 \sim PB_7$ 和 $PC_0 \sim PC_7$：三态、双向信号，具体是作为输入还是输出则由工作方式决定，可直接与外部设备相连。

3. 数据总线缓冲器

8255A 芯片内部有 1 个 8 位双向、三态缓冲器，是 8255A 与数据总线的接口。输入/输出的数据以及 CPU 发出的命令控制字和外部设备的状态信息，都是通过这个缓冲器传送的。

4. 读写控制逻辑端口

读写控制逻辑包括 A 组控制逻辑和 B 组控制逻辑。这是两组根据 CPU 的方式选择控制字来控制 8255A 工作方式的电路。其控制寄存器接收 CPU 输出的方式控制字，决定两组的工作方式；还可以根据 CPU 的状态字对端口 A 的每一位实现按位复位或置位。

1）A 组控制逻辑：由 PA 口，$PC_4 \sim PC_7$ 构成数据传送通道。

2）B 组控制逻辑：由 PB 口，$PC_0 \sim PC_3$ 构成数据传送通道。

9.2.2　8255A 的控制字

CPU 通过指令将控制字写入 8255A 的控制端口设置它的工作方式。8255A 有两类控制字：方式选择控制字和端口 C 置位/复位控制字，这两个控制字均写入同一个控制端口地址（端口选择线 $A_1A_0 = 11$）。为了区分这两个控制字，将控制字的 D_7 作为特征位，$D_7 = 1$ 表示方式选择控制字；$D_7 = 0$ 表示端口 C 置位/复位控制字。

1. 方式选择控制字

8255A 共有 3 种基本工作方式：方式 0 为基本的输入/输出方式；方式 1 为带选通的输入/输出方式；方式 2 为双向传输方式。对 8255A 进行初始化编程时，通过向控制字寄存器写入方式选择控制字，可以让 3 个端口以指定的方式工作。其格式见表 9-2。

表 9-2　8255 的方式选择控制字格式

1	D_6、D_5	D_4	D_3	D_2	D_1	D_0
标志	A 组方式： 00：方式 0 01：方式 1 11：方式 2	A 端口方向： 0：输入 1：输出	$PC_7 \sim PC_4$ 方向： 0：输入 1：输出	B 组方式： 0：方式 0 1：方式 1	B 端口方向： 0：输入 1：输出	$PC_7 \sim PC_4$ 方向： 0：输入 1：输出

其中，D_7 位是方式选择控制字的标志位，必须为 1；D_6、D_5 位用于选择 A 组的工作方式；D_2 位用于选择 B 组的工作方式；D_4、D_3、D_1 和 D_0 位分别用于选择 A 口、C 口高 4 位、B 口和 C 口低 4 位的输入/输出方向，置"1"时输入，置"0"时输出。

端口 A 可工作在 3 种方式中的任何一种，端口 B 只能工作在方式 0 或方式 1，端口 C 可以独立工作，也可以配合端口 A 和端口 B 工作，为这两个端口的输入/输出传输提供控制信号和状态信号。只有端口 A 可工作在方式 2。

同组的两个端口，传输方向可以相同，也可以不同。

例如，某 8255A 的控制端口地址为 237H，要求将其 3 个数据端口设置为基本的输入/输出方式，其中端口 A 和端口 C 的低 4 位为输出，端口 B 和端口 C 的高 4 位为输入。则该 8255A 的方式选择控制字应为 8AH（10001001B）。其初始化程序如下：

```
        MOV    AL,8AH
        MOV    DX,237H
        OUT    DX,AL
```

2. 端口 C 按位置位/复位控制字

其控制字格式见表9-3。方式控制位 $D_7 = 0$ 时，为端口 C 置位/复位控制字，用于对端口 C 的任何一位置"1"或清"0"，同时不影响该端口其他位的状态。需要注意的是，虽然是对端口 C 的某一位进行置"1"或清"0"，但该控制字要写入控制口而不是写入 C 端口。

表 9-3　8255 的端口 C 按位置位/复位控制字格式

0	D_6、D_5、D_4	D_3、D_2、D_1	D_0
特征位	不使用	位选择： 000 ~ 111 分别用来选择 C 端口的 1 位	置位/复位操作命令： 1：置位 0：复位

若8255A的控制端口地址为237H，若要对 C 口的最高位 PC_7 置"1"，将次高位 PC_6 清"0"，其初始化程序如下：

```
        MOV    AL,0FH              ;控制字:00001111B
        MOV    DX,237H
        OUT    DX,AL              ;PC7置"1"
        NOP                       ;延时
        MOV    AL,0CH              ;控制字:00001100B
        MOV    DX,237H
        OUT    DX,AL              ;PC6清"0"
```

3. 8255A 初始化编程

向8255A的控制端口写入方式选择控制字后，8255A的初始化便完成，CPU 就可以访问 A、B、C 数据端口，进行数据输入/输出。

例 9-1　设 8255A 工作在方式 1，A 口输出，B 口输入，$PC_4 \sim PC_5$ 位输入，禁止 B 口中断。设片选信号 $\overline{CS}$ 由 $A_9 \sim A_2 = 10000000B$ 确定。试编程对 8255 进行初始化。

初始化程序如下：

```
        MOV    AL,0AFH            ;设定方式1,A 口输出,B 口输入
        MOV    DX,1000000011B     ;工作方式选择控制字寄存器
        OUT    DX,AL
        MOV    AL,00001101        ; A 口 INTEA(PC6)置"1",允许中断
        OUT    DX,AL
        MOV    AL,00000100        ; B 口 INTEB(PC2)置"0",禁止中断
        OUT    DX,AL
```

例 9-2　已知 8255A 的地址范围为 4A0H ~ 4A3H，利用 C 口置位/复位控制字，编程使其 PC_3 端产生方波。

```
        MOV    DX,4A3H            ;控制口地址送 DX
```

	MOV	AL,10000000B	;方式选择,C 口输出
	OUT	DX,AL	;初始化
LL:	MOV	AL,00001000B	;送数至 C 口,使 $PC_3 = 1$
	MOV	DX,4A2H	;端口 C 的地址
	OUT	DX,AL	;使 $PC_3 = 1$,同时端口 C 其他位变为 0
	MOV	CX,0FFFFH	
L1:	LOOP	L1	;延时
	MOV	AL,0000 0000B	;送端口 C 的 8 位数据,其中 $D_3 = 0$
	MOV	DX, 4A2H	;端口 C 地址
	OUT	DX, AL	;使 $PC_3 = 0$,同时端口 C 其他位变为 0
	MOV	CX, 0FFFFH	
L2:	LOOP	L2	;延时
	JMP	LL	;循环,产生周期信号

9.2.3 8255A 的工作方式和工作时序

由 8255A 的控制字定义可知,8255A 最多有 3 种工作方式,这 3 种工作方式分别为:方式 0,基本的输入/输出方式;方式 1,带选通的输入/输出方式;方式 2,双向传输方式。

1. 方式 0:基本输入/输出方式

PA、PB、PC 均可提供简单的输入和输出操作,它提供两个 8 位口(A 口和 B 口)和两个 4 位口($PC_0 \sim PC_3$,$PC_4 \sim PC_7$),任何一个口都可以用作输入或输出,因此可以有 16 种组合。输出具有数据锁存功能,输入具有数据缓冲功能。CPU 用简单的输入或输出指令进行读或写,不需要应答式联络信号,外部设备总是处于准备好状态。

该方式一般用于无条件传送方式,也可用于查询式输入/输出,此时端口 A 和 B 可以分别作为数据端口,而取端口 C 的某些位作为这两个数据端口的控制和状态信息。

例 9-3 某系统采用 8255A 不断检测 8 个开关 $S_7 \sim S_0$ 的通/断状态,实时在发光二极管 $LED_7 \sim LED_0$ 上显示其结果。开关闭合时,相应的 LED 亮;开关断开时,相应的 LED 灭。如图 9-2 所示。请编写程序段实现之。

分析:由译码电路可知,8255A 的端口地址范围为 208H ~ 20BH。由 A 口输入,B 口输出。无须联络信号,仅需进行基本的输入/输出操作,故 A、B 口均工作在方式 0。方式字为 10010000B = 90H。由题意可知,开关闭合时,A 口相应位输入低电平,要使其 LED 点亮,则 B 口相应位应输出低电平。程序如下:

	MOV	DX,20BH	;控制端口
	MOV	AL,90H	;方式字
	OUT	DX,AL	;初始化
TES:	MOV	DX,208H	;A 口地址
	IN	AL,DX	;读 A 口状态
	MOV	DX,209H	;B 口地址
	OUT	DX,AL	;将 A 口状态送入 B 口显示
	JMP	TES	;循环检测

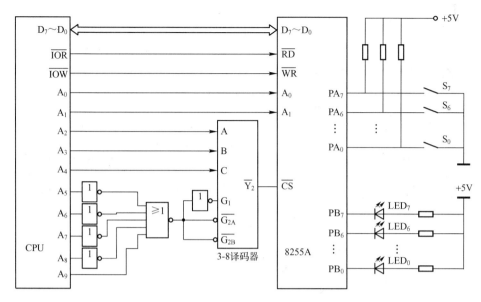

图 9-2　8255A 读取开关状态的电路图

2. 方式 1：带选通的输入/输出方式

方式 1 将 3 个端口分为 A、B 两组。A 组包括 PA、$PC_5 \sim PC_3$（3 位）；B 组包括 PB、$PC_2 \sim PC_0$（3 位）。C 口余下的两位 $PC_6 \sim PC_7$ 仍可作为简单的输入和输出用。端口 A 和 B 都可以由程序设定为输入或输出。端口 C 的某些位作为状态信号，用于联络和中断，其各位的功能是固定的，不能用程序改变。在方式 1 时，CPU 和 8255A 之间有应答联络信号，所以可采用中断方式或程序查询方式传送数据。

（1）带选通的输入方式

带选通的输入方式由选通的端口（A 口或 B 口）及选通信号 STB（Strobe）、输入缓冲器满信号 IBF（Input Buffer Full）和中断请求信号 INTR（Interrupt Request）组成。如图 9-3 所示。

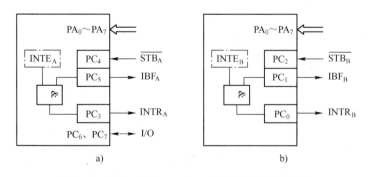

图 9-3　方式 1 下 A 口、B 口均为输入的信号定义

$\overline{\text{STB}}$：选通信号，低电平有效。这是由外部设备发出的输入信号，信号的下降沿把输入装置送来的数据送入输入缓冲器。

IBF：输入缓冲器满信号，高电平有效，为 8255A 输出给外部设备的联络信号。外部设备将数据送至输入锁存器后该信号有效；$\overline{RD}$的上升沿将数据送至数据线后，该信号有效。

INTR：中断请求信号，高电平有效，为8255A输出信号。用作向CPU申请中断的请求信号以要求CPU服务。当$\overline{STB}$为高，IBF为高和INTE为高时，INTR被置为高。$\overline{RD}$信号的下降沿CPU读取数据前清除为低电平。

INTE：中断允许信号，高电平有效，没有对应的外部引脚，可通过对C口的相应位按位置位/复位来控制。INTE置位表示允许中断。只有在$INTE_A = 1$时，A口才能因输入缓冲器满向CPU发出中断申请信号。用户通过对PC_4的置位控制字来使$INTE_A$置1，通过对PC_2的置位控制字使$INTE_B$置1，使A口和B口允许中断。使用PC_4或PC_2的复位控制字可以使$INTE_A$或$INTE_B$复位，以禁止中断。

方式1的输入时序如图9-4所示。当外部设备准备好数据，即数据已经输送至8255A的端口数据线，就发出$\overline{STB}$选通信号，将数据通过A口或B口锁存到8255A的数据输入寄存器。选通信号的宽度至少为500ns。选通信号变低电平经过t_{SIB}后，8255A输出IBF输入缓冲器满信号（高电平），阻止外部设备输入新的数据，并提供CPU查询；如果中断允许，在选通信号结束后，经过t_{RIT}向CPU发出INTR中断请求信号。CPU响应中断，发出$\overline{RD}$信号，把数据读入CPU。$\overline{RD}$有效信号经过t_{RIT}就清除中断请求。然后$\overline{RD}$信号结束，使IBF变低电平，表示输入缓冲器已空，通知外部设备可以输入新的数据。

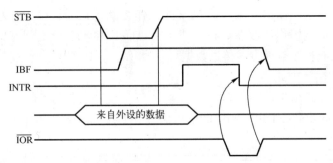

图9-4　方式1下的数据输入时序

采用查询传送方式时，CPU先查询8255A的输入缓冲器是否满，即IBF是否为高。若IBF为高，则CPU就可以从8255A读入数据。采用中断传送方式时，应该先用C口置位控制位使相应端口允许中断，即使PC_4或PC_2置1，并在主程序中先读入一次数据，用于引发中断，第一次读入的数据是无效数据。

例9-4　用选通输入方式从端口A输入100次开关状态，并在B端口的发光二极管上显示端口A输入的开关状态。接口电路设计如图9-5所示。端口A的$PA_7 \sim PA_0$分别接8个开关，端口B的$PB_7 \sim PB_0$分别接8个发光二极管。选通信号$\overline{STB_A}$由开关S经RS脉冲开关产生。8255A的端口地址为60H～63H。8259A的端口地址为20H、21H，IR_0的中断类型号为08H。

系统工作过程为：当开关组合为一个有效状态时，按下脉冲开关，产生选通信号$\overline{STB_A}$。端口A将开关值锁存，同时PC_3上产生一个高电平作为中断请求信号，通过IR_0送到中断控

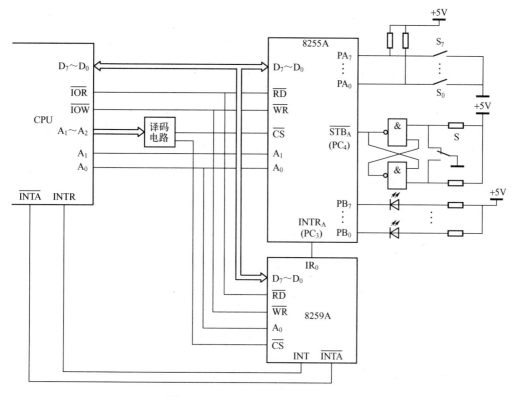

图 9-5   8255A 端口选通输入的电路图

制器 8259A，8259A 通过 INT 通知 CPU 读取数据。CPU 响应 8259A 提出的中断请求，获得中断类型号，执行中断服务子程序。在中断服务子程序中读取端口 A 的开关状态，送到端口 B 的 LED 显示，同时进行计数值判断。到 100 次数据读取完成后，屏蔽中断，结束程序。由此过程可知，端口 A 工作于方式 1 输入，端口 B 工作于方式 0 输出。

主程序如下：

```
START:CLI                          ;关中断
      MOV    AL, 10110000B         ;设置 8255A 的工作方式控制字
      OUT    63H,  AL
      MOV    AL,  00001001H        ;PC4 置 1，允许 A 端口中断
      OUT    63H,          AL
      MOV    AL, 00011011B         ;设置 ICW1：单片，电平触发，ICW4
      OUT    20H, AL
      MOV    AL, 08H               ;设置 ICW2：中断类型号
      OUT    21H, AL
      MOV    AL, 00000001B         ;设置 ICW4：EOI，普通全嵌套
      OUT    21H, AL
      MOV    AX,0                  ;中断向量表段地址
      MOV    DS,AX
      MOV    AX,OFFSET   IS8255    ;设置中断向量
      MOV    [0020H],AX
```

229

```
          MOV    AX,SEG IS8255
          MOV    ［0022H］,AX
          IN     AL,21H            ;读 8259A 屏蔽字
          AND    AL,0FEH           ;允许 IR_0 中断
          OUT    21H,AL
          MOV    BX,100            ;设置计数初值
          STI
ROTT：CMP    BX,0                   ;监测是否达到 100 次
          JNZ    ROTT              ;未达到,则等待中断
          IN     AL,21H            ;恢复屏蔽字,禁止 IR_0 中断
          OR     AL,01H
          OUT    21H,AL
          MOV    AH,4CH            ;返回 DOS 系统
          INT    21H
中断服务程序:IS8255:IN AL,60H        ;读取端口 A 的开关量
          OUT    61H,AL            ;输出给端口 B 显示
          DEC    BX                ;计数值减 1
          MOV    AL, 20H           ;发中断结束命令
          OUT    20H,AL
          IRET                     ;中断返回
```

（2）带选通的输出方式

带选通的输入方式由选通的端口（A 口或 B 口）及输出缓冲器满信号$\overline{OBF}$（Output Buffer Full）、外部设备响应信号$\overline{ACK}$（Acknowledge）和中断请求信号 INTR（Interrupt Request）组成。如图 9-6 所示，各控制信号的定义为：A 口，$\overline{OBF}(PC_7)$、$\overline{ACK}(PC_6)$、INTR(PC_3)；B 口，$\overline{OBF}(PC_1)$、$\overline{ACK}(PC_2)$、INTR(PC_0)。

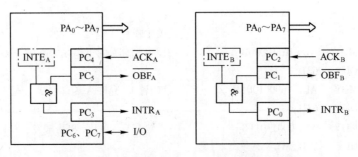

图 9-6　方式 1 输出时，端口对应的控制信号

$\overline{OBF}$：输出缓冲器满信号，低电平有效，为 8255A 输出给外部设备的联络信号。CPU 把数据写入指定端口的输出锁存器后，该信号有效，表示外部设备可以把数据取走。在$\overline{ACK}$的前沿（下降沿）外部设备取走数据后，使其恢复为高。

$\overline{ACK}$：外部设备发出的响应信号，低电平有效，该信号的前沿取走数据后，使$\overline{OBF}$无效，后沿使 INTR 有效。

INTR：中断请求信号，高电平有效。当输出装置已经接收了 CPU 输出的数据后，它用来向 CPU 提出中断请求，要求 CPU 继续输出数据。

INTE：中断允许信号，高电平有效，分别由 PC_6、PC_2 的置位/复位控制。INTE 置位表示允许中断。只有在 $INTE_A = 1$ 时，A 口才能因输出缓冲器满向 CPU 发出中断申请信号。通过对 PC_4 的置位控制字来使 $INTE_A$ 置 1，通过对 PC_2 的置位控制字使 $INTE_B$ 置 1，使 A 口和 B 口允许中断。使用 PC_6 和 PC_2 的复位控制字可以使 $INTE_A$ 和 $INTE_B$ 复位，以禁止中断。

方式 1 的输出时序如图 9-7 所示。CPU 输出数据，发出 $\overline{WR}$ 信号。$\overline{WR}$ 信号的上升沿有 3 个作用：①经过 t_{WB} 后，数据输出到 8255A 的端口线上；②使 $\overline{OBF}$ 信号有效，表示输出缓冲区已满，通知外部设备来取数据，实质上 $\overline{OBF}$ 信号就是数据送往外部设备的选通信号；③清除中断请求信号。外部设备接收数据后发出 $\overline{ACK}$ 信号，它一方

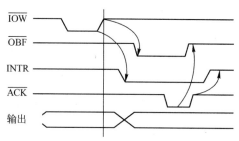

图 9-7 8255A 方式 1 数据输出时序

面使 $\overline{OBF}$ 无效，另一方面 $\overline{ACK}$ 上升沿会使 INTR 有效，发出新的中断请求信号，让 CPU 输出新的数据。

使用查询传送方式输出时，CPU 在输出数据后查询 $\overline{OBF}$ 是否变高电平。若变高电平则表明输出缓冲器空，即数据已被外部设备接收，可以输出新的数据。若使用中断传送方式，要产生中断，必须先使用 C 口置位控制字使之允许中断，即 INTE = 1，且 CPU 需要先在主程序中输出一个数据，才能使中断过程得以引发。

当外部设备准备好数据，即数据已经输送至 8255A 的端口数据线，就发出 $\overline{STB}$ 选通信号，将数据通过 A 口或 B 口锁存到 8255A 的数据输入寄存器。选通信号的宽度至少为 500ns。选通信号变低电平经过 t_{SIB} 后，8255A 输出 IBF 输入缓冲器满信号（高电平），阻止外部设备输入新的数据，并提供 CPU 查询；如果中断允许，在选通信号结束后，经过 t_{RIT} 向 CPU 发出 INTR 中断请求信号。CPU 响应中断，发出 $\overline{RD}$ 信号，把数据读入 CPU。$\overline{RD}$ 有效信号经过 t_{RIT} 就清除中断请求。然后 $\overline{RD}$ 信号结束，使 IBF 变低电平，表示输入缓冲器已空，通知外部设备可以输入新的数据。

（3）方式 1 的状态字

8255A 的状态字为查询提供状态标志位，如 IBF、$\overline{OBF}$、INTE 和 INTR。例如，由于 8255A 不能直接提供中断向量，当 8255A 采用中断方式（查询）时，CPU 通过读状态字 $INTR_A$ 和 $INTR_B$ 来确定是由端口 A 或端口 B 产生的中断，实现查询中断。状态字含义如图 9-8 所示。

3. 方式 2：双向传输方式

（1）工作特点

在这种方式下，使外部设备可在单一的 8 位数据总线上，既能发送数据，又能接收数据，在此方式下，既可工作于程序查询方式，也可工作于中断方式。

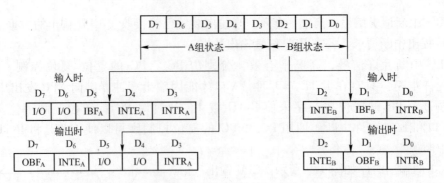

图 9-8　方式 1 的状态字

8255A 只允许 A 口使用方式 2，该方式将占用 C 口的 $PC_3 \sim PC_7$。实际上，方式 2 就是方式 1 的输入与输出方式的组合，各控制状态信号的功能也相同。而 C 口余下的端口 $PC_0 \sim PC_2$ 正好可充当 B 口方式 1 的控制状态信号线，B 口不用或工作于方式 0，则这 3 条线也可以工作于方式 0，作为通用的 I/O 口。如图 9-9 所示。

在中断传送方式时，PC_3 定义为中断请求信号 INTR，PC_4 定义为外部设备请求输入选通信号 $\overline{STB}$，PC_5 定义为输入缓冲器满信号 IBF，PC_6 定义为外部设备输入响应信号 $\overline{ACK}$，PC_7 定义为输出缓冲器满信号 $\overline{OBF}$，中断允许位 INTE 由 PC_6（$INTE_1$）和 PC_4（$INTE_2$）来控制。方式 2 的工作时序如图 9-10 所示。

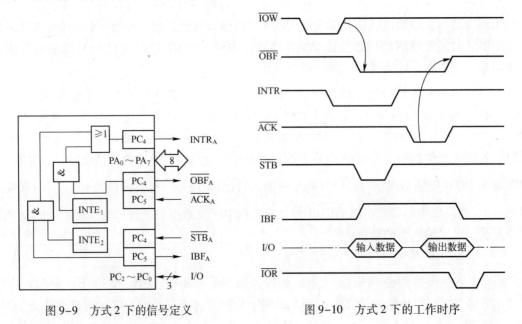

图 9-9　方式 2 下的信号定义　　　　　图 9-10　方式 2 下的工作时序

（2）方式 2 的状态字

方式 2 的状态字是方式 1 下输入和输出状态的组合。状态字中有两位中断允许位，$INTE_1$ 是输出中断允许，$INTE_2$ 是输入中断允许。方式 2 的状态字如图 9-11 所示。

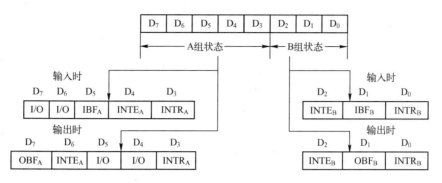

D$_7$	D$_6$	D$_5$	D$_4$	D$_3$	D$_2$	D$_1$	D$_0$
	A组状态					B组状态	

输入时

D$_7$	D$_6$	D$_5$	D$_4$	D$_3$
I/O	I/O	IBF$_A$	INTE$_A$	INTR$_A$

输出时

D$_7$	D$_6$	D$_5$	D$_4$	D$_3$
OBF$_A$	INTE$_A$	I/O	I/O	INTR$_A$

输入时

D$_2$	D$_1$	D$_0$
INTE$_B$	IBF$_B$	INTR$_B$

输出时

D$_2$	D$_1$	D$_0$
INTE$_B$	OBF$_B$	INTR$_B$

图 9-11　方式 2 的状态字

9.3　8255A 的应用

8255A 使用灵活，在许多系统中，尤其是测控系统中有着非常广泛的应用。下面举几个 8255 的应用实例。

例 9-5　如图 9-12 所示，若要求 8 个发光二极 L$_7$ ~ L$_0$ 依次点亮，设 8255A 端口地址为 180H ~ 183H。请问：

1）8255A 的 A 端口应工作在什么方式下？

2）给出初始化程序段。

3）编制程序实现题目要求。

程序如下：

1）A 端口应工作在方式 0，输出。

2）初始化程序段。

图 9-12　8255A 硬件连接电路图

```
MOV    DX,183H          ;控制端口
MOV    AL,80H           ;方式字(80H ~ 8FH)
OUT    DX,AL
```

3）题目实现。

```
           MOV    DX,180H
START：    MOV    AL, 0FEH
L1：       OUT    DX, AL
           SHL    AL, 1          ;逻辑左移
           JNC    START
           JMP    L1
```

例 9-6　假定 CPU 通过 8255A 与打印机连接，如图 9-13 所示，欲使打印机打印出字符 J，当 CPU 通过 PC$_5$ 检测到打印机空闲时，经由 8255A 的 B 口送出字符，再由 PC$_2$ 向打印机送出一个负脉冲信号$\overline{STB}$使打印机开始打印。

根据接口电路图可知，该 8255A 的 A 口地址为 8000H，可设定 8255A 的 A 口和 C 口均工作在

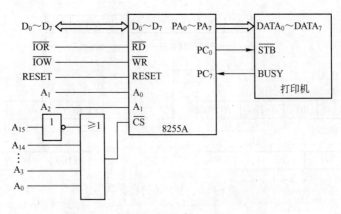

图 9-13 8255A 与打印机连接接口电路图

方式 0，A 口和 PC_0 口为输出，PC_7 为输入，故 8255A 的方式选择控制字为 88H。

	MOV	AL,81H	;设定方式控制字
	MOV	DX,8006H	
	OUT	DX,AL	
	MOV	AL,01H	;PC_0 置位
	OUT	DX,AL	
CHECK:	MOV	DX,8004H	
	IN	AL,DX	
	TEST	AL,80H	;查询 PC_7 看打印机的状态
	MOV	AL, 'J '	;A 口输出字符 J
	MOV	DX,8000H	
	OUT	DX,AL	
	MOV	DX,8006H	
	MOV	AL,00H	;PC_0 复位
	OUT	DX,AL	
	INC	AL	;PC_0 置位
	OUT	DX,AL	

例 9-7 8255A 作为打印机接口，工作在方式 0，如图 9-14 所示。编程实现：CPU 用查询方式向打印机输出 26 个英文字母。8255A 的端口地址为 80H ~ 86H。

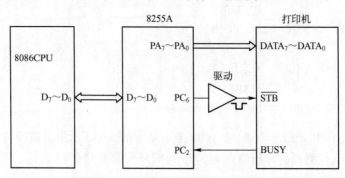

图 9-14 8255A 与打印机连接接口电路图

打印的工作过程如下：当主机要向打印机输出字符时，先查询打印机信号，若打印机正在打印其他数据，则 BUSY = 1；反之，则 BUSY = 0。因此，当查询到 BUSY = 0 时，则可通过 8255A 向打印机输出一个字符，此时，要给打印机的选通端$\overline{STB}$一个负脉冲，将字符锁存到打印机的输入缓冲器中。

由电路图可知，端口 A 作为传送字符的通道，工作于方式 0 输出；端口 C 高 4 位工作于方式 0 输出，端口 C 低 4 位工作于方式 0 输入，故 8255A 的方式选择控制字为 10000001B，即 81H。程序如下：

```
        DATA    SEGMENT
        TABLE   DB 'abcdefghijklmnopqrstuvwxyz '
        DATA    ENDS
        CODE    SEGMENT
            ASSUME   CS:CODE,DS:DATA
        START:MOV    AX, DATA              ;装载 DS
            MOV      DS, AX
            MOV      AL, 81H               ;设置 8255A 方式选择控制字
            OUT      86H,AL
            MOV      AL, 0DH               ;用端口 C 置位/复位控制字使 PC₆ = 1,即STB = 1
            OUT      86H, AL
            MOV      BX, 26                ;设置计数初值
            LEA      SI, EWO               ;内存缓冲区的首地址送 SI
        AGAIN:IN     84H                   ;读端口 C 的值
            AND      AL, 04H
            JNZ      AGAIN                 ;不为 0，则 PC₂ = 1，打印机正忙，等待
            MOV      AL, [SI]              ;打印机不忙，则送字符给端口 A
            OUT      80H, AL
            MOV      AL, 0CH               ;使STB = 0
            OUT      86H, AL
            INC      AL                    ;使STB = 1，则得到一个负脉冲输出
            OUT      86H, AL
            INC      SI                    ;修改地址指针
            DEC      BX                    ;修改计数值
            JNZ      AGAIN                 ;26 个字母未输完，则继续
            MOV      AH, 4CH               ;返回 DOS
            INT      21H
        CODE    ENDS
        END     START
```

例 9-8 利用定时器 8253/8254 的工作原理和 8255A 扬声器控制电路原理，编写一个简易乐器的程序。要求：

1）当按下 1~8 数字键时，分别发出连续的中音 1~7 和高音 I（对应的频率依次为 524 Hz、588 Hz、660 Hz、698 Hz、784 Hz、880 Hz、988 Hz 和 1048 Hz）。

2）当按下其他键时暂停发音。

3）当按下 ESC 键（ASCII 码为 1BH）时，程序结束。

```
DATA    SEGMENT
TABLE   DW    2277, 2138, 1808, 1709,1522,1356,1208, 1139
                            ;对应中音 1~7 和高音 I 的定时器计数值
DATA    ENDS
CODE    SEGMENT
        ASSUME   CS:CODE,DS:DATA
START:MOV     AX, DATA
      MOV     DS, AX
      MOV     AL, 0B6H          ;设置定时器 2 工作方式
      OUT     43H,AL
AGAIN:MOV     AH, 1             ;等待按键
      INT     21H
      CMP     AL,'1 '          ;判断是否为数字 1~8
      JB      NEXT
      CMP     AL,'8 '
      JA      NEXT
      SUB     AL,30H           ;将 1~8 的 ASCII 码转换为二进制数
      SUB     AL,1             ;将数字 1~8 变为 0~7,以便查表
      XOR     AH,AH
      SHL     AX,1             ;乘以 2
      MOV     BX,AX            ;计数值表是 16 位数据
      MOV     AX,TABLE[BX]
      OUT     42H,AL           ;设置定时器 2 的计数值
      MOV     AL,AH
      OUT     42H,AL
      IN      AL,61H           ;打开扬声器声音
      OR      AL,03H           ;使 PB₁/PB₀ =11,其他位不变
      OUT     61H, AL
      JMP     AGAIN            ;连续发声,直到按下另一个键
NEXT: PUSH    AX
      IN      AL,61H           ;不是 1~8,则关闭扬声器
      AND     AL,0FCH          ;使 PB₁/PB₀ =00B
      OUT     61H,AL
      POP     AX
      CMP     AL,1BH           ;判断是否为 ESC 键 (1BH)
      JNE     AGAIN            ;不是 ESC 则继续
CODE    ENDS
END    START
```

236

习题

1. 请归纳总结并行接口的基本特点和应用场合。

2. 简述 8255A 的作用与特性。

3. 8255A 有哪些工作方式？简述各种方式的特点和基本功能。

4. 8255A 的方式控制字和端口 C 置位/复位控制字都写入什么端口？如何区分它们？

5. 试画出 8255A 与 8086CPU 的连接图，并说明 8255A 的 A_0、A_1 地址线与 8086CPU 的 A_1、A_2 地址线连接的原因。

6. 简述 8255A 工作在方式 1 时，A 组端口和 B 组端口工作在不同状态（输入/输出）时，C 端口各位的作用。

7. 已知 8255A 的端口地址为 260H ~ 263H，试按以下要求编写对 8255A 初始化程序段。

（1）端口 A 为方式 0 输入，端口 B 为方式 0 输出，端口 C 为输入。

（2）端口 A 为方式 1 输入，端口 B 为方式 1 输出，端口 C 为 I/O 引脚输入。

8. 将 8255A 端口 C 的 PC_7 ~ PC_0 经驱动电路分别接 8 个二极管的正极（8 个负极均接地）。试用端口 C 置位/复位控制位编写使这 8 个发光二极管依次亮、灭的程序。

9. 用 8255A 作为 CPU 与打印机接口。A 口工作于方式 0，输出，C 口工作于方式 0。8255A 与打印机和 CPU 的连线如图 9-15 所示。试编写一段程序，用查询方式将 100 个数据送打印机（100 个数据的内存存放地址 2 为 8000H）。

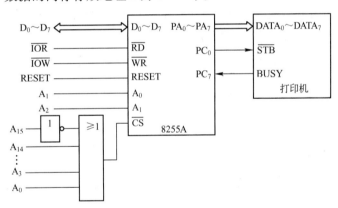

图 9-15 8255A 作为打印机接口示意图

第10章 串行接口

本章要点

1. 串行通信的基本概念
2. 串行通信协议及接口标准
3. 串行接口的基本功能和结构
4. 可编程串行接口芯片8251A及其应用

学习目标

通过本章的学习,掌握串行通信的基本概念,了解异步/同步通信协议的数据格式,熟悉 RS-232C 接口标准,熟悉可编程8251A的外部引脚和内部结构,掌握8251A的串行通信的软、硬件设计基本方法。

10.1 串行通信的基本概念

串行数据传送方式是微机进行远距离通信的一种主要手段。下面首先简述串行通信的基本概念,以便读者对串行通信有个大致的了解。

10.1.1 并行通信与串行通信

通信指计算机与外部设备、计算机与计算机之间的数据交换。基本的通信方式分为两种。

1)并行通信:多位数据(8 位、16 位、32 位)同时传输,每位数据占用一根传输线,如图 10-1a 所示。

2)串行通信:数据通过一根传输线,按一定的格式一位一位地传输,如图 10-1b 所示。

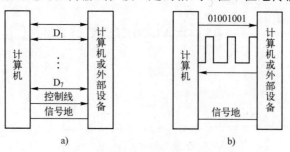

图 10-1 并行和串行通信示意图

a)并行通信 b)串行通信

串行通信的传输速率虽然比不上并行通信,但在远距离通信上,串行通信有着更大的优越性。这是因为一方面，并行通信需要多条数据线进行数据传输，成本较高；而串行通信只需一条传输线，可以利用现有的电话网络（电话线）实现远程通信，通信费用大大降低。另一方面，多路并行信号传输时，线间存在的分布电容会引起线间串扰。而且在接收端放大多路并行信号时容易产生信号歪斜，即由于各条线路传输延时之差而引起的接收器采样各个数据线的定时的显著不同。这些问题会随着传输距离的增加而更加严重。若采用串行通信就不存在上述问题。

通过上述比较，可以得出以下结论：每种通信方式各有其最适合的场合。对于短距离高速通信，采用并行通信可能是最佳方案。对于长距离低速通信，串行通信常常是最好的手段。

10.1.2　串行通信的连接方式

在串行通信中，按在同一时刻数据流的方向，连接方式可分为 3 种：单工方式、半双工方式和全双工方式，如图 10-2 所示。

1）单工方式：只允许数据在一个方向传送。在图 10-2a 中，A 站只能作为发送器，B 站只能作为接收器，数据流的方向只能从 A 到 B。

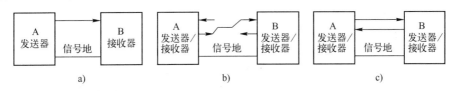

图 10-2　串行通信的连接方式示意图
a）单工　b）半双工　c）全双工

2）半双工方式：收、发双方均具有发送和接收的能力，但因为只有一根数据线，所以同一时刻仅能进行一个方向的数据传送。在图 10-2b 中，A 站、B 站既可作为发送器，又可作为接收器。数据流的方向可以从 A 到 B，也可从 B 到 A，但同一时刻只能进行一个方向的传送。

3）全双工方式：有两根数据线，可以支持数据流在两个方向同时传送，如图 10-2c 所示。这样，在同一时刻当 A 向 B 发送时，B 也向 A 发送，实际上在使用两个逻辑上完全独立的单工数据通路。

10.1.3　串行通信的通信速率

通信速率反映了传输速度的快慢，可由两个指标来表征。

比特率：每秒传送的二进制位数，单位是 bit/s。

波特率：每秒传送的 N 进制位数，单位是 Boud/s。

两者的关系是：比特率 = 波特率 $\times \log N_2$。由于计算机中的数据均采用二进制方式，因此比特率和波特率是一致的。例如，某通信系统，每秒传输 120 个字符，每个字符包含 10 位二进制数，则波特率为 120×10 Baud/s = 1200 Baud/s。

在计算机通信中，常用波特率表示通信速率。国际上规定了标准波特率系列，最常用的标准值是 110 Baud/s、300 Baud/s、600 Baud/s、1200 Baud/s、1800 Baud/s、2400 Baud/s、4800 Baud/s、9600 Baud/s 和 19200 Baud/s。如串行打印机由于其机械装置速率较慢，通信速率常设定在 110 Baud/s；点阵式打印机由于其内部有较大的数据缓冲器，通信速率常设定在 2400 Baud/s；大多数 CRT 显示器的通信速率设定在 9600 Baud/s。

在串行通信中，往往根据传送的波特率来确定串行接口的发送时钟和接收时钟的频率。它和波特率之间有如下关系：

$$时钟频率 = n \times 波特率$$

式中，n 为波特率因子或波特率系数，其值可以为 1、16、32 或 64。若波特率因子为 1（时钟频率等于波特率），则由于异步通信收、发双方各有自己的时钟信号，双方的时钟稍有偏差或不同相位就容易产生接收错误。因此，在异步通信中，往往采用较高频率的时钟信号，如波特率 16 倍频或 64 倍频。

10.1.4 信号的调制与解调

在计算机网络、远程变换和远程诊断等场合，一般都通过电话线来进行远程信息传输。但电话线的频带较窄，而计算机通信中所传送的数字信号的频带很宽，包含丰富的直流和低频成分，所以当数字信号直接通过电话线传输后，会使信号发生严重的畸变。这时，就需要将低频的数字信号进行调制和解调。

调制：将低频的信号寄载到高频载波上，具体而言，就是用低频信号改变高频载波（如正弦波）的某个参数（如幅值、频率、相位）。调制好的信号称为已调信号。

解调：将已调信号还原为低频的信号。显然，解调是调制的逆过程。

在双工方式中，通信设备既要发送、又要接收，则同时需要调制和解调，所以常常把两个电路做在一起，称为调制解调器 MODEM。如图 10-3 所示为用 MODEM 实现远程通信的示意图。图中，在发送端，计算机输出的数字信号经 MODEM 调制为 FSK 信号，发送到传输线路上；接收端接收到该信号，经 MODEM 解调还原为数字信号，送入计算机内部处理。

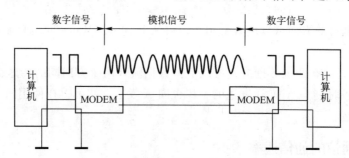

图 10-3　用 MODEM 实现远程通信

10.2 串行通信的数字格式

为了使通信能顺利进行，数据发送方和接收方必须共同遵守基本通信规程，这些规程在计算机网络中被称为协议。协议一般包括以下内容。

波特率：双方约定以何种速率进行数据的发送和接收。

数据格式（帧格式）：双方约定采用和汇总数据格式，其中包含控制信息的定义。

帧同步：接收方如何得知一批数据的开始和结束。

位同步：接收方如何从位流中正确地采样到位数据。

差错检验方式：接收方如何判断收到数据的正确性。

在串行通信中，目前有两大协议：异步通信协议和同步同步协议。下面着重介绍两种协议各自的数据格式和特点。

10.2.1　异步通信协议

数据的传送是以字符为一个独立的信息单位，字符出现在数据流中的时间可以是任意的。字符的格式如图10-4所示。一个字符又称为一帧，由四个部分组成。

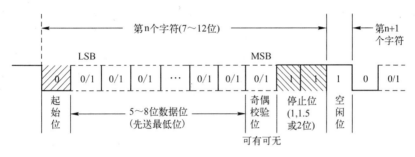

图10-4　异步串行通信的数据格式

（1）起始位

没有数据传输时，传输线上发送连续的"1"，此时"1"称为空闲位。一帧的数据以一位"0"开始，它告诉接收方一帧数据开始了。这一位"0"称为起始位。

（2）数据位

起始位后紧跟的要传送的数据，可以是5~8位，位数由双方约定。传送数据时，先发送低位，后发送高位。

（3）校验位

在数据位后，可根据需要选择是否设置校验位。若设置了校验位，还需选择是采用奇校验还是偶校验。目前异步串行通信一般采用奇偶校验法，其中奇校验法指在数据位和校验位中"1"的个数为奇数，偶校验法指在数据位和校验位中"1"的个数为偶数。

（4）停止位

紧跟在校验位或数据位（无奇偶校验）之后，是1位、1.5位或2位的高电平。停止位的出现表示该字符的结束。

例10-1　某计算机采用异步串行通信方式，数据格式为：8位数据位，奇校验，2位停止位。试画出传送字符"B"时通信线路上的波形。如图10-5所示。

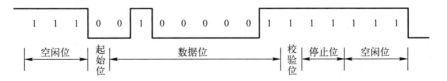

图10-5　采用16倍波特率时钟频率的字符接收过程

10.2.2 同步串行通信协议

同步通信不用起始位和停止位来标识字符的开始和结束，而是用一串特定的二进制序列，称为同步字符，去通知接收方串行数据第一位何时到达。紧随其后的是欲传送的 n 个字符（n 的大小可由用户设定和改变），字符间不留空隙。最后是两个错误校验字符。

几种常见的同步串行数据格式如图 10-6 所示。对同步字符的检测和同步控制，在串行接口芯片内部进行，称为内同步。内同步又分为单同步（只有一个字节的同步字符）和双同步（有两个字节的同步字符），SDLC/HDLC 是属于内同步的一种。而外同步指对同步信号的检测在串行接口芯片的外部进行，当外部硬件电路检测到同步字符时，就给串行接口发送一个同步信号 SYNC。当串行接口收到同步信号后，立即开始接收信息。

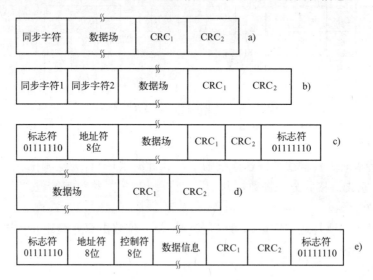

图 10-6　同步串行数据格式
a）单同步格式　b）双同步格式　c）SDLC 格式　d）外同步格式　e）HDLC 格式

同步通信中，在同步时钟信号的一个周期里，数据线上同步地发送一位数据。而且成千上万的数据是连续发送的，中间没有空隙。这就要求接收方的时钟应与发送方的时钟完全同频同相，不能有一点误差。因此，在近距离传送时，如几百米到数千米，可以在传输线中增加一条时钟线，以确保收发双方使用同一时钟。在数公里以上的远距离通信中，则通过调制解调器从数据流中提取同步信号，以得到与发送方完全同频同相的时钟。

总的来说，由于异步通信的每个字符都要加控制信息，因此数据传输效率不高，一般适用于数据量较小、传输率较低的场合。而在高速传送时，往往采用同步通信。

10.3　串行通信的接口标准

在数据通信中，计算机通常被称为数据终端设备（Data Terminal Equipment，DTE），而调制解调器则被称为数据通信设备（Data Communication Equipment，DCE）或数据装置，二者之间通过电缆连接。为了使通信接口设计标准化、通用化，目前通常采用各种总线标准，即国际正式公布或推荐的标准。只要采用同一接口标准，通信双方无须了解对方的内部结构即可进行软件、硬件设计，为设计人员带来了极大的方便。

串行通信最常用的连接方式是 RS - 232 标准。下面以 RS - 232 为例进行介绍。

10.3.1　RS - 232 接口

RS - 232 接口标准是美国电子工业协会（Electric Industry Association，EIA）于 1969 年公布的，最初是作为数据终端设备（DTE）和数据通信设备（DCE）之间互相连接与通信而使用的。随着计算机的普及应用，它作为计算机系统接口被广泛用于计算机系统、外部设备或终端之间的通信。该标准适用于数据传输速率在 0 ~ 20000 bit/s 范围的串行通信。

图 10-7 表示了 RS - 232 接口在一个典型的通信系统中的使用情况，其中 CRT 终端经电话线路与远程计算机通信。在该系统中，DTE 就是 CRT 终端和远程计算机，它们是所传数据的源点和终点；而 DCE 就是调制解调器，由它们实现在公共电话网上进行数据通信所必需的信号转换及有关功能，连接两个 DCE 的是公共电话线路。

图 10-7　RS - 232 接口环境

10.3.2　信号电平

RS - 232 采用负逻辑，即 EIA 电平。它规定：传号 "1" 对应于 - 25 ~ - 3 V；空号 "0" 对应于电平 + 3 ~ + 25 V。在实际应用中，通常采用 ± 12 V 或 ± 15 V 作为 EIA 电平。

由于 RS - 232 早在 TTL 集成电路之前就发展起来，因此它没有采用 TTL 逻辑电平。但计算机内的大多数 I/O 接口芯片采用 TTL 电平，TTL 电平要求："1" 的电平大于 2.4 V；"0" 的电平小于 0.4 V。显然，两者之间电平不匹配，必须加电平转换电路。常用的 EIA/TTL 电平转换芯片有 MC1488、MC1489。MC1488 能把 TTL 电平转化为 EIA 电平，MC1489 能把 EIA 电平转化为 TTL 电平。

10.3.3　信号功能

RS - 232 标准规定了 22 条控制信号线，但在实际应用中，并不一定需要用到所有的控制信号，例如，当计算机与外部设备不经过调制解调器直接通信时，常常只用到 3 ~ 9 条引线。所以，可以采用 9 引脚或 25 引脚的 D 型接插件，如图 10-8 所示。

TxD：串行数据的发送端，输出。

RxD：串行数据的接收端，输入。

RTS：请求发送信号，输出。当 RTS 为高电平时，表明终端（DTE）要向 MODEM 或其他通信设备发送数据。

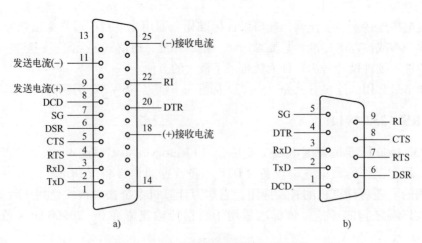

图 10-8　25 引脚和 9 引脚 D 型接插件

a) 25 引脚　b) 9 引脚

CTS：清除发送（允许发送）信号，输入。当 MODEM 或外部设备准备好接收来自终端（DTE）的数据时，使之为高电平。

DTR：终端准备好就绪信号，输出。当 DTR 为高电平时，表明终端（DTE）准备好接收来自 MODEM 或其他外部设备的数据。

DSR：数据装置准备就绪信号，输入。当 DSR 为高电平时，表明 MODEM 或外部设备准备好发送数据。

DCD：接收信号检测（载波检测），输出。当 DCD 为高电平时，表明 MODEM 收到通信线路另一端 MODEM 送来的正常的载波信号。

RI：振铃指示，输入。当 RI 为高电平时，表明 MODEM 收到交换台送来的振铃信号。

需要说明的是，所有控制信号的方向均是从数据终端来定义的。RS-232 常用控制信号的引脚号、名称及功能见表 10-1。

表 10-1　RS-232 接口

9 引脚连接器信号	25 引脚连接器信号	名　称	方　向	功　能
1	8	DCD	输入	载波检测
2	3	RxD	输入	接收数据
3	2	TxD	输出	发送数据
4	20	DTR	输出	数据终端就绪
5	7	GND		信号地
6	6	DSR	输入	数据装置就绪
7	4	RTS	输出	请求发送
8	1	CTS	输入	清除发送
9	22	RI	输入	振铃指示

10.3.4　信号连接

在微型机中，RS-232 标准被广泛地用于微机与 CRT 或 MODEM 之间的通信以及多机

244

通信的场合。其连接电路如图10-9所示。其中图10-9a为不用调制解调器的三线连接，多用在微机与外部设备（如 CRT、电传打印机）的串行通信中；图10-9b为采用调制解调器的一种常用的连接方法。

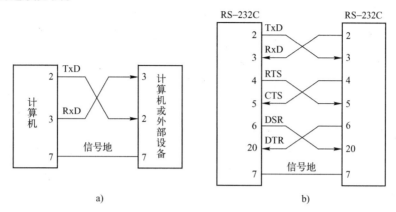

图 10-9　两种常用的 RS-232 接口连线

10.3.5　RS-422A 接口

由于 RS-232 传输的速率低、通信距离短、抗干扰能力差等，所以 EIA 又制定了 RS-422A 标准。

（1）电气特性

RS-422A 的全称是"平衡电压数字接口电路的电气特性"，全双工，传输信号为两对平衡差分信号线，因此 RS-422A 的传输距离长，最大传输距离可达到 1200 m，最大传输速率为 10 Mbit/s。

（2）电平转换

TTL 电平转换成 RS-422A 电平的常用芯片有 MC3487、SN75174 等；RS-422A 电平转换成 TTL 电平的常用芯片有 MC3486、SN75175 等。典型的转换电路如图10-10所示。

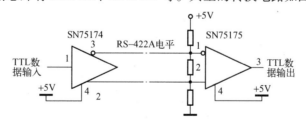

图 10-10　RS-422A 接口的电平转换电路

10.3.6　RS-485 接口

RS-485 是 RS-422A 的变形，它与 RS-422A 的区别是 RS-485 为半双工，采用一对平衡差分信号线。

（1）电气特性

RS-485 的信号传输采用两线间的电压来表示逻辑 1 和逻辑 0，数据采用差分传输，抗干扰能力强，传输距离可达到 1200 m，传输速率可达 10 Mbit/s。

驱动器输出电平在 -1.5 V 以下时为逻辑 1，在 +1.5 V 以上时为逻辑 0。接收器输入电平在 -0.2 V 以下时为逻辑 1，在 +0.2 V 以上时为逻辑 0。

（2）电平转换

适用于 RS-422A 标准中所用的驱动器和接收器芯片，在 RS-485 中均可以使用。普通的 PC 一般不带 RS-485 接口，因此要使用 TTL/RS-485 转换器。RS-485 接口电平转换电路如图 10-11 所示。

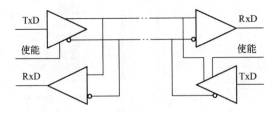

图 10-11　RS-485 点对点远程通信电路

10.4　可编程串行接口芯片 8251A

Intel 8251A 是一种可编程的通用同步/异步接收发送器（USART）。其基本性能如下：

1）可工作在同步或异步工作方式。工作在同步方式时，波特率为 0~64 kBaud/s；工作在异步方式时，波特率为 0~19.2 kBaud/s。

2）具有独立的发送器和接收器，能以单工、半双工和全双工方式进行通信。

3）同步方式时，字符可选为 5~8 位，可用内、外同步，自动插入同步字符。

4）异步方式时，字符可选用为 5~8 位，波特率因子可选用 1、16、64。

5）能提供一些基本的控制信号，以方便与 MODEM 相连。

10.4.1　8251A 的内部结构

8251A 内部结构如图 10-12 所示，它主要由五大部分组成。

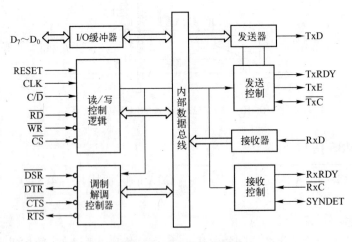

图 10-12　8251A 内部结构

（1）发送器

发送器包括发送缓冲器、发送移位寄存器和发送控制电路。发送控制电路用来控制和管理所有的发送操作。在它的管理下，发送缓冲器将来自 CPU 的并行数据变换成串行数据，通过引脚 TxD 向外发送。

若设定为异步方式，则需要数据加上起始位、校验位和停止位。若设定为同步方式，发送控制电路在数据中插入同步字符和校验位；如果在发送过程中，CPU 没有及时提供新的字符，则发送控制电路会自动补上同步字符，在同步通信中，两个字符之间不允许有间隔，这一点不同于异步通信。

（2）接收器

接收器包括接收缓冲器、接收移位寄存器和接收控制电路。接收控制电路用来控制和管理所有的接收操作。在它的管理下，接收缓冲器接收 RxD 线上输入的串行数据，并按规定方式将其转变为并行数据，存放在接收数据缓冲寄存器中。

在异步方式下，8251A 在允许接收和准备好接收数据时，监视 RxD 线。当发现 RxD 线上的电平由高电平变为低电平时，认为起始位到来，接收器开始接收一帧信息。接收到的信息经过奇偶校验、删除起始位和停止位，把已转换的并行数据置入接收数据缓冲器中。

在同步方式下，8251A 监视 RxD 线，以一次一位的方式对数据进行移位（用 RxD 脉冲同步，RxC 等于波特率）。每接收到一位后，都将接收寄存器与存放同步字符（由程序装入）的寄存器相比较。若不相等，则在移入下一位继续比较；若相等，则表示搜索到同步字符，使 SYNDET = 1。这时在接收时钟 RxC 的同步下开始移位 RxD 线上的数据，并按规定位数将其组装成并行数据，送至接收数据缓冲器。

（3）数据总线缓冲器

8 位、双向、三态的缓冲器，是 8251A 与 CPU 传送数据、状态和控制信息的通道。

（4）读/写控制逻辑

用来接收 CPU 送来的一组控制信号，以决定 8251A 的具体操作。$\overline{CS}$、$\overline{RD}$、C/$\overline{D}$ 和 $\overline{WR}$ 信号配合起来可决定 8251A 的操作，具体见表 10-2。

（5）调制解调控制器

在远距离通信时，该电路提供了与 MODEM 联络的信号；在近距离串行通信时，该电路提供了与外部设备联络的应答信号。

表 10-2　8253 的读写控制逻辑

$\overline{CS}$	C/$\overline{D}$	$\overline{RD}$	$\overline{WR}$	操　作
0	0	0	1	读接收数据缓冲器
0	0	1	0	写发送数据缓冲器
0	1	0	1	读状态寄存器
0	1	1	0	写控制寄存器
0	×	1	1	数据总线高阻态
1	×	×	×	数据总线高阻态

10.4.2　8251A 的引脚功能

如图 10-13 所示，8251A 的接口引脚分两类：一类是与 CPU 连接的信号线，另一类是与外部设备或调制解调器接口的信号线。

如图 10-14 所示，8251A 采用 28 引脚的双列直插式封装，下面介绍各引脚功能。

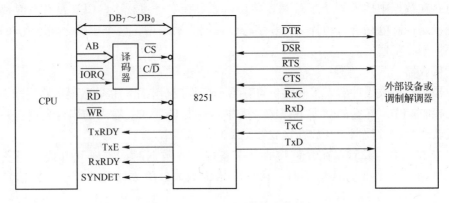

图 10-13　8251A 对外接口信号

（1）发送器引脚功能

1）TxD：数据发送端，用来输出串行数据。

2）TxRDY：发送器准备就绪信号。当发送缓冲器空（状态字 D_0 位置 1）、TxEN（命令字 D_0 位）= 1 且 $\overline{CTC}$ = 0 时，引脚 TxRDY = 1，CPU 可将新的数据写入 8251A。采用中断方式时，该信号可作为中断请求信号。

3）TxEMPTY：发送器空闲信号。TxEMPTY = 1，则发送移位寄存器空；TxEMPTY = 0，则发送移位寄存器满。

4）$\overline{TxC}$：发送时钟，外部输入。在同步方式下，$\overline{TxC}$ 的频率与发送数据的波特率相同；在异步方式下，

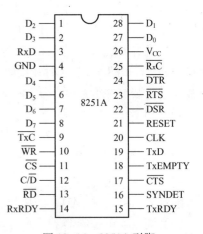

图 10-14　8251A 引脚

$\overline{TxC}$ 的频率可以是发送波特率的 1、16 或 64 倍，具体的倍数可由用户编程决定。

（2）接收器引脚功能

1）RxD：数据接收端，用来接收外部输入的数据。

2）RxRDY：接收器准备就绪信号。当接收缓冲器中已经装配好一个完整的数据字节时，RxRDY 变为高电平，用来通知 CPU 读取数据。当 CPU 用输入指令取走数据后，8251A 便立即将 RxRDY 位置 0。采用中断方式时，该信号可作为中断请求信号。

3）SYNDET/BRKDET：同步检测/间断检测信号，双向功能。

在同步方式下，该引脚为同步检测端，可为输入也可为输出信号。在内同步下，8251A 的内部检测电路自动寻找同步字符，一旦找到，则 SYNDET 引脚输出高电平；在外同步方式下，外部检测电路找到同步字符后，向 SYNDET 引脚输入高电平，则 8251A 开始接收数据。

248

在异步方式下，该引脚为间断检测端。BYKDET = 1，表示收到对方发来的间断码。

4）$\overline{\text{RxC}}$：接收时钟，外部输入。在同步方式下，$\overline{\text{RxC}}$的频率与发送数据的波特率相同；在异步方式下，$\overline{\text{RxC}}$的频率可以是发送波特率的1、16或64倍，具体的倍数可由用户编程决定。在实际应用中，通常把$\overline{\text{RxC}}$和$\overline{\text{RxC}}$引脚连接在一起，接收同一个外部时钟源。

（3）读/写控制逻辑的引脚功能

1）RESET：复位信号。当该信号为高电平并持续6个时钟周期以上时，8251A被复位，收发线路均处于空闲状态。

2）$\overline{\text{CS}}$：片选信号，输入，低电平有效。CPU的高位地址线经地址译码电路选中它。

3）C/$\overline{\text{D}}$：控制/数据信号，输入。当 C/$\overline{\text{D}}$ = 1 时，数据总线上传送的是控制字、命令字或状态字；当 C/$\overline{\text{D}}$ = 0 时，数据总线上传送的是数据。此引脚通常接低位地址线。对于 8 位 CPU 的 8088 系统，C/$\overline{\text{D}}$接地址线 A_0；对于 16 位 CPU 的 8086 系统，若 8251A 的 8 位数据线接数据总线的低 8 位，则 C/$\overline{\text{D}}$必须接地址线 A_1。

4）$\overline{\text{RD}}$、$\overline{\text{WR}}$：读、写控制信号，输入，低电平有效。$\overline{\text{RD}}$有效时，CPU 读取接收缓冲器的数据；$\overline{\text{WR}}$有效时，CPU 将数据写入发送缓冲器。

5）CLK：接收外部时钟源的时钟信号，用来产生 8259A 的内部时序。在同步方式下，CLK 的频率要大于波特率的 30 倍；在异步方式下，CLK 的频率要大于波特率的 4.5 倍。

（4）MODEM 控制引脚功能

1）$\overline{\text{DTR}}$（Data Terminal Ready）：数据终端就绪信号，输出，低电平有效。它由命令字的 D_1 位置 1 变为有效，用以表示 CPU 准备好进行数据传送。

2）$\overline{\text{DSR}}$（Data Set Ready）：数据装置就绪信号，输入，低电平有效。它是$\overline{\text{DTR}}$的应答信号，有效时表示 MODEM 或外部设备已准备好发送。CPU 通过读取状态寄存器的 D_7 位来检测此信号。

3）$\overline{\text{RTS}}$（Request To Send）：请求发送信号，输出，低电平有效。它由命令字的 D_5 位置 1 而变为有效，用以表示 CPU 已准备好发送数据。

4）$\overline{\text{CTS}}$（Clear To Send）：清除发送信号，输入，低电平有效。它是$\overline{\text{RTS}}$的应答信号，有效时表示 MODEM 或外部设备已做好接收数据准备。

上述信号中，$\overline{\text{DTR}}$和$\overline{\text{DSR}}$是一对握手信号，此时 8251A 为接收方，MODEM 或外部设备为发送方；$\overline{\text{RTS}}$和$\overline{\text{CTS}}$为发送方，MODEM 或外部设备为接收方。

10.4.3　8251A 的控制字

8251A 在工作前要先对其进行初始化，即对 8251A 写入方式控制字，以确定工作方式；写入操作命令字，以确定其动作过程。下面首先介绍 8251A 的控制字。

（1）方式控制字

方式控制字用来决定 8251A 工作在同步还是异步方式，并确定各种工作方式的数据格式。方式控制字的格式见表 10-3。

表 10-3　8251A 的方式控制字格式

D_7		D_6		D_5	D_4	D_3	D_2	D_1	D_0
S_1		S_2		EP	PEN	L_2	L_1	B_2	B_0
同步（B_2B_1=00） ×0：内同步　　0×：两个同步字符 ×1：外同步　　1×：单个同步字符 异步（$B_2B_1 \neq 00$） 00：无意义　　01：一个停止位 10：1.5 个停止位 11：2 个停止位				×0：无奇偶校验 01：奇校验 11：偶校验		00:5 位 01:6 位 10:7 位 11:8 位		00：同步方式 01：异步方式（×1） 10：异步方式（×16） 11：异步方式（×64）	

方式控制字中，D_1D_0 用来确定芯片的工作方式以及异步通信的波特率因子。例如，×16 表示收发时钟频率是数据传送波特率的 16 倍。在异步通信中，$D_7 \sim D_2$ 用于确定数据位的位数、停止位的位数、是否采用奇偶校验以及采用奇校验还是偶校验。在同步通信中，$D_7 \sim D_2$ 用于确定字符长度、同步字符的个数以及采用外同步还是内同步。

（2）操作命令字

操作命令字可使 8251A 处于规定的工作状态，见表 10-4。

表 10-4　8251A 的操作命令字格式

D_7	D_6	D_5	D_4	D_3	D_2	D_1	D_0
DSR	SYNDET	FE	OE	PE	TxE	RxRDY	TxRDY
1＝搜索同步字符	1＝内部同步	1＝使 $\overline{\text{RTS}}$ 输出为低	1＝错误标志 PE、OE、FE 复位	1＝发送中止字符（使 TxD 为低）	1＝接收器允许	1＝使 $\overline{\text{DTR}}$ 输出为低	1＝发送器允许

D_2、D_0：控制允许或禁止发送器和接收器工作。在半双工方式时，CPU 要交替地把这两位置 1。

D_5、D_1：启动与 MODEM 或外部设备的握手信号。当 8251A 作为接收数据方，已准备好接收数据时，使 D_1 置 1；当 8251A 作为发送数据方，已准备好发送数据时，使 D_5 置 1。

D_3：选择是否发送间断字符。当 D_3=1 时，TxD 线上一直发低电平，即输出连续的空号。正常通信时，应使 D_3=0。

D_4：用于使状态字中的错误标志位 D_3、D_4、D_5 复位。

D_6：可使 8251A 回到初始化编程阶段。

D_7：在同步方式下，使 RxE 位置 1 的同时，还必须使 EH、ER 位置 1。这样 RxD 线上开始接收信号，接收器也开始搜索同步字符。当搜索到同步字符时，使 SYNDET 引脚输出为"1"。此后，再将 D_7 位置 0，进行正常接收。

（3）状态字

状态字放在 8251A 的状态寄存器中，可由 CPU 读出。其格式见表 10-5。

表 10-5　8251A 的状态字格式

D_7	D_6	D_5	D_4	D_3	D_2	D_1	D_0
EH	IR	RTS	ER	SBRK	RxE	DTR	TxEN
1＝$\overline{\text{DSR}}$ 为低电平	同引脚定义	1＝有帧格式错	1＝有超越错	1＝有奇偶校验错	同引脚定义	同引脚定义	1＝输出缓冲器空

D_7：数据装置准备好。当DSR引脚为低电平时，使该位置1，表示 MODEM 或外部设备发送方已准备好发送数据。

D_4：帧检验错，仅对异步方式有用。当在任一字符的结尾没有检测到规定的停止位时，该位置1。

D_5：溢出错。OE =1 表示接收缓冲器已准备好一个字符数据，但 CPU 未能及时读取，后面的字符数据就会将前一个字符数据覆盖，造成字符丢失。

D_3：奇偶校验错。接收器按照事先约定的方式进行奇偶校验计算，然后将奇偶校验位的期望值与实际值进行比较，如果不一致，则将该位置1。

D_6、D_2、D_1：与引脚 SYNDET、TxEMPTR、RxRDY 的定义完全相同。

D_0：发送准备好。此信号与引脚 TxRDY 的定义有所不同。只要发送缓冲器出现空闲，则该位置1。而引脚 TxRDY 为高电平的条件是发送器空且命令字的 D_0 =1（允许发送），其输出引脚$\overline{CTS}$ =0（清除发送）。

10.5　8251A 的初始化及应用

10.5.1　8251A 初始化编程

8251A 的方式控制字和操作命令字本身均无特征标志，而且写入同一个端口，因此，为了区分它们，这两个字必须严格按规定顺序写入。8251A 的初始化流程如图 10–15 所示。

在系统复位后，必须先写入方式控制字，再写入操作命令字。在一批数据传送完毕后，可以利用操作命令字使 8251A 复位，重新设置 8251A 的工作方式，以完成其他传送任务。

需要注意的是，在接通电源时，8251A 能通过硬件电路自动进入复位状态，但不能保证总是正确地复位。为了确保送方式字和命令字之前已正确复位，应先向 8251A 的控制口连续写入 3 个全0，然后再向该端口写入一个使 D_6 位为1的复位命令字（40H），用指令使8251A 可靠复位。

例 10 – 2　按下列要求编写 8251A 的初始化程序：8251A 为同步传送方式，有两个同步字符，内同步，采用奇偶校验，有 7 位数据位，同步字符为 16H。8251A 的端口地址为 1F0H、1F2H。

解： 初始化程序如下：

```
LL:OUT   DX,AL
    DEC   BL
    JEZ LL
```

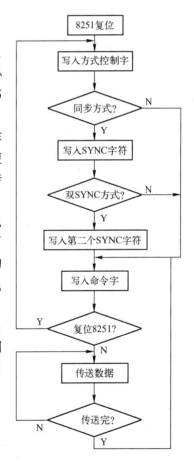

图 10–15　8251A 的初始化流程

```
        MOV    AL,40H              ;送复位命令字
        OUT    DX,AL
        MOV    AL,38H
        OUT    DX,AL               ;方式控制字
        MOV    AL,16H              ;第一个同步字符
        OUT    DX,AL
        OUT    DX,AL               ;第二个同步字符
        MOV    AL,95H              ;操作命令字
        OUT    DX,AL
        ……
```

例 10–3 按下列要求编写 8251A 的发送数据的程序段：8251A 为同步传送方式，波特率因子为 64，采用偶校验，1 位停止位，7 位数据位。8251A 与外设有握手信号，采用查询方式发送数据。8251A 的端口地址为 1F0H、1F2H。

解： 初始化程序如下：

```
        MOV    DX,1F2H            ;控制口地址
        MOV    BL,3
        MOV    AL,00H             ;送 3 个 00H
LL:OUT     DX,AL
        DEC    BL
        JEZ LL
        MOV    AL,40H             ;送复位命令字
        OUT    DX,AL
        MOV    AL,7BH             ;方式控制字
        OUT    DX,AL
        MOV    AL,37H             ;操作命令字
        OUT    DX,AL
WAT:IN     DX,AL                  ;第二个同步字符
        AND    AL,01H
        JZ     WAT                ;TxRDY＝0,发送缓冲器满,则继续等待
        MOV    DX,1F0H            ;发送下一个数据
        MOV    AL,54H
        OUT    DX,AL
        ……
```

10.5.2 串行通信接口电路设计

在 CPU 和大多数外设、CPU 与 CPU 之间进行近距离串行通信时，多采用 RS – 232C 串行口的三线零调制方式，即只用发送数据线 TxD、接收数据线 RxD 和地线进行通信，不使用 MODEM。下面就以两台 PC 之间的通信为例说明串行接口的电路设计。

例 10–4 假设有两台以 8086 为 CPU 的 PC 之间需进行近距离通信，它们用 8251A 作为接口芯片，通过 RS – 232C 串行接口实现通信。硬件连接图如图 10-16 所示，图中只画了一

台 PC 的接口电路，另一台 PC 的接口电路与之相同。

图中，8251A 的 $D_7 \sim D_0$ 接 8086CPU 的低 8 位数据线，因此，$C/\overline{D}$ 与地址总线的 A_1 相连，以选择 8251A 的数据口和控制口。8251A 的读 $\overline{RD}$、写 $\overline{WR}$、复位端 RESET 与 CPU 的相应端连接，其片选信号 $\overline{CS}$ 由地址译码器提供。

由于 8251A 的输入、输出信号均为 TTL 电平，与 RS－232C 的 EIA 电平不匹配，因此，8251A 的 TxD 线上的输出数据需经 MC1488 转换成 EIA 电平才能将数据发送出去；另一台 PC 送来的数据需经 MC1489 转换成 TTL 电平才能送给 8251A 的 RxD 引脚。两台 PC 采用没有握手信号的三线连接。

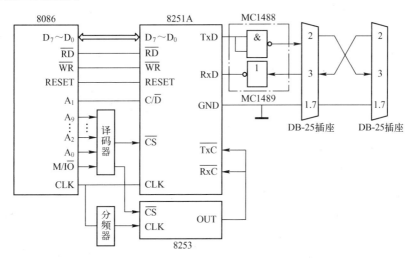

图 10－16　两台 CPU 系统用串行口通信的硬件连接图

8086CPU 的 CLK 信号经可编程定时器/计数器 8253 的分频，在 OUT_0 端产生的方波信号，作为 8251A 的发送时钟 $\overline{TxC}$ 和接收时钟 $\overline{RxC}$。

现要求完成一台 PC 将内存缓冲区 TRBU 的 100 个字符发送到通信总线上，另一台 PC 接收通信线上的 100 个字符，存放至接收缓冲区 REBU。假设两台 PC 之间采用查询方式，异步传送，8 位数据位，1 位停止位，奇校验，波特率因子为 16。两个 8251A 的端口地址为 1F0H、1F2H。

第一台 PC 发送数据的程序段为：

```
        MOV    DX,1F2H          ;控制口地址
        MOV    BL,3
        MOV    AL,00H           ;送 3 个 00H
LL:OUT  DX,AL
        DEC    BL
        JNZ    LL
        MOV    AL,40H           ;送复位命令字
        OUT    DX,AL
        MOV    AL,5BH           ;方式控制字
        OUT    DX,AL
```

```
          MOV   AL,11H                    ;操作命令字
          OUT   DX,AL
          MOV   SI,TRBU                   ;方缓冲区首地址送 SI
          MOV   CX,100                    ;设置计数初值
WAT: MOV   DX,1F2H
          IN   AL, DX                     ;第二个同步字符
          AND AL, 01H
          JZ   WAT                        ;TxRDY=0,发送缓冲器满,则继续等待
          MOV AL,[SI]
          MOV   DX,1F0H                   ;发送键入字符
          OUT   DX,AL
          INC   SI
          LOOP WAT
```

第二台 PC 接收数据的程序段为:

```
          MOV   DX,1F2H                   ;控制口地址
          MOV   BL,3
          MOV   AL,00H                    ;送 3 个 00H
LL:    OUT   DX,AL
          DEC   BL
          JNZ   LL
          MOV   AL,40H                    ;送复位命令字
          OUT   DX,AL
          MOV   AL,5EH                    ;方式控制字
          OUT   DX,AL
          MOV   AL,14H                    ;操作命令字
          OUT   DX,AL
          MOV   DI,REBU                   ;接收缓冲区地址送 DI
          MOV   CX,100                    ;设置计数初值
WATJ: MOV   DX,1F2H
          IN AL, DX                       ;读状态字
          AND   AL,01H
          JZ WATJ                         ;RxRDY=0,接收缓冲器满,则继续等待
          TEST AL,38H                     ;检查是否有错
          JZ   ERROR                      ;有错,则转出错处理程序
          MOV   DX,1F0H                   ;接收字符
          IN   AL,DX
          MOV   [DI],AL
          INC DI
          LOOP WATJ                       ;未接收完 100 个字符,则继续
          ……
```

习题

1. 简述串行通信的特点。

2. 在远程通信中，为何要使用调制解调器？

3. 简述比特率和波特率。

4. 串行异步通信规定的字符格式为 1 位起始位、8 位数据位、无校验位、2 位停止位。试画出传送 45 H 的波形。若要求每秒传送 240 个字符，波特率是多少？

5. 异步传输的发送时钟和接收时钟各起什么作用？已知发送时钟频率为 3.072 MHz，为了实现上题的波特率，问波特率系数应为多少？

6. 在 RS - 232 总线标准中，引脚 TxD、RxD、$\overline{RTS}$、$\overline{CTS}$、$\overline{DTR}$、$\overline{DSR}$ 的功能各是什么？

7. 通用异步接收发送器是如何识别起始位的？

8. 已知 8251A 与外设的连接采用 MODEM 的最小方式，其控制地址为 1F8H，试按下列要求编写程序段。

（1）异步方式下的初始化程序段：设定数据位 8 位，奇校验，2 位停止位，波特因子为 16，启动接收和发送器。

（2）同步方式下的初始化程序段：设定单同步字符，同步字符为 16H，内同步方式，字符 7 位，奇校验，启动接收和发送器。

9. 编写采用查询方式通过 8251A 输出内存缓冲区中 100 个字符的程序段，写出简要程序注释，要求：8251A 工作于异步方式，奇校验，2 个停止位，7 个数据位，波特率因子为 64 H；8251A 的端口地址为 50 H、51 H，内存缓冲区首地址为 2000 H、3000 H。

第11章 微型计算机总线

本章要点

1. 总线的概念
2. 总线的分类及性能参数
3. 常见的总线标准

学习目标

通过本章的学习，掌握总线的概念，了解常见总线 ISA、EISA、PCI、USB 等信号的标准及接口，熟悉常见总线的分类及性能参数。

11.1　总线技术概述

总线是一组信号线的集合，是在计算机系统各部件之间传输地址、数据和控制信息的公共通路。微型计算机系统中，总线存在于 CPU、存储器各芯片内部，也存在于各模块之间，本章介绍总线的相关技术。

总线是构成计算机系统的互连机构，是多个系统功能部件之间进行数据传送的公共通道，通过总线可以传输数据、地址、各种控制命令和状态信息。

在计算机的发展历史中，早期冯·诺依曼提出的模型并不包括总线，到微型计算机以后，才正式采用总线结构。有了总线结构以后，计算机系统的组装、维护和扩展才得以方便地进行，使系统具有了支持模块化设计、开发性、通用性和灵活性等特点。

11.1.1　总线的类型

一个系统常常包含多种类型的总线。计算机系统的总线按其所传输信号的性质分为三类：地址总线、数据总线和控制总线。地址总线和数据总线相对比较简单，功能也较为单一。尽管在系统的不同层面上它们的名称和性能有所不同，但地址总线和数据总线的功能就是传输、交换地址信息和数据信息。控制总线差异较大，这一特点决定了各种模块的不同接口和功能特点。

整个计算机系统包含许多模块，这些模块位于系统的不同层次上，整个系统按模块进行构建。同一类型的总线在不同部位上的模块，其名称、作用、数量、电气特性和形态各不相同。按总线连接的对象和所处系统的层次来分，总线有芯片级总线、系统总线、局部总线和通信总线。

（1）芯片级总线

芯片级总线用于模块内芯片级的互连，是该芯片与外围支撑芯片的连接总线。如连接 CPU 及其周边的协处理器、总线控制器、总线收发器等的总线称为 CPU 局部总线或 CPU 总线，连接存储器及其支撑芯片的总线称为存储器总线。

（2）局部总线

由于经过缓冲器驱动，局部总线的负载能力较强。与连接的 CPU 和外部设备相比，系统总线发展滞后、速度缓慢、带宽较窄，成为数据传输的瓶颈。为了打破这一瓶颈，人们将一些高速外设从系统总线上卸下，通过控制和驱动电路直接挂到 CPU 局部总线上，使高速外设能按 CPU 速度运行。局部总线一端与 CPU 连接，另一端与高速外设和系统总线连接，好像在系统总线和 CPU 总线之间又插入一级。

（3）系统总线

系统总线是连接计算机内部各模块的一条主干线，连接芯片级总线、局部总线和外部总线的纽带。系统总线符合每一总线标准，具有通用性，是计算机系统模块化的基础。

（4）通信总线

通信总线又称外总线、设备总线或输入/输出总线，是连接计算机与外部设备的总线。外部总线经总线控制器挂接到系统总线上。CPU 与连接到系统板上的外设打交道需经过芯片级总线、局部总线、（系统总线）和外部总线这样三到四级总线。

按允许信息传送的方向来分，总线还可分为单向传输和双向传输两种。双向传输又分为半双向和全双向两种。前者允许在同一时刻只能向其中一个方向进行数据传送，而在另一时刻可以实现反方向的数据传送。后者允许在同一时刻进行两个方向的数据传送。全双向的速度快，但造价高，结构复杂。

按照用法，总线又可分为专用总线和非专用总线。只连接一对物理部件的总线称为专用总线。非专用总线可以被多种功能或多个部件所分时共享，同一时间只有一对部件可以使用总线进行通信。

11.1.2　总线结构

总线连接系统内各模块组织方法不同，总线结构也不同。一般的总线结构又分单总线结构、双总线结构和三总线结构。

如图 11-1a 所示，单总线结构是指在许多单处理器的计算机中，使用一条单一的系统总线来连接 CPU、主存和 I/O 设备。此时要求连接到总线上的逻辑部件必须高速运行，以便在某些设备需要使用总线时能迅速获得总线控制权；而当不再使用总线时，能迅速放弃总线控制权。单总线结构容易扩展成多 CPU 系统，只需要在系统总线上挂接多个 CPU 即可。

如图 11-1b 所示，双总线结构，它有两条专用总线（主存储器与 I/O 总线），主存储器与 CPU 做在一块主机板上，并且通过专用的总线连接，提高了 CPU 与主存储器交换信息的速度。慢速外部设备通过 I/O 总线首先与 I/O 处理器交换信息，等到一定的时间，I/O 处理器通过系统总线再与 CPU 交换数据。这样主存储器总线和 I/O 总线可以同时工作，极大地提高了整机的速度。

图 11-1c 是当前广泛采用的三总线结构。主存储器在系统板上与 CPU 有专门总线相连接，主存的扩展槽也在主机板上，某些 386 机器把磁盘的接口也设计在主机板上，直接与 CPU 相连接，整个机器的速度就提高了。三总线结构是在双总线系统的基础上增加 I/O 总线形成的。

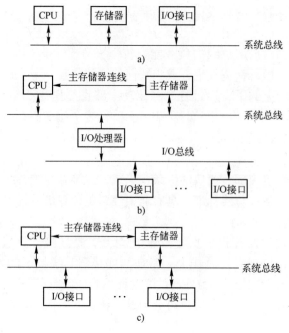

图 11-1　总线结构

a) 单总线结构　b) 双总线结构　c) 三总线结构

多个设备都挂在总线上，就要考虑到总线的仲裁和负载等问题。当今的微型计算机系统总线一般具有图 11-2 所示的层次结构形式。

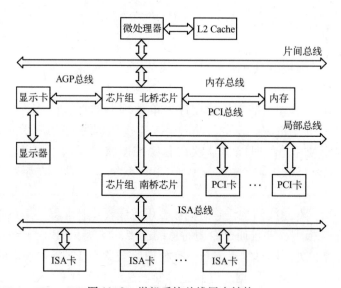

图 11-2　微机系统总线层次结构

11.1.3　总线的性能

总线的性能主要从以下三个方面来衡量：总线宽度、总线频率和传输率。

（1）总线宽度

总线宽度指一次可以同时传输的数据位数。一般来说，总线的宽度越宽，在一定时间内传输的信息量越大。不过在一个系统中，总线的宽度不会超过 CPU 的数据宽度。

（2）总线频率

总线频率指总线工作时每秒内能传输数据的次数。总线的频率越高，传输的速度越快。

（3）传输率

传输率指每秒内能传输的字节数，用 MB/s 来表示。传输率和总线宽度、频率之间的关系是：传输率 = 总线宽度/8 × 频率。

例如，设总线宽度为 32 位，频率为 100 MHz，求传输率。

根据上述公式：传输率 = (32/8) B × 100 MHz = 400 MB/s。

又如，PCI 总线的宽度为 32 位，总线频率为 33 MHz，所以 PCI 的数据传输率为 132 MB/s。

总线的宽度越宽，频率越高，则传输率越高。

11.1.4　总线操作及传送控制

从 CPU 把数据写入存储器、从存储器把数据读到 CPU、从 CPU 把数据写入输出端口、从输入端口把数据读到 CPU、CPU 中断操作、直接存储器存取操作、CPU 内部寄存器操作等，本质上都是通过总线进行的信息交换，统称为总线操作。在同一时刻，总线上只允许一对功能部件进行信息交换。当有多个功能部件都要使用总线进行信息传送时，只能采用分时方式，一个接一个地轮换交替使用总线，即将总线时间分成很多段，每段时间可以完成功能部件之间一次完整的信息交换，通常称为一个数据传送周期或一个总线操作周期。可见，为完成一个总线操作周期，一般要分成以下 4 个阶段。

（1）总线请求和仲裁（Bus Request and Arbitration）阶段

由需要使用总线的主控设备向总线仲裁机构提出使用总线的请求，经总线仲裁机构仲裁确定，把下一个传送周期的总线使用权分配给某一个请求源。

（2）寻址（Addressing）阶段

取得总线使用权的主控设备，通过地址总线发出本次要访问的从属设备的存储器地址，或 I/O 端口地址及有关命令，通过译码器使参与本次传送操作的从属设备被选中，并开始启动。

（3）数据传送（Data Transfering）阶段

主控设备和从属设备进行数据交换，数据从源功能部件发出，经数据总线传送到目的功能部件。在进行读传送操作时，源功能部件就是存储器或 I/O 接口，而目的功能部件则是总线主控设备 CPU。在进行写传送操作时，源功能部件就是总线主控设备（如 CPU），而目的功能部件则是存储器或 I/O 接口。

（4）结束（Ending）阶段

主控设备、从属设备的有关信息均从系统总线上撤除，让出总线，以便其他功能部件能继续使用。

为了确保这 4 个阶段正确进行，必须施加总线操作控制。当然，对于只有一个主控设备的单处理系统，实际上不存在总线请求、分配和撤除问题，总线始终归它所有，所以数据传送周期只需寻址和数据传送两个阶段。但对于包含中断控制器、DMA 控制器和多处理器的系统，就要有总线仲裁机构来受理申请和分配总线控制权。

11.2 系统总线

微机系统采用多模块结构（CPU、存储器、各种 I/O 模块），通常一个模块就是一块插件板，各插件板的插座之间采用的总线称为系统总线，比如 ISA 总线和 EISA 总线等。

11.2.1 ISA 总线

ISA（Industry Standard Architecture）总线是 IBM 公司 1984 年为推出 PC/AT 而建立的系统总线标准，所以也叫 AT 总线。由于它是 16 位体系结构，所以只能支持 16 位的 I/O 设备，数据传输率大约是 16MB/s。1984 年，ISA 总线在原来 8 位总线的基础上扩充出 16 位数据总线宽度，同时地址总线宽度也由 20 位扩充到 24 位，但仍保持原 8 位 ISA 总线的完整性，形成了现在使用的 8 位基本插槽加上 16 位扩充插槽的 16 位 ISA 总线标准。它推出后得到广大计算机同行的认可，兼容这一标准的微型计算机纷纷问世，直到现在，许多以 Pentium 芯片为 CPU 的计算机上仍然有 ISA 插槽。1988 年，康柏、HP、NEC 等 9 个厂商协同把 ISA 扩展到 32 位，即 EISA 总线（Extended ISA）。

ISA 总线的引脚如图 11-3 所示，各引脚定义如下：

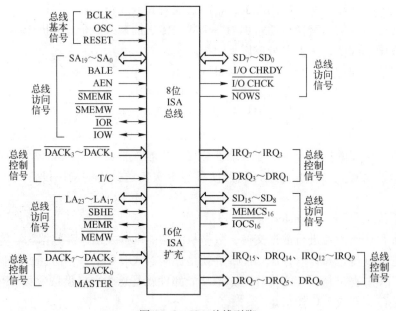

图 11-3　ISA 总线引脚

RESET、BCLK：复位及总线基本时钟，BLCK = 8 MHz。

$SA_{19} \sim SA_0$：存储器及 I/O 空间 20 位地址，带锁存。

$LA_{23} \sim LA_{17}$：存储器及 I/O 空间 20 位地址，不带锁存。

BALE：总线地址锁存，外部锁存器的选通。

AEN：地址允许，表明 CPU 让出总线，DMA 开始。

$\overline{\text{SMEMR}}$、$\overline{\text{SMEMW}}$：8 位 ISA 存储器读写控制。

ISA 总线引线定义：主要信号说明如下。

$\overline{\text{MEMR}}$、$\overline{\text{MEMW}}$：16 位 ISA 存储器读写控制。

$SD_{15} \sim SD_0$：数据总线，访问 8 位 ISA 卡时高 8 位自动传送到 $SD_7 \sim SD_0$。

$\overline{\text{SBHE}}$：高字节允许，打开 $SD_{15} \sim SD_8$ 数据通路。

$\overline{\text{MEMCS}_{16}}$、$\overline{\text{IOCS}_{16}}$：ISA 卡发出此信号确认可以进行 16 位传送。

I/O CHRDY：ISA 卡准备好，可控制插入等待周期。

$\overline{\text{NOWS}}$：不需等待状态，快速 ISA 发出不用插入等待。

$\overline{\text{I/O CHCK}}$：ISA 卡奇偶校验错。

IRQ_{15}、IRQ_{14}、$IRQ_{12} \sim IRQ_9$、$IRQ_7 \sim IRQ_3$：中断请求。

$DRQ_7 \sim DRQ_5$、$DRQ_3 \sim DRQ_0$：ISA 卡 DMA 请求。

$\overline{\text{DACK}_7} \sim \overline{\text{DACK}_5}$、$\overline{\text{DACK}_3} \sim \overline{\text{DACK}_0}$：DMA 请求响应。

MASTER、ISA 主模块确立信号，ISA 发出此信号，与主机内 DMAC 配合使 ISA 卡成为主模块，全部控制总线。

ISA 总线的主要特点如下：

1）它有比 XT 总线更强的支持能力，支持 1 KB 的 I/O 地址空间（0000H ~ 03FFH）；24 位存储器地址；8 位或 16 位数据存取；15 级硬件中断，7 级 DMA 通道；产生 I/O 等待状态等。

2）它是一种多主控（Multi Master）总线，除主 CPU 外，DMA 控制器、DRAM 刷新控制器和带处理器的智能接口控制卡都可以成为 ISA 总线的主控设备（但它只支持一个智能接口控制卡）。

3）可支持 8 种类型的总线周期，即 8 位或 16 位的存储器读周期；8 位或 16 位的存储器写周期；8 位或 16 位的 I/O 读周期，8 位或 16 位的 I/O 写周期；中断请求和中断响应周期；DMA 周期；存储器刷新周期；总线仲裁周期。

ISA 总线共包含 98 根信号线，它们是在原 XT 总线 62 线的基础上再扩充 36 线而形成的。其扩充卡插头插槽也由两部分组成，一部分是原 XT 总线的 62 线插头插槽（分 A、B 两面，每面 31 线）；另一部分是新增加的 36 线插头插槽（分 C、D 两面，每面 18 线），新增的 36 线与原有的 62 线之间由一凹槽隔开。这样原有的 XT62 线部分可独立使用，保证了按 PC/XT 总线标准设计的插件板，可原封不动地插在 ISA 总线扩充槽的前 62 线位置上，可见 ISA 总线系统向上与 XT 总线系统兼容。

ISA 总线共有 16 条数据线，24 条地址线（寻址空间为 16 MB），总线时钟频率为 8 MHz，总线最大传输速率为 16 MB/s，最大负载能力为 8 个，采用半同步的工作方式。

基于 ISA 总线的微型计算机结构如图 11-4 所示。

11.2.2　EISA 总线

EISA（Extended Industry Standard Architecture，扩展工业标准结构）是 EISA 集团为配合 32 位 CPU（主频 4.77 MHz）而设计的总线扩展标准。它吸收了 IBM 微通道总线的精华，并兼容 ISA 总线。

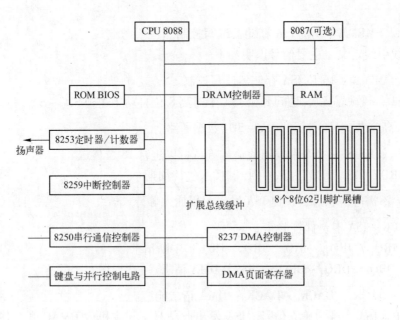

图 11-4　基于 ISA 总线的微型计算机结构

EISA 总线于 1989 年由工业厂商联盟设计，用于支持现有的 ISA 扩充板，同时为以后的发展提供一个平台。为支持 ISA 卡，它使用 8 MHz 的时钟速率，但总线提供的 DMA（直接存储器访问）速度可达 33 Mbit/s。EISA 总线的输入/输出（I/O）总线和微处理总线是分离的，因此 I/O 总线可保持低时钟速率以支持 ISA 卡，而微处理器总线则可以高速率运行。EISA 机器可以向多个用户提供高速磁盘输出。

EISA 总线是全 32 位的，所以这种设计可处理比 ISA 总线更多的引脚。连接器是一个两层槽设计，既能接受 ISA 卡，又能接受 EISA 卡。顶层与 ISA 卡相连，底层则与 EISA 卡相连。尽管 EISA 总线保持与 ISA 兼容的 8 MHz 时钟速率，但它们支持一种突发式数据传送方法，可以以三倍于 ISA 总线的速率传送数据。大型网络服务器的设计大多选用 EISA 总线。

EISA 总线的主要特点如下：

1）EISA 总线的时钟频率为 8.33 MHz。

2）EISA 总线共有 198 根信号线，在原 ISA 总线的 98 根线基础上扩充了 100 根线，与原 ISA 总线完全兼容。

3）具有分立的数据线和地址线。

4）数据线宽度为 32 位，具有 8 位、16 位、32 位数据传输能力，所以最大数据传输率为 33 MHz。

5）地址线的宽度为 32 位，所以寻址能力达 2^{32}。

6）CPU 或 DMA 控制器等这些主控设备能够对 4GB 范围的主存地址空间进行访问。

基于 EISA 总线的微型计算机结构如图 11-5 所示。

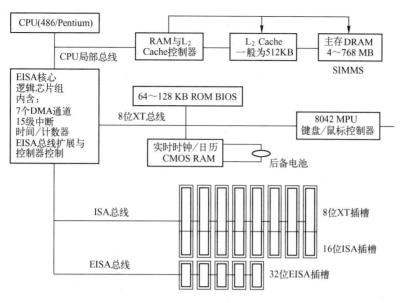

图 11-5　基于 EISA 总线的微型计算机结构

11.3　局部总线

局部总线是介于 CPU 总线和系统总线之间的一级总线。它有两侧，一侧直接面向 CPU 总线。另一侧面向系统总线，分别通过桥芯片连接，例如 PCI 总线就是一种局部总线。采用局部总线结构后，系统内形成了分层总线结构。该结构中，不同传输要求的设备分类连接在不同性能的总线上，从而合理分配系统资源，满足不同设备的不同需要，另外，局部总线信号独立于微处理器，处理器的更换不会影响系统结构。

11.3.1　PCI 总线

PCI（Peripheral Component Interconnect）是计算机外部设备互连的意思。1992 年由 Intel 发布，很快就成为了商用计算机的总线标准。它是目前个人计算机中使用最为广泛的接口，几乎所有的主板产品上都带有这种插槽。PCI 插槽也是主板带有最多数量的插槽类型，在目前流行的台式机主板上，ATX 结构的主板一般带有 5～6 个 PCI 插槽，而小一点的 MATX 主板也都带有 2～3 个 PCI 插槽，可见其应用的广泛性。

发展至今，PCI 实际上已经不是一个简单的总线标准，而是一类标准。例如，从使用的电源电压来分，就有 5 V 和 3.3 V 两个版本；从总线时钟频率来分有 33.3 MHz 和 66 MHz 两种；从总线的宽度来分有 32 位和 64 位两种。

1. 总线引脚

PCI 总线引脚如图 11-6 所示。

PCI 主设备最少需要 49 根线，从设备最少需要 47 根线，剩下的线可选。

（1）系统引脚

CLK：系统时钟，为所有 PCI 上的传输及总线仲裁提供时序。除 RST 外，所有 PCI 信号都在 CLK 信号的上升沿采样。

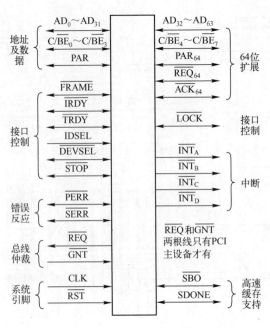

图 11-6　PCI 总线引脚图

RST：异步复位信号。

（2）地址及数据引脚

$AD_0 \sim AD_{31}$：地址数据复用引脚。FRAME 开始变为有效的那个时钟周期内 $AD_0 \sim AD_{31}$ 上传输的是地址。对于配置空间和存储空间，这是一个双字节地址，对于 I/O 空间，这是一个单字节地址。传输数据时，$AD_0 \sim AD_7$ 为最低字节数据。

$C/\overline{BE}_0 \sim C/\overline{BE}_3$：总线命令和字节允许复用引脚。在 $AD_0 \sim AD_{31}$ 上传输地址的时候，$C_0 \sim C_3$ 上传输的是总线命令；$AD_0 \sim AD_{31}$ 上传输数据的时候，$\overline{BE}_0 \sim \overline{BE}_3$ 用作字节允许，表示哪些通道上的数据是有效的。$\overline{BE}_0$ 对应最低字节。

PAR：$AD_0 \sim AD_{31}$ 和 $C/\overline{BE}_0 \sim C/\overline{BE}_3$ 上的数据偶效验。PAR 与 $AD_0 \sim AD_{31}$ 有相同的时序，但延迟一个时钟，在地址段后一个时钟，PAR 稳定并有效；对于数据段，在写传输中，PAR 在 $\overline{IRDY}$ 有效后一个时钟周期稳定并有效，而在读传输中，PAR 在 $\overline{TRDY}$ 有效后一个时钟周期稳定并有效。一旦 PAR 有效，它必须保持有效直到当前数据段完成后一个时钟。在地址段和写数据段，主 PCI 设备驱动 PAR，在读数据段，目标从 PCI 设备驱动 PAR。

（3）接口控制引脚

$\overline{FRAME}$：帧开始信号。由当前总线主设备驱动，以说明一个操作的开始和延续。$\overline{FRAME}$ 有效，说明总线开始传输，当 $\overline{FRAME}$ 维持有效时，说明总线传输继续进行，当 $\overline{FRAME}$ 无效时，说明传送的最后一个字节正在进行。

$\overline{IRDY}$：启动者准备好信号（Initiator Ready）。说明传输的启动者完成当前数据传输的能力。在读操作中，$\overline{IRDY}$ 有效说明总线主设备已准备好接收数据。在写操作中，它说明 $AD_0 \sim AD_3$ 上已有有效数据。在 $\overline{IRDY}$ 和 $\overline{TRDY}$ 都有效的时钟周期完成数据传输。在 $\overline{IRDY}$ 和 $\overline{TRDY}$

都有效之前，需要插入等待状态。

$\overline{\text{TRDY}}$：目标设备准备就绪（Target Ready）。说明传输的目标设备完成当前数据传输的能力。在写操作中，$\overline{\text{TRDY}}$有效说明目标设备已经准备好接收数据。在读操作中，它说明$AD_0 \sim AD_{31}$上已有有效数据。

$\overline{\text{STOP}}$：停止信号。说明当前的目标设备要求总线主设备停止当前传输。

$\overline{\text{LOCK}}$：锁定信号。

IDSEL：初始化设备选择（Initialization Device Select）。在配置空间读写操作中，用作片选。

$\overline{\text{DEVSEL}}$：设备选择。当驱动有效时，说明驱动它的设备已将其地址解码为当前操作的目标设备。

（4）仲裁引脚

$\overline{\text{REQ}}$：申请。向仲裁器说明该单元想使用总线。这是一个点对点的信号，每个总线主设备都有自己的$\overline{\text{REQ}}$。

$\overline{\text{GNT}}$：允许。仲裁器向申请单元说明其对总线的操作已被允许。这是一个点对点信号，每个总线主设备都有自己的$\overline{\text{GNT}}$。

（5）错误反馈引脚

$\overline{\text{PERR}}$：奇偶校验错误（Parity Error）。该引脚用于反馈在除特殊周期外的其他传送过程中的数据奇偶校验错误。$\overline{\text{PERR}}$维持三态，在检测到奇偶校验错误后，在数据结束后两个时钟周期内，由接收数据的单元驱动$\overline{\text{PERR}}$有效，并至少持续一个时钟周期。只有发出$\overline{\text{DEVSEL}}$的单元才能发出$\overline{\text{PERR}}$。

$\overline{\text{SERR}}$：系统错误（System Error）。用于反馈地址奇偶校验错误、特殊周期命令中的数据奇偶校验错误和将引起重大事故的其他灾难性的系统错误。

（6）中断引脚

$\overline{\text{INT}_A}$、$\overline{\text{INT}_B}$、$\overline{\text{INT}_C}$、$\overline{\text{INT}_D}$：中断输出。

（7）高速缓存支持引脚

SBO、SDONE：一个能高速缓存的PCI存储器必须利用这两条高速缓存支持引脚作为输入，以支持写通（Write – through）和回写（Write – back）。如果可高速缓存的存储器是位于PCI上，则连接回写高速缓存到PCI的桥路必须利用这两条引脚，且作为输出。连接写通高速缓存的桥路可以只使用一条引脚SDONE。

$\overline{\text{SBO}}$：监视补偿。当其有效时，说明对某条变化线的一次命中。当$\overline{\text{SBO}}$无效而SDONE有效时，说明了一次"干净"的监视结果。

SDONE：监视进行。表明对当前操作的监视状态。当其无效时，说明监视结果仍未定；当有效时，说明监视已有结果。

（8）64位总线扩充引脚

$AD_{32} \sim AD_{63}$：地址数据复用引脚提供32个附加位。在一个地址段，传送64位地址的高

32 位。在数据段，传送 64 位中的高 32 位。

$\overline{C/BE}_4 \sim \overline{C/BE}_7$：总线命令和字节允许复用引脚。

REQ_{64}：请求 64 位传输。当其被当前总线主设备有效驱动时，说明总线主设备想进行 64 位传输。

$\overline{ACK}_{64}$：应答 64 位传送。在当前操作所寻址的目标设备有效驱动该信号时，说明目标设备能够进行 64 位传输，$\overline{ACK}_{64}$ 和 $\overline{DEVSEL}$ 有相同的时序。

$P\ \overline{AR}_{64}$：高双字偶校验。

2. 总线结构

PCI 总线是一种树型结构，并且独立于 CPU 总线，可以和 CPU 总线并行操作。PCI 总线上可以挂接 PCI 设备和 PCI 桥片，PCI 总线上只允许有一个 PCI 主设备，其他的均为 PCI 从设备，且读写操作只能在主从设备之间进行，从设备之间的数据交换需要通过主设备中转。PCI 总线结构如图 11-7 所示。

PCI 是在 CPU 和原来的系统总线之间插入的一级总线，具体由一个桥接电路实现对这一层的管理，并实现上下之间的接口以协调数据的传送。PCI 总线也支持总线主控技术，允许智能设备在需要时取得总线控制权，以加速数据传送。PCI 总线是一种不依附于某个具体处理器的局部总线。管理器提供了信号缓冲，使之能支持 10 种外部设备，并能在高时钟频率下保持高性能，它为显卡、声卡、网卡、MODEM 等设备提供了连接接口。

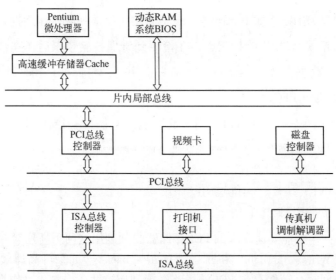

图 11-7　PCI 总线结构

PCI 总线的提出极大地扩展了 PC 的数据传输能力，使 PC 对高速外设如图形显示器、硬盘等的支持能力极大提高，它是目前各种总线标准中定义最完善、性能价格比最高的一种总线标准，除在 PC 中广泛应用外，在目前小型工作站等高档计算机中也得到日益推广。

图 11-8 是某型号计算机主板上的 PCI 和 ISA 插槽示意图。其中有 5 个短白色的 PCI 扩展槽，2 个长黑色的 ISA 扩展槽。

图 11-8　计算机主板上的 PCI 和 ISA 插槽示意图

11.3.2　PCI Express 总线

随着近年来 IT 业爆炸式的迅猛发展，计算机硬件技术也有了长足的进步，其中，计算机内部必不可少的 I/O 总线更是如此，从最早的 ISA 总线扩展插槽到现在的 AGP 总线接口，短短的几十年间，计算机内部的 I/O 总线的数据传输率从最早的 8.33 MB/s 已经到达了 AGP 8 × 的 2.1 GB/s。尽管如此，随着制造工艺的发展，尤其是现在 Intel 的微电子技术工艺日趋成熟，将会出现很多需要带宽更大、数据传输速率更快的设备。PCI Express 属于第三代 I/O 总线技术，是由 Intel、AMD、Dell、INM 等 20 多家公司联合研制而成的。

PCI Express（简称 PCIE），虽然从表面来看它的名字和 PCI 有些类似，但它们之间却有本质的区别。PCI 采用的是并行通道。PCI Express 总线属于串行总线，进行的是点对点传输，每个传输通道单独享有带宽。PCI Express 总线还支持双向传输模式和数据分路传输模式。PCI Express 接口根据总线接口对位宽的要求不同而有所差异，分为 PCI Express 1 ×、2 ×、4 ×、8 ×、16 ×，甚至 32 ×；由此 PCI Express 的接口长宽也不同，1 × 最小，往上则越大。其中 1 ×、2 ×、4 ×、8 ×、16 × 为数据分路初始模式，32 × 为多通道双向传输模式，1 × 单向传输带宽可达 250 MB/s，双向传输带宽能够达到 500 MB/s，这个已经不是 PCI 总线所能够相比的了。同时 PCI Express 的不同接口还可以向下兼容其他 PCI Express 小接口的产品，即 PCI Express 4 × 的设备可以插在 PCI Express 8 × 或 PCI Express 16 × 上进行工作。表 11-1 为现有总线类型数据传输率的比较。

表 11-1　现有总线类型数据传输率的比较

总 线 类 型	数据传输率	总 线 类 型	数据传输率
ISA	8.33 MB/s	AGP 4 ×	2.133 GB/s
EISA	133 MB/s	PCI Express 1 ×	500 MB/s
PCI	133 MB/s	PCI Express 2 ×	1 GB/s
AGP	266 MB/s	PCI Express 4 ×	2 GB/s
AGP 2 ×	533 MB/s	PCI Express 8 ×	4 GB/s
AGP 4 ×	1066 GB/s	PCI Express 16 ×	8 GB/s

11.4　设备总线

串行通信是将数据一位一位地传送，它只需要一根数据线，硬件成本低，而且可使用现有的通信通道（如电话等）。串行接口一般包括 RS-232/422/485，其技术简单成熟、性能可靠、价格低廉、所要求的软硬件环境或条件都很低，被广泛应用于计算机及相关领域，遍及调制解调器（MODEM）、串行打印机、各种监控模块、PLC、摄像头云台、数控机床、单片机及相关智能设备，甚至路由器也不例外。在此仅说明两种代表性的总线——USB 总线和 GPIB 总线。

11.4.1　USB 总线

USB（Universal Serial Bus）是一种新型的外设接口标准，其基本思路是采用通用连接器和自动配置及热插拔技术和相应的软件，实现资源共享和外设的简单快速连接。USB 串行总线是一种电缆总线，其支持在主机和各式各样的即插即用的外设之间进行数据传输。由主机预定的标准协议使各种设备分享 USB 带宽，当其他设备和主机在运行时，总线允许添加、设置、使用以及拆除外设。USB 和 IEEE-1394 的出现，解决了目前微机系统中，外设与 CPU 连接因为接口标准互不兼容而无法共享所带来的安装与配置困难的问题。USB 是以 Intel 公司为主，与 Compaq、IBM、DEC 以及 NEC 等公司共同开发的，1996 年公布了 USB 1.0 版本，目前的最新版本是 USB 2.0。由于微软在 Windows 98 和 Windows 2000 中内置了 USB 接口模块，加上 USB 设备日益增多，因此 USB 成为了目前流行的外设接口。

1. USB 总线的功能特点

USB 减轻了各个设备对目前 PC 中所有标准端口的需求，因而降低了硬件的复杂性和对端口的占用。整个 USB 系统只有一个端口，使用一个中断，节省了系统资源。

USB 支持热插拔。USB 提供机箱外的热插拔连接，连接外设不必再打开机箱，也不必关闭主机电源。这个特点为用户提供了很大的方便。

USB 支持即插即用。当插入 USB 设备时，计算机系统检测该外设，并且自动加载相应驱动程序，对该设备进行配置，使其正常工作。

USB 在设备供电方面有很强的灵活性，USB 接口不仅可以通过电缆为连接到 USB 集线器或主机的设备供电，而且可以通过电池或其他电力设备为其供电，或使用两种供电方式的组合，并且支持节约能源的挂机和唤醒模式。

USB 提供全速 12 Mbit/s、低速 1.5 Mbit/s 和高速 480 Mbit/s 三种速率来适应不同类型的外设。

USB 采用"级联"方式连接各个外设。每个 USB 用一个 USB 插头连接到前一个外设的 USB 插座上，而其本身又提供一个 USB 插座，供下一个 USB 外设连接用。通过这种类似菊花链式的连接，一个 USB 控制器可以连接多达 127 个外设，而两个外设间的距离（线缆长度）可达 5 m。

USB 系统拓扑结构如图 11-9 所示。

2. USB 电气特性

USB 传送信号和电源是通过一种 4 线的电缆，用来传送信号和提供电源。其中 D + 和

D－为信号线，传送信号。D＋和D－为一对双绞线，D＋是绿色、D－为白色。还有两根是电源线和地线，电源线是红色，地线是黑色。USB电缆形式如图11-10所示。

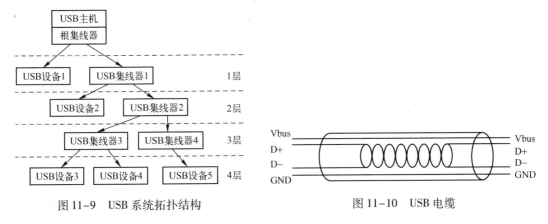

图11-9　USB系统拓扑结构　　　　　　图11-10　USB电缆

根据USB规范，USB传输速率可达12 Mbit/s，除了可以与键盘、鼠标、MODEM等常见设备连接外，还可以与ISDN、电话系统、数字音响、打印机、扫描仪等低速设备连接。尽管USB被设计成也可以连接数字相机一类的较高速外设，但由于USB总线技术推出太迟，IEEE 1394接口总线已经在数字相机、数字摄影及视频播放等高速、高带宽领域（100 Mbit/s或以上）取得了应用。

3. USB的数据传输

USB有4种传输模式。

（1）控制传输

控制传输主要用于配置设备，也可以用于设备的其他特殊用途。控制传输是双向的，如对数字相机设备，可以传送暂停、继续和停止等控制信号。

（2）批传输

批传输用于传送大数据，这种数据的时间性不强，但要保证数据的正确性，如打印机、调制解调器、数字音响等不定期传送大量数据的中速设备。

（3）中断传输

中断传输用于固定、少量的数据传送，如键盘、鼠标等低速设备。

（4）同步传输

同步传输又叫等时传输，用于传送连续性、实时性的数据。这种方式的特点是要求传输速率固定（恒定），时间性强，传输中数据出错后无须重传。视频设备、数字声音等采用这种方式。

USB的数据编码是采用NRZI（None Return Zero Invert，不归零翻转）进行编码的，编码过程在数据传输之前完成，数据传输采用差分方式。传输到目的方后被解码。对数据编码和采用差分信号传输有助于确保数据的完整性和消除噪声干扰。

USB数据传送的基本单位是包。USB总线上的每一次数据交换至少需要3个包才能完成。USB共有3种类型的包。

1）标志包。所有的交换都以标志包（Token）为首位。标志包定义了设备地址码、端口号、传输方向和传输类型等信息。

2）数据包。数据源向目的地发送的数据或无数据传送的指示信息，数据包可以携带的数据最多为 1023 B。

3）握手包。数据接收方向数据发送方送回的信息，报告数据交换的状态。握手包又称为状态包、状态段或交换段。

11.4.2　GPIB 总线

1965 年，惠普（HP）公司为了解决各种仪器仪表与各类计算机的接口时，由于互相不兼容而带来的连接麻烦，而研制了惠普接口总线 HP - IB 总线，用于连接惠普的计算机和可编程仪器。由于其转换速率高（通常可达 1MB/s），这种接口总线得到普遍认可，1975 年美国电气与电子工程师协会（IEEE）将其作为规范化的 IEEE -488 标准总线予以推荐，1977 年国际电工委员会（IEC）对该总线进行认可，并将其定为国际标准。因此 GP - IP 又称为 HP - IB 或 IEEE -488。后来，GPIB 比 HP - IB 的名称用得更广泛。

1. GPIB 总线结构

GP - IP 的 16 条信号线，按其功能可排为三组独立的总线：双向 8 位数据线（8 根）、字节传送控制线（3 根，也称为挂钩线）和接口管理线（5 根）。具有 GP - IP 标准接口及由上述总线连接起来的自动测试系统如图 11-11 所示。

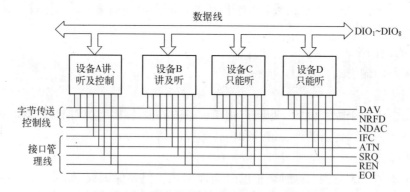

图 11-11　具有 IEEE -488 标准接口总线接法

系统中的每一设备按三种基本方式之一进行工作。三种方式为：

（1）听者方式

听者方式指从数据总线上接收数据，在同一时刻可以有两个以上的听者在工作。具有这种功能的设备如智能仪器仪表、微型计算机、打印机和绘图仪等。

（2）讲者方式

讲者方式指向数据总线上发送数据，一个系统的多个讲者在每一时刻只能有一个讲者在工作。具有这种功能的设备如磁带机、磁盘驱动器、微机和智能仪器仪表等。

（3）控者方式

控者方式指控制其他设备，如对其他设备寻址或允许讲者使用总线。每一时刻系统中的多个控者只能有一个起作用。

下面对总线结构中的数据线、挂钩线和接口管理线分别进行介绍。

（1）数据线（DIO$_1$ ~ DIO$_8$）

数据线用于传递接口信息和器件信息，包括数据、地址和命令（听、讲方式的设定及其他控制信号）。可以是多线接口消息，也可以是设备消息。由于这一标准无地址总线，必须用其余两组信号来区分这些信号类型。当 ATN = 1 表示数据线上传送的是接口消息，当 ATN = 0 表示数据线上传送的是设备消息。无论是接口消息还是设备消息均采用七位 ASCII 码，第 8 位可作为奇偶校验，或处于任意状态。

（2）挂钩线（DAV，NRFD，NDAC）

GPIB 总线标准采用了三线互锁联络技术，又称三线挂钩技术。三线挂钩技术由下列三条挂钩线来实现。

DAV（Data Valid）数据有效线：该线由控者或讲者的源功能（SH）启动，用来向听者表明 DIO 数据线上的数据现在是否有效。若 DAV = l 表示数据线上数据有效，听者可以从数据线上接收这一数据。若 DAV = 0 表示数据线上数据无效，听者不应从数据线上接收数据。

NRFD（Not Ready For Data）未准备好接收数据信号线：该线由欲接收数据的所有设备的受功能（AH）启动，用来向讲者及控者表明各听者是否已准备就绪。若 NRFD = 1 表明系统中至少还有一个听者还没准备就绪，若 NRFD = 0 表明系统中所有听者皆已准备就绪。

NDAC（Not Data Accepted）未接收到数据信号线：该线由接收数据设备的受功能（AH）启动。用来向讲者和控者表明系统各听者是否都已把数据接收下来。NDAC = 1 表明系统中至少还有一个听者尚未把数据接收下来，NDAC = 0 表明各听者均已完成数据接收。

（3）5 根接口管理线（ATN，IEC，REN，SRQ，EOI）

ATN（Attention）注意线：为控者使用的专用线，用以标明数据线 DIO 上消息的类型。ATN = 1 表示控者利用数据线发出的是多线接口消息，诸如通令、指令、地址消息等；ATN = 0 表示当前的讲者正在使用数据线发设备消息，诸如程控命令、测量数据、状态字节等。

IFC（Interface Clear）接口清除线：此线由系统控者使用。自动测试系统中一些设备的地位变化，有时充当讲者，有时充当听者，有时处于空闲态。当系统控者发出 IFC = 1（只要持续 100 μs）消息，则各设备皆回到已知的初始态。而 IFC = 0 时，各设备接口功能不受影响，仍按各自状态运行。

在测试开始、测试结束及系统重新组态时，应使用 IFC = 1 来使其返回初始态。

REN（Remote Enable）远地使能线：可程控仪器有本地与远地两种工作方式，系统控者利用 REN 来设定它们的工作方式。REN = 1 表示系统控者发出远控命令，所有挂接在总线上的设备均有可能被设定为远地方式。此时，只要控者发出该设备的讲（或听）地址，寻址该设备，则它就被设定为远地方式，接受系统控者的控制，使手动方式失效。REN = 0 则表示各设备脱离 GPIB 总线，进入本地方式，受面板手动控制。

SRQ（Service request）服务请求线：该线由系统中配备有 SR 功能的设备所共用。该线类似于微机系统中的中断请求线。各设备的服务请求经线或后，形成 SRQ 线向控者提出服务请求。若 SRQ = 1，表示至少有一台设备提出服务请求，请求控者中断当前事务，经查询确定是哪一台设备请求服务，然后转去服务。SRQ = 0 则表示系统中没有设备提出服务请求。SRQ = 1 为主动消息，而 SRQ = 0 为被动消息。

EOI（End Or Indentify）结束或识别线：该线有两个作用，在系统控者发布并行点名识别消息（IDY）或者在讲者发布数据发送已结束（END）消息时使用。但 EOI 线与 ATN 线必须一起使用，才能发布 IDY 消息与 END 消息。

EOI = 1 且 ATN = 0，表示讲者已发送最后一个字节，这是 END 结束消息。

EOI = 1 且 ATN = 1，表示控者发布并行点名识别消息 IDY。这时控者以并行方式进行查询，各有关设备收到 IDY 消息后，给予响应，以便控者识别出是哪一台或哪几台设备发出服务请求。

EOI = 0 表示既非结束也非识别。

2. GPIB 三线挂钩技术

GPIB 系统采用广播式通信。讲者须先知道是否所有的听者已准备好接收数据。只有都准备就绪的条件下，讲者才被允许把要广播的数据放置到数据线上。讲者向所有听者宣布数据线上数据有效。听者在得知数据线上数据有效后才允许从数据线上接收数据。接收完毕后，还应当通知讲者，只有当讲者得知所有听者都已接收完毕，方可从数据线上把数据撤除。

系统中的每一设备按三种基本方式（听者方式、讲者方式、控者方式）之一进行工作。系统内部每传送一个字节信息都有一次三线联络的过程，如图 11-12 所示。每个字节传送皆按上述过程进行。

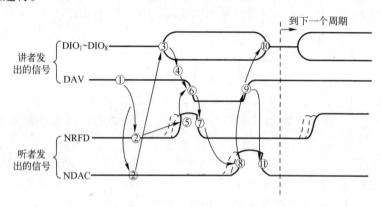

图 11-12　三线联络时序图

NRFD 是由听者送向讲者，它是由各听者的 RFD（即准备就绪）经线与运算后形成的，因此只要有一个听者还未准备就绪（RFD = 0），则 NRFD = 1。

DAV 是由讲者送给听者的数据有效线。当数据线上数据有效，则讲者使 DAV = 1。从数据线上撤除数据后，讲者使 DAV = 0。

NDAC 也是由听者送向讲者的一条线，它由各听者 DAC（即数据接收完毕）经线与运算后形成。当所有听者皆接收完毕，则 NDAC = 0，只要还有一个听者没有接收完毕，则 NDAC = 1。

DAV、NRFD、NDAC 三线不仅用来进行通信联络，它们之间还存在着互锁关系。如图 11-13a、b 分别表示了讲者工作过程与听者的工作过程。从图中可以看出其互锁关系，比如在讲者工作过程中，若 NRFD ≠ 0，则 DAV 不会为 1，因而根本谈不上 DAC = 0，当然 NDAC 也不会为 0。听者工作过程这种互锁关系也是一样的。

3. 采样 GPIB 的数据采集系统

图 11-14 所示为一个采用 GPIB 的数据采集系统运行的示意图。数百个压力传感器接到被测试的各个测试点上，扫描器将采集到的原始数据陆续送往电桥，将电桥输出的模拟量、

数字电压表输出的数字量送给打印机记录下来，计算机作为整个系统的"控者"。数据采集系统按以下顺序工作：

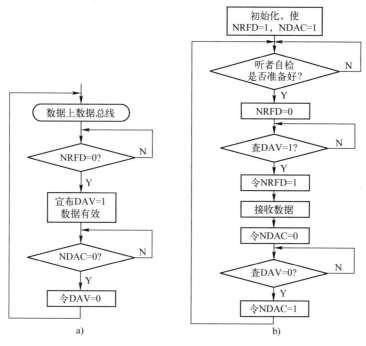

图 11-13 讲者和听者工作过程示意图

a）讲者工作过程　b）听者工作过程

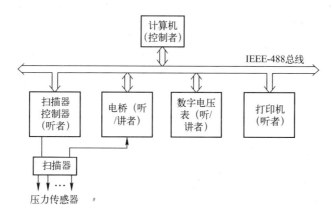

图 11-14 采用 GPIB 的数据采集系统运行示意图

1）计算机作为控者先用 IFC 清除接口，系统可开始工作。

2）控者发出命令使所有装置处于初始状态。

3）控者发出扫描器的听地址，对其执行听寻址。扫描器接受寻址后成为听者，控者接着发送数据选择一个指定的传感器。

4）控者发出一个"停听"命令，接着再发出电桥的听地址对其寻址。当电桥成为听者后，就接收由选定传感器送来的数据。

5）控者再发一个"停听"命令，接着发出电桥的讲地址、数字电压表的听地址，使数字电压表成为听者，电桥成为讲者，于是数字电压表便读取电桥送来的测量数据。

6）控者再发一个"停听"命令，接着再发出自己的听地址，使计算机成为"听者"，接着再发数字电压表的讲地址，这里自动取消电桥的讲者资格，数字电压表成为讲者。

7）当数字电压表完成测量后，它就将测量结果送计算机。

8）计算机处理完送来的数据，再作为控者清除接口，并发出打印机听地址，接着输出处理后的结果。

9）打印机打印送来的数据。全部打印完后，控者又可以选下一个压力传感器，开始新的循环。

习题

1. 什么叫总线？总线分哪几类？在微型计算机中采用总线结构有什么好处？
2. 微机系统总线层次结构是怎样的？系统总线的作用是什么？
3. 总线有哪些主要的性能参数？
4. PCI 局部总线信号分哪两类？其主要作用是什么？
5. 总线有哪些传送控制方式？
6. ISA 和 EISA 的关联和不同点是什么？
7. PCI 总线的特点是什么？PCI 总线的系统结构是怎样的？
8. PCI Express 和 PCI 的本质区别是什么？
9. 什么是 USB 总线？有哪些特点？可作为哪些设备的接口？USB 系统的组成部分包括哪些？试述其作用。
10. 试说明 IEEE –488 的三根字节传送控制总线的作用以及字节信息传递的联络过程。

第12章 模–数、数–模转换器接口

本章要点

1. ADC、DAC 的基本原理
2. ADC、DAC 接口芯片及应用
3. ADC、DAC 与微机的连接

学习目标

通过本章的学习，熟悉 ADC、DAC 的基本原理，理解集成 ADC、DAC 的应用方法，理解 ADC、DAC 的转换原理及其相关电路原理，掌握一些典型 ADC、DAC 芯片及其相应接口电路设计方法。

12.1 模–数、数–模转换器概述

计算机系统是典型的数字系统，要用数字系统处理模拟量，就需要将模拟量转换为数字量。另一方面，实际中往往需要用被数字系统处理过的量去控制连续动作的执行机构，如电动机转速的连续调节，所以又需要将数字量转换为模拟量。由此可见，模–数转换器（A–DConverter，ADC）和数–模转换器(D–AConventer，DAC）是数字系统和各种工程技术相联系的桥梁，它在二者之间起着"翻译"的作用。

随着计算机的飞速发展，其应用领域已经越来越广阔。计算机的应用，已不仅仅局限于数值计算，在信息处理、控制和通信等方面的应用也日趋深入。在自动化领域，常常采用微型计算机进行实时控制和数据处理，组成计算机的监控系统。在各种自动控制测量系统中，被控制或测量的参量通常是模拟量。图 12–1 所示是一个典型的计算机控制系统组成的框图，它主要由以下几个部分组成。

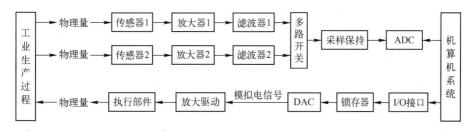

图 12–1 一个典型的计算机控制系统组成框图

（1）传感器

传感器又称变送器，首先需要检测被控对象的各种物理量，如果为非电量需要用传感器将它转换成电压信号，注意电信号依然是模拟信号。

（2）信号调理电路

该部分通常包括放大器和滤波器，由于传感器输出的电信号量通常都比较微弱，所以需要进一步放大后才能获得 ADC 所要求的输入电平范围，以满足 ADC 的要求。另外，安装在现场的传感器及其传输通路容易受到各种干扰信号的影响，因此还需要加接滤波电路，以滤除干扰信号。

同理，在 D-A 转换的输出通道中，也需要一个放大驱动电路来放大转换后的模拟信号，以便可以驱动具体的执行部件，实现对生产过程或被控对象的控制。

（3）ADC

ADC 即实现模拟电信号到数字电信号的转换装置，是整个输入通道的核心环节。注意 ADC 输入的模拟信号有一定的电压范围，需要和前面的放大电路配合好。

（4）多路开关

在自动控制和测量系统中，需要检测或控制的模拟量往往不仅仅一个，由于许多模拟量变化缓慢，可以使用多路开关轮流接通其中的一路，从而使多个模拟信号可以共用一个 ADC 进行 A-D 转换。

（5）采样保持器

进行 A-D 转换需要一定的时间，而与此同时模拟信号也会随时间不断地发生变化。如果在一次转换期间，输入的模拟量有较大的变化，那么转换得到的结果就会产生误差，甚至发生错误。为此需要引入一个 A-D 转换期间保持输入信号不变的电路，称之为采样保持器。转换开始之前，采样保持器采集输入信号，转换进行过程中，它向 ADC 保持固定的输出。对于缓慢变化的模拟量，采样保持电路则可以不用。

（6）DAC

DAC 用来实现数字电信号到模拟电信号的转换装置，是整个输出通道的核心环节。

（7）I/O 接口电路和锁存器

微处理器向外设输出数据或命令时，需要在系统的数据总线和 DAC 间连接锁存器，以便对数据进行锁存时 DAC 有充分的时间接收和处理。

值得注意的是，如果计算机与生产过程现场的距离较远，可用数字通信技术将图中的数字电信号通过有线或无线通道进行双向远距离传输。此时，ADC、DAC 是数字通信的编码器、译码器的重要组成部分。由此可见，ADC、DAC 在实际应用系统中起着至关重要的作用，它是计算机与模拟信号接口的关键部件。

事实上，在许多其他系统中，如图像处理、多媒体应用中，ADC、DAC 也有着同样的地位和作用。对计算机而言，外部物理世界的变量大多是模拟量，要对这些变量进行分析处理和控制，就存在着大量的模拟量输入/输出过程。所以 ADC、DAC 已成为计算机接口技术中最常用的芯片之一，ADC、DAC 接口成为微机应用系统中使用最为广泛的一类接口。

由于集成电路技术的飞速发展，目前 ADC、DAC 已采用中、大规模集成电路，有单片集成、混合集成和模块型等几种结构形式。随着技术和工艺水平的提高，其性能在不断地改进，且正在向标准化、系列化方向发展。目前，市场上转换器种类繁多，从精度上分，有 8 位、12 位、16 位等；从速度上分，有低、中、高、超高速；从传输方式上分，有串行、并行；有不少产品已具有并行接口的能力，可与微机直接相连。

12.2 A-D 和 D-A 转换电路基础

12.2.1 运算放大器的应用

1. 运算放大器

运算放大器是一类高增益的直接耦合放大器，被广泛用来实现信号的组合运算和处理，在 ADC 和 DAC 中也有广泛的应用。理想运算放大器的特性有：

1) 放大倍数 $A \to \infty$。

2) 输入电压为 0 时，输出电压 $V_0 = 0$。

3) 输入阻抗 $Z_1 \to \infty$。

4) 输出阻抗 $Z_0 \to 0$。

5) 运算放大器带宽 $\to \infty$。

6) 运算放大器有两个输入端，同相输入端用"＋"表示，反相输入端用"－"表示。

在 ADC 和 DAC 中经常用到的是反相输入运算放大器。

2. 反相输入运算放大器

反相输入运算放大器原理电路如图 12-2 所示，由 $V_1 \to 0$，$I_1 = I_F$，有

$$A_{CL} = \frac{V_0}{V_1} = -\frac{Z_F}{Z_1}$$

A_{CL} 称为放大器的闭环放大倍数。在理想的情况下，它取决于输入端阻抗 Z_1 和反馈阻抗 Z_F，而与放大参数无关。因为 $V_1 \to 0$，Σ 点电位 $\to 0$，所以 Σ 点为虚点。

如果放大器有多个信号输入，如图 12-3 所示，因 $I_F = I_1 + I_2 + I_3$，故有

$$V_0 = -I_F Z_F = -\left(V_1 \frac{Z_F}{Z_1} + V_2 \frac{Z_F}{Z_2} + V_3 \frac{Z_F}{Z_3} \right) \tag{12-1}$$

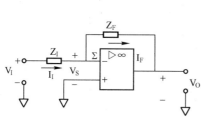
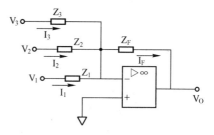

图 12-2　反相输入运算放大器电路　　　　图 12-3　求和放大器

假如反馈回路接入电容 C，输入回路接电阻 R，如图 12-4 所示，则

$$V_0 = -\frac{1}{C} \int \frac{V_1}{R} dt = -\frac{1}{CR} \int V_1 dt \tag{12-2}$$

若 $V_1 = $ 常数，则电容充电电流是恒定的。于是输出电压为

$$V_0 = -\frac{V_1}{CR} \int_0^t dt = -\frac{V_1}{CR} t \tag{12-3}$$

式（12-3）表示输出电压是输入电压对时间的积分。因此，图 12-4 所示运算放大器电路称

277

为积分放大器。

3. 同相输入运算放大器

图 12-5 为同相输入运算放大器电路。输入信号加在放大器同相输入端，反馈信号连到反相输入端。由图可知，在理想情况下，有

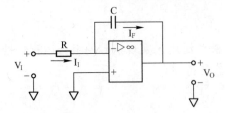

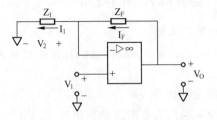

图 12-4　积分放大器　　　　　　　图 12-5　同相输入运算放大器电路

$$V_2 = I_1 Z_1 = V_O \frac{Z_1}{Z_1 + Z_F} \tag{12-4}$$

$$V_2 = V_1 \tag{12-5}$$

$$A_{CL} = \frac{V_O}{V_1} = \frac{Z_1 + Z_F}{Z_1} = 1 + \frac{Z_F}{Z_1} \tag{12-6}$$

式（12-6）表明放大器的闭环放大倍数 A_{CL} 大于或等于 1，其值完全取决于反馈阻抗 Z_F 和输入回路阻抗 Z_1。如果 $Z_F = 0$，则 $A_{CL} = 1$，放大器相当于跟随器，输出电压就等于输入电压。对于同相输入放大器而言，"虚地"的概念是 $V_1 = V_2$，与反相输入的"虚地"概念是有区别的。

12.2.2　电压比较器应用

电压比较器（用 V_C 表示）是用来比较两个电压幅度值的电路，显然差分放大器可作为电压比较之用，在其同相端和反相端分别输入两个要比较的电压，一般规定：在 $(V_+ - V_-) > 0$ 时，输出电压是逻辑"1"；在 $(V_+ - V_-) < 0$ 时，输出电压是逻辑"0"。

比较器输出表示的逻辑是"1"和"0"两种状态，单个比较器可作为 ADC 的一位（一个 bit），是电压信号变成数字信号时的一种常用电路。

比较器主要用于电平检测，图 12-6 给出了电压比较器及其电压波形，比较器输入电路一端输入参考电压，另一端输入被检测电压，假定输入电压比参考电压小时，输出低电平（逻辑"0"）；输入电压比参考电压大时，输出高电平（逻辑"1"）。如果将加到两个输入端子上的电压进行交换，显然，输出波形相反。

由于比较器不是为了对输入信号的波形加以重现或放大，而只是为了比较输入信号的幅值，因此比较器是用高增益的运行在开环状态下的差分放大器，按照输出逻辑电平的需要，配以适当的输出级构成的。

运算放大器也可用作比较器，只要对放大器的输出电压加以钳位，使之满足输出逻辑电平的要求即可，但是，开环运算放大器的设计主要考虑输入和输出之间的线性关系，常常具有几十微秒的电压响应时间，这个时间对于比较器来说是太慢了。高速的比较器在结构、制造和工艺方面都必须做特殊的处理。

下面讨论电压比较器的性能指标。

1. 输入偏差电压

输入偏差电压是存在于差分放大器两输入端之间的电压，偏差电压是由于差分放大器不对称引起的，偏差电压的存在，使得比较器的输出在某一范围内是不确定的，如图 12-7 所示。

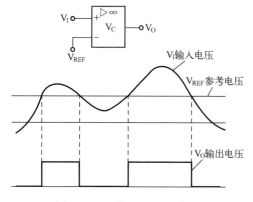

图 12-6 比较器的电压波形

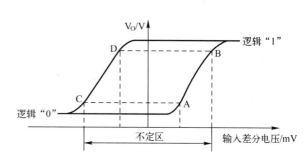

图 12-7 输入偏差电压对比较器开关特性的影响

2. 响应时间

电压比较器在转换技术中应用相当广泛，常可用作过零检测器（或称鉴零器）、电平检测器、触发脉冲检测器和斯密特触发器等。图 12-8 所示为比较器的应用。

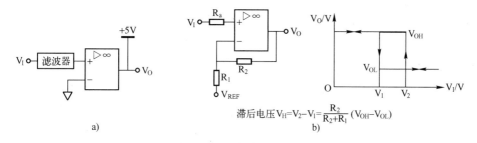

滞后电压 $V_H = V_2 - V_1 = \dfrac{R_2}{R_2 + R_1}(V_{OH} - V_{OL})$

图 12-8 比较器的应用

a）过零检测器 b）斯密特电路

12.3 DAC

DAC 是计算机或其他数字系统与模拟量控制系统之间联系的桥梁，它的任务是将离散的数字信号转换成连续变化的模拟信号。在工业控制领域中，DAC 是不可缺少的部分。

12.3.1 转换原理

DAC 用来实现将数字量转换成模拟量。它的基本要求是输出电压 V_0 应该和输入数字量 D 成正比，即

$$V_0 = D \times V_{REF} \tag{12-7}$$

其中，V_{REF} 为模拟基准电压。数字量 D 是一个 n 位的二进制整数，它可以表示为

$$D = d_{n-1}2^{n-1} + d_{n-2}2^{n-2} + \cdots + d_0 2^0 = \sum_{i=0}^{n-1} d_i 2^i \qquad (12-8)$$

其中，$d_0,d_1,\cdots,d_{n-1}$ 为输入的数字量的代码，n 为数字量位数。将 D 代入 D-A 转换式中，可得

$$V_O = d_{n-1}2^{n-1} \times V_{REF} + d_{n-2}2^{n-2} \times V_{REF} + \cdots + d_0 2^0 \times V_{REF} = \sum_{i=0}^{n-1} d_i 2^i V_{REF} \qquad (12-9)$$

每一位数字量 $d_i(i=0,1,\cdots,n-1)$ 可以取值 0 或 1，每一位数字值都有一定的权 2^i，对应一定的模拟量 $d_i 2^i \times V_{REF}$。为了将数字量转换成模拟量，应该将每一位都转换成相应的模拟量，然后将所有项相加到模拟量。DAC 一般都是基于这一原理进行设计的。

D-A 转换电路形式较多，在集成电路中，一般采用电阻解码网络。

DAC 一般由电阻解码网络、模拟电子开关、基准电压（参考电源）、运算放大器等组成，如图 12-9 所示。常用的 DAC 有权电阻解码网络 DAC、T 型电阻解码网络 DAC、开关树形 DAC、双极性 DAC 等。

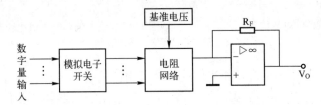

图 12-9　DAC 电路组成示意图

1. 权电阻解码网络 DAC

图 12-10 所示为 DAC 的权电阻解码网络。与二进制代码对应的每个输入位，各有一个模拟开关和一个权电阻。当某一位数字代码为"1"时，开关闭合，将该位的权电阻接至基准电源以产生相应的权电流。此权电流流入运算放大器的求和点，转换成相应的模拟电压输出；当数字输入代码为"0"时，开关断开，因而没有电流流入求和点。

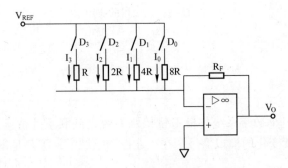

图 12-10　权电阻解码网络

图中

$$V_O = -(I_3 D_3 + I_2 D_2 + I_1 D_1 + I_0 D_0)R_{REF} \qquad (12-10)$$

其中，$I_0 = \dfrac{V_{REF}}{8R}, I_1 = \dfrac{V_{REF}}{2R}, I_2 = \dfrac{V_{REF}}{4R}, I_3 = \dfrac{V_{REF}}{R}$

$$V_O = -\left(\frac{D_3}{1} + \frac{D_2}{2} + \frac{D_1}{4} + \frac{D_0}{8}\right)\frac{R_F}{R}V_{REF} \qquad (12-11)$$

当二进制位数为 n 时，有

$$V_O = -\frac{R_F}{R}V_{REF}\sum_{i=1}^{n}2^{-(i-1)}D_{n-i} \qquad (12-12)$$

其中，$D_i = 0$ 或 1。

权电阻 DAC 虽然简单、直观，但当位数较多时，例如转换位数为 12 位时，权电阻阻值比将达到 4096∶1。如果最高位（MSB）权电阻阻值是 10 kΩ 时，则最低位（LSB）权电阻阻值将高达 10.96 MΩ。这样大的阻值范围显然在工艺上是难以实现的。

2. T 型（R−2R）电阻解码网络

在实际应用中，通常由 T 型（R−2R）电阻网络和运算放大器构成 DAC，如图 12-11 所示。由于使用 T 型电阻网络来代替单一的权电阻支路，整个网络只需要 R 和 2R 两种电阻，很容易实现。在集成电路中，由于所有的元件都做在同一芯片上，所以电阻的特性很一致，误差问题也可以得到很好的解决。

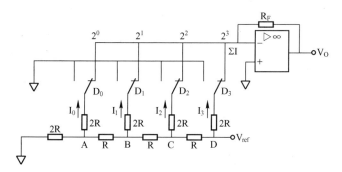

图 12-11　T 型电阻解码网络

由图 12-11 可以看出，任一个支路中，如果开关倒向左边，支路中的电阻便接地了，这对应于该位的 $D=0$ 的情况；如果开关倒向右边，电阻就接到加法电路的相加点 $\sum I$ 上，对应于该位 $D=1$ 的情况。对图 12-11 所示的电路，很容易算出 D、C、B、A 各点的电位分别为 V_{REF}、$\frac{1}{2}V_{REF}$、$\frac{1}{4}V_{REF}$、$\frac{1}{8}V_{REF}$，当各支路开关倒向右边时，各支路电流分别为

$$I_0 = \frac{V_A}{2R} = \frac{V_{REF}}{16R}, I_1 = \frac{V_B}{2R} = \frac{V_{REF}}{8R}, I_2 = \frac{V_C}{2R} = \frac{V_{REF}}{4R}, I_3 = \frac{V_D}{2R} = \frac{V_{REF}}{2R}$$

$$I = I_0 + I_1 + I_2 + I_3 = \frac{V_{REF}}{2R}\left(\frac{1}{2^0}D_3 + \frac{1}{2^1}D_2 + \frac{1}{2^2}D_1 + \frac{1}{2^3}D_0\right)$$

$$V_O = -IR_F = -\frac{R_F}{2R}V_{REF}\left(\frac{1}{2^0}D_3 + \frac{1}{2^1}D_2 + \frac{1}{2^2}D_1 + \frac{1}{2^3}D_0\right)$$

当二进制的位数为 n 位时，有

$$V_O = -\frac{R_F}{2R}V_{REF}\sum_{i=1}^{n}2^{-(i-1)}D_{n-i} \qquad (12-13)$$

其中，$D_i = 0$ 或 1，表示了二进制数各位的值。

12.3.2 DAC 与微机系统的连接

DAC 芯片种类繁多，按芯片内部的结构及其与 CPU 接口方法的不同，可以分成许多种不同的 DAC 芯片。例如，按片内是否有输入缓冲器，可分为无输入缓存器 DAC（如 AD1408 等）、有单级输入缓存器（如 AD7524、AD558 等）和有双级输入缓存器 DAC（如 DAC0832、AD7528、DAC1210 等）。在应用中，片内没有数据输入缓存器的芯片不能直接和微机总线相连，需通过并行接口芯片如 74LS273、Intel 8255 等连接。内部有数据输入缓存器的芯片可以直接和微机总线相连。

按分辨率高低，可分为 8 位 DAC（如 DAC0832、AD1408、AD558/559 等）、10 位 DAC（如 AD561 等）、12 位 DAC（如 DAC1210/1209/1208/1232、AD562/563、AD7520/7521 等）、16 位 DAC（如 DAC1136/1137 等）。

本节简单介绍两种实际中应用较多，且在接口方法上具有一定典型性的芯片——DAC0832 和 DAC1210。

12.3.3 DAC0832

DAC0832 是 8 位芯片，采用 CMOS 工艺和 T 型电阻解码网络，转换结果以一对差动电流 I_{OUT1} 和 I_{OUT2} 输出。其主要性能参数如下。

- 转换时间：1 s。
- 满刻度误差：± LSB。
- 单电源：+5 ~ +15 V。
- 基准电压：-10 ~ +10 V。
- 数据输入与 TTL 电平兼容。

1. 内部结构

DAC0832 的内部结构如图 12-12 所示，DAC0832 内部有一个 8 位输入寄存器、一个 8 位 DAC 寄存器、一个 8 位 T 型电阻网络 DAC 和写控制器逻辑电路。输入寄存器在内部 $\overline{LE_1}$ 锁存允许信号由高到低的下降沿时，将数据锁存到输入寄存器中，随之到达 DAC 寄存器的

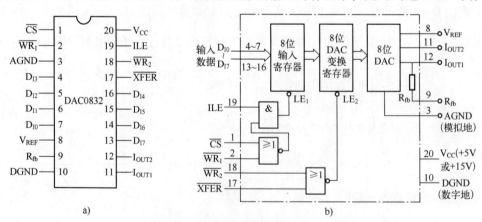

图 12-12 DAC0832 外部引脚及其内部结构

a) 外部引脚 b) 内部结构

输入端。DAC 寄存器在 $\overline{\text{LE}_2}$ 锁存允许信号由高到低的下降沿时，将输入寄存器输出的数据锁存到 DAC 寄存器中，并随之送到 DAC 中开始转换。输入寄存器是第一级缓冲器，DAC 寄存器是第二级缓冲器，数据只有送到 DAC 中才能开始转换，DAC0832 可以工作在两级缓冲方式。

2. 外部引脚

$DI_7 \sim DI_0$：数字输入端，可直接与 CPU 数据总线相连。

I_{OUT1}、I_{OUT2}：模拟电流输出端 1 和 2，$I_{OUT1} + I_{OUT2} =$ 常数。

$\overline{\text{CS}}$：片选端，低电平有效。

ILE：允许输入锁存。

$\overline{\text{WR}_1}$、$\overline{\text{WR}_2}$：写信号 1 和 2，低电平有效。

R_{fb}：反馈接出端，芯片内部此端和 I_{OUT1} 端之间已接有一个电阻 R_{fb}，其值为 $15\,k\Omega$。

V_{REF}：基准电压输入端，范围为 $-10 \sim +10\,V$，此电压越稳定，模拟输出精度越高。

AGND：模拟地。

DGND：数字地。

8 位输入寄存器的锁存器使能端 $\overline{\text{LE}_1}$ 由与门 1 进行控制。当 $\overline{\text{CS}}$、$\overline{\text{WR}_1}$ 为低电平，ILE 为高电平时，输入寄存器的输出 Q 跟随输入 DI。这三个控制信号任一个无效，例如 $\overline{\text{WR}_1}$ 由低电平变高电平时，则 $\overline{\text{LE}_1}$ 变低电平，输入数据立刻被锁存。

8 位 DAC 寄存器的锁存器使能端 $\overline{\text{LE}_2}$ 由与门 3 进行控制。当 $\overline{\text{XFER}}$ 和 $\overline{\text{WR}_2}$ 同时有效时，DAC 寄存器的输出 Q 跟随输入 DI，此后若 $\overline{\text{XFER}}$ 和 $\overline{\text{WR}_2}$ 任何一个变为高电平时，输入数据被锁存。

8 位 DAC 对 DAC 寄存器的输出进行转换，输出与数字量成一定比例的模拟量电流。当 V_{CC}、V_{REF} 在允许范围内（但 V_R 幅值不应低于 $5\,V$）设定后，$\overline{I}_{OUT1}$ 与数字量 N 有如下关系：

$$\overline{I}_{OUT1} = \frac{N}{256} \cdot \frac{V_{REF}}{3R} \tag{12-14}$$

式中，R 为 $5\,k\Omega$；V_{REF} 为引脚 8 实测电压；N 为输入数字量。当 DAC 寄存器中为全 1 时，引脚 I_{OUT1} 输出电流最大，为 $\frac{255}{256} \cdot \frac{V_R}{3R}$，即满刻度（$I_{FS}$）；当 DAC 寄存器中为全 0 时，$I_{OUT1}$ 电流方向随 V_{REF} 极性而改变。

3. DAC0832 的工作方式

DAC0832 可以工作在 3 种方式：直通方式、单缓冲方式和两级缓冲方式。

（1）直通方式

直通方式下，将 $\overline{\text{CS}}$、$\overline{\text{WR}_1}$、$\overline{\text{WR}_2}$、$\overline{\text{XFER}}$ 端都接数字地，ILE 接高电平，使 $\overline{\text{LE}_1}$、$\overline{\text{LE}_2}$ 均有高电平，这样输入寄存器和 DAC 寄存器同时处于放行直通状态，数据直接送入 D-A 转换电路进行 D-A 转换。这种方式不使用缓冲寄存器，不能直接与 CPU 系统总线相连，可外接 8255 等接口芯片作为缓冲。

（2）单缓冲方式

如果应用中不需要多个模拟量同时输出时，可采用单缓冲方式。此时，输入寄存器和 DAC 寄存器中的一个工作于直通状态，另一个工作于受控锁存器状态，输入数据只经过一级缓冲器送入 D-A 转换电路。这种方式只需执行一次写操作，即可完成 D-A 转换。

工作时一般将 $\overline{WR_2}$ 和 XFER 端接地，使 DAC 寄存器处于直通状态。ILE 接 +5 V，$\overline{WR_1}$ 接 CPU 的 $\overline{IOW}$，$\overline{CS}$ 接 I/O 地址译码器输出，以便为输入寄存器确定地址。单缓冲方式下一般的连接方式如图 12-13 所示。

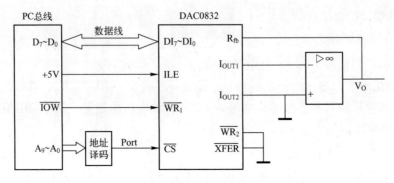

图 12-13　DAC0832 单缓冲方式一般连接图

在这种方式下，输入寄存器工作于受控状态，DAC 寄存器工作于直通状态。设 DAC0832 端口地址为 Port，执行下面一条输出指令就可启动一次 D-A 转换，在其输出端得到模拟电平输出。

```
MOV     AL,Data           ;取数字量
OUT     Port,AL           ;启动 D-A 转换
```

（3）两级缓冲方式

两级缓冲方式是 DAC0832 的输入寄存器和 DAC 寄存器都处于受控锁存方式。两级缓冲方式的一般连接方式如图 12-14 所示。

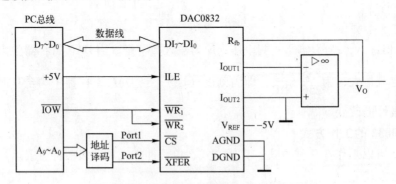

图 12-14　DAC0832 两级缓冲方式一般连接图

在两极缓冲方式下，需执行两条输出指令才能实现 D-A 转换。设 DAC0832 输入寄存器口地址为 Por1，DAC 寄存器口地址为 Prot2，则下面几条指令可完成数字量到模拟量的转换。

MOV	DX,PORT1	
OUT	DX ,AL	;打开输入寄存器,数据装入并锁存
MOV	DX,POTR2	
OUT	DX,AL	;打开 DAC 寄存器,数据通过,送去 D-A 转换

第一条输出指令打开 DAC0832 的输入寄存器,把 AL 中的数据送入输入寄存器并锁存起来。第二条指令输出指令打开 DAC0832 的 DAC 寄存器,使输入寄存器的数据通过 DAC 寄存器送到 DAC 中进行转换。此时 AL 中数值与转换结果无关,这条指令执行时实际上并无 CPU 的数据输出给 DAC 寄存器,仅利用执行指令时出现的 I/O 写和地址译码输出信号,打开 DAC 寄存器。

两级缓冲方式可在 D-A 转换的同时,进行下一个数据的输入,提高转换速率。两级缓冲方式适合设计由多个 DAC0832 组成更多位数的 DAC,还可以用于同时输出多个模拟量的场合。

例 12-1 用两片 DAC0832 组成一个模拟输入寄存器分别占用一个口地址,便于分别写入各自的数据。两片芯片的 DAC 寄存器共用一个地址,以确保可同时打开,让数据同时送入两个 DAC,以便同时开始转换,使两个模拟量同步输出。硬件设计如图 12-15 所示。

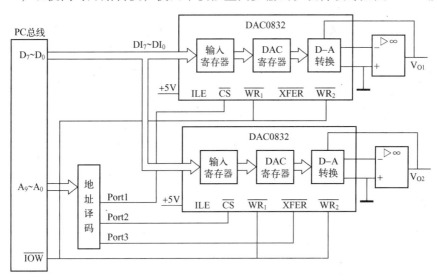

图 12-15　PC 与两片 DAC0832 的接口框图

设地址译码器产生的 Port1 地址为 280H,Port2 地址为 281H,Port3 地址为 282H。程序段如下:

MOV	AL,DATA1	;第 1 个数据送入 AL
MOV	DX,280H	;第 1 片 0832 输入寄存器地址送 DX
OUT	DX,AL	;将第 1 个数据输出至第 1 片 0832 输入寄存器
MOV	DX,281H	;将 2 片 0832 输入寄存器地址送 DX
MOV	AL,DATA2	;第 2 个数据送入 AL
OUT	DX,AL	;将第 2 个数据输出至第 2 片 0832 输入寄存器
MOV	DX,282H	;DX 为两片 0832 的 DAC 寄存器地址

```
        OUT        DX,AL                    ;同时打开两片 0832 的 DAC 寄存器,数据同时开始转换
```

4. DAC0832 应用举例

由于 DAC0832 内部含有数据锁存器,在与 CPU 相连时,可直接挂在数据总线上,也可通过并行接口（如 8255 等）与 PC 相连。

利用 DAC 输出模拟量与输入数字量成正比关系这一特点,可将 DAC 作为微机输出接口,CPU 通过程序向 DAC 输出随时间呈现不同变化规律的数字量,则 DAC 就可输出对应变化的模拟量。

利用 DAC 可以产生各种波形,如方波、三角波、锯齿波等,以及它们组合产生的复合波形和不规则波形,这些复合波形利用标准的测试设备是很难产生的。

例 12-2　利用 DAC0832 作为函数波形发生器,使其产生方波、锯齿波和三角波。

硬件连接图如图 12-16 所示。在图 12-16 中利用 8255A 作为 8086CPU 与 DAC0832 之间的接口。8255A 的 A 口作为数据输出口,DAC0832 的 $\overline{CS}$、$\overline{WR_1}$、$\overline{WR_2}$、$\overline{XFER}$ 接地。ILE 接高电平,工作于直通方式。8255 的端口地址范围是 200H ~ 20FH。

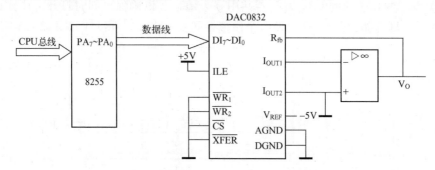

图 12-16　用 DAC0832 产生各种波形的连接图

（1）产生锯齿波程序

```
        MOV        AL,82H                   ;8255 控制字
        MOV        DX,206H                  ;8255 控制口地址
        OUT        DX,AL                    ;设置 8255A 的 A 口为方式 0 输出
        MOV        DX,200H                  ;8255A 的 A 口地址
        MOV        AL,00H                   ;输出数据初值
J:      OUT        DX,AL                    ;锯齿波输出
        INC        AL
        JMP        J
```

这段程序将输出到 DAC0832 的数据从 0 开始逐渐增加,增至最大后,再恢复到 0,重复此过程,得到的波形为正向锯齿波。如数据从全 1 逐渐减小到 0,则输出负向锯齿波。

（2）产生三角波程序

利用正、负向锯齿波组合,可产生三角波。

```
        MOV        AL,82H                   ;8255 控制字
        MOV        DX,206H                  ;8255 控制口地址
        OUT        DX,AL                    ;设置 8255A 的 A 口为方式 0 输出
```

```
S：     MOV     DX,200H        ;8255A 的 A 口地址
        MOV     AL,00H         ;正向锯齿波
Z：     OUT     DX,AL
        INC     AL
        JMP     Z
        MOV     AL,0FFH        ;负向锯齿波
F：     OUT     DX,AL
        DEC     AL
        JMP     F
        JMP     S
```

（3）产生方波程序

```
        MOV     AL,82H         ;8255 控制字
        MOV     DX,206H        ;8255 控制口地址
        OUT     DX,AL          ;设置 8255A 的 A 口为方式 0 输出
        MOV     DX,200H        ;8255A 的 A 口地址
AGAIN： MOV     AL,00H
        OUT     DX,AL          ;输出方波"0"
        CALL    DELAY          ;方波"0"宽度
        MOV     AL,0FFH
        OUT     DX,AL          ;输出方波"1"
        CALL    DELAY          ;方波"1"宽度
        JMP     AGAIN
```

其中，DELAY 为一延时子程序，根据所需的方波宽度设置延时时间。

12.3.4　DAC1210

DAC1210 是一种 12 位 DAC 芯片，常常在智能仪表中使用。DAC1210 采用 24 引脚双列直插式封装，输入端与 TTL 兼容，具有双寄存器结构，可对输入数据进行双重缓冲，基准电压为 −10 ～ +10 V，工作电压为 +5 ～ +15 V，是电流输出型 DAC。DAC1210 分辨率为 12 位，建立时间为 1 μs，转换速度较快。

1. DAC1210 内部结构

DAC1210 的内部结构如图 12-17 所示。DAC1210 与 DAC0832 非常相似，也具有两级缓冲输入寄存器，不同的是 DAC1210 的两级缓冲输入寄存器和 DAC 均为 12 位。12 位输入寄存器由一个 8 位寄存器和一个 4 位寄存器组成，4 位寄存器的输入允许段 LE 受 $\overline{CS}$、$\overline{WR_1}$ 控制，8 位寄存器的输入允许端除受 $\overline{CS}$、$\overline{WR_1}$ 控制外，还受 $BYTE_1/\overline{BYTE_2}$ 控制；当 $\overline{CS}$、$\overline{WR_1}$ 同为低电平时，若 $BYTE_1/\overline{BYTE_2}$ 为高电平，两个寄存器输入的 12 位数据均可进入输入寄存器；若 $BYTE_1/\overline{BYTE_2}$ 为低电平时，则只有 4 位寄存器选通，使低 4 位输入数据进入输入寄存器。

2. 外部引脚

DAC1210 的外部引脚定义如下。

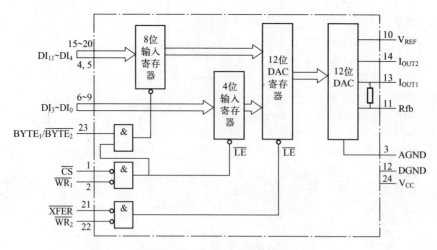

图 12-17 DAC1210 内部结构

1）DI$_0$ ~ DI$_{11}$：12 位数字输入端。

2）BYTE$_1$/$\overline{\text{BYTE}_2}$：数据输入控制。当该引脚为 1 时，12 位数据同时输入；当该引脚为 0 时，低 4 位数据输入。

3）$\overline{\text{CS}}$：片选端，低电平有效。

4）$\overline{\text{WR}_1}$、$\overline{\text{WR}_2}$：写信号 1 和 2，输入，负脉冲有效。

5）$\overline{\text{XFER}}$：传送控制信号，低电平有效。控制数据从 8 位输入寄存器和 4 位输入寄存器传送到 12 位 DAC 寄存器。数据只要进入 DAC 寄存器就开始进行 D-A 转换。

6）I$_{\text{OUT1}}$、I$_{\text{OUT2}}$：模拟电流输出端 1 和 2，I$_{\text{OUT1}}$ + I$_{\text{OUT2}}$ = 常数。当单极性输出时，常将 I$_{\text{OUT2}}$接地。当输入数据为 0FFFH 时，I$_{\text{OUT1}}$输出电流最大；当输入数据为 0H 时，I$_{\text{OUT1}}$输出电流最小。

7）R$_{\text{fb}}$：内部反馈电阻。可直接连接运算放大器输出端 U$_{\text{OUT}}$；也可用来外接 DAC 输出增益调整电位器。

8）V$_{\text{CC}}$：电源，取值范围为 +5 ~ +15 V。

9）AGND：模拟地。

10）DGND：数字地。

3. DAC1210 应用举例

DAC1210 内部有两级数据锁存，可与 CPU 直接相连。因为 DAC1210 的分辨率为 12 位，所以在 16 位机和 8 位机中，数据总线的连接方式有所不同。

对于 16 位 PC，将 DAC1210 的 12 位数据线对应连接到 CPU 数据总线的 D$_0$ ~ D$_{11}$即可。

对于 8 位 PC，将 DAC1210 的 12 位数据线对应连接到 CPU 数据总线的 D$_{11}$ ~ D$_0$，低 4 位 DI$_3$ ~ DI$_0$接数据总线的 D$_3$ ~ D$_0$或 D$_7$ ~ D$_4$，显然 12 位输入数据要分两次写入。DAC1210 与 8 位 CPU 连接示意图如图 12-18 所示。在图 12-18 中，CPU 地址总线中的 A$_0$反相后接 BYTE$_1$/$\overline{\text{BYTE}_2}$端，$\overline{\text{WR}_1}$、$\overline{\text{WR}_2}$直接接系统IOW线上。

例 12-3 系统硬件连接如图 12-18 所示，编程实现将 12 位数据输出转换为模拟量。已知$\overline{\text{Y}_0}$的地址为 320H；$\overline{\text{Y}_1}$的地址为 321H；$\overline{\text{Y}_2}$的地址为 322H；输入的 12 位数据高 8 位存放在

DATA 单元，低 4 位存放在 DATA +1 单元的低 4 位。

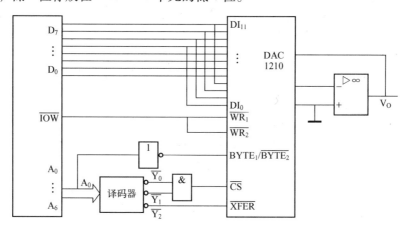

图 12-18　DAC1210 与 8 位 CPU 连接

程序如下：

```
MOV      DX,320H      ;高 8 位字节地址送 DX
MOV      AL,DATA      ;高 8 位数据送 AL
OUT      DX,AL        ;高 8 位数据输出至 DAC1210 输入寄存器
INC      DX
MOV      AL,DX +1     ;低 4 位数据输入 AL 中
MOV      CL,4         ;将低 4 位数据移到 AL 中高 4 位
SHL      AL,CL        ;低 4 位数据输出至 DAC1210 输入寄存器
INC      DX           ;DX 为 DAC1210 的第 2 级锁存 DAC 寄存器地址
OUT      DX,AL        ;送 12 位数据,启动 D-A 转换
```

12.4　ADC

　　ADC 用于将模拟量转换成相应的数字量。当外部的模拟量要输入计算机进行处理时，必须将输入模拟量通过 A-D 转换接口送入计算机。A-D 接口通常包括多路模拟开关、采样保持电路和 ADC 等，如图 12-19 所示。

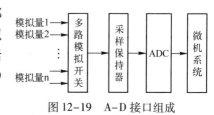

图 12-19　A-D 接口组成

1. 多路模拟开关

　　当系统中有多个变化较为缓慢的模拟输入时，常常采用多路模拟开关，利用它将各路模拟量轮流与 ADC 接通，这样使用一片 ADC 就可完成多个模拟输入信号的依次转换，从而节省了硬件电路。

　　在 A-D 接口中，多路模拟开关用于切换模拟信号，通常是多路输入、一路输出。应该指出，多路模拟开关的使用会引起误差和延时。在选择多路模拟开关时，应根据具体要求，选择满足各种性能指标的合适芯片。常见的芯片有 8 通道单端输入模拟开关 AD7501/7503、双 4 通道输入模拟开关 AD7502、16 通道输入模拟开关 AD7506/7507 等。

2. 采样保持器

ADC 在进行 A–D 转换期间，通常要求输入的模拟量应保持不变，以保证 A–D 转换的准确进行。

采样信号应送至采样保持电路（亦称采样保持器）进行保持。

采样保持器对系统精度有很大影响，特别是对一些瞬变模拟信号更为明显。

3. ADC

模拟量转换成数字量，通常要经历采样保持、量化和编码三个步骤。

采样：将时间连续的模拟信号变成时间离散的模拟信号。这个过程通过模拟开关来实现。模拟开关每隔一定的时间间隔 T（称为采样周期）闭合一次，一个连续信号通过这个开关，就形成一系列的脉冲信号，称为采样信号。

采样定理：如果采样频率 f 不小于随时间变化的模拟信号 $f(t)$ 的最高频率 f_{max} 的 2 倍，即 $f \geq 2f_{max}$，则采样信号 $f(kT)$ 就包含了 $f(t)$ 的全部信息，通过 $f(kT)$ 可以不失真地恢复 $f(t)$。因此，采样定理规定了不失真采样的频率下限。实际应用中常取 $f = (5-10)f_{max}$。

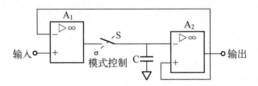

图 12-20　带电压跟随器的采样保持电路

图 12-20 中，运放 A_1、A_2 连接成单位增益电压跟随器。在采样期间，模式控制开关闭合，接通输入信号，A_1 是输出阻抗很低的高增益放大器，通过闭合的开关对电容快速充电，此时电容器的电压跟踪输入信号的电平变化。在保持期间，开关断开，因为 A_2 的输入阻抗很高，电容器上的电压可基本保持不变，即基本保持充电时的最终值。

采样保持器集成芯片种类很多，常用的有 AD582、AD583、LF198、LF398，高速的有 THC 系列的 0025、0060 等，高分辨率的有 ADC1130 等。

量化：采样后的信号虽然时间上不连续，但幅值仍然连续，仍为模拟信号，必须经过量化，转换成数字信号，才能送入计算机。

量化过程即是进行 A–D 转换的过程，A–D 转换将采样后的模拟信号转换成数字量。显然，量化过程会引入误差，称为量化误差。

编码：为了方便处理，通常将量化值进行二进制编码。最大量化误差为 1/2LSB，对相同范围的模拟量，编码位数越多，量化误差越小。对无正负区分的单极性信号，所有的二进制编码位均表示其数值大小。对有正负的双极性信号则必须有一位符号位表示其极性，通常有 3 种表示方法。

1）符号–数值法：与计算机的原码表示法相同。

2）补码：与计算机的补码表示法相同。

3）偏移二进制码：符号位特征与补码相反，其余数值部分与补码相同。这种编码常用于双极性模拟量的转换。

4. ADC 的类型

按照工作原理，ADC 可分为计数式 A–D 转换器、逐次逼近型、双积分型和并行 A–D

转换几类。

按转换方法，ADC 分为直接 A–D 转换和间接 A–D 转换。所谓直接转换是指将模拟量直接转换为数字量，而间接转换则是将模拟量转换成中间量，再将中间量转换成数字量。

按 ADC 输出方式，可分为并行、串行和串并行等。

12.4.1 ADC 的主要技术参数

1. 转换精度

由于模拟量是连续的，而数字量是离散的，所以一般是某个范围内的模拟量对应于某一个数字量，也就是说，在 ADC 中，模拟量与数字量并不是一一对应的关系。例如一个 ADC，在理论上应该是模拟量 5 V 电压对应数字量 800H，但实际上 4.997 V、4.998 V、4.999 V 也对应数字量 800H。这就存在着一个转换精度问题，这个精度反映了 ADC 的实际输出接近理想输出的精确程度。ADC 的精度通常用数字量的最低有效位 LSB 表示。设数字量的最低有效位对应于模拟量 Δ，这时，我们称 Δ 为数字量的最低有效位的当量。

如果模拟量在 $\pm\frac{1}{2}\Delta$ 范围内都产生相对应的唯一数字量，那么这个 ADC 的精度为 0LSB。

如果模拟量在 $\pm\frac{3}{4}\Delta$ 范围内都产生相同的数字量，那么这个 ADC 的精度为 $\pm\frac{1}{4}\Delta$LSB，这是因为与精度 0LSB 的 ADC 相比，现在这个 ADC 的误差范围扩展了 $\pm\frac{1}{4}\Delta$。

以此类推，如果模拟量在 $\pm\Delta$ 范围内都产生相同的数字量，那么，这个 ADC 的精度为 $\pm\frac{1}{2}\Delta$LSB，这是因为与精度 0LSB 的 ADC 相比，现在这个 ADC 的误差范围扩展了 $\pm\frac{1}{2}\Delta$。

2. 转换率

转换率用完成一次 A–D 转换所需要的时间的倒数来表示，因此转换率表明了 ADC 的速度。

例如，完成一次 A–D 转换所需要的时间是 100 ns，那么转换率为 10 MHz，有时也表示为 10MSPS（Million Samples per Second），即每秒转换 10000 万次。

3. 分辨力

ADC 的分辨力表明了能够分辨最小量化信号的能力，通常用位数表示。对于一个实现 N 位二进制转换的 ADC 来说，它能分辨的最小量化信号的能力为 2^N 位，所以它的分辨力为 2^N 位。例如 N = 12 的 12 位 ADC，分辨力为 $2^{12} = 4096$ 位。

12.4.2 ADC 芯片应用接口

ADC 常常作为微机的一个输入设备，将模拟信号转换成数字信号，然后将转换以后的数字信号输入微机。

不同厂家生产的 ADC，在性能、引脚、型号等方面都不统一，但其外部特性一般都是通过下列几条信号线来体现的。

（1）转换启动线

该信号线为输入信号线，它是由系统控制器发出的一种控制信号，此信号一旦有效，则立刻开始 A-D 转换。

（2）转换输出线

该信号线为输出信号线，是转换完毕后由 ADC 发出的一种状态信号，由它申请中断或 DMA 传送，或用作 CPU 查询之用。

（3）模拟信号输入线

该信号线与被转换对象相连，通常有单通道输入和多通道输入之分。

（4）数字信号输出线

该信号线将输入的模拟信号转换为数字量结果，与 CPU 的数据总线相连。

（5）其他信号线

ADC 还包括时钟输入线、模拟输入通道选择线等，不同类型的 ADC 存在差异，在选择和使用时要注意这些连接特性。

12.4.3 ADC 与微处理器的接口

由于 ADC 种类、型号较多，特性有所不同，在设计 ADC 接口时，应注意以下几个方面内容。

1. A-D 转换启动控制

A-D 转换时需要一个启动信号 START。启动信号由微处理器产生并发送到 ADC 启动转换。DAC 不需要启动信号，只要数字信号到达转换电路，就开始 D-A 转换。而 ADC 每进行一次数据转换，就必须由启动信号控制转换。对一个连续的模拟信号进行 A-D 转换时，在一个数据转换完成之后，应再发启动信号，开始下一个数据的转换。

A-D 转换的启动方式分为脉冲启动和电平启动。对脉冲启动方式的 ADC，如 ADC0804、ADC0809、ADC1210，可用 CPU 执行输出指令时产生的片选信号和写信号组合得到启动信号，在启动转换开始后，即可撤除启动信号。对电平启动的 ADC，如 AD570、AD571、AD572，启动信号要在整个转换过程中保持不变，中途不能撤除，否则会停止转换，得到错误结果，CPU 可通过并行接口对 ADC 芯片发电平方式的启动信号。

2. A-D 转换结束控制

转换结束时，ADC 将输出一个转换结束状态信号 EOC，发送给微处理器，相当于输入设备的"准备好"信号。通常还有输出允许信号端 OE，由它控制将转换结果送到数据总线。输出允许信号端 OE 也由微处理器产生并送入 ADC。

在 CPU 读取 ADC 的转换结果时，有一个时间配合问题。从发出 A-D 转换启动信号到 A-D 转换结束，要经过一段转换时间，转换时间的长短因 ADC 芯片的不同而有所区别。由于转换时间相对于 CPU 的工作速度来说比较长，因此，必须处理好启动转换到读取转换结果两步操作的时间配合，才能得到正确的转换结果。一般可采用如下几种方法读取 AD 转换后的结果数据。

（1）固定延时等待法

该方法不需要应答信号，微处理器通过执行一段延时程序（延时时间根据选用的 ADC 芯片而定，显然应大于等于 A-D 转换时间），以保证正确读取转换结果。这种接口简单，但 CPU 效率低。

（2）查询等待法

在微处理器发出 A-D 转换启动命令后，就不断测试转换结束信号 EOC 的状态，一旦发现 EOC 有效，就执行读取转换结果数据的指令。这种方法接口简单，CPU 效率低，且从 A-D 转换完成到微处理器查询到转换结束再读取数据，可能会有相当大的时延。

（3）中断法

当转换结束后，转换结束状态信号 EOC 有效。利用 EOC 作为中断请求信号，向 CPU 提出中断申请。微处理器响应中断，在中断服务程序中执行读取转换结果数据的操作。这种方法硬件接口简单，并且 CPU 可与 ADC 并行工作，CPU 效率高。

3. A-D 转换结束输出控制——缓冲问题

由于 ADC 数据线与微处理器的数据总线相连接，所以 A-D 转换结果应在需要时，由微处理器控制送到系统数据总线上，而在其他时间 A-D 转换数据输出处于高阻抗状态，并不影响系统数据总线的状态。因此对片内具有三态缓冲器的 ADC，接口非常简单，ADC 芯片直接接在系统数据总线上；而对于无三态缓冲器的 ADC，必须在 ADC 与微处理器之间外接三态缓冲器，也可借用并行输入接口，使 ADC 具有三态接口能力。

4. A-D 转换结束输出控制——位数不匹配问题

系统数据总线的宽度与 ADC 芯片产生的数据位数必须相匹配。ADC 的数据位数称为分辨率。一般 ADC 的分辨率为 8 位、10 位、12 位或 16 位等。当微处理器数据总线位数大于或等于 ADC 分辨率时，比如 16 位微处理器与 8 位、10 位、12 位或 16 位 ADC 相连，此时接口简单，ADC 输出数据与系统数据总线的全部或一部分相连，数据可一次完成读入。当微处理器数据总线小于 ADC 分辨率时，则接口要稍复杂一些，转换结果数据要分两次读入。

有些分辨率高于 8 位的 ADC 转换数据会全部一次输出，这种 ADC 与 8 位数据总线的微机连接时，必须外加三态缓冲器，以匹配微处理器的数据宽度，分高、低字节分别传输，ADC 分辨率为 12 位，12 位数据输出线的低 8 位直接接到数据总线，高 4 位接锁存器输入端。使用 $\overline{CS_1}$ 和 $\overline{CS_2}$ 两个端口地址分别进行低 8 位和高 4 位的读入。当转换结束后，对 $\overline{CS_1}$ 对应端口执行一条输入指令，则 12 位转换结果数据全部输出，其中低 8 位直接输入微处理器，高 4 位进入三态锁存器。再对 $\overline{CS_2}$ 对应端口执行一条输入指令，可以将高 4 位输入微处理器。

5. 其他注意问题

除上述问题之外，A-D 转换接口设计时还应考虑以下因素：

1）电气兼容问题，大多数的 ADC 与 TTL 电平兼容。

2）输出数字量的形式是二进制码还是 BCD 码，如是 MC14433，则为 BCD 码输出，故可以直接送到显示器进行十进制数字的显示。

12.4.4 ADC0809 及其应用

ADC0809 是 NSC 公司生产的 8 路模拟输入逐次逼近型 8 位 ADC。ADC0809 采用单一的 +5 V 电源供电；模拟输入电压范围为 0 ~ +5 V，不需零点和满刻度校准；具有转换启停控制端；转换时间为 100 s；输出带可控三态缓冲，可与系统总线直接相连。

1. ADC0809 的内部结构

ADC0809 内部结构如图 12-21 所示。它由 8 路模拟开关、地址锁存与译码器、比较器、

8 位开关型 DAC、逐次逼近寄存器和三态输出锁存器以及其他一些电路组成。

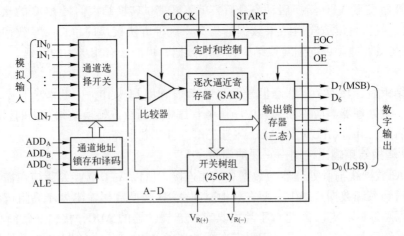

图 12-21　ADC0809 的内部结构

（1）8 选 1 多路模拟开关

这是模拟输入的控制开关，8 路模拟量从 $IN_0 \sim IN_7$ 输入，由多路开关切换选择其中的一路模拟量进行转换。模拟开关的性能直接影响输入或输出模拟量的精度和速度。

（2）地址锁存器

地址锁存器的作用是锁存 CPU 送来的地址，经过译码，选择 8 路模拟开关中的一路，允许这一路的模拟量输入。

（3）逐次逼近寄存器和 D-A 转换电路

逐次寄存器和 D-A 转换电路是用于完成 A-D 转换的电路，采用逐次逼近法进行转换。

（4）三态输出缓冲器

A-D 转换后的数字量锁存于三态缓冲器中。当外部发来有效的 OE 信号时，三态输出缓冲器中的数字量输出到数据线上。

（5）控制逻辑电路

控制逻辑电路在输入时钟的作用下，产生时序控制信号，在 START 信号启动下控制 ADC 进行转换，转换结束将产生 EOC 信号。

ADC0809 的工作过程是：首先输入 3 位地址，并使 ALE = 1，将地址存入地址锁存器中。此时地址经译码选通 8 路模拟输入之一到比较器。START 上升沿将逐次逼近寄存器复位。下降沿启动 A-D 转换，之后 EOC 输出信号变低电平，指示转换正在进行。直到 A-D 转换完成，EOC 变为高电平，指示 A-D 转换结束，结果数据存入锁存器，这个信号可用作中断申请。当 OE 输入高电平时，输出三态门，转换的结果数字量输出到数据总线上。

2. ADC0809 的外部引脚

ADC0809 芯片共有 28 个引脚，采用双列直插式封装，如图 12-22 所示。下面说明各引脚的功能。

1）$IN_0 \sim IN_7$：8 路模拟量输入端。

2）$D_0 \sim D_7$：8 位数字量输出端。

3）ADD_A、ADD_B、ADD_C：3 位地址输入线，用于选择 8 路模拟输入中的一路。ADD_A、ADD_B、ADD_C 这 3 位的组合 000～111 分别对应 IN_0～IN_7 模拟通道地址。

4）ALE：地址锁存允许信号，输入，高电平有效。

5）START：A–D 转换启动信号，输入，高电平有效。

6）EOC：A–D 转换结束信号，输出。该引脚在 A–D 转换期间一直为低电平，当 A–D 转换结束时，此端输出一个高电平。

7）OE：数据输出允许信号，输入，高电平有效。当 A–D 转换结束时，此端输出一个高电平，才能打开输出三态门，输出数字量。

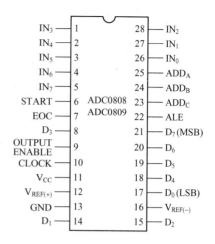

图 12-22　外部引脚

8）CLK：时钟脉冲输入端。要求时钟频率不高于 640 kHz。

9）$V_{REF(+)}$、$V_{REF(-)}$：基准电压。

10）V_{CC}：电源，单一 +5 V。

11）GND：地。

3. ADC0809 的应用

ADC0809 与微处理器的连接方式可以有不同的形式，例如，可以直接与系统总线连接，也可以通过 8255A 再与总线连接。ADC0809 与微处理器的数据传输方式可以采用程序查询方式，也可以采用中断方式。

例 12-4　在 8088 系统中采用 ADC0809 设计一个数据采集系统，将 1 路模拟量转换为数字量存储在 $DATA_1$ 单元。采用程序查询方式读取转换结果数据。

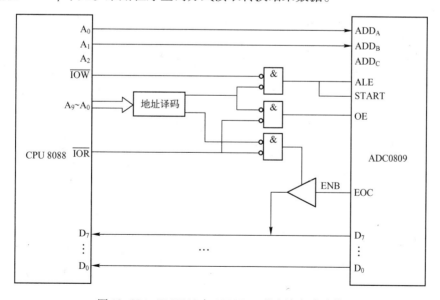

图 12-23　ADC0809 与 8088CPU 的查询方式连接

硬件连接设计如图 12-23 所示。ADC0809 内部具有三态缓冲器，可直接与 CPU 数据总线相连。CPU 地址总线的 $A_0 \sim A_2$ 位与 ADD_A、ADD_B、ADD_C 这 3 个输入端相接，用于选择 8 路模拟输入通道中的 1 路。地址译码器的输出 $\overline{CS}$ 信号与 CPU 执行 OUT 指令时产生的 $\overline{IOW}$ 信号，共同产生 START 信号，以控制 A-D 的启动。同时 ADC0809 的 ALE 信号被选通，将指定的模拟输入通道地址锁存。地址译码器的输出 $\overline{CS_1}$ 信号与 CPU 执行 IN 指令时产生的 IOR 信号，共同产生 OE 信号，以控制转换结果数据的输出。A-D 转换结束时，ADC0809 会产生一个 EOC 转换结束状态信号。该信号通过三态门与数据线的 D_7 位相连。地址译码器的输出 $\overline{CS_2}$ 信号与 CPU 执行 IN 指令时产生的 IOR 信号，共同产生三态门的打开信号，使 EOC 信号可以送入数据总线的 D_7 位。CPU 只需查询数据线 D_7 位是否为 1，即可知道转换是否结束。设 $\overline{CS_1}$ 端口地址为 80H ~ 87H，$\overline{CS_2}$ 端口地址为 88H ~ 8FH。要采集的 1 路模拟量从 ADC0809 通道 1 输入。程序如下：

```
        MOV    DX,81H          ;模拟通道 1 数据口地址
        OUT    DX,AL           ;启动 A-D 转换
TEST:   MOV DX,89H             ;模拟通道 1 状态口地址
        IN     DX,AL           ;读入 EOC 状态
        AND    AL,80H          ;测试 EOC 状态
        JZ     TEST            ;EOC 为 0,转换未完成,继续测试
        MOV    DX,81H          ;EOC 为 1,转换结束
        IN     AL,DX           ;读取结果
        MOV    DATA1,AL        ;存入指定单元
```

例 12-5　在 8088 系统中采用 ADC0809 设计一个数据采集系统，将 1 路模拟量转换为数字量，采用中断方式读取 100 个转换后的数据存储在 BUFFER 数据区。

采用中断法，将 ADC0809 的 EOC 作为中断请求信号，连接到中断控制器的中断请求输入端。当 ADC 转换结束时，EOC 变为高电平，向 CPU 提出中断请求。在中断服务程序中，CPU 读取转换结果，并将转换结果送 BUFFER 数据区保存。

硬件连接如图 12-24 所示。

设 $\overline{CS_1}$ 端口地址为 80H ~ 87H，$\overline{CS_2}$ 端口地址为 88H ~ 8FH。IR_0 中断类型号为 80H。8259A 中断请求为边沿触发（A-D 转换结束，EOC 端输出由低变高）、非自动中断结束方式、普通全嵌套方式。

主程序完成 8259A 初始化、中断向量表设置、开中断、启动 A-D 转换功能。子程序完成读取 A-D 转换数据、结束中断、屏蔽中断功能。

程序如下：

```
        DATA    SEGMENT
            BUFFER DB 100 DUP(?)
        DATA    ENDS
        CODE    SEGMENT
                ASSUME   CS:CODE,DS:DATA
        START:MOV   AX,DATA
```

```
              MOV     DS,AX
              MOV     AX,00H
              MOV     ES,AX                      ;段基址指向中断向量表的存储区
              MOV     BX,200H                    ;中断号(80H)*4=200H→BX
              MOV     ES:[BX],OFFSET READ_INT    ;向量偏移值
              MOV     AX,SEG READ_INT
              MOV     ES:[BX+2],AX               ;装入中断向量的段值
              CLI                                ;关中断
;初始化 8259
              MOV     AL,13H                     ;写 ICW$_1$(边沿触发,单片,需要 ICW$_4$)
              MOV     DX,88H                     ;8259A 端口(A$_0$=0)
              OUT     DX,AL
              MOV     AL,80H                     ;写 ICW$_2$(中断号高 5 位)
              MOV     DX,89H                     ;8259A 端口(A$_0$=1)
              OUT     DX,AL
              MOV     AL,01H                     ;写 ICW$_4$(非缓冲,非自动结束,16 位机)
              OUT     DX,AL                      ;8259A 端口(A$_0$=1)
              MOV     DX,89H                     ;8259A 端口(A$_0$=1)
              IN      AL,DX                      ;原屏蔽字
              AND     AL,0FEH
              OUT     DX,AL                      ;开放 IR$_0$ 中断请求
              MOV     DI,OFFSET BUFFER           ;设置数据区首址
              MOV     CX,100                     ;采样次数
AGAIN:        MOV     AX,00H                     ;写入的数据可以取任意值
              MOV     DX,81H                     ;启动转换通道 1(CS、WR 同时有效)
              OUT     DX,AL
              STI                                ;开中断
              HLT                                ;等待中断请求
              CLI                                ;关中断
              INC     DI
              DEC     CX                         ;次数减 1
              JNZ     AGAIN                      ;次数未到,继续启动转换
              MOV     DX,89H                     ;8259A 端口(A$_0$=1)
              IN      AL,DX                      ;次数已到,屏蔽 IR$_0$
              OR      AL,01H
              OUT     DX,AL
              MOV     AH,4CH                     ;程序结束,返回
              INT     21H                        ;中断服务程序
READ_INT PROC
              PUSH    AX                         ;寄存器进栈
              PUSH    DX
              MOV     DX,81H
              IN      AL,DX                      ;从 ADC0809 通道 1 读入数据
```

297

```
            NOP
            NOP
            MOV    [DI],AL                    ;读入的数据存入内存
            MOV    AL,20H                     ;写中断结束命令字
            MOV    DX,88H                     ;8259A 端口(A₀=0)
            OUT    DX,AL
            POP    DX
            POP    AX
            IRET                              ;中断返回
        READ_INT ENDP
        CODE ENDS
        END START
```

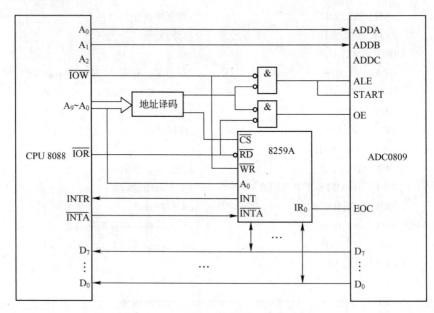

图 12-24　ADC0809 与 8088CPU 的中断方式连接

12.4.5　AD574A 及其应用

AD574A 是美国 AD 公司的产品，为 12 位逐次逼近式 ADC。其主要特性如下：

1）转换时间为 25 s，工作温度为 0~70℃，功耗为 390 mW。

2）输入电压可为单极性（0~+10 V，0~+20 V）或双极性（-5~+5 V，-10~+10 V）。

3）可由外部控制进行 12 位转换或 8 位转换。

4）12 位数据分为 3 段，A 段为高 4 位，B 段为中 4 位，C 段为低 4 位，3 段分别经三态门控制输出。数据输出可以一次完成，也可分为 2 次，先输出高 8 位，后输出低 4 位。

5）内部具有三态输出缓冲器，可直接与 8 位、12 位或 16 位微处理器直接相连。

1. AD574A 的内部结构

AD574A 内部结构如图 12-25 所示。

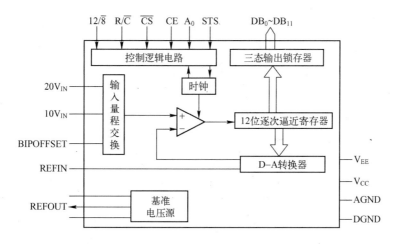

图 12-25　AD574A 的内部结构

AD574A 芯片内部是由 12 位 DAC、12 位逐次逼近寄存器、比较器、时钟电路、控制逻辑电路、三态输出锁存器、输入量程交换电路、基准电压源等组成的。

AD574A 内部具有三态锁存器，无须外部缓冲器就可直接与微处理器相连。12 位数据输出可以作为 1 个 12 字读出，也可以先输出 8 位再输出 4 位。片内有时钟电路，无须外部时钟。输入量程交换可以提供 4 挡经调整的输入范围。既可接成单极性输入，也可接成双极性输入。

2. AD574A 的外部引脚

AD574A 为 28 引脚双列直插式封装，外部引脚如图 12-26 所示。部分引脚说明如下。

1) $\overline{\text{CS}}$：片选信号，低电平有效。

2) CE：芯片允许信号，高电平有效。只有 CS 和 CE 同时有效，AD574A 才能工作。

3) R/$\overline{\text{C}}$：读出或转换控制信号，用于控制 AD574A 是转换还是读出。当为低电平时，启动 A-D 转换；当为高电平时，将转换结果读出。

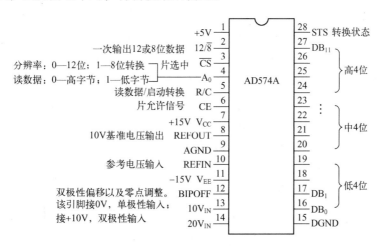

图 12-26　AD574A 的外部引脚

4）$12/\overline{8}$：数据输出方式控制信号。当为高电平时，输出数据位 12 位；当为低电平时，数据作为两个 8 位字输出。

5）A_0：转换位数控制信号。当为高电平时，进行 8 位转换；当为低电平时，进行 12 位转换。

以上几个信号组合完成的功能见表 12-1。

表 12-1　AD574A 控制信号功能

CE	$\overline{CS}$	$R/\overline{C}$	$12/\overline{8}$	A_0	功　　能
1	0	0	×	0	启动 12 位转换
1	0	0	×	1	启动 8 位转换
1	0	1	1	×	允许 12 位并行输出
1	0	1	0	0	允许 8 位并行输出
1	0	1	0	1	允许低 4 位加上 4 个 0 输出
×	1	×	×	×	不工作
0	×	×	×	×	不工作

6）REFOUT：+10 V 基准电压输出，最大输出电流为 1.5 mA。

7）REFIN：参考电压输入。

8）BIPOFF：双极性偏移以及零点调整。该引脚接 0 V，为单极性输入；接 +10 V，为双极性输入。

9）$10V_{IN}$：10 V 范围输入端，单极性输入 0 ~ +10 V，双极性输入 -5 ~ +5 V。

10）$20V_{IN}$：20 V 范围输入端，单极性输入 0 ~ +20 V，双极性输入 -10 ~ +10 V。

11）DB_{11} ~ +DB_0：12 位数字输出。

12）STS：转换结束信号。转换过程为高电平，转换结束后变为低电平。

3. AD574A 的应用

AD574A 内部具有三态输出锁存器，故可与微处理器直接相连。在和 8088CPU 相连时，由于 8088CPU 具有 8 条数据总线，AD574A 具有 12 条输出数据线，所以数据输出分两次进行，分为两个字节输出（低字节加 4 个 0）。连接时可将 AD574A 的高 8 位输出数据线连接到 CPU 系统数据总线上，低 4 位连到数据总线的高 4 位，$12/\overline{8}$ 端接地。

AD574A 的转换时间为 25 μs，转换速度较快，可采用固定时间等待法。确定转换后，延时 28 us 或 30 μs 即可读取数据。也可采用查询法或中断方式读取数据。AD574A 用 STS 信号表示转换结束与否。在查询方式下，先检测 STS 信号，为低电平才能去读取数据，在中断方式下，可将此信号作为中断请求信号。

例 12-6　在 8088 系统中采用 AD574A 设计一个数据采集系统，将 1 路模拟量转换为数字量存储在 BUFFER 单元。数据读出采用固定时间等待法。

如图 12-27 所示，8088CPU 地址线 A_9 ~ A_1 经译码后选通 AD574A 的片选信号 $\overline{CS}$，选中 AD574A 芯片。将 CPU 的控制信号 $\overline{IOW}$ 和 $\overline{IOR}$ 通过与非门使芯片允许信号 CE 有效，这样当用一条输出指令启动 A-D 转换或用一条输入指令读取数据时，CE 均有效，使相应操作能正常进行。8088CPU 的地址线最低位 A_0 直接连接 AD574A 的 A_0 输入端，以确定转换 3 位数和数据的输出方式。在固定时间等待法中，STS 信号不需要连接。

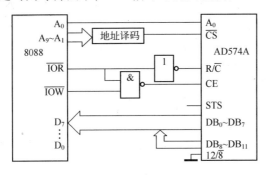

图 12-27　AD574A 与 CPU 直接连接

设高 8 位口地址为 220H，低 4 位口地址为 221H。程序如下：

```
MOV    DX,220H          ;启动一次 12 位转换
OUT    DX,AL
CALL   WA28             ;延时,等待 A-D 转换结束
MOV    DX,220H
IN     AL,DX            ;读高 8 位
MOV    BUFFER,AL        ;保存到 BUFFER 单元
MOV    DX,221H
IN     AL,DX            ;读低 4 位
MOV    BUFFER+1,AL      ;保存到 BUFFER+1 单元
```

其中，WA28 为延时 28 μs 的子程序。

习题

1. 一个典型的微机控制系统通常由哪几部分组成？各部分在数据采集系统中起什么作用？

2. DAC 的转换精度是指什么？若有一片 10 位的 DAC 芯片，其最大输入电压为 5 V，它能分辨出的最小输出电压是多少？

3. 已知 DAC0832 芯片的最大输出电压为 5 V，则

（1）若其最小位变化一个二进制数位，对应的电压变化是多少？

（2）若已知输入的数据为 0B5H，试计算其输出电压应为多大？

4. 画出 DAC0832 与 8088 双缓冲方式的接口逻辑框图（端口地址为 230DH 和 230EH），并写出产生锯齿波的程序。

5. DAC0832 与 8 位 CPU 的连接逻辑图如图 12-28 所示，试判断 DAC0832 工作在何种方式？如果想要在示波器上显示锯齿波，请编写有关程序。

6. 关于 DAC1210 芯片的工作原理，请回答以下问题：

（1）为什么 DAC1210 芯片内部有两级输入寄存器？这 3 组寄存器有何作用？

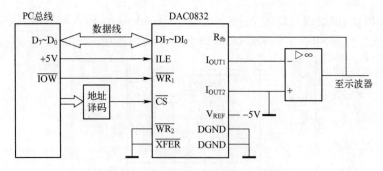

图 12-28 DAC0832 与 8088 接口逻辑图

（2）设计一个 DAC1210 与 8088CPU 接口的连接示意图（采用双缓冲方式）。

（3）设计一个 DAC1210 与 12 位 CPU 接口的连接示意图（采用单缓冲方式）。

7. ADC 的主要技术参数有哪几个？它们的物理意义各是什么？

8. ADC0809 与 Intel 8088CPU 通过 Intel 8255 接口，设 8255PB 口为数据口，PA、PC 为控制口，将 8 路输入模拟量顺序从 $IN_0 \sim IN_7$ 转换成数字量，并顺序存放于内存中。

（1）画出 ADC0809 与 Intel 8088CPU 通过 Intel8255 接口逻辑框图。

（2）画出程序流程图，编写相应的程序段。

附　　录

附录 A　标准 ASCII 码字符表

ASCII 码	字符	ASCII 码	字符	ASCII 码	字符	ASCII 码	字符
00H	NUL	20H	SP	40H	@	60H	
01H	SOH	21H	!	41H	A	61H	a
02H	STX	22H	"	42H	B	62H	b
03H	ETX	23H	#	43H	C	63H	c
04H	EOT	24H	$	44H	D	64H	d
05H	ENQ	25H	%	45H	E	65H	e
06H	ACK	26H	&	46H	F	66H	f
07H	BEL	27H	'	47H	G	67H	g
08H	BS	28H	(	48H	H	68H	h
09H	HT	29H	)	49H	I	69H	i
0AH	LF	2AH	*	4AH	J	6AH	j
0BH	VT	2BH	+	4BH	K	6BH	k
0CH	FF	2CH	,	4CH	L	6CH	l
0DH	CR	2DH	–	4DH	M	6DH	m
0EH	SO	2EH	.	4EH	N	6EH	n
0FH	SI	2FH	/	4FH	O	6FH	o
10H	DLE	30H	0	50H	P	70H	p
11H	DC1	31H	1	51H	Q	71H	q
12H	DC2	32H	2	52H	R	72H	r
13H	DC3	33H	3	53H	S	73H	s
14H	DC4	34H	4	54H	T	74H	t
15H	NAK	35H	5	55H	U	75H	u
16H	SYN	36H	6	56H	V	76H	v
17H	ETB	37H	7	57H	W	77H	w
18H	CAN	38H	8	58H	X	78H	x
19H	EM	39H	9	59H	Y	79H	y
1AH	SUB	3AH	:	5AH	Z	7AH	z
1BH	ESC	3BH	;	5BH	[	7BH	{
1CH	FS	3CH	<	5CH	\	7CH	|
1DH	GS	3DH	=	5DH	]	7DH	}
1EH	RS	3EH	>	5EH	^	7EH	~
1FH	US	3FH	?	5FH	_	7FH	DEL

附录 B 80x86 指令系统

B.1 指令符号说明

符　　号	说　　明
r8/r16/r32regsegmmxmmac	一个通用 8 位/16 位/32 位寄存器 通用寄存器 段寄存器 整数 MMX 寄存器：$MMX_0 \sim MMX_7$ 128 位的浮点 SIMD 寄存器：$XMM_0 \sim XMM_7$ AL/AX/EAX 累加寄存器
m8/m16/m32/m64/m128mem	一个 8 位/16 位/32 位/64 位/128 位存储器操作数 一个 m8 或 m16 或 m32 存储器操作数
I8/I16/I32imm	一个 8 位/16 位/32 位立即操作数 一个 m8 或 m16 或 m32 立即操作数
dstsrclabelm16&32	目的操作数 源操作数 标号 16 位段界限和 32 位段基地址
d8/d16/d32EA	8 位/16 位/32 位偏移地址 指令内产生的有效地址

B.2 16 位/32 位 80x86 基本指令

助　记　符	功　　能	备　注
AAA	把 AL 中的和调整到非压缩的 BCD 格式	
AAD	把 AX 中的非压缩 BCD 码扩展成二进制数	
AAM	把 AX 中的积调整为非压缩的 BCD 码	
AAS	把 AL 中的差调整到非压缩的 BCD 码	
ADC　reg, mem/imm/reg 　　　mem, reg/imm 　　　ac, imm	$(dst) \leftarrow (src) + (dst) + CF$	
ADD　reg, mem/imm/reg 　　　mem, reg/imm 　　　ac, imm	$(dst) \leftarrow (src) + (dst)$	
AND　reg, mem/imm/reg 　　　mem, reg/imm 　　　ac, imm	$(dst) \leftarrow (src) \wedge (dst)$	

助 记 符	功 能	备 注
ARPL　dst，src	调整选择器的 RPL 字段	286 起，系统指令
BOUND　reg，mem	测数组下标（reg）是否在指定的上下界（mem）之内，在内，则往下执行；不在内，产生 INT 5	286 起
BSF　r16，r16/m16　　r32，r32/m32	自右向左扫描（src），遇第一个为 1 的位，则 ZF←0，该位位置装入 reg，如（src）=0，则 ZF←1	386 起
BSR　r16，r16/m16　　r32，r32/m32	自左向右扫描（src），遇第一个为 1 的位，则 ZF←0，该位位置装入 reg，如（src）=0，则 ZF←1	386 起
BSWAP　r32	（r32）字节次序变反	486 起
BT　reg，reg/i8　　mem，reg/i8	把由（src）指定的（dst）中的位内容送 SF	386 起
BTC　reg，reg/i8　　mem，reg/i8	把由（src）指定的（dst）中的位内容送 SF，并把该位取反	386 起
BTR　reg，reg/i8　　mem，reg/i8	把由（src）指定的（dst）中的位内容送 SF，并把该位置"0"	386 起
BTS　reg，reg/i8　　mem，reg/i8	把由（src）指定的（dst）中的位内容送 SF，并把该位置"1"	386 起
CALL　reg/mem	段内直接：PUSH（IP 或 EIP），（IP）←（IP）+ d16 或（EIP）←（EIP）+ d32 段内间接：PUSH（IP 或 EIP），（IP 或 EIP）←（EA）/reg 段间直接：PUSH CS，PUSH（IP 或 EIP），（CS）←dst 指定的段地址，（IP 或 EIP），（CS）←dst 指定的偏移地址 段间间接：PUSH CS，PUSH（IP 或 EIP），（IP 或 EIP）←（EA），（CS）←（EA + 2）或（EA + 4）	
CBW	（AL）符号扩展到（AH）	
CDQ	（EAX）符号扩展到（EDX）	386 起
CLC	CF←0	
CLD	DF←0	
CLI	IF←0	
CLTS	清除 CR_0 中的任务切换标志	386 起，系统指令
CMC	进位位变反	
CMP　reg，reg/mem/imm　　mem，reg/imm	（dst）←（src），结果影响标志位	
CMPSB	［SI 或 ESI］-［DI 或 EDI］，SI 或 ESI，DI 或 EDI 加 1 或减 1	
CMPSW	［SI 或 ESI］-［DI 或 EDI］，SI 或 ESI，DI 或 EDI 加 2 或减 2	
CMPSD	［SI 或 ESI］-［DI 或 EDI］，SI 或 ESI，DI 或 EDI 加 4 或减 4	
CMPXCHG reg/mem，reg	（ac）-（dst）， 相等：ZF←1，（dst）-（src） 不相等：ZF←0，（ac）-（src）	486 起

助 记 符	功 能	备 注
CMPXCHG8B dst	（EDX，EAX）-（dst）， 相等：ZF←1，（dst）-（EDX，EAX） 不相等：ZF←0，（EDX，EAX）-（dst）	586 起
CPUID	（EAX）←CPU 识别信息	586 起
CWD	（AX）符号扩展到（DX）	
CWDE	（AX）符号扩展到（EAX）	386 起
DAA	把 AL 中的和调整到压缩 BCD 格式	
DAS	把 AL 中的差调整到压缩 BCD 格式	
DEC reg/mem	（dst）←（dst）-1	
DIV r8/m8 r16/m16 r32/m32	（AL）←（AX）/（src）的商，（AH）←（AX）/（src）的余数 （AX）←（DX,AX）/（src）的商，（DX）←（DX,AX）/（src）的余数 （EAX）←（EDX,EAX）/（src）的商，（EDX）←（EDX,EAX）/（src）的余数	386 起
ENTER I16，I8	建立堆栈帧，I16 为堆栈帧字节数，I8 为堆栈帧层数	386 起
HLT	停机	
IDIV r8/m8 r16/m16 r32/m32	（AL）←（AX）/（src）的商，（AH）←（AX）/（src）的余数 （AX）←（DX,AX）/（src）的商，（DX）←（DX,AX）/（src）的余数 （EAX）←（EDX,EAX）/（src）的商，（EDX）←（EDX,EAX）/（src）的余数	386 起
IMUL r8/m8 r16/m16 r32/m32	（AX）←（AL）*（src） （EAX）←（AX）*（src） （EDX，EAX）←（EAX）*（src）	386 起
IMUL r16/m32 reg/mem	（r16）←（r16）*（src）或（r32）←（r32）*（src）	286 起
IMUL reg，reg/mem，imm	（r16）←（reg/mem）* imm 或（r32）←（reg/mem）* imm	286 起
IN ac，I8/DX	（ac）←（（I8））或（DX）	
INC reg/mem	（dst）←（dst）+1	
INSB INSW INSD	（（DI 或 EDI））←（（DX）），（（DI 或 EDI））←（DI 或 EDI））±1 （（DI 或 EDI））←（（DX）），（（DI 或 EDI））←（DI 或 EDI））±2 （（DI 或 EDI））←（（DX）），（（DI 或 EDI））←（DI 或 EDI））±4	286 起
INT I8 INTO	PUSH（FLAGS），PUSH（CS），PUSH（IP），（IP）←（I8*4），（CS）←（I8*4+2） 若 OF = 1，则 PUSH（FLAGS），PUSH（CS），PUSH（IP），（IP）←（10H），（CS）←（12H）	

助 记 符	功 能	备 注
INVD	使高速缓存无效	486 起，系统指令
IRET	(IP)←POP( )，(CS)←POP( )，(FLAGS)←POP( )	
IRETD	(EIP)←POP( )，(CS)←POP( )，(EFLAGS)←POP( )	386 起
JZ/JE d8/d16/d32	如果 ZF=1，则 (IP)←(IP)+d8 或 (EIP)←(EIP)+d16/d32	
JNZ/JNE d8/d16/d32	如果 ZF=0，则 (IP)←(IP)+d8 或 (EIP)←(EIP)+d16/d32	
JS d8/d16/d32	如果 SF=1，则 (IP)←(IP)+d8 或 (EIP)←(EIP)+d16/d32	
JNS d8/d16/d32	如果 SF=0，则 (IP)←(IP)+d8 或 (EIP)←(EIP)+d16/d32	
JO d8/d16/d32	如果 OF=1，则 (IP)←(IP)+d8 或 (EIP)←(EIP)+d16/d32	d16/d32 从 386 起
JNO d8/d16/d32	如果 OF=0，则 (IP)←(IP)+d8 或 (EIP)←(EIP)+d16/d32	
JP/JPE d8/d16/d32	如果 PF=1，则 (IP)←(IP)+d8 或 (EIP)←(EIP)+d16/d32	
JNP/JPO d8/d16/d32	如果 PF=0，则 (IP)←(IP)+d8 或 (EIP)←(EIP)+d16/d32	
JC/JB/JNAE d8/d16/d32	如果 CF=1，则 (IP)←(IP)+d8 或 (EIP)←(EIP)+d16/d32	
JNC/JNB/JAE d8/d16/d32	如果 CF=0，则 (IP)←(IP)+d8 或 (EIP)←(EIP)+d16/d32	
JBE/JNA d8/d16/d32	如果 ZF $\lor$ CF=1，则 (IP)←(IP)+d8 或 (EIP)←(EIP)+d16/d32	
JNBE/JA d8/d16/d32	如果 ZF $\lor$ CF=0，则 (IP)←(IP)+d8 或 (EIP)←(EIP)+d16/d32	
JL/JNGE d8/d16/d32	如果 SF $\oplus$ OF=1，则 (IP)←(IP)+d8 或 (EIP)←(EIP)+d16/d32	
JNL/JGE d8/d16/d32	如果 SF $\oplus$ OF=0，则 (IP)←(IP)+d8 或 (EIP)←(EIP)+d16/d32	
JLE/JNG d8/d16/d32	如果 (SF $\oplus$ OF) $\lor$ ZF=1，则 (IP)←(IP)+d8 或 (EIP)←(EIP)+d16/d32	
JNLE/JG d8/d16/d32	如果 (SF $\oplus$ OF) $\lor$ ZF=0，则 (IP)←(IP)+d8 或 (EIP)←(EIP)+d16/d32	
JCXZ d8 JECXZ d8/d16/d32	如果 (CX)=0，则 (IP)←(IP)+d8 如果 (ECX)=0，则 (EIP)←(EIP)+d8/d16/d32	386 起
JMP label	段内直接转移，(IP)←(IP)+d8/d16，或 (EIP)←(EIP)+d8/d32	
JMP mem/reg	段内间接转移，(EIP/IP)←(EA)	
JMP label	段间直接转移，(EIP/IP)←EA，CS←label 决定的段基址	
JMP mem/reg	段间间接转移，(EIP/IP)←(EA)，CS←(EA+2/4)	
LAHF	(AH)←(FLAGS 的低字节)	
LAR reg，mem/reg	取访问权字节	286 起，指令系统
LDS reg，mem	(reg)←(mem)，(DS)←(mem+2/4)	

助 记 符	功 能	备 注
LEA reg, mem	(reg)←(EA)	
LEAVE	释放堆栈帧	286 起
LES reg, mem	(reg)←(mem)，(ES)←(mem+2/4)	
LFS reg, mem	(reg)←(mem)，(FS)←(mem+2/4)	386 起
LGDT mem	装入全局描述符表寄存器：(GDTR)←(mem)	286 起，指令系统
LGS reg, mem	(reg)←(mem)，(GS)←(mem+2/4)	386 起
LIDT mem	装入中断描述符表寄存器：(IDTR)←(mem)	286 起，指令系统
LLDT reg, mem	装入局部描述符表寄存器：(LDTR)←(reg/mem)	286 起，指令系统
LMSW reg, mem	装入机器状态字（在 CR_0 寄存器中）：(MSW)←(reg/mem)	286 起，指令系统
LOCK	插入 LOCK#信号前缀	
LODSB LODSW LODSD	(AL)←((SI 或 ESI))，(SI 或 ESI)←(SI 或 ESI)±1 (AX)←((SI 或 ESI))，(SI 或 ESI)←(SI 或 ESI)±2 (EAX)←((SI 或 ESI))，(SI 或 ESI)←(SI 或 ESI)±4	ESI 自 386 起 自 386 起
LOOP label LOOPZ/LOOPE label LOOPNZ/LOOPNE label	(ECX/CX)←(ECX/CX)-1，(ECX/CX)≠0 则循环 (ECX/CX)←(ECX/CX)-1，(ECX/CX)≠0 且 ZF=1 则循环 (ECX/CX)←(ECX/CX)-1，(ECX/CX)≠0 且 ZF=0 则循环	ECX 自 386 起
LSL reg, reg/mem	取段界限	286 起，系统指令
LSS reg, mem	(reg)←(mem)，(SS)←(mem+2/4)	386 起
LTR reg, mem	装入任务寄存器	286 起，系统指令
MOV reg, reg/mem/imm mem, reg/imm reg, CR_0 ~ CR_3 CR_0 ~ CR_3, reg reg, DR DR, reg reg, SR SR, reg	(reg)←(reg/mem/imm) (mem)←(reg/imm) (reg)←(CR_0 ~ CR_3) (CR_0 ~ CR_3)←(reg) (reg)←(调试寄存器 DR) (DR)←(reg) (reg)←(段寄存器 SR) (SR)←(reg)	386 起，系统指令 386 起，系统指令 386 起，系统指令 386 起，系统指令
MOVSB MOVSW MOVSD	((DI 或 EDI))←((SI 或 ESI))， (SI 或 ESI)←(SI 或 ESI)±1，(DI 或 EDI)←(DI 或 EDI)±1 ((DI 或 EDI))←((SI 或 ESI))， (SI 或 ESI)←(SI 或 ESI)±2，(DI 或 EDI)←(DI 或 EDI)±2 ((DI 或 EDI))←((SI 或 ESI))， (SI 或 ESI)←(SI 或 ESI)±4，(DI 或 EDI)←(DI 或 EDI)±4	386 起
MOVSX reg, reg/mem MOVZX reg, reg/mem	(reg)←(reg/mem 符号扩展) (reg)←(reg/mem 零扩展)	386 起 386 起

助 记 符	功 能	备 注
MUL　reg/mem	（AX）←（AL）* （r8/m8） （DX, AX）←（AX）* （r16/m16） （EDX, EAX）←（EAX）* （r32/m32）	386 起
NEG　reg/mem	（reg/mem）←－（reg/mem）	
NOP	无操作	
NOT　reg/mem	（reg/mem）←（reg/mem 按位取反）	
OR　reg, reg/mem/imm 　　mem, reg/imm	（reg）←（reg）∨（reg/mem/imm） （mem）←（mem）∨（reg/imm）	
OUT　I8, ac 　　DX, ac	（I8 端口）←（ac） （（DX））←（ac）	
OUTSB OUTSW OUTSD	（（DX））←（（SI 或 ESI）），（SI 或 ESI）←（SI 或 ESI）±1 （（DX））←（（SI 或 ESI）），（SI 或 ESI）←（SI 或 ESI）±2 （（DX））←（（SI 或 ESI）），（SI 或 ESI）←（SI 或 ESI）±4	386 起
POP　reg/mem/SR POPA POPAD POPF POPFD	（reg/mem/SR）←（（SP 或 ESP）），（（SP 或 ESP））← （（SP 或 ESP））+2 或 4 出栈送 16 位通用寄存器 出栈送 32 位通用寄存器 出栈送 FLAGS 出栈送 EFLAGS	 286 起 386 起 386 起
PUSH　reg/mem/SR/imm PUSHA PUSHAD PUSHF PUSHFD	（（SP 或 ESP））←（（SP 或 ESP））+2 或 4, （（SP 或 ESP））←（reg/mem/SR/imm） 16 位通用寄存器进栈 32 位通用寄存器进栈 FLAGS 进栈 EFLAGS 进栈	Imm 自 386 起 286 起 386 起 386 起
RCL　reg/mem, 1/CL/I8	带进位循环左移	I8 自 386 起
RCR　reg/mem, 1/CL/I8	带进位循环右移	I8 自 386 起
PDMSR	读模型专用寄存器：（EDX, EAX）←MSR［ECX］	586 起
REP REPE/REPZ REPNE/REPNZ	（CX 或 ECX）←（CX 或 ECX）－1，当（CX 或 ECX）≠ 0，重复执行后面的指令； （CX 或 ECX）←（CX 或 ECX）－1，当（CX 或 ECX）≠ 0 且 ZF＝1，重复执行后面的指令； （CX 或 ECX）←（CX 或 ECX）－1，当（CX 或 ECX）≠ 0 且 ZF＝0，重复执行后面的指令	
RET RET　d16	段内：（IP）←POP（ ），段间：（IP）←POP（ ），（CS）← POP（ ） 段内：（IP）←POP（ ），（SP 或 ESP）←（SP 或 ESP）+d16 段间：（IP）←POP（ ），（CS）←POP（ ），（SP 或 ESP）← （SP 或 ESP）+d16	
ROL　reg/mem, 1/CL/I8	循环左移	I8 自 386 起
ROR　reg/mem, 1/CL/I8	循环右移	I8 自 386 起
RSM	从系统管理方式恢复	586 起，系统指令
SAHF	（FLAGS 的低字节）←（AH）	

助 记 符	功　　能	备　注
SAL　reg/mem，1/CL/I8	算术左移	I8 自 386 起
SAR　reg/mem，1/CL/I8	算术右移	I8 自 386 起
SBB　reg，reg/mem/imm 　　　mem，reg/imm	（dst）←（dst）−（src）−CF	
SCASB SCASW SCASD	（AL）←（（DI 或 EDI）），（DI 或 EDI）−（DI 或 EDI）±1 （AX）←（（DI 或 EDI）），（DI 或 EDI）−（DI 或 EDI）±2 （EAX）←（（DI 或 EDI）），（DI 或 EDI）−（DI 或 EDI）±4	386 起
SETcc　r8/m8	条件设置：指定条件 cc 满足则（r8/m8）送 1，否则送 0	386 起
SGDT　mem	保存全局描述符表寄存器：（mem）←（GDTR）	386 起，指令系统
SHL　reg/mem，1/cl/i8	逻辑左移	i8 自 386 起
SHLD　reg/mem，reg，i8/CL	双精度左移	386 起
SHR　reg/mem，1/cl/i8	逻辑右移	i8 自 386 起
SHRD　reg/mem，reg，i8/CL	双精度右移	386 起
SIDT　mem	保存中断描述符表：（mem）←（IDTR）	286 起，指令系统
SLDT　reg/mem	保存局部描述符表：（reg/mem）←（LDTR）	286 起，指令系统
SMSW　reg/mem	保存机器状态字：（reg/mem）←（MSW）	286 起，指令系统
STC STD STI	进位置 1 方向标志置 1 中断标志置 1	
STOSB STOSW STOSD	（（DI 或 EDI））−（ac），（DI 或 EDI）−（DI 或 EDI）±1 （（DI 或 EDI））−（ac），（DI 或 EDI）−（DI 或 EDI）±2 （（DI 或 EDI））−（ac），（DI 或 EDI）−（DI 或 EDI）±4	386 起
STR　reg/mem	保存任务寄存器：（reg/mem）←（TR）	286 起，指令系统
SUB　reg，mem/imm/reg 　　　mem，reg/imm 　　　ac，imm	（dst）←（dst）−（src）	
TEST　reg，mem/imm/reg 　　　mem，reg/imm 　　　ac，imm	（dst）∧（src），结果影响标志位	
VERR　reg/mem VERW　reg/mem	检验 reg/mem 中的选择器所表示的段是否可读 检验 reg/mem 中的选择器所表示的段是否可写	286 起，指令系统 286 起，指令系统
WAIT	等待	
WBINVD	写回并使高速缓存无效	486 起，指令系统
WRMSR	写入模型专用寄存器：MSR（ECX）←（EDX，EAX）	586 起，指令系统
XADD　reg/mem，reg	TEMP←（src）+（dst），（src）←（dst），（dst）←TEMP	486 起
XCHG　reg/ac/mem，reg	（dst）←（src）	
XLAT	（AL）←（（BX 或 EBX）+（AL））	
XOR　reg，mem/imm/reg 　　　mem，reg/imm 　　　ac，imm	（dst）←（dst）⊕（src）	

B.3 MMX 指令

指令类型	助记符	功能
算术运算	PADD［B，W，D］ mm，mm/m64 PADDS［B，W］ mm，mm/m64 PADDUS［B，W］ mm，mm/m64 PSUB［B，W，D］ mm，mm/m64 PSUBS［B，W］ mm，mm/m64 PSUBUS［B，W］ mm，mm/m64 PMULHW mm，mm/m64 PMULLW mm，mm/m64 PMADDWD mm，mm/m64	环绕加［字节，字，双字］ 有符号饱和加［字节，字］ 无符号饱和加［字节，字］ 环绕减［字节，字，双字］ 有符号饱和减［字节，字］ 无符号饱和减［字节，字］ 紧缩字乘后取高位 紧缩字乘后取低位 紧缩字乘，积相加
比较	PCMPEQ［B，W，D］ mm，mm/m64 PCMPGT［B，W，D］ mm，mm/m64	紧缩比较是否相等［字节，字，双字］ 紧缩比较是否大于［字节，字，双字］
类型转换	PACKUSWB mm，mm/m64 PACKSS［WB，DW］ mm，mm/m64 PUNPCKH［BW，WD，DQ］ mm，mm/m64 PUNPCKL［BW，WD，DQ］ mm，mm/m64	按无符号饱和压缩［字压缩成字节］ 按有符号饱和压缩［字/双字压缩成字节/字］ 扩展高位［字节/字/双字扩展成字/双字/4字］ 扩展低位［字节/字/双字扩展成字/双字/4字］
逻辑运算	PAND mm，mm/m64 PANDN mm，mm/m64 POR mm，mm/m64 PXOR mm，mm/m64	紧缩逻辑与 紧缩逻辑与非 紧缩逻辑或 紧缩逻辑或非
移位	PSLL［W，D，Q］ mm，m64/mm/i8 PSRL［W，D，Q］ mm，m64/mm/i8 PSRA［W，D］ mm，m64/mm/i8	紧缩逻辑左移［字，双字，4字］ 紧缩逻辑右移［字，双字，4字］ 紧缩算术右移［字，双字］
数据传送	MOVD mm，r32/m32 MOVD r32/m32，mm MOVQ m64/mm，mm MOVQ mm，m64/mm	将 r32/m32 送 MMX 寄存器低 32 位，高 32 位清 0 将 MMX 寄存器低 32 位送 r32/m32 （m64/mm）← （mm） （mm）← （m64/mm）
状态清除	EMMS	清除 MMX 状态（浮点数据寄存器清空）

附录 C DOS 功能调用

AH	功能	调用参数	返回参数
00	程序终止（同 INT 21H）	CS = 程序段前缀 PSP	
01	键盘输入并返回		AL = 输入字符
02	显示输出	DL = 输出字符	
03	辅助设备（COM₁）输入		AL = 输入字符
04	辅助设备（COM₁）输出	DL = 输出字符	
05	打印机输出	DL = 输出字符	
06	直接控制台 I/O	DL = FF（输入） DL = 字符（输出）	CF = 0，无输入字符 CF = 1，AL = 输入字符

AH	功　　　能	调 用 参 数	返 回 参 数
07	键盘输入（无回显）		AL = 输入字符
08	键盘输入（无回显） 检测 Ctrl – Break 或 Ctrl – C		AL = 输入字符
09	显示字符串	DS：DX = 串地址（字符串以 '＄'结尾）	
0A	键盘输入到缓冲区	DS：DX = 缓冲区首地址 (DS：DX) = 缓冲区最大字符数	(DS：DX + 1) = 实际输入的字符数
0B	检验键盘状态		AL = 00 有输入 AL = FF 无输入
0C	清除缓冲区并请求 指定的输入功能	AL = 输入功能号（1，6，7，8）	AL = 输入字符
0D	磁盘复位		清除文件缓冲区
0E	指定当前默认的磁盘驱动器	DL = 驱动器号（0 = A，1 = B， …）	AL = 系统中驱动器数
0F	打开文件（FCB）	DS：DX = FCB 首地址	AL = 00 文件找到 AL = FF 文件未找到
10	关闭文件（FCB）	DS：DX = FCB 首地址	AL = 00 目录修改成功 AL = FF 目录中未找到文件
11	查找第一个目录项（FCB）	DS：DX = FCB 首地址	AL = 00 找到匹配的目录项 AL = FF 未找到匹配的目录项
12	查找下一个目录项（FCB）	DS：DX = FCB 首地址 使用通配符进行目录项查找	AL = 00 找到匹配的目录项 AL = FF 未找到匹配的目录项
13	删除文件（FCB）	DS：DX = FCB 首地址	AL = 00 删除成功 AL = FF 文件未删除
14	顺序读文件（FCB）	DS：DX = FCB 首地址	AL = 00 读成功 = 01 文件结束，未读到数据 = 02 DTA 边界错误 = 03 文件结束，记录不完整
15	顺序写文件（FCB）	DS：DX = FCB 首地址	AL = 00 写成功 = 01 磁盘满或只读文件 = 02 DTA 边界错误
16	建文件（FCB）	DS：DX = FCB 首地址	AL = 00 建文件成功 = FF 磁盘操作有错
17	文件改名（FCB）	DS：DX = FCB 首地址	AL = 00 文件被改名 = FF 文件未改名
19	取当前默认磁盘驱动器		AL = 默认的驱动器号 0 = A，1 = B，2 = C，…
1A	设置 DTA 地址	DS：DX = FCB 首地址	
1B	取默认驱动器 FAT 信息		AL = 每簇的扇区数 DS：BX = 指向介质说明的指针 CX = 物理扇区的字节数 DX = 每磁盘簇数

AH	功　能	调　用　参　数	返　回　参　数
1C	取指定驱动器 FAT 信息	DL = 驱动器号	同上
1F	取默认磁盘参数块		AL = 00 无措 　　 = FF 出错 DS：BX = 磁盘参数块地址
21	随机读文件（FCB）	DS：DX = FCB 首地址	AL = 00 读成功 　　 = 01 文件结束 　　 = 02 DTA 边界错误 　　 = 03 读部分记录
22	随机写文件（FCB）	DS：DX = FCB 首地址	AL = 00 写成功 　01 = 磁盘满或是只读文件 　　 = 02 DTA 边界错误
23	测定文件大小（FCB）	DS：DX = FCB 首地址	AL = 00 成功，记录数填入 FCB 　　 = FF 未找到匹配的文件
24	设置随机记录号	DS：DX = FCB 首地址	
25	设置中断向量	DS：DX = 中断向量 AL = 中断类型号	
26	建立程序段前缀 PSP	DX = 新 PSP 段地址	
27	随机分块读（FCB）	DS：DX = FCB 首地址 CX = 记录数	AL = 00 读成功 　　 = 01 文件结束 　　 = 02 DTA 边界错误 　　 = 03 读部分记录 CX = 读取的记录数
28	随机分块写（FCB）	DS：DX = FCB 首地址 CX = 记录数	AL = 00 写成功 　　 = 01 磁盘满或是只读文件 　　 = 02 DTA 边界错误
29	分析文件名字符串（FCB）	ES：DI = FCB 首地址 DS：SI = AXCIZ 串地址 AL = 分析控制标志	AL = 00 标准文件 　　 = 01 多义文件 　　 = FF 驱动器说明无效
2A	取系统日期		CX = 年（1980～2099） DH = 月（1～12） DL = 日（1～31） AL = 星期（0～6）
2B	置系统日期	CX：年（1980～2099） DH：月（1～12） DL：日（1～31）	AL = 00 成功 　　 = FF 无效
2C	取系统时间		CH：CL = 时：分 DH：DL = 秒：1/100 秒
2D	置系统时间	CH：CL = 时：分 DH：DL = 秒：1/100 秒	AL = 00 成功 　　 = FF 无效
2E	设置磁盘检验标志	AL = 00 关闭检验 　　 = FF 打开检验	

AH	功　能	调 用 参 数	返 回 参 数
2F	取 DTA 地址		ES：BX = DTA 首地址
30	取 DOS 版本号		AL = 版本号 AH = 发行号 BH = DOS 版本标志 BL：CX = 序号（24 位）
31	结束并驻留	AL = 返回码 DX = 驻留区大小	
32	取驱动器参数块	DL = 驱动器号	AL = FF 驱动器无效 DS：BX = 驱动器参数块地址
33	Ctrl + Break 检测	00：取标志状态	DL = 00 关闭 Ctrl + Break 检测 = 01 打开 Ctrl + Break 检测
35	取中断向量号	AL = 中断类型	ES：BX = 中断向量
36	取空闲磁盘空间	DL = 驱动器号 0：默认，1 = A，2 = B，…	成功 AX = 每簇扇区数 　　 BX = 可用簇数 　　 CX = 每扇区字节数 　　 DX = 磁盘总簇数
38	置/取国别信息	AL = 00 取当前国别信息 　　 FF 国别代码放在 BX 中 DS：DX = 信息区首地址 DX = FFFF 设置国别代码	BX = 国别代码 （国际电话前缀码） DS：DX = 返回的信息区首地址 AX = 错误代码
39	建立子目录	DS：DX = ASCIZ 串地址	AX = 错误码
3A	删除子目录	DS：DX = ASCIZ 串地址	AX = 错误码
3B	设置当前目录	DS：DX = ASCIZ 串地址	AX = 错误码
3C	建立文件（Handle）	DS：DX = ASCIZ 串地址 CX = 文件属性	成功：AX = 文件代号（CF = 0） 失败：AX = 错误码（CF = 1）
3D	打开文件（Handle）	DS：DX = ASCIZ 串地址 AL = 访问和文件共享方式 0 = 读，1 = 写，2 = 读/写	成功：AX = 文件代号（CF = 0） 失败：AX = 错误码（CF = 1）
3E	关闭文件（Handle）	BX = 文件代号	失败：AX = 错误码（CF = 1）
3F	读文件或设备（Handle）	DS：DX = ASCIZ 串地址 BX = 文件代号 CX = 读取的字节数	成功：AX = 实际读入的字节数 （CF = 0） 失败：AX = 错误码（CF = 1）
40	写文件或设备（Handle）	DS：DX = ASCIZ 串地址 BX = 文件代号 AL = 移动方式	成功：AX = 实际写入的字节数 失败：AX = 错误码（CF = 1）
41	删除文件	DS：DX = ASCIZ 串地址	成功：AX = 00 失败：AX = 错误码（CF = 1）
42	移动文件指针	BX = 文件代号 CX：DX = 位移量 AL = 移动方式	成功：DX：AX = 新指针位置 失败：AX = 错误码（CF = 1）

AH	功　　能	调 用 参 数	返 回 参 数
43	置/取文件属性	DS：DX = ASCIZ 串地址 AL = 00 取文件属性 AL – 01 置文件属性 CX = 文件属性	成功：CX = 文件属性 失败：AX = 错误码（CF = 1）
44	设备驱动程序控制	BX = 文件代号 AL = 设备子功能代码（0 ~ 11H） 　0 = 取设备信息 　1 = 置设备信息 　2 = 读字符设备 　3 = 写字符设备 　4 = 读块设备 　5 = 写块设备 　6 = 取输入状态 　7 = 取输出状态 BL = 驱动器代码 CX = 读/写的字节数	成功：DX = 设备信息 　　　AX = 传送的字节数 失败：AX = 错误码（CF = 1）
45	复制文件代号	BX = 文件代号 1	成功：AX = 文件代号 2 失败：AX = 错误码（CF = 1）
46	强行复制文件代号	BX = 文件代号 1 CX = 文件代号 2	失败：AX = 错误码（CF = 1）
47	取当前目录名	DL = 驱动器号 DS：SI = AXCIZ 串地址（从根目录开始的路径名）	成功：DS：SI = 当前 ASCIZ 串地址 失败：AX = 错误码（CF = 1）
48	分配内存空间	BX = 申请内存数	成功：AX = 分配内存的初始段地址 失败：AX = 错误码（CF = 1） 　　　BX = 最大可用空间
49	释放已分配内存	ES = 内存起始段地址	失败：AX = 错误码（CF = 1）
4A	修改内存分配	ES = 原内存起始段地址 BX = 新申请内存字节数	失败：AX = 错误码（CF = 1） 　　　BX = 最大可用空间
4B	装入/执行程序	DS：DX = ASCIZ 串地址 ES：BX = 参数区首地址 AL = 00 装入并执行程序 　 = 03 装入程序，但不执行	失败：AX = 错误码
4C	带返回码终止	AL = 返回码	
4D	取返回代码		AL = 子出口代码 AH = 返回代码 　00 = 正常终止 　01 = 用 Crtl + C 键终止 　03 = 用功能调用 31H 终止
4E	查找第一个匹配文件	DS：DX = ASCIZ 串地址 CX = 属性	失败：AX = 错误码（CF = 1）

AH	功　能	调 用 参 数	返 回 参 数
4F	查找下一个匹配文件	DTA 保留 4EH 的原始信息	失败：AX = 错误码（CF = 1）
50	置 PSP 段地址	BX = 新 PSP 段地址	
51	取 PSP 段地址		BX = 当前运行进程的 PSP
52	取磁盘参数块		ES：BX = 参数块链表指针
53	把 BIOS 参数块（BPB）转换为 DOS 的驱动器参数块（DPB）	DS：SI = BPB 的指针 ES：BP = DPB 的指针	
54	取写盘后读盘的检验标志		AL = 00 检验关闭 　　 01 检验打开
55	建立 PSP	DX = 建立 PSP 的段地址	
56	文件改名	DS：DX = ASCIZ 串地址 ES：DI = 新 ASCIZ 串地址	失败：AX = 错误码（CF = 1）
57	置/取文件日期和时间	BX = 文件代号 AL = 00 读取日期和时间 AL = 01 设置日期和时间 　（DX：CX）= 日期，时间	失败：AX = 错误码（CF = 1）
58	取/置内存分配策略	AL = 00 取策略代码 AL = 01 置策略代码 BX = 策略代码	成功：AX = 策略代码 失败：AX = 错误码（CF = 1）
59	取扩充错误码	BX = 00	AX = 扩充错误码 BH = 错误类型 BL = 建议的操作 CH = 出错误设备代码
5A	建立临时文件	CX = 文件属性 DS：DX = ASCIZ 串（以 \ 结束）地址	成功：AX = 文件代号 　　　 DS：DX = ASCIZ 串地址 失败：AX = 错误代码（CF = 1）
5B	建立新文件	CX = 文件属性 DS：DX = ASCIZ 串地址	成功：AX = 文件代号 失败：AX = 错误代码（CF = 1）
5C	锁定文件存取	AL = 00 锁定文件指定的区域 　　 01 = 开锁 BX = 文件代号 CX：DX = 文件区域偏移值 SI：DI = 文件区域的长度	失败：AX = 错误代码（CF = 1）
5D	取/置严重错误标志的地址	AL = 06 取严重错误标志地址 AL = 0A 置 ERROR 结构指针	DS：SI = 严重错误标志的地址
60	扩展为全路径名	DS：SI = ASCIZ 串地址 ES：DI = 工作缓冲区地址	失败：AX = 错误代码（CF = 1）
62	取程序段前缀地址		BX = PSP 地址
68	刷新缓冲区数据到磁盘	AL = 文件代号	失败：AX = 错误代码（CF = 1）
6C	扩充的文件打开/建立	AL = 访问权限 BX = 打开方式 CX = 文件属性 DS：SI = ASCIZ 串地址	成功：AX = 文件代号 　　　 CX = 采取的行动 失败：AX = 错误代码（CF = 1）

附录 D　BIOS 功能调用

INT	AH	功　能	调 用 参 数	返 回 参 数
10	0	设置显示方式	AL = 00 40×25 黑白文本，16 级灰度 = 01 40×25 16 色文本 = 02 80×25 黑白文本，16 级灰度 = 03 80×25 16 色文本 = 04 320×200 4 色图形 = 05 320×200 黑白图形，4 级灰度 = 06 640×200 黑白图形 = 07 80×25 黑白文本 = 08 160×200 16 色图形（MCGA） = 09 320×200 16 色图形（MCGA） = 0A 640×200 16 色图形（MCGA） = 0D 320×200 16 色图形（EGA/VGA） = 0E 640×200 16 色图形（EGA/VGA） = 0F 640×350 单色图形（EGA/VGA） = 10 640×350 16 色图形（EGA/VGA） = 11 640×480 黑白图形（VGA） = 12 640×480 16 色图形（VGA） = 13 320×200 256 色图形（VGA）	
10	1	置光标类型	$CH_0 \sim CH_3$ = 光标起始行 $CL_0 \sim CL_3$ = 光标结束行	
10	2	置光标位置	BH = 页号 DH/DL = 行/列	
10	3	读光标位置	BH = 页号	CH = 光标起始行 CL = 光标结束行 DH/DL = 行/列
10	4	读光笔位置		AX = 0 光笔未触发 = 1 光笔触发 CH/BX = 像素行/列 DH/DL = 字符行/列
10	5	置当前显示页	AL = 页号	
10	6	屏幕初始化或上卷	AL = 0：初始化窗口 AL = 上卷行数 BH = 卷入行属性 CH/CL = 左上角行/列号 DH/DL = 右下角行/列号	
10	7	屏幕初始化或下卷	AL = 0：初始化窗口 AL = 下卷行数 BH = 卷入行属性 CH/CL = 左上角行/列号 DH/DL = 右下角行/列号	

INT	AH	功　能	调　用　参　数	返　回　参　数
10	8	读光标位置的 字符和属性	BH = 显示页	AH/AL = 属性/字符
10	9	在光标位置显示 字符和属性	BH = 显示页 AL/BL = 字符/属性 CX = 字符重复次数	
10	A	在光标位置显示字符	BH = 显示页 AL = 字符 CX = 字符重复次数	
10	B	置彩色调色板	BH = 彩色调色板 ID BL = 和 ID 配套使用的颜色	
10	C	写像素	AL = 颜色值 BH = 页号 DX/CX = 像素行/列	
10	D	读像素	BH = 页号 DX/CX = 像素行/列	AL = 像素的颜色值
10	E	显示字符 （光标前移）	AL = 颜色值 BH = 页号 BL = 前景色	
10	F	取当前显示方式		BH = 页号 AH = 字符列数 AL = 显示方式
10	10	置调色板寄存器 （EGA/VGA）	AL = 0，BL = 调色板号，BH = 颜色值	
10	11	装入字符发生器 （EGA/VGA）	AL = 0 ~ 4 全部或部分装入字符点阵集 AL = 20 ~ 24 置图形方式显示字符集 AL = 30 读当前字符集信息	ES：BP = 字符集位置
10	12	返回当前适配器设置 的信息（EGA/VGA）	BL = 10H（子功能）	BH = 0 单色方式 　　 = 1 彩色方式 BL = VRAM 容量 （0 = 64KB,1 = 128KB,…） CH = 特征位设置 CL = EGA 的开关设置
10	13	显示字符串	ES：BP = 字符串地址 AL = 写方式（0 ~ 3） CX = 字符串长度 DH/DL = 起始行/列 BH/BL = 页号/属性	
11		取系统设备信息		AX = 返回值（位映像） 0 = 对应设备未安装 1 = 对应设备已安装
12		取内存容量		AX = 内存容量（单位 KB）

INT	AH	功　能	调　用　参　数	返　回　参　数
13	0	磁盘复位	DL = 驱动器号 （00，01 为软盘，80h，81h，…为硬盘）	失败：AH = 错误码
13	1	读磁盘驱动器状态		AH = 状态字节
13	2	读磁盘扇区	AL = 扇区数 $CL_6 CL_7 CH_0 \sim CH_7$ = 磁道号 $CL_0 \sim CL_5$ = 扇区号 DH/DL = 磁头号/驱动器号 ES：BX = 数据缓冲区地址	读成功： 　AH = 0 　AL = 读取的扇区数 读失败： 　AH = 错误码
13	3	写磁盘扇区	同上	写成功： 　AH = 0 　AL = 写入的扇区数 写失败： 　AH = 错误码
13	4	检验磁盘扇区	AL = 扇区数 $CL_6 CL_7 CH_0 \sim CH_7$ = 磁道号 $CL_0 \sim CL_5$ = 扇区号 DH/DL = 磁头号/驱动器号	成功： 　AH = 0 　AL = 检验的扇区数 失败： 　AH = 错误码
13	5	格式化磁盘磁道	AL = 扇区数 $CL_6 CL_7 CH_0 \sim CH_7$ = 磁道号 $CL_0 \sim CL_5$ = 扇区号 DH/DL = 磁头号/驱动器号 ES：BX = 格式化参数表指针	成功：AH = 0 失败：AH = 错误码
14	0	初始化串行口	AL = 初始化参数 DX = 串行口号	AH = 通信口状态 AL = 调制解调器状态
14	1	向通信口写字符	AL = 字符 DX = 通信口号	写成功：$AH_7 = 0$ 写失败：$AH_7 = 1$ 　$AH_0 \sim AH_6$ = 通信口状态
14	2	从通信口读字符	DX = 通信口号	读成功：$AH_7 = 0$， 　　$AH_0 \sim AH_6$ = 字符 读失败：$AH_7 = 1$
14	3	取通信口状态	DX = 通信口号	AH = 通信口状态 AL = 调制解调器状态
14	4	初始化扩展 COM		
14	5	扩展 COM 控制		
16	0	从键盘读字符		AL = 字符码 AH = 扫描码
16	1	取键盘缓冲区状态		ZF = 0　AL = 字符码 　　　　AH = 扫描码 ZF = 1 缓冲区无按键，等待
16	2	取键盘标志字节		AL = 键盘标志字节

INT	AH	功　能	调 用 参 数	返 回 参 数
17	0	打印字符， 回送状态字节	AL = 字符 DX = 打印机号	AH = 打印机状态字节
17	1	初始化打印机， 回送状态字节	DX = 打印机号	AH = 打印机状态字节
17	2	取打印机状态	DX = 打印机号	AH = 打印机状态字节
18		ROM BASIC 语言		
19		引导装入程序		
1A	0	读时钟		CH：CL = 时：分 DH：DL = 秒：1/100 秒
1A	1	置时钟	CH：CL = 时：分 DH：DL = 秒：1/100 秒	
1A	6	置报警时间	CH：CL = 时：分（BCD） DH：DL = 秒：1/100 秒（BCD）	
1A	7	清除报警		
33	00	鼠标复位	AL = 00	BX = 鼠标的键数
33	00	显示鼠标光标	AL = 01	显示鼠标光标
33	00	隐藏鼠标光标	AL = 02	隐藏鼠标光标
33	00	读鼠标状态	AL = 03	BX = 键状态 CX/DX = 鼠标水平/垂直位置
33	00	设置鼠标位置	AL = 04 CX/DX = 鼠标水平/垂直位置	
33	00	设置图形光标	AL = 09 BX/CX = 鼠标水平/垂直中心 ES：DX = 16 × 16 光标映像地址	安装了新的图形光标
33	00	设置文本光标	AL = 0A BX = 光标类型 CX = 像素位掩码或起始的扫描线 DX = 光标掩码或结束的扫描线	设置的文本光标
33	00	读移动计数器	AL = 0B	CX/DX = 鼠标水平/垂直距离
33	00	设置中断子程序	AL = 0C CX = 中断码 ES：DX = 中断服务程序的地址	

参 考 文 献

[1] Intel Corp. 3rd – gen – core – family – mobile – vol – 1 – datasheet. pdf[OL]. 2012.

[2] Intel Corp. 3rd – gen – core – family – mobile – vol – 2 – datasheet. pdf[OL]. 2012.

[3] Intel Corp. 2nd – gen – core – desktop – vol – 1 – datasheet ［1］. pdf[OL]. 2011.

[4] Intel Corp. 2nd – gen – core – desktop – vol – 2 – datasheet ［2］. pdf[OL]. 2011.

[5] Intel Corp. 6 – chipest – c200 – chipest – datasheet. pdf ［OL］. 2012.

[6] 孙力娟，李爱群，陈燕俐，等. 微型计算机原理与接口技术[M]. 北京：清华大学出版社，2015.

[7] 杨文显，等. 现代微型计算机与接口教程[M]. 2 版. 北京：清华大学出版社，2007.

[8] 杨文显，等. 汇编语言程序设计简明教程[M]. 北京：电子工业出版社，2005.

[9] 杨厚俊，张公敬. 奔腾计算机体系结构[M]. 北京：清华大学出版社，2006.

[10] 易先清，莫松海，喻晓峰，等. 微型计算机原理与应用[M]. 北京：电子工业出版社，2001.

[11] 洪志全，洪学海. 现代计算机接口技术[M]. 2 版. 北京：电子工业出版社，2002.

[12] 杨全胜，等. 现代微机原理与接口技术[M]. 北京：电子工业出版社，2002.

[13] 冯博琴，吴宁，等. 微型计算机原理与接口技术[M]. 北京：清华大学出版社，2002.

[14] 戴梅萼，史嘉权. 微型计算机技术与应用[M]. 2 版. 北京：清华大学出版社，1996.

[15] 沈美明，温冬婵. IBM – PC 汇编语言程序设计[M]. 2 版. 北京：清华大学出版社，2001.

[16] 高光天. 数模转换器应用技术[M]. 北京：科学出版社，2001.

[17] 李肇庆，廖峰，刘建存. USB 接口技术[M]. 北京：国防工业出版社，2004.

[18] Axelson R J. USB 大全[M]. 陈逸，等译. 北京：中国电力出版社，2001.

[19] Budruk P, Anderson D, Shanley T. PCI Express System Architecture ［M］. New Jersey：Addison – Wesley，2003.

[20] 聂伟荣，王芳，江小华. 微型计算机原理及接口技术[M]. 北京：清华大学出版社，2011.

[21] 古辉，刘均，雷艳静. 微型计算机接口技术[M]. 2 版. 北京：科学出版社，2011.

[22] 马争，等. 微型计算机解题指南与应用软件开发[M]. 北京：清华大学出版社，2014.

[23] 齐永奇，张涛，等. 测控系统原理与设计[M]. 北京：北京大学出版社，2014.

[24] Anderson D. USB 系统体系[M]. 2 版. 孟文，译. 北京：中国电力出版社，2003.

[25] 张念淮，江浩. USB 总线开发指南[M]. 北京：国防工业出版社，2001.

[26] 杨素行，等. 微型计算机系统原理及应用[M]. 2 版. 北京：清华大学出版社，2004.